Elektrotechnische Meßinstrumente

Ein Leitfaden

von

Konrad Gruhn

Oberingenieur und Gewerbestudienrat

Zweite
vermehrte und verbesserte Auflage

Mit 321 Textabbildungen

Springer-Verlag Berlin Heidelberg GmbH

ISBN 978-3-642-89778-8 ISBN 978-3-642-91635-9 (eBook)
DOI 10.1007/978-3-642-91635-9

Ursprünglich erschienen bei Julius Springer in Berlin 1923
Softcover reprint of the hardcover 2nd edition 1923

Vorwort zur ersten Auflage.

Der Inhalt des vorliegenden Leitfadens ist für alle bestimmt, die die Absicht haben, sich mit dem Wesen elektrotechnischer Meßinstrumente vertraut zu machen. Dabei ist nicht nur an Studierende gedacht, sondern auch an die in der Praxis Stehenden, in Laboratorien, Elektrizitätswerken, Zentralen, kurz an alle, die mit elektrotechnischen Meßinstrumenten umgehen wollen.

Die Anfangskapitel bis zu den Leistungsmessungen bilden die Grundlage. Die späteren Kapitel sind kürzer gefaßt; ihr Verständnis baut sich zum großen Teil auf dem Inhalt der vorhergehenden auf.

Es ist weniger die Aufgabe des Buches, die verschiedenen Möglichkeiten der Ausführungsform elektrotechnischer Meßinstrumente zu beschreiben, die beschriebenen Ausführungen sind als Beispiele zu betrachten. Dagegen ist das Bestreben in den Vordergrund gerückt, das Grundsätzliche an den Meßgeräten herauszuarbeiten und auf ihre Eigenarten einzugehen.

Da wo der Rahmen des Buches eine weitere Verbreitung über den Stoff nicht mehr gestattete, ist auf Spezialliteratur hingewiesen. Bezüglich der Verwendung von Einheits- und Formelzeichen sind nach Möglichkeit die Festsetzungen des AEF und der IEC berücksichtigt.

Das Buch entstand im Anschluß an meine Lehrtätigkeit über Meßinstrumente an der Elektrotechnischen Lehranstalt des Physikalischen Vereins zu Frankfurt am Main.

Herrn Dr. Franz Braun, auf dessen Veranlassung die Originalzeichnungen von der Firma Hartmann & Braun angefertigt worden sind, sage ich meinen vorzüglichen Dank, auch für die Überlassung der Bildstöcke.

Ebenso meinen Dank allen den Firmen, die Bildstöcke oder sonstige Unterlagen dazugegeben haben.

Frankfurt a. M.-Rödelheim, im Dezember 1919.

K. Gruhn.

Vorwort zur zweiten Auflage.

Wie die Kritiken gezeigt haben, hat der Leitfaden eine freundliche Aufnahme gefunden. Trotzdem sah ich mich bei Abfassung der zweiten Auflage veranlaßt, einige Berichtigungen und kleine Änderungen sowie ein paar Erweiterungen anzubringen, die mir im Interesse der Klarheit der Darstellung angebracht erschienen.

Dresden-A., im Dezember 1922. **K. Gruhn.**

Inhaltsangabe.

---

[1]) Nach derselben Einteilung werden die nachgenannten Meßgeräte sinngemäß gekürzt behandelt.

Einleitung.

Einteilung und Allgemeines. Ebenso wie im gewöhnlichen Leben zur Beurteilung einer Sache, z. B. ihr Gewicht, ihr Inhalt, ihre Länge oder andere Maße wichtig sein können, so ist für die Beurteilung des elektrischen Stromes die Kenntnis der verschiedenen elektrischen Werte erforderlich, wie Stromstärke, Spannung, Leistung, Arbeit, Phasenverschiebung, Wechselzahl usw.

Diese Werte lassen sich nun mit Instrumenten messen, ganz ähnlich wie man das Gewicht eines Gegenstandes mit einer Federwage bestimmt, und zwar:

die Stromstärke mit dem Strommesser (Amperemeter),
die Spannung mit dem Spannungsmesser (Voltmeter),
die Leistung mit dem Leistungsmesser (Wattmeter),
die Phasenverschiebung mit dem Phasenmesser,
die Wechselzahl mit dem Frequenzmesser,
den Widerstand mit dem Widerstandsmesser (Ohmmeter),
die Arbeit mit dem Zähler.

Abb. 1. Schalttafelvoltmeter für Aufbau von Hartmann & Braun.

Hierbei können die Instrumente entweder für Gleichstrom oder für Wechselstrom (Ein- oder Mehrphasenstrom, Drehstrom) bestimmt sein. Demnach unterscheidet man:

a) Gleichstrominstrumente,
b) Wechselstrominstrumente.

Es gibt auch Instrumente, die für beide Stromarten, Gleich- und Wechselstrom, verwendbar sind.

Zur Messung der obengenannten Werte, z. B. zur Messung der Stromstärke mit dem Amperemeter, können verschiedene Typen in Anwendung kommen, je nach dem physikalischen Grundgesetz, auf welchem das betreffende Instrument aufgebaut ist. Man unterscheidet demnach:

1. Elektromagnetische Instrumente,
2. Drehspulinstrumente,
3. Hitzdrahtinstrumente,
4. Elektrostatische Instrumente,
5. Elektrodynamische Instrumente,

6. Drehfeldinstrumente,
7. Resonanzinstrumente,
8. Hilfsapparate: Vorwiderstände, Nebenwiderstände, Meßwandler, Relais u. a. m.

Es soll nun der Zweck des vorliegenden Buches sein, sowohl die Art und Weise zu erklären, wie die oben angeführten elektrischen Größen in den genannten Instrumenten gemessen werden, als auch das Wesen und die Eigenarten der verschiedenen Instrumententypen zu beschreiben.

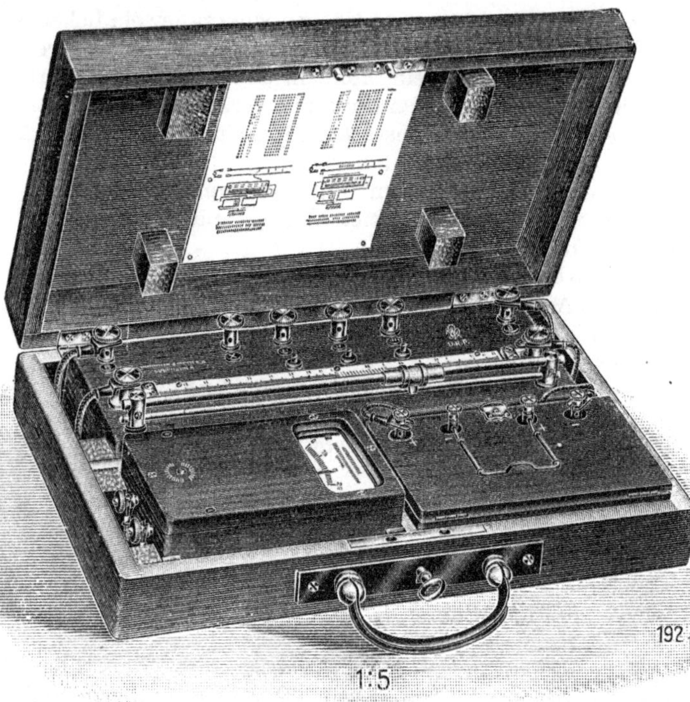

Abb. 2. Widerstandsmeßeinrichtung im Tragkasten.

Je nachdem die Meßgröße am Instrument ohne weiteres abgelesen oder erst auf Grund einer mehr oder weniger einfachen Rechnung nach vorangegangener Messung ermittelt werden kann, unterscheidet man:

A. Unmittelbar anzeigende Meßgeräte,

B. Meßeinrichtungen.

Die unmittelbar anzeigenden Meßinstrumente haben gegenüber den Meßeinrichtungen den ganz bedeutenden Vorteil, daß die zu messende Größe direkt auf einer Skala an einem Zeiger abgelesen werden kann, ähnlich wie eine Federwage das zu messende Gewicht am Zeiger auf dem Zifferblatt abzulesen gestattet. Bei den technischen Zeigerinstrumenten unterscheidet man:

a) Tragbare Instrumente: Laboratoriumsinstrumente für Präzisionsmessungen und Montageinstrumente.

b) Ortsfeste Instrumente: für Schalttafeln, Säulen, Pulte usw. Beide Unterabteilungen, sowohl die tragbaren als auch die ortsfesten technischen Meßinstrumente, können je nach dem Verwendungszweck ausgebildet sein, entweder als:

Zeigerinstrumente oder als schreibende Instrumente (Registrierinstrumente). Während die Zeigerinstrumente die Meßgröße nur auf einer Skala an einem Zeiger abzulesen gestatten, haben die Registrierinstrumente außerdem den Zweck, die Meßgrößen in den aufeinanderfolgenden Zeiten aufzuschreiben: „zu registrieren".

Die Zähler gehören zu den Meßinstrumenten im weiteren Sinne. Sie geben die Summe der mit der Zeitdauer ihres Bestehens multiplizierten Meßwerte an, z. B. ein Kilowattstundenzähler die Anzahl der kWh, d. h. die „Arbeit" (Leistung $\times$ Zeit). Da über Zähler eine ganze Anzahl Bücher erschienen ist, so sollen dieselben hier nicht behandelt werden[1]).

Die Meßeinrichtungen (Abb. 2), bilden zusammengehörige Gruppen von Apparaten, mit deren Hilfe die gewünschten Messungen ausgeführt werden können. Meßeinrichtungen sind im Gebrauch vielfach unbequem, jedenfalls gestatten sie nicht, den gewünschten Meßwert ohne weiteres auf einer Skala abzulesen. Es gehört im Gegenteil zur Bestimmung der Meßgröße meist eine Abgleichung, ähnlich wie bei der Gewichtsbestimmung mit einer Balkenwage. Dafür ist aber die Genauigkeit der Messung in den meisten Fällen sehr groß. Zu den Meßeinrichtungen gehören z. B.:

a) Widerstandsmeßbrücken: empfindliche Widerstandsmesser,

b) Kompensationsapparate:

1. Spannungskompensatoren: empfindliche Spannungsmesser,
2. Stromkompensatoren: empfindliche Strommesser.

Was ist nun nach allgemeinen Gesichtspunkten für elektrotechnische Zeigerinstrumente wesentlich?

I. Die mechanische Ausführung.
II. Die Wirkungsweise.
III. Ihre Beurteilung bei der Anschaffung.

Die mechanische Ausführung.

a) Das Äußere. Die tragbaren Meßinstrumente, Abb. 3, sind recht verschieden in bezug auf ihre äußere Form, im wesentlichen jedoch vierkantig. Sie besitzen in vielen Fällen einen Traggriff oder Riemen.

Die ortsfesten Instrumente (Abb. 4 bis 8) für Verwendung auf Schalttafeln, Wandarmen, Pulten usw. haben eine Anzahl von typisch gewordenen Ausführungsformen erhalten: entweder als Aufbau- oder als Einbauinstrumente.

---

[1]) Vgl. Möllinger: Wirkungsweise der Motorzähler und Meßwandler. Ziegenberg: Der Elektrizitätszähler. Königswerter u. a. m.

Die sog. Aufbauinstrumente werden auf der Schalttafel befestigt (Abb. 1). Die Einbauinstrumente werden zum Teil in die Schalttafel eingelassen, so daß vorn im wesentlichen nur die Skala zu erkennen ist, der übrige Teil aber unsichtbar bleibt (Abb. 4 bis 8). Während es bei der Verwendung der Aufbautype vorkommt, daß die verschiedenen Instrumente auf ein und derselben Schalttafel mehr oder weniger weit nach vorn ausladen, werden diese Unterschiede bei Verwendung der Einbautype fast ganz ausgeglichen und die Übersichtlichkeit und Einheitlichkeit gefördert. Man unterscheidet äußerlich:

Abb. 3. Tragbares Präzisions-Amperemeter von H. & B.

1. die runde Form (oft auch halbrund),
2. die Profilform (Abb. 5, 7 und 8),
3. die Sektorform (Abb. 6).

Abb. 4. Tubus-Einbauinstrument der Allgemeinen Elektrizitäts-Gesellschaft.

Die runde Form ist die einfachste und war anfangs die allein übliche. Sie besitzt aber den Nachteil, daß die für das Instrument auf der Schalttafel erforderliche Fläche im Verhältnis zur Fläche der Skala groß ist. Um den Raum auf der Schalttafel besser ausnutzen zu können, ist man zu den nachfolgend genannten Formen übergegangen, bei denen der auf der Schalttafel notwendige Raum nicht wesentlich größer ist als das Skalenbild.

Die Profilform besitzt, von vorn auf die Skala gesehen, im wesentlichen rechteckige Gestalt; man unterscheidet dabei Profilinstrumente mit senkrechter und solche mit wagrechter Zeigerbewegung.

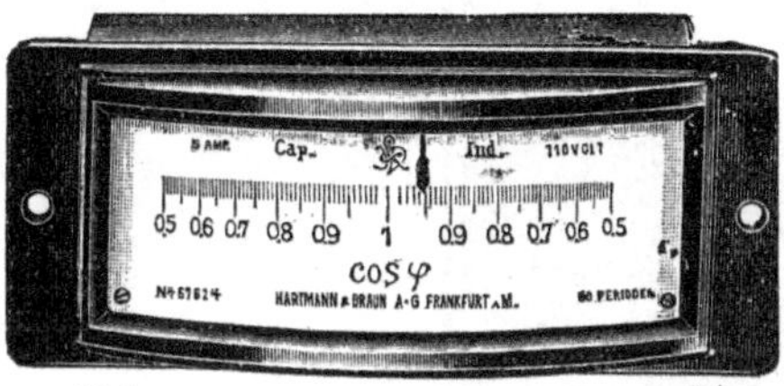

Abb. 5. Profilphasenmesser.

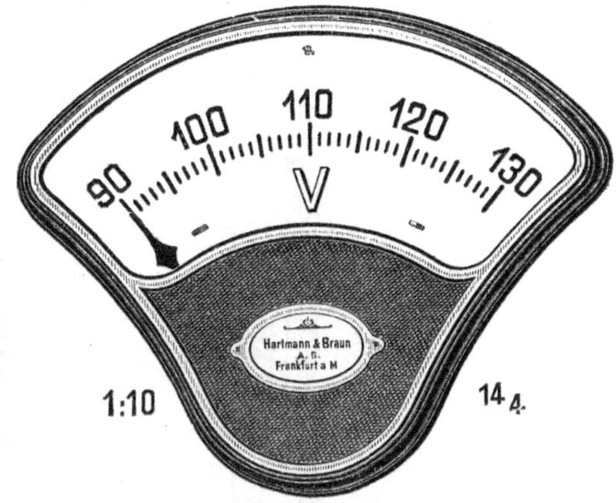

Abb. 6. Sektorform.

In beiden Fällen ist die Skalenfläche gekrümmt, entsprechend der Kreisbewegung des Instrumentzeigers.

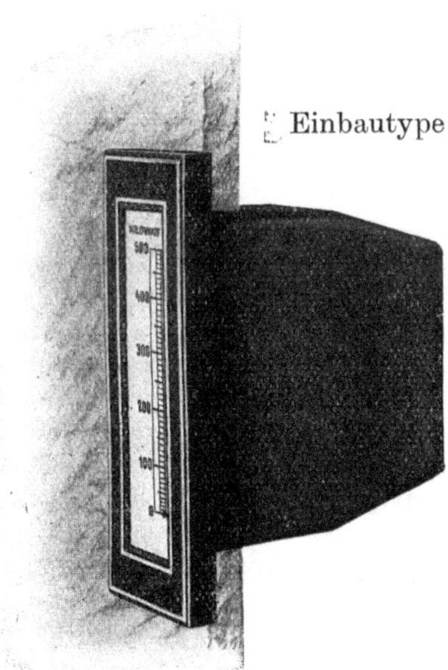

Abb. 7. Flachprofilinstrument von Siemens & Halske.

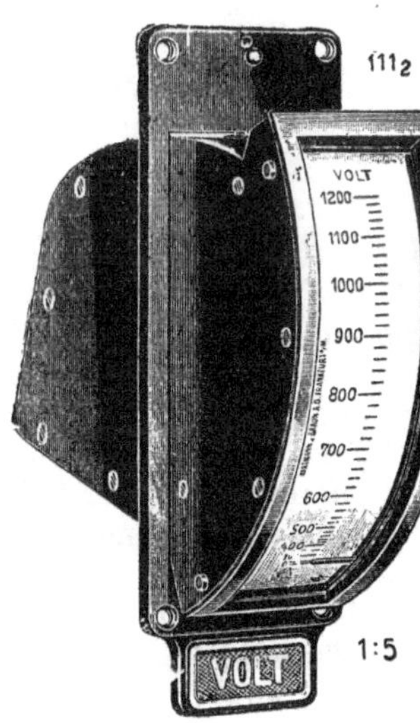

Abb. 7. Profilinstrument mit Drehgelenk.

Einige Firmen führen in neuerer Zeit außer den obengenannten, unter dem Sammelnamen Kreisprofilinstrumente bekannten Profilformen auch Instrumente aus, die sie als Flachprofilinstrumente bezeichnen (Abb. 7). Dieselben besitzen den Vorteil, daß die Skala nicht gekrümmt ist. Die Zeigerstellung ist also auch bei schräger Draufsicht auf das Instrument bequem ablesbar und die weniger schöne, mehr oder weniger unbequeme und die Systemlagerung ge-

Abb. 9. Demonstrations-Strommesser.

fährdende Gehäuseverstellung bei Profilinstrumenten mit Drehgelenk (vgl. Abb. 8) ist entbehrlich.

Die Sektorform kann dadurch entstanden gedacht werden, daß man aus dem Kreise gewöhnlicher runder Einbauinstrumente den Sektor der Skala herausschneidet und das Instrumentgehäuse dieser neuen Form anpaßt. Ebenso wie bei der Profilform wird hierbei für die Montage auf der Schalttafel an Raum gespart und trotzdem besitzen diese Instrumente verhältnismäßig große und weithin sichtbare Skalen.

Als letzte Ausführungsform sei die Demonstrationstype genannt (Abb. 9 und 62).

b) **Das Innnere.** Hierbei unterscheiden wir den Hauptteil: **das eigentliche Meßsystem, in welchem das physikalische Gesetz wirksam ist, das dem Instrument zugrunde liegt, und in dem ein beweglicher Teil des ganzen Meßsystems unter Einwirkung einer elektrischen Kraft und einer mechanischen Gegenkraft zur Ausführung einer Bewegung veranlaßt wird**[1]).

[1]) Unter der „elektrischen Kraft" sei im vorstehenden, wie im folgenden

Betrachten wir den einfachsten Fall eines elektromagnetischen Strommessers: Ein Eisenkern wird in eine stromdurchflossene Spule senkrecht eingezogen (Abb. 10). Wenn die Spule S von einem Strome I durchflossen wird, entsteht im Innern der Spule ein magnetisches Feld, welches die Eigenschaft besitzt, Eisen anzuziehen. Hängt man z. B. den länglichen Eisenkern E über der Spule an einer Spiralfeder F auf, so besitzt der bewegliche Teil, der Eisenkern, im stromlosen Zustand der Spule eine bestimmte Ruhelage, in der der Zeiger Z auf den Nullpunkt der Skala zeigen möge. Bei Stromdurchgang bewegt sich dann der Eisenkern nach unten, indem er in die Spule hineingezogen wird und dehnt dabei die Spiralfeder aus, wobei der Zeiger an der Skala die Größe der Einziehung anzeigt. Die Federkraft hält der in der Spule wirksamen elektromagnetischen Kraft das Gleichgewicht. Die elektrische Kraft und damit indirekt der in die Spule fließende elektrische Strom kann auf diese Weise an der Kraft, die auf die Feder ausgeübt wird, gemessen werden.

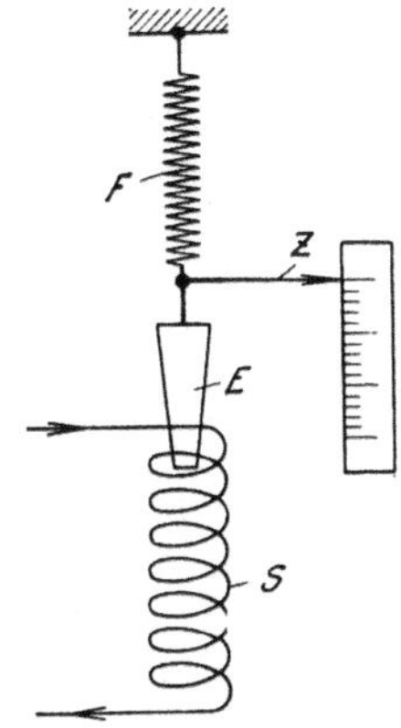

Abb. 10. Meßgerät mit geradliniger Zeigerbewegung.

Feder, Eisenkern und Zeiger sind der bewegliche Teil des ganzen Meßsystems. Spule, Feder und Eisenkern können hier als Hauptteile bezeichnet werden, gegenüber den anderen Teilen, die sich um dieselben herum gruppieren, wie die Befestigungsteile, die die Hauptteile mit der Grundplatte des Instrumentes verbinden oder dem Gehäuse, welches das Instrument als Abdeckung zum Schutz umgibt.

Der wirksamen elektrischen Kraft im Meßsystem wird also eine mechanische Kraft entgegengestellt; die Gegenkraft, welche der elektrischen Kraft das Gleichgewicht halten soll. Es gibt aber auch Instrumente, bei denen die mechanische Kraft durch eine zweite elektrische bzw. magnetische Kraft ersetzt ist. Zwei elektrische Kräfte wirken dann einander entgegen. Vgl. S. 139ff. und 175.

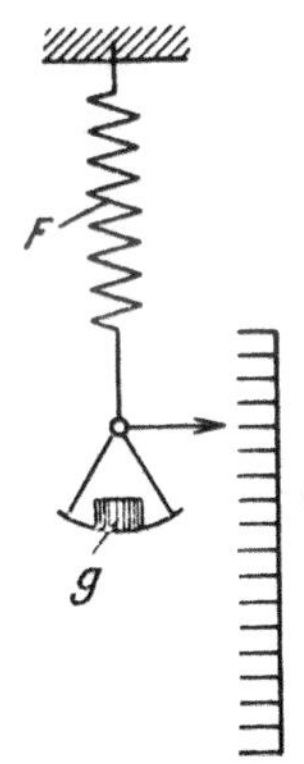

Abb. 11. Bestimmung der spezifischen Dehnung.

Führt der bewegliche Teil des Instrumentes anstatt einer Längsbewegung eine Kreisbewegung aus, wie z. B. bei dem in Abb. 21 angedeuteten Instrument, so kommt anstatt der Zugfeder eine Drehfeder zur Anwendung. Beide Arten von Federn besitzen im allgemeinen innerhalb des Bereiches ihrer Verwendung eine gleichbleibende spezifische Ausdehnungskraft. Hängt man z. B. an eine Spiralzugfeder F (Abb. 11)

immer diejenige mechanische Kraft verstanden, die infolge einer elektrischen oder elektromagnetischen Einwirkung auftritt; dasselbe gilt auch vom „elektrischen Drehmoment“.

ein Gewicht g, so wird sie bis zu einer bestimmten Stellung α ausgezogen. Vergrößert man das Gewicht, so wird auch der Auszug größer, und zwar wächst der Federauszug um gleiche Teile, wenn man das Gewicht um gleiche Teile vermehrt. Der Bruch $\frac{\text{mm}}{\text{g}}$ ändert sich nicht. Dasselbe gilt natürlich für Drehfedern, die unter dem Einfluß eines Drehmomentes zusammengezogen oder ausgedehnt wurden. Hier ist der Bruch $\frac{\text{Winkel}}{\text{cmg}}$ unveränderlich; wächst das Drehmoment um gleiche Teile, so wird die Drehfeder um gleiche Winkelbeträge ausgedehnt oder zusammengezogen.

Die Beziehung zwischen dem Federauszug α in Millimetern bzw. der Winkelverdrehung in Grad und der die Feder beanspruchenden

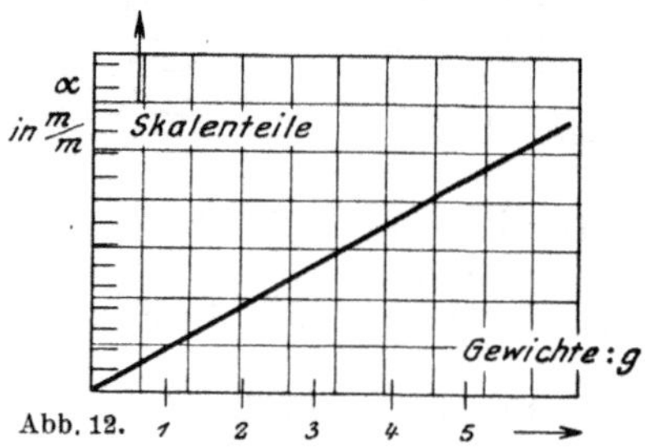

Abb. 12.

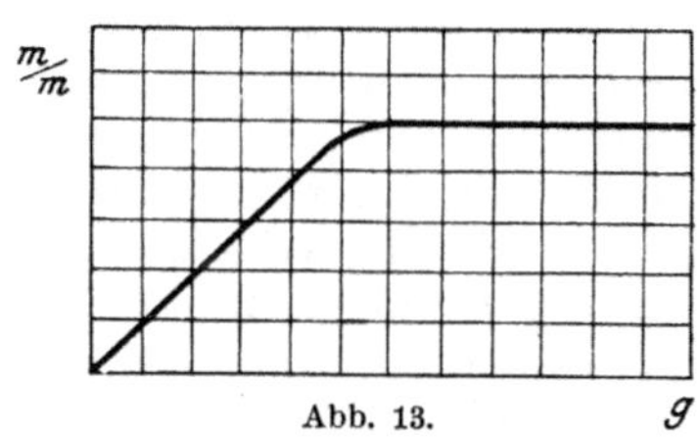

Abb. 13.

Ausdehnung der Feder als Funktion der Belastung.

gleichmäßigen Kraft der Gewichte in Gramm bzw. dem auf sie wirkenden Drehmoment in Zentimetergramm läßt sich durch eine gerade Linie darstellen (Abb. 12).

Dieses Gesetz gilt aber nur für einen gewissen Verwendungsbereich der Feder. Es ist von selbst klar, daß dieses Gesetz in der Nähe der Elastizitätsgrenze des Federmaterials nicht mehr gilt. Denn es gibt natürlich z. B. bei der Zugfeder ein gewisses Gewicht, bei dem die Feder schon vollständig ausgezogen ist, so daß eine weitere Gewichtsvermehrung keinen weiteren Federauszug herbeiführen kann. Schließlich würde die Feder zerreißen. Streng genommen wird also die Beziehung zwischen dem Federauszug in Millimetern und der ausziehenden Kraft in Gramm, graphisch dargestellt, keine gerade Linie ergeben, sondern eine gekrümmte Schaulinie wie in Abb. 13.

Der bewegliche Teil des Meßsystems trägt den Zeiger, der bei den meisten technischen Meßinstrumenten eine Kreisbewegung ausführt und auf einer Skala (Zifferblatt) den zu messenden Wert abzulesen gestattet. Man verwendet verschiedene Zeigerformen: den Messerzeiger, den Fadenzeiger und den Lanzenzeiger.

Während der Messerzeiger und der seltener verwendete Fadenzeiger bei Präzisionsinstrumenten vor allem für Laboratoriumszwecke Verwendung findet, wo eine sehr genaue Ablesung erforderlich ist, leistet der auch auf größere Entfernungen erkennbare Lanzenzeiger besonders für Schalttafelinstrumente, aber auch für gewisse Montageinstrumente, bei denen es nicht auf eine so hohe Ablesegenauigkeit ankommt, gute Dienste.

Der *Messerzeiger* besitzt in seinem Ende die Form einer Messerschneide, die senkrecht zur Skalenfläche am Zeiger befestigt ist (Abb. 14). Sieht man an der flachen Seite der Schneide entlang, so ist man in der Lage, den senkrecht unter derselben befindlichen Skalenwert genau abzulesen. Die Sicherheit der Ablesung wird in vielen Fällen noch dadurch vergrößert, daß in die Skalenfläche ein Spiegel eingelassen ist, in dem dann senkrecht unter der Messerschneide das Bild derselben sichtbar wird. Bringt man bei der Ablesung die Messerschneide mit ihrem Spiegelbilde zur Deckung, so liest man sicher den senkrecht unter dem Zeiger stehenden Meßwert ab. Man vermeidet auf diese Weise den sogenannten *parallaktischen Ablesefehler*.

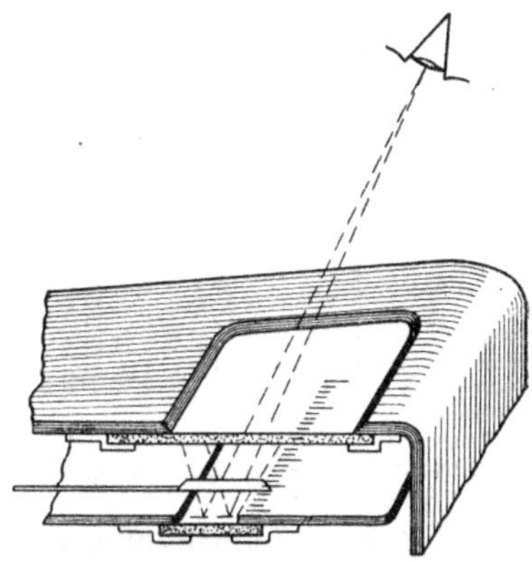

Abb. 14. Ablesung mit Messerzeiger und Spiegelbogen.

Anstatt das Zeigerende messerförmig zu gestalten, kann dasselbe auch zu einem Bügel abgekröpft werden (Abb. 15), zwischen dessen Enden ein feiner Seiden- oder Metallfaden in der Verlängerung des Zeigers ausgespannt wird, den man dann bei der Ablesung mit seinem Spiegelbilde zur Deckung bringt.

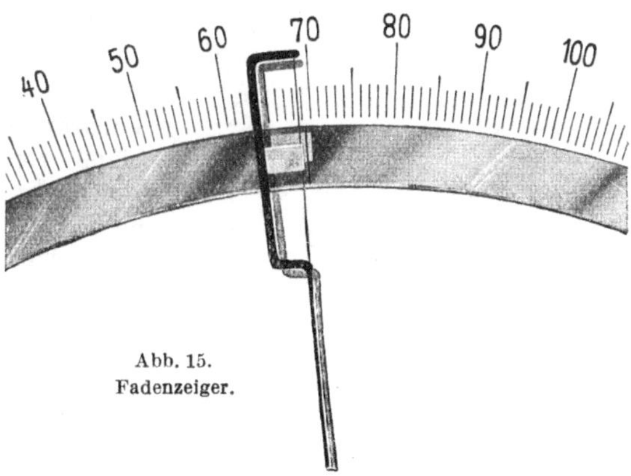

Abb. 15. Fadenzeiger.

Der *Lanzenzeiger* besitzt die bekannte Form einer Lanze (Abb. 16).

Die Ausführung der *Skala* kann sehr verschieden sein. Im wesentlichen ist folgendes zu bemerken. Tragbare Instrumente erhalten im allgemeinen eine größere Anzahl dünner Teilstriche, während die ortsfesten Instrumente wegen der besseren Ablesung aus größerer Entfernung eine geringere Anzahl dickerer Teilstriche erhalten. — Es gibt *gleichmäßige* und *ungleichmäßige* Skalen. Bei den gleichmäßigen Skalen besitzen die einzelnen Teilstriche fast genau gleiche Entfernung voneinander. Solche gleichmäßige Skalenteilungen sind zurzeit nur bei Drehspul-, Strom- und Spannungsmessern, ferner bei Leistungs- und Phasenmessern erreicht worden. Strom- und Spannungsmesser anderer Instrumentgattungen besitzen ungleichmäßige Skalenteilungen.

Führt der obengenannte bewegliche Teil des Meßsystems keine Kreisbewegung, sondern eine geradlinige Bewegung aus, so kann diese gegebenenfalls durch einen Übertragungsmechanismus in eine Kreisbewegung umgewandelt werden (Abb. 17) oder auch umgekehrt. Siemens u. Halske wenden neuerdings bei ihren Flachprofilinstrumenten (Abb. 7) für die Gradführung des Instrumentzeigers einen Lenkermechanismus an (vgl. auch S. 189), der die Drehbewegung des Systems in eine geradlinige Bewegung der Zeigerspitze verwandelt.

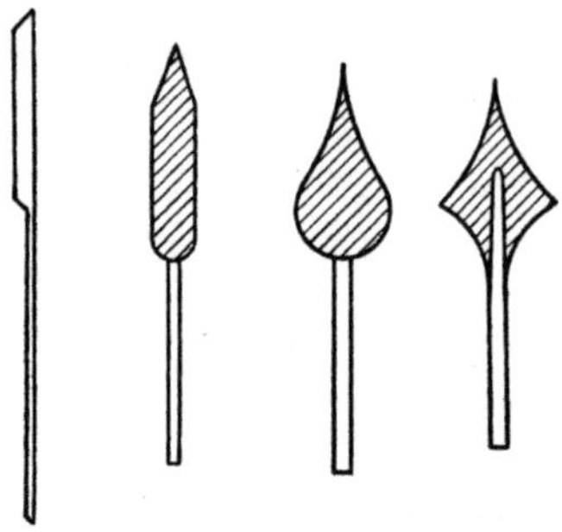

Abb. 16. Messer- und Lanzenzeiger.

Bei Einschaltung des Meßinstrumentes würde der bewegliche Teil mit dem Zeiger Schwingungen um die Gleichgewichtslage herum ausführen; deshalb wird der schwingenden Bewegung eine Dämpfung entgegengesetzt. Man unterscheidet:

1. Luftdämpfungen,
2. Flüssigkeitsdämpfungen,
3. elektromagnetische Dämpfungen.

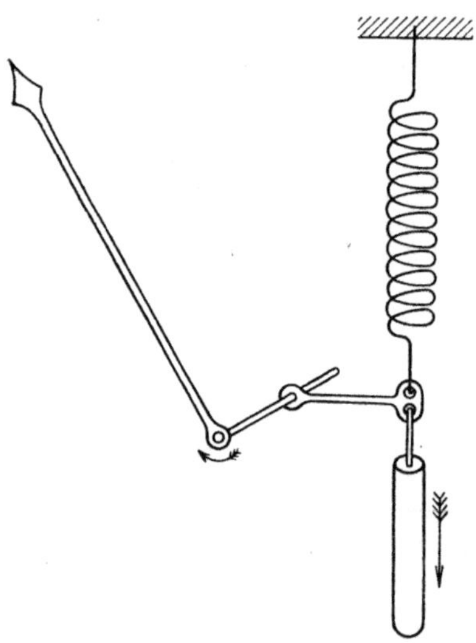

Abb. 17. Übertragungsmechanismus.

Die Luftdämpfung besteht in einem mit dem beweglichen System mechanisch verbundenen Verdrängerkolben oder Dämpferflügel. Derselbe bewegt sich in einem zylindrischen Rohr oder einer Kammer und dämpft so durch Luftverdrängung die Bewegung des Systems. In Abb. 18 ist entsprechend der Kreisbewegung des beweglichen Systems und damit des Dämpferkolbens ein besonderer Dämpferkasten, ein Hohlzylinder im Kreise angeordnet.

Nach demselben Prinzip der Verdrängung wirken die Flüssigkeitsdämpfungen. Dieselben kommen für elektrotechnische Zeigerinstrumente selten zur Verwendung, und zwar nur in Betrieben, wo die Meßgröße starken Schwankungen ausgesetzt ist.

Bei der elektromagnetischen Dämpfung (Abb. 19) wird gewöhnlich ein kleiner Dauermagnet besonders angeordnet, zwischen dessen eng einander gegenüberstehenden Polen sich eine Aluminiumscheibe dreht, welche mit auf der Stahlachse befestigt ist, die das bewegliche System trägt. Bei der Bewegung der Aluminiumscheibe A zwischen den Polen des Dauermagneten M werden die magnetischen Kraftlinien von den Aluminiumflächen der Scheibe geschnitten. Es entstehen in der Scheibe Wirbelströme, die so beschaffen sind, daß sie nach dem Lenzschen Gesetze die bestehende Bewegung aufzuhalten versuchen.

Eine andere Form der elektromagnetischen Dämpfung, wie sie z. B. bei den

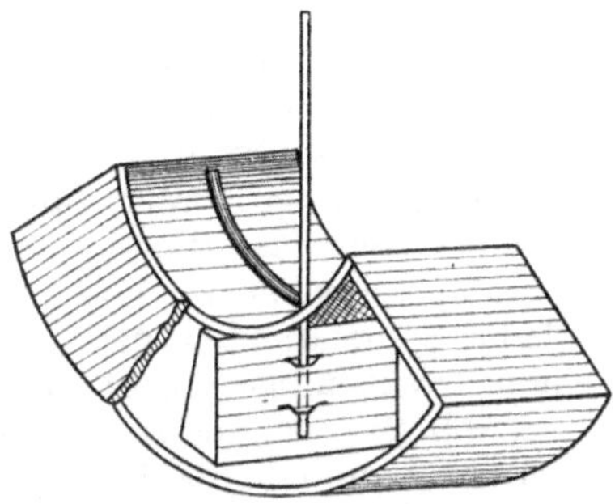

Abb. 18. Luftdämpfung.

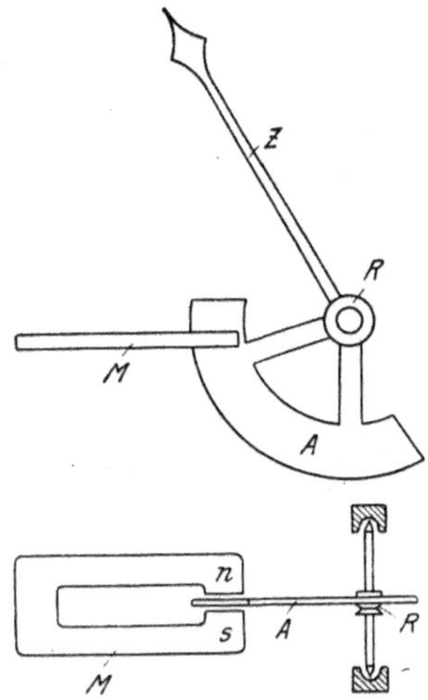

Abb. 19. Elektromagnetische Dämpfung.

Drehspulinstrumenten angewendet wird, ist die Rähmchendämpfung, bei der nicht Wirbelströme die dämpfende Wirkung ausüben, sondern bei der ein richtiger Kreisstrom entsteht, dessen Weg durch das Rähmchen genau vorgeschrieben ist. Vgl. S. 35.

Die Dämpfung hat den Zweck, das bewegliche System und damit den Zeiger des Instrumentes möglichst schnell an der Stelle des Meßwertes zur Ruhe zu bringen. Pendelt der Zeiger erst einige Male an der Gleichgewichtslage hin und her, ehe er zur Ruhe kommt, so bezeichnet man die Dämpfung als schwingend (periodisch). Stellt sich dagegen der Zeiger nach dem Einschalten gleich auf den Meßwert, ohne erst über die richtige Einstellung hinauszugehen, so nennt man die Dämpfung schwingungsfrei (aperiodisch). In der Praxis ist man darin sehr duldsam nnd bezeichnet vielfach Instrumente als schwingungsfrei gedämpft, auch wenn der Zeiger noch ein- oder zweimal kurz um den Meßwert herumschwingt. — Dabei ist es nicht gleichgültig, welche Zeit das bewegliche System braucht, um zur Ruhe zu kommen. Man spricht von der Einstelldauer des Instrumentes. Braucht es sehr lange Zeit — eine größere Anzahl von Sekunden —, schleicht der Zeiger gewissermaßen auf den Meßwert hin, so ist das Instrument für die meisten technischen Zwecke unbrauchbar. Einige Fachleute bezeichnen diesen Zustand als überschwingungsfrei (überaperiodisch). Solche überschwingungsfreie Dämpfung wird nur in einigen wenigen Fällen angewendet, beispielsweise, wenn das Instrument für sehr unruhige, stark schwankende Betriebe bestimmt ist.

Die Gesamtheit: beweglicher Teil des eigentlichen Meßsystems, Zeiger, Dämpfer, Feder heißt vielfach als Ganzes: „das bewegliche System“, im Gegensatz zu den unbeweglichen fest angeordneten Teilen.

Abb. 20. Spitzen- und Zapfenlagerung.

Das bewegliche System kann je nach dem Verwendungszweck verschieden gelagert sein. Man unterscheidet:

1. Spitzenlagerung, 2. Zapfenlagerung (Abb. 20) und 3. Fadenaufhängung (Abb. 22).

Für technische Zeigerinstrumente kommt in den weitaus meisten Fällen Spitzenlagerung zur Anwendung. Abgesehen von dem in Abb. 10 dargestellten einfachen Falle, wo ein Eisenkern an einer Zugfeder aufgehängt ist, und der Zeiger sich geradlinig bewegt, führt das bewegliche System fast immer eine Kreisbewegung aus. Denken wir uns z. B. eine bewegliche Spule drehbar gelagert, etwa wie beim Drehspulinstrument. Die Drehspule S (Abb. 21) ist dann mittels der Isolierhülsen b auf der Stahlachse A befestigt. An beiden Enden der Stahlachse sind hochglanzpolierte Spitzen angeschliffen, mit denen das ganze System zwischen zwei im Meßinstrument fest angeordneten hohlkegelförmig ausgebohrten und fein polierten Edelsteinen gelagert ist. Die Drehfeder, welche die mechanische Gegenkraft liefert, ist dann mit einem Ende an der Drehachse A befestigt, mit dem anderen Ende mit einem festen Punkte f verbunden. Bei der Drehung der beweglichen Spule drehen sich die Windungen der Feder entweder auf oder zusammen, je nachdem in welcher Richtung die Spulendrehung erfolgt. Durch die Drehfeder wird das bewegliche System bei Instrumenten mit senkrechter Achsenlagerung, d. h. also bei allen Präzisions-Laboratoriumsinstrumenten in der Schwebe gehalten, d. h. das Systemgewicht ruht voll auf dem unteren Lager, während sich die Achse im oberen Lagerstein nur leicht an die Lagersteinwandung anlegt. Bei senkrechter Achsenlagerung ist die Reibung geringer als bei wagrechter Achsenlagerung, wo in beiden Lagern Reibung auftritt, das Systemgewicht sich allerdings auf zwei Lagerstellen verteilt. Die Erfahrung hat gelehrt, daß die geringeren Reibungsfehler bei senkrechter Achsenlagerung auftreten. Daher werden auch fast alle Präzisionsinstrumente mit senkrechter Achsenlagerung ausgeführt.

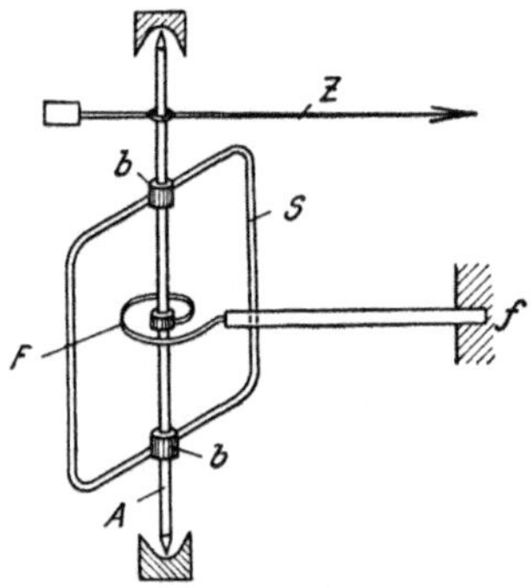

Abb. 21. Meßgerät mit Kreisbewegung des Zeigers.

Wagrechte Achsenlagerung wird für senkrechte Schalttafeln verwendet, weil bei dieser Anordnung der zur Achse senkrechte Zeiger entsprechend der Drehbewegung der Spule eine Bewegung parallel zur Schaltwand ausführt. Die Skala des so ausgeführten Meßinstrumentes ist daher eben. Besitzt dagegen ein Schalttafelinstrument senkrechte Achsenlagerung, so beschreibt der Endpunkt des Zeigers in einer zur Schaltwand senkrechten Ebene einen Kreis, und die Skala des Instrumentes muß demnach zylindermantelförmig gekrümmt werden. Es gibt noch Fälle, in denen man infolge einer geringeren zur Verfügung stehenden Einzelkraft im Instrument wegen der geringeren Reibung zur senkrechten Achsenlagerung greifen muß.

Tragbare Instrumente können natürlich bei senkrechter und auch bei wagrechter Achsenlagerung eine ebene Skala erhalten. Man wählt indessen hier aus den oben angeführten Gründen bei Präzisionsinstrumenten meist senkrechte Achsenlagerung.

Die bei technischen Zeigerinstrumenten viel seltener und nur für schwerere, bewegliche Systeme mit größeren Drehkräften (z. B. bei Zählern) angewendete Zapfenlagerung ist widerstandsfähiger und daher weniger Beschädigungen ausgesetzt, besitzt dafür aber größere Reibungen wie die Spitzenlagerung (Abb. 20).

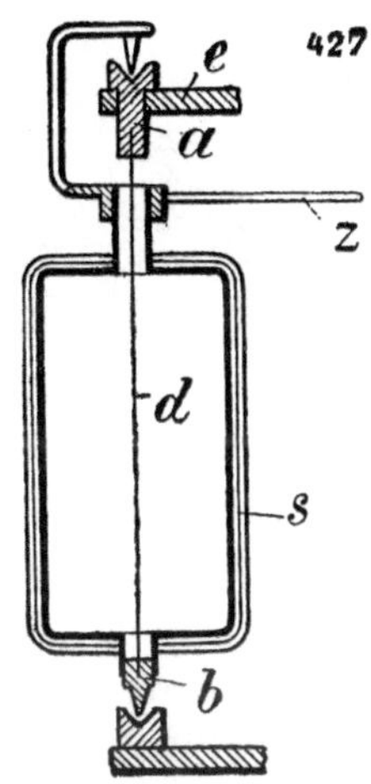

Abb. 22. Fadenaufhängung.

Die Fadenaufhängung des beweglichen Systems (Abb. 22) wird außer bei Galvanometern auch bei technischen Zeigerinstrumenten mit äußerst geringen wirksamen Kräften angewendet, z. B. bei Leistungsmessern für besonders hohe Phasenverschiebungen oder bei Milliamperemetern oder Wattmetern für sehr niedrige Strommeßbereiche. Die geringe Verdrehung des Aufhängefadens dient hier als mechanische Gegenkraft.

Da es beim Gebrauch der Instrumente vorkommen kann, daß sich der Zeiger im stromlosen Zustande nicht genau über dem Nullpunkt der Skala befindet, so ordnet man vielfach eine Nullpunktkorrektion (Nullpunkteinstellung) an; sie gestattet die Einstellung des Zeigers genau auf den Nullpunkt der Skala durch Änderung der Federspannung bzw. durch Änderung der Lage der Angriffspunkte. Die spezifische Ausdehnung der Feder (vgl. S. 8) wird dadurch nicht geändert.

Ist ein Instrument lange eingeschaltet gewesen, so kann es vorkommen, daß der Zeiger infolge der „elastischen Nachwirkung" beim Ausschalten nicht gleich wieder ganz genau auf Null zurückgeht. Die Molekularreibung im Federmaterial verhindert die sofortige Aufhebung mechanischer Spannungen, so daß es eine gewisse Zeit (ev. manchmal Stunden) dauert, ehe der Zeiger von selbst auf Null kommt. Durch Neueinstellung vermittels der „Nullpunktkorrektionsschraube" erhält man auch dann das Instrument sofort gebrauchsfähig.

Nicht unerwähnt bleiben dürfen die Befestigungsteile, welche je nach Art des Meßinstrumentes — wohl auch je nach Wahl des Konstrukteurs — die mannigfaltigsten Gestalten haben können und, wie schon bemerkt, die Aufgabe besitzen, die obengenannten Hauptteile mit der *Grundplatte* mechanisch zu verbinden. Nach außen wird das Ganze durch das *Gehäuse* abgedeckt. Das Gehäuse schützt das Instrumentinnere gegen das Eindringen von Staub, Wasser usw. Man unterscheidet

staubdichte Gehäuse, wasserdichte Gehäuse.

Gegen Eindringen von Staub kann das Innere der Meßinstrumente in verhältnismäßig einfacher Weise, z. B. durch Beilegung eines Dichtungsringes zwischen Grundplatte und Gehäusekappe geschützt werden. Diese Ausrüstung würde dagegen nicht mehr genügen, wenn die Instrumente, die. z. B. für die Marine bestimmt sind, dem Anprall größerer Wassermengen ausgesetzt sein sollten. In solchen Fällen wird das Gehäuse mit kräftigeren Wandungen versehen und unter Einlegen von geeignetem Dichtungsmaterial besonders fest mit der Grundplatte *verschraubt*. Ebenso werden alle Kabel, die in das Instrument hineinführen, in besonderen Einführungsmuffen gut abgedichtet, so daß weder Spritz- noch Druckwasser eindringen kann. Solche Instrumente werden besonders unter Wasser daraufhin geprüft, ob sie genügend abgedichtet sind (Abb. 23).

Abb. 23. Wasserdichtes Gehäuse.

Schließlich interessieren uns noch die *Zubehörteile* zum Meßinstrument; dazu gehören auch die *Hilfsapparate*: Meßwandler, Widerstände, Relais usw., wovon an den in Betracht kommenden Stellen die Rede sein wird.

Die Wirkungsweise.

Das Grundsätzliche der Wirkungsweise elektrotechnischer Meßinstrumente im allgemeinen ist schon auf S. 7 des einleitenden Kapitels über die mechanische Ausführung vorweggenommen. In den späteren Kapiteln wird dieselbe für jede Type besonders behandelt. Im folgenden wollen wir noch einige allgemeine Betrachtungen anstellen, die uns für die Wirkungsweise elektrischer Meßgeräte interessieren. Da ist vor allem die zur Verfügung stehende Kraft. Entweder:

a) Bei Längsbewegung des Systems und des Zeigers die *größte Zugkraft* (in g).

b) Bei Kreisbewegung des Systems und damit des Zeigers das *größte Drehmoment* (in cmg) (Kraft $\times$ Hebelarm).

Beide sind bezogen auf den sog. Vollausschlag oder *Endausschlag* des Instrumentes, der bei Instrumenten mit Kreisbewegung des Systems in den weitaus meisten Fällen etwa 90 Winkelgrade umfaßt und dem größten Wert entspricht, der mit dem betreffenden Instrument in einer bestimmten Anordnung noch gemessen werden kann.

Meßbar ist die im Instrument zur Verfügung stehende elektrische Kraft am einfachsten durch die Größe der notwendigen mechanischen Gegenkraft, etwa in den zur Anwendung kommenden Dreh- oder Zugfedern.

Ferner interessiert uns das Systemgewicht, d. i. das Gewicht des beweglichen Systems. Die Güte eines Meßinstrumentes hängt, abgesehen von der Sauberkeit und Genauigkeit der mechanischen Ausführung, wesentlich ab von dem Verhältnis:

$$\frac{\text{Kraft}}{\text{Systemgewicht}},$$

dem sog. Güteverhältnis des Meßsystems[1]). Hierdurch ist in erster Linie bedingt der Einfluß der Reibung in den Lagern, Federn usw. Je größer das Systemgewicht ist, um so größer ist die Reibung in den Lagern. Je größer aber die Kraft ist, die in dem Meßsystem zur Verfügung steht, um so leichter wird die Reibung überwunden. Hierbei aber wollen wir nicht außer acht lassen, daß für die Güte eines Meßinstrumentes mit Kreisbewegung des Zeigers auch das Trägheitsmoment seines beweglichen Systems eine Rolle spielt. Bei gleichem Systemgewicht, überhaupt bei sonst gleichen Verhältnissen ist natürlich ein Instrument besser, dessen System das geringere Trägheitsmoment, d. h. eine kleinere Schwungkraft besitzt. Ein Instrument mit größerem Trägheitsmoment ist Beschädigungen beim Versand und beim Gebrauch leichter ausgesetzt. Die wesentlichen Teile der Lagerung, die fein geschliffenen Stahlspitzen, die Lagersteine werden eher beschädigt. Außerdem ist die Möglichkeit leichter gegeben, daß der Schwerpunkt des beweglichen Systems, der bei Instrumenten mit Drehfedern meistens durch gute Gewichtsausgleichung in die Achse verlegt wird, sich mit der Zeit ändert, so daß dann die Schwerkraft einen Fehler in den Angaben des Instruments erzeugt. Man sagt dann, die Gewichtsausgleichung, die Ausbalancierung des beweglichen Systems hat sich geändert. Das Instrument zeigt weniger genau, weil die Kraft der Anziehung der Erde ein zusätzliches, das Meßresultat fälschendes Drehmoment liefert.

Etwas anderes ist es bei Instrumenten, in denen anstatt der Federn die Schwerkraft als mechanische Gegenkraft verwendet wird (vgl. S. 22). In solchen Fällen ist das bewegliche System überhaupt nicht ausgeglichen, Der Schwerpunkt desselben liegt von vornherein und absichtlich außerhalb der Achse. Aber auch hier bewirkt eine Veränderung der Schwerpunktslage eine Verringerung der Genauigkeit des Instrumentes, die sich allerdings in solchen Fällen durch Änderung der Nullpunktslage bemerkbar macht.

Es entsteht nun die Frage: Warum wenden wir nicht recht große Kräfte in den Instrumenten an? — Abgesehen von der Grenze,

---

[1]) Vgl. auch Z. f. Fernmeldetechnik, 1920, S. 74.

welche einem Zuweitgehen nach dieser Richtung durch das Mindestmaß von Gewicht und Größe eines Instrumentes gesetzt ist, ist die Größe der Kraft noch beschränkt durch den Eigenverbrauch, der in praktisch geringen Grenzen gehalten werden muß. Denn dieser Eigenverbrauch an elektrischer Energie, der zur Betätigung des Instrumentes (nämlich zur Herstellung gewisser Spannungszustände sei es in Form eines magnetischen oder elektrostatischen Feldes usw.) notwendig ist, und der sich restlos in Wärme umsetzt (vgl. S. 31), muß demselben von außen zugeführt werden und geht so für die weitere Nutzbarmachung verloren. Er verursacht gewisse Kosten, die möglichst klein gehalten werden müssen.

Ferner ist die Schaltung des Instrumentes zu beachten. Man unterscheidet:

1. eine innere Schaltung,
2. eine äußere Schaltung.

Schließlich interessiert uns bei der Benutzung:

1. das Meßbereich und die Instrumentkonstante,
2. die Genauigkeit.

Meßbereich und Instrumentkonstante. Genauigkeit.

Meßbereich. Geradeso wie das Meßbereich einer Federwage begrenzt ist durch die Kraft und Größe der in der Wage zur Anwendung kommenden Feder, ist auch das Meßbereich eines einfachen elektrotechnischen Meßinstrumentes (Instrument ohne Hilfsapparate) begrenzt durch die Abmessungen gewisser Hauptteile des Meßsystems, womit man die Messung noch vornehmen kann, ohne daß dasselbe Schaden leidet, z. B. durch Erwärmung bei Stromdurchgang.

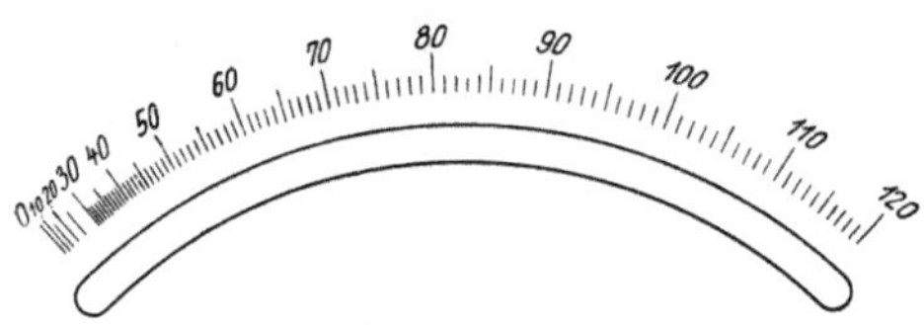

Abb. 24. Ungleichmäßige Skala.

Das Meßbereich eines Instrumentes ist nach oben begrenzt durch den Höchstwert der Meßgröße, welcher am Endausschlag des Instrumentes abgelesen werden kann.

Für das Meßbereich interessiert aber nicht nur der größte zu messende Wert, sondern auch der noch meßbare kleinste Wert. Bei Instrumenten mit gleichmäßiger Teilung liegt dieser Wert in der Nähe des Nullpunktes, aber bei Instrumenten mit ungleichmäßiger Teilung liegen die Skalenteile am Anfang der Skala meist sehr dicht beieinander. Eine genaue Ablesung am Instrument ist dann nicht mehr möglich. Die untere Grenze des Meßbereiches ist gewissermaßen bestimmt durch die Genauigkeit, mit der der kleinste noch meßbare Wert abgelesen werden kann.

Instrumentkonstante. Bei der Benutzung eines Meßinstrumentes ist auch von Wichtigkeit die Multiplikationskonstante. Besitzt ein Instrument, wie meist für Schalttafelzwecke, nur ein einziges

Meßbereich, z. B. ein Spannungsmesser das Meßbereich von 120 V, so ist die Skala natürlich in den Werten dieses einen Meßbereiches beziffert, und der Meßwert in V wird durch Ablesung am Instrument unmittelbar erhalten (Abb. 24). Die Multiplikationskonstante (Volt pro Teil) ist dann 1. (Der Begriff deckt sich mit dem der Empfindlichkeit [Ampere pro Teil] bei Galvanometern).

Sobald aber zwei oder mehrere Meßbereiche für ein und dasselbe Instrument in Betracht kommen, z. B. bei Verwendung von Hilfsapparaten zu diesem Instrument — Widerstände, Meßwandler —, spielt auch die Multiplikationskonstante eine Rolle, und sie ist für jedes in Frage kommende Meßbereich eine andere. Am besten wird das an Beispielen klar.

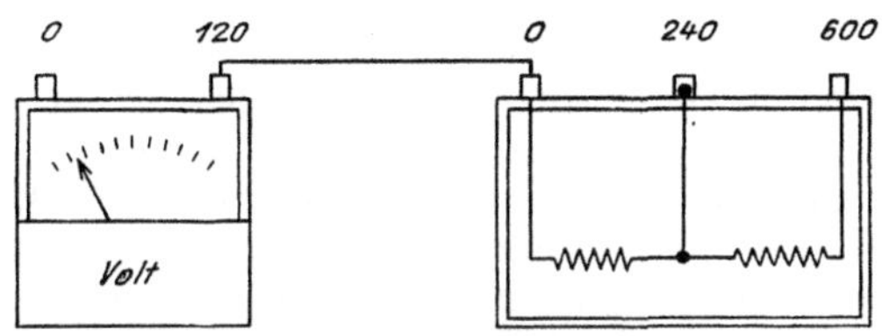

Abb. 24a. Voltmeter mit Vorwiderstand.

Vorgelegt sei ein tragbarer Spannungsmesser mit einem Meßbereich von 120 V; derselbe habe eine Skala mit 120 Teilen (Abb. 24), beziffert 0, 10, 20, 30, ..., 120. Es sei angenommen, daß durch Beschaffung eines geeigneten Vorschaltwiderstandes die beiden Meßbereiche 240 und 600 V dazu kommen (vgl. Abb. 24a).

Im Meßbereich 120 V gelten dann unmittelbar die Werte der Skalenbezifferung in V. Im Meßbereich 240 V steht der Zeiger bei 240 V auf dem Teilstrich 120, bei 120 V auf dem Teilstrich 60. Im Meßbereich 240 V sind also die Werte der Skalenablesung mit 2 zu multiplizieren, um die richtige, in diesem Meßbereich gemessene Spannung in V zu erhalten. Die Multiplikationskonstante, vielfach auch kurz als Konstante bezeichnet, ist für das Meßbereich 240 V 2.

Im Meßbereich 600 V steht der Zeiger bei 600 V auf dem Teilstrich 120, bei 300 V auf dem Teilstrich 60. Im Meßbereich 600 V sind demnach die Werte der Skalenablesung mit 5 zu multiplizieren, um die in diesem Meßbereich gemessene Spannung in V zu erhalten. Die Multiplikationskonstante ist hier 5.

Genauigkeit. Während man in der Physik im allgemeinen von den Fehlern spricht, die bei einer Messung entstehen können, und die Grenzen angibt, welche der Fehler nicht überschreiten darf, hat man sich im Meßinstrumentenbau fast überall daran gewöhnt, von der Genauigkeit der Instrumente zu reden. Je größer der mögliche Fehler ist, um so geringer ist die Genauigkeit.

Der Begriff der Genauigkeit der Messung überhaupt ist nun festzulegen als das Verhältnis der Größe des möglichen Meßfehlers zu der Größe des zu messenden Wertes.

Die Genauigkeit wird vielfach auf die Größe des augenblicklich vorhandenen Meßwertes, d. h. auf den Sollwert der Meßgröße bezogen und in Prozenten ausgedrückt. Andererseits drückt man aber die Genauigkeit auch in Prozenten, bezogen auf den Höchstwert (Maximalwert), aus, was das Meßinstrument bei der Beurteilung natürlich günstiger erscheinen läßt. Beträgt z. B. der Fehler einer Messung mit einem Weicheisenstrommesser für 10 A an der Stelle 7 A als Sollwert der Messung vielleicht 0,1 A, so ist der Fehler in Prozenten ausgedrückt, bezogen auf den Sollwert:

$$x = 100 \cdot \frac{0,1}{7} = 1,43\,\%,$$

auf den Höchstwert bezogen aber nur:

$$x = 100 \cdot \frac{0,1}{10} = 1\,\%.$$

Es sei noch bemerkt, daß die Angabe der Genauigkeit in Prozenten vom Höchstwert das Instrument nicht nur günstiger erscheinen läßt, sondern daß diese Beziehung auf den Höchstwert auch bequemer ist als die auf den Sollwert. In der Nähe des Nullpunktes ist der Fehler, auf den Sollwert bezogen, unverhältnismäßig groß, während er auf den Höchstwert bezogen das gewöhnliche Maß gar nicht überschreitet.

Ist z. B. der Sollwert Null, während der Zeiger einen wenn auch noch so kleinen Ausschlag a zeigt, so ist der Fehler, auf den Sollwert bezogen $\frac{a}{0}$, d. h. unendlich groß. Dieser Umstand hat zu der Maßnahme geführt, die auf den Sollwert bezogene Genauigkeit beispielsweise nur für die oberen zwei Drittel des Meßbereiches gelten zu lassen, während man für das untere Drittel festlegt, daß der Fehler einen gewissen Bruchteil eines Skalenteiles nicht überschreiten darf.

Die Genauigkeit der Messung mit einem technischen Meßinstrument hängt von verschiedenen Faktoren ab:

1. Von dem beim Instrument verwendeten Meßprinzip überhaupt. Ein Drehspulinstrument gestattet eine genauere Messung unter sonst gleichen Verhältnissen als z. B. ein Weicheiseninstrument.

2. Von dem Güteverhältnis: $\frac{\text{Kraft}}{\text{Systemgewicht}}$ oder $\frac{\text{Drehmoment}}{\text{Systemgewicht}}$ (vgl. S. 15).

3. Von der Güte der mechanischen Ausführung.

4. Von der Güte der verwendeten Materialien.

5. Von dem Größenverhältnis der einzelnen Skalenteile untereinander.

Bei den engeren Teilen am Anfang einer ungleichmäßigen Teilung ist keine so genaue Ablesung möglich wie an der Gebrauchsstelle des Instrumentes, etwa in den oberen zwei Dritteln der Skala, wo die Teile größer sind und die Skala zur Unterstützung der Genauigkeit der Ablesung möglicherweise noch feiner unterteilt werden kann. Bei gleichmäßiger Teilung ist die Ablesegenauigkeit an allen Stellen der Skala die gleiche.

6. Von der Art und Weise der Ablesung des Zeigerausschlages (Lanzenzeiger, Messerzeiger, Spiegelbogen, Lupe, Fadenzeiger usw.).

7. Von dem subjektiven Fehler, infolgedessen entweder immer etwas zuviel oder etwas zuwenig abgelesen wird, ein Fehler, der allerdings mit der Zeit durch Übung im Ablesen geringer wird. Der Fehler kann aber auch rein zufälliger Natur sein.

8. Von den Verhältnissen, unter denen die Messung vorgenommen wird: Schwanken der Meßgröße, Spannungsschwankungen, Frequenzschwankungen.

9. Von den Fehlerquellen, welche die Angaben des Instrumentes von außen beeinflussen können: Temperaturänderung, fremde magnetische Felder u. a. m.

Fassen wir einmal kurz zusammen, so unterscheiden wir unter dem Begriff Genauigkeit

A. Eichgenauigkeit,

B. Meßgenauigkeit,

und als Unterabteilungen:

a) Einstellgenauigkeit,
   1. mechanische Einstellgenauigkeit,
   2. elektrische Einstellgenauigkeit;

b) Ablesegenauigkeit,
   1. objektive Ablesegenauigkeit,
   2. subjektive Ablesegenauigkeit.

Unter **Eichgenauigkeit** verstehen wir die Genauigkeit, mit der ein Instrument geeicht werden kann. Bei der Eichung können Fehlerquellen auftreten, welche die Genauigkeit der Eichung beeinträchtigen.

Unter Umständen können z. B. bei der Eichung von Schalttafelinstrumenten infolge der wagerechten Achsenlagerung und anderes mehr gewisse Reibungsfehler auftreten, welche zur Folge haben, daß das bewegliche System sich nicht „genau einstellt" und daß diese kleine mechanische Trägheit erst durch „Klopfen" (etwa an der Glasscheibe des Instrumentes) überwunden wird. Hierdurch ist die mechanische Einstellgenauigkeit beeinträchtigt.

Die mechanische Einstellgenauigkeit, d h. der Reibungsfehler, ist für das ganze Meßbereich, also über die ganze Skala des Meßinstrumentes im allgemeinen praktisch als unveränderlich anzusehen, falls sich nicht durch besondere Umstände in irgendeiner Zeigerstellung ein größerer Reibungsfehler bemerkbar macht. Dieser Fall kann z. B. eintreten, wenn etwa im Luftdämpferkasten eine Faser die Bewegung an einer bestimmten Stelle hemmt und anderes mehr.

Andererseits können auch gewisse elektrische Erscheinungen auftreten, so daß sich das bewegliche System infolgedessen nicht genau einstellt. Denken wir z. B. an die Erscheinung der Remanenz bei Weicheiseninstrumenten mit großen Eisenkernen. Hierdurch wird die elektrische Einstellgenauigkeit vermindert.

Schließlich muß aber noch betont werden, daß jedes Instrument im allgemeinen für ganz bestimmte Verhältnisse geeicht wird, wobei gewisse Bedingungen erfüllt werden, welche bei der späteren Benutzung des Meßinstrumentes möglicherweise nicht mehr zutreffen. Z. B. wird das Instrument gewöhnlich bei Zimmertemperatur geeicht; ferner bei Wechselstrom etwa bei einer gewissen Periodenzahl, Spannung und anderes mehr. Bei elektrodynamischen Instrumenten wird beispielsweise der Einfluß des erdmagnetischen Feldes bei der Eichung berücksichtigt (vgl. S. 68 u. 83). Die Eichung stimmt also ganz genau eigentlich nur dann, wenn die Verhältnisse bei der Benutzung des Instrumentes zu irgendeiner Messung die gleichen sind wie bei der Eichung. Andererseits treten unter Umständen durch Änderung der Verhältnisse gewisse Fehler auf, welche die Meßgenauigkeit beeinträchtigen. Natürlich geht ein allgemeines Streben der Konstrukteure dahin, die Instrumente von äußeren Einflüssen möglichst unabhängig zu machen, was auch bei den meisten Instrumenttypen bereits erreicht ist.

Die **Meßgenauigkeit** kann, ebenso wie die Eichgenauigkeit, durch gewisse Reibungsfehler vermindert werden. Auch dann, wenn das Instrument bei der Eichung keinen Reibungsfehler hatte, kann durch den Versand oder unsachgemäße Behandlung eine Beschädigung der zarten Lagerteile eingetreten sein, so daß die verminderte Einstellgenauigkeit auch die Meßgenauigkeit beeinträchtigt. Für die Eichung und Nacheichung von Meßinstrumenten ist von großer Wichtigkeit die Wahl geeigneter Vergleichsinstrumente, denn die Eichgenauigkeit ist höchstens gleich der Meßgenauigkeit dieser Vergleichsinstrumente.

Zum Schluß möge darauf hingewiesen werden, daß oft zur Erhöhung der Genauigkeit Schalttafelinstrumente oder auch tragbare Montageinstrumente geringerer Genauigkeit mit Messerzeiger und Spiegelbogen und feiner Skalenteilung versehen werden. Das hat natürlich nur dann einen Zweck, wenn die damit erzielte Erhöhung der Ablesegenauigkeit im Einklang steht mit der Einstellgenauigkeit der betreffenden Instrumenttype. Ist dagegen die Einstellgenauigkeit beschränkt auf 1 % oder gar 2 %, so hat die Anordnung von Messerzeiger und Spiegelbogen zur Vermeidung der parallaktischeu Ablesefehler, die innerhalb von Bruchteilen eines Prozents liegen, gar keinen Sinn. Die Genauigkeit der Ablesung steht dann in keinem vernünftigen Verhältnis zur Genauigkeit der Messung.

Etwas anderes ist es, wenn man diesen Messerzeiger und Spiegelbogen nicht in dem guten Glauben anbringt, die Meßgenauigkeit zu erhöhen, sondern mit dieser Maßnahme nur den Zweck verfolgt, bei Verwendung z. B. eines Schalttafelinstrumentes zu Eichzwecken in Laboratorien Ungeübten die Ablesung zu erleichtern und den subjektiven Fehler in kurzer Zeit auf das gewünschte Mindestmaß zu bringen. In diesem Sinne hat der Zwang, bei der Ablesung des Instrumentes den Messerzeiger mit seinem Spiegelbild zur Deckung bringeu zu müssen, eine gewisse Berechtigung.

Es muß allgemein betont werden, daß die Genauigkeit bei Kontrollinstrumenten für Präzisionsmessungen eine bevorzugte Rolle spielt, bei technischen Meßinstrumenten aber zurücktritt gegenüber der Forderung nach Betriebssicherheit.

Ihre Beurteilung bei der Anschaffung[1]).

Für die Beurteilung des Instrumentes ist bei der Anschaffung besonders zu beachten:

1. die Verwendungsmöglichkeit,
2. die Betriebssicherheit,
3. die Einfachheit der Handhabung,
4. die Genauigkeit,
5. der Eigenverbrauch,
6. die äußere Form,
7. die Größe,
8. das Gewicht,
9. die Haltbarkeit, und zuletzt, aber nicht am wenigsten,
10. der Preis.

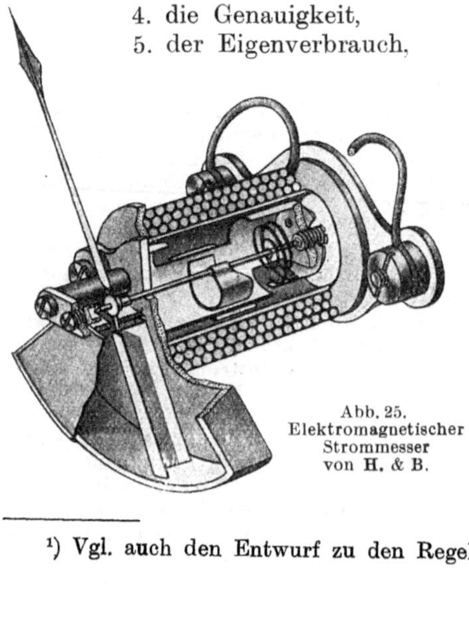

Abb. 25. Elektromagnetischer Strommesser von H. & B.

Weicheisenmeßgeräte.

Einleitung. Die Weicheisenmeßgeräte, auch elektromagnetische Instrumente genannt, gehören zu den ältesten elektrotechnischen Zeigerinstru-

1) Vgl. auch den Entwurf zu den Regeln des V. d. E. ETZ. 1921, S. 324.

menten. Schon im Jahre 1884 gab Friedrich Kohlrausch die Konstruktion eines elektromagnetischen Federgalvanometers an.

Prinzip. Das Prinzip der elektromagnetischen Instrumente ist folgendes: Ein oder mehrere Weicheisenkerne werden der Wirkung eines elektromagnetischen Feldes ausgesetzt, und zwar wird entweder

1. ein Eisenkern in eine Spule eingezogen, welche vom Strom durchflossen ist, oder
2. ein in einer Spule drehbar gelagertes Stück Eisen je nach der Anordnung von einem oder mehreren unbeweglichen Eisenstücken abgestoßen oder angezogen, sobald die Spule vom Strom durchflossen wird.

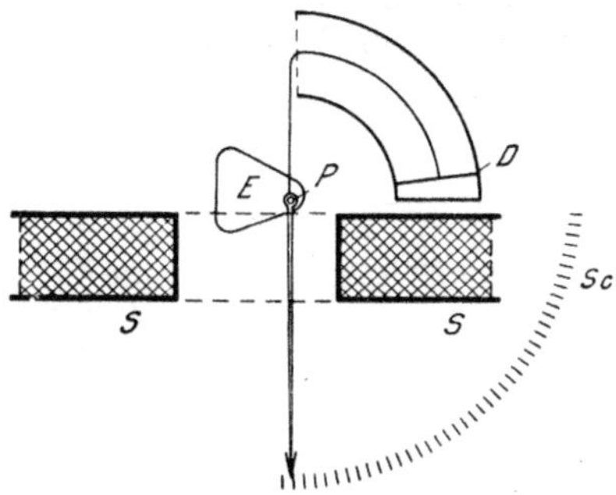

Abb. 26. Weicheisenmeßgerät von S. & H.

Ausführungsformen. Im Falle der Abb. 10 dient eine Spiralzugfeder F als Gegenkraft. Das bewegliche System mit dem länglichen Eisenkern wird in die Spule S senkrecht hineingezogen. Der Zeiger Z bewegt sich über einer ge-

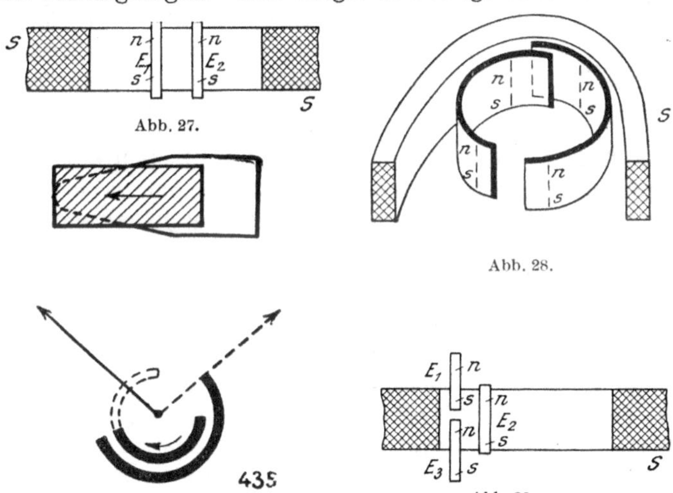

Abb. 27. Abb. 28. Abb. 29. Abb. 30.

Schematische Darstellungen elektromagnetischer Meßgeräte.

radlinigen Skala. Im Falle der Abb. 26 dient das Eigengewicht des beweglichen Systems als mechanische Gegenkraft. Das ovale Eisenscheibchen E wird in die Spule hineingezogen und dreht sich dabei um den festen Punkt P. Dementsprechend bewegt sich der Zeiger über einer Kreisbogenskala.

Nach Abb. 27 befinden sich in der Spule S zwei längliche Eisenstäbchen E_1 und E_2, welche beide im selben Sinne magnetisch werden und sich daher abstoßen; dasselbe tritt auch ein, wenn man zwei konzentrisch gebogene Bleche in der Spule S (Abb. 28) einander gegenüberstellt, von denen das eine fest, das andere drehbar angeordnet ist. Schematisch dargestellt ist diese Anordnung in Abb. 29. Anstatt zweier Eisenbleche können deren auch mehrere angeordnet sein.

In Abb. 30 ist ein Instrument angedeutet mit zwei festen und einem beweglichen Eisenblechstreifen, deren Abwicklung Abb. 31 zeigt. In den Fällen der Abb. 31 und 30 findet nicht Abstoßung statt, sondern es wird das drehbare mittlere Blech von den beiden anderen festen angezogen. Als Gegenkraft kann die Erdanziehung oder auch eine oder zwei Drehfedern dienen. Dabei ist zu erwähnen, daß Instrumente mit der Erdanziehung als Gegenkraft kein ausgeglichenes bewegliches System besitzen. Der Schwerpunkt liegt in der Nullstellung, also im ausgeschalteten Zustande, senkrecht unterhalb des Drehpunktes.

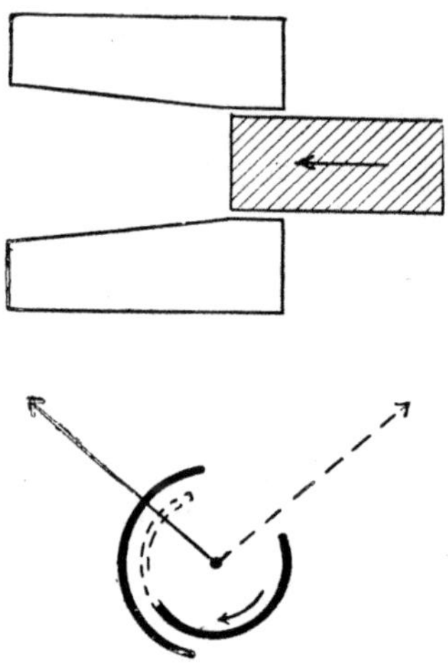

Abb. 31. Schematische Darstellung.

Dämpfung. Weicheiseninstrumente besitzen meist Luftdämpfung. Hin und wieder wird in Fällen, wo die Meßgröße starken Schwankungen unterworfen ist, Öldämpfung angewendet, wodurch die Zeigereinstellung überaperiodisch wird. (Vgl. S. 11.)

Einstellkraft. Die elektromagnetische Einstellkraft des beweglichen Systems der Weicheiseninstrumente ist von zweierlei abhängig. Erstens von dem Magnetismus der stromdurchflossenen Spule, und zweitens vom Magnetismus des beweglichen Eisenkerns, der seinerseits durch die Spule magnetisiert wird. Beide, sowohl der Magnetismus der Spule wie auch der Magnetismus des beweglichen Eisenkernes, entstehen infolge des Stromdurchganges durch die Spule und nehmen mit der Stromstärke in der Spule gleichzeitig zu. Sind außerdem Eisenkerne in der Spule fest angeordnet (vgl. S. 21), so sind dieselben als Träger des Spulenmagnetismus zu betrachten. Die Einstellkraft der elektromagnetischen Instrumente ist also in zweifacher Weise dem durch die Spule fließenden Strom proportional, sie wächst also mit dem Quadrate des Spulenstromes.

Man kann das Gesetz der Abhängigkeit der Einstellkraft des elektromagnetischen Instrumentes vom Spulenstrom durch folgende Gleichung angenähert zum Ausdruck bringen:

$$P = c \cdot I^2.$$

Hierin bedeutet: $P =$ Einstellkraft, $c =$ Proportionalitätsfaktor, $I =$ Spulenstrom.

Für Instrumente, bei denen das bewegliche System eine Kreisbewegung ausführt, muß noch hinzugefügt werden, daß auch das

Drehmoment (Kraft × Hebelarm) proportional dem Quadrate des Spulenstromes ist, weil ja die Einstellkraft immer an demselben *unveränderlichen Hebelarm* angreift.

Skala. Infolge dieser zweifachen Abhängigkeit der Einstellkraft vom Spulenstrom ist die Skala des Weicheiseninstrumentes *nicht gleichmäßig*, sondern wie man sagt: *quadratisch*. Das elektrische[1] Drehmoment ist:

$$M_e = c_1 I^2.$$

Das mechanische Gegendrehmoment ist:

$$M_m = c_2 \cdot \alpha,$$

wobei α den Zeigerausschlag bedeutet. Für jeden Ausschlag α gilt dann: $M_e = M_m$, d. h.

$$c_1 I^2 = c_2 \cdot \alpha, \qquad \alpha = \frac{c_1}{c_2} \cdot I^2 = k \cdot I^2.$$

Beim Anwachsen des Stromes um gleiche Teile wächst der Ausschlag des Zeigers nicht auch gleichmäßig an, sondern er nimmt erst weniger, dann aber, bei größerer Stromstärke, schneller zu. Die Teilstriche der Skala liegen daher am Anfang enger zusammen, später weiter auseinander. Am Schluß aber liegen sie vielfach wieder etwas enger zusammen. Ist nämlich das Eisen gesättigt, d. h. sind so viel Kraftlinien vorhanden, daß weitere nicht mehr im Eisen entstehen können, so hört der quadratische Charakter der Eichkurve (Abb. 32) wieder auf und es tritt zunächst Proportionalität mit I ein. Später wird ein Grenzwert erreicht, wo die Stromstärke nicht mehr imstande ist, eine weitere Bewegung des Eisens zu bewirken, weil der Eisenkern seine Endlage in bezug auf die Anordnung in der Spule schon erreicht hat, wenn auch der Strom gesteigert wird, der Ausschlag wird nicht mehr größer. Die Eichkurve biegt um und verläuft parallel zur Abszissenachse. Da die natürlichen Vorgänge keine Sprünge zulassen, so erfolgt das Umbiegen nicht plötzlich. Aber es entsteht eine mehrfach gekrümmte Eichlinie anstatt einer Geraden[2].

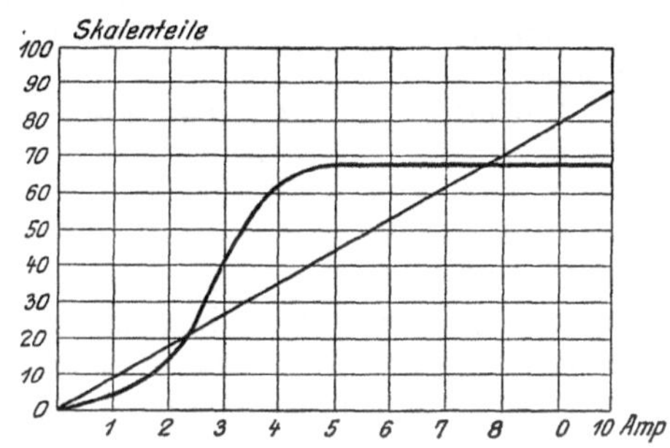

Abb. 32. Eichkurve eines Strommessers.

In dem Bestreben nach Proportionalität der Eichteilung, Geradlinigkeit der Eichkurve, sind die verschiedensten Ausgestaltungen der Weicheiseninstrumente entstanden. Durch geeignete Formgebung

[1] Vgl. S. 6, Fußnote und auch S. 43—45.

[2] In der Praxis greift man für das in Betracht kommende Meßbereich das gerade ansteigende Stück der Kurve heraus.

und Anordnung der zur Verwendung kommenden Eisenteile ist man in der Lage, die Eichkurve zu beeinflussen und dafür zu sorgen, daß dieselbe sich der geraden Linie mehr oder weniger nähert (Abb. 33).

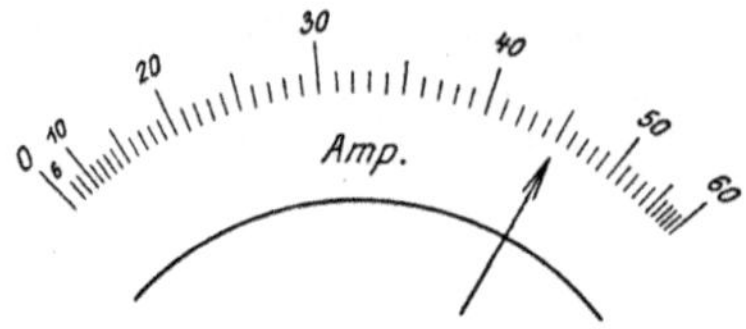

Abb. 33. Skala eines Weicheisenstrommessers.

Einige Konstrukteure wählen hohe Sättigung des beweglichen Eisens, d. h. geringe bewegliche Eisenmengen, um die Eichkurve geradlinig zu gestalten; der quadratische Charakter tritt dann mehr zurück, und es tritt schon im unteren Teil der Skala, etwa vom zehnten Teil des Skalenendwertes an, annähernde Proportionalität mit I ein.

Verwendbarkeit. Die elektromagnetischen Instrumente sind als Strom- und Spannungsmesser sowohl für Gleich- als auch für Wechselstrom verwendbar; sie besitzen aber bei Gleichstrom eine andere Eichkurve wie bei Wechselstrom, welche vielfach durch verschiedene Farben in der Skalenteilung deutlich voneinander unterschieden werden, wenn das Instrument für beide Stromarten gebraucht werden soll.

Verhalten bei Gleich- und Wechselstrom. Die Angaben des Weicheiseninstrumentes sind bei Gleichstrom nicht dieselben, wenn der Strom im Ansteigen oder im Abfallen begriffen ist, denn es ist für das Zustandekommen der elektrischen Kraft im Instrument nicht gleichgültig, ob das Eisen einen Augenblick vorher wenig oder stark magnetisch war. Der Einfluß des magnetischen Rückstandes (Remanenz) tritt hier zutage. Man nimmt daher in manchen Fällen zwei Eichkurven bei Gleichstrom auf: eine bei ansteigendem, die zweite bei abfallendem Strom; das Mittel daraus ergibt die Teilung für Gleichstrom. Durch Verwendung besonderer Eisensorten, z. B. durch Anwendung von Elektrolyteisen, wird die Remanenz verschwindend klein, so daß der Unterschied zwischen auf- und absteigender Eichkurve so gering ist, daß er für die meisten technischen, besonders für Schalttafelinstrumente vernachlässigt werden kann.

Bei Wechselstrom ist der Ausschlag eines guten elektromagnetischen Instrumentes $1-2\,^0/_0$ kleiner als bei Gleichstrom, weil der Wechselstrom im Eisen ein kleineres magnetisches Feld erzeugt wie bei Gleichstrom. Der Differenzbetrag wird bei Wechselstrom zur Arbeit der Ummagnetisierung verwendet.

Abhängigkeit von der Frequenz. Dieser Einfluß der Ummagnetisierungsarbeit (Hysteresis) steigt natürlich mit der Frequenz des Wechselstromes, und deshalb sind die Weicheiseninstrumente etwas von der Periodenzahl abhängig[1]). Ist der Wechselstrom kein reiner Sinusstrom, sondern enthält er höhere Harmonische außer der Grundwelle, so tritt bei Instrumenten mit geringer Sättigung noch eine Abhängigkeit von der höheren Frequenz dieser Obertöne hinzu, und

[1]) Vgl. auch Z. f. Fernmeldetechnik 1920, S. 20.

es ist das Weicheiseninstrument demnach auch etwas von der Kurvenform des Wechselstromes abhängig. Bei Voltmetern (vgl. S. 28—30) kommt noch hinzu, daß der induktive Widerstand bei höherer Frequenz bedeutend größer wird. Hierdurch sinkt bei gleicher Spannung die Stromaufnahme. Spannungsmesser sind daher in noch höherem Maße von der Frequenz abhängig wie Strommesser.

Abhängigkeit von der Temperatur vgl. S. 27.

Abhängigkeit von fremden Feldern. Infolge des elektromagnetischen Prinzips sind die Weicheiseninstrumente nicht unabhängig von der Beeinflussung durch fremde magnetische Felder, wie sie z. B. durch benachbarte Starkstrom führende Leitungen erzeugt werden können, weshalb bei ihrer Anbringung an der Schalttafel usw. gewisse Vorschriften beachtet werden müssen. Durch Verwendung von Eisengehäusen kann die Beeinflussung durch fremde Felder vom Meßsystem ferngehalten bzw. wesentlich vermindert werden.

Um von dem Einfluß elektrostatischer Felder unabhängig zu sein, kleidet man Strommesser, die nicht schon Metallgehäuse besitzen und die für unmittelbare Einschaltung in die Hochspannung bestimmt sind, im Innern mit Staniol aus und verbindet sämtliche Metallteile einpolig mit dem Belag und mit einem Punkt der Stromspule. Vgl. auch S. 88 (Ausgleichsleitung).

Überlastbarkeit. Eine sehr angenehme Eigenschaft der Weicheiseninstrumente ist ihre starke Überlastungsfähigkeit, ohne gleich der Zerstörung preisgegeben zu sein. Dieselbe findet ihre Ursache in dem völligen Mangel an stromführenden beweglichen Teilen.

Verwendung als Strommesser. Die Weicheiseninstrumente können als Strom- oder Spannungsmesser Verwendung finden. Die einfachste Verwendungsart ist die als Strommesser. Der Strom J einer Dynamomaschine D (Abb. 34) möge eine Lampengruppe L speisen. Um den Strom in den Lampen zu messen, schalten wir die Spule eines Weicheisenstrommessers in die Hauptleitung mit ein, so daß der Strom der Lampen die Spule durchfließen muß.

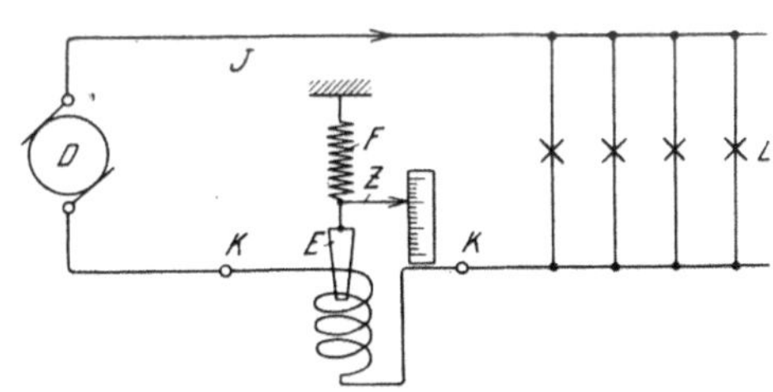

Abb. 34. Strommesserschaltung.

Sowohl die Instrumente mit niedrigem als auch mit höherem Meßbereich erhalten aus fabrikatorischen Gründen dieselbe Amperewindungszahl (Windungszahl der Spule $\times$ Maximalstrom). Sie ist gegeben durch das Minimum der zur Überwindung der Reibung notwendigen elektrischen Einstellkraft[1]). Instrumente für kleinere Ströme erhalten eine hohe Windungszahl, solche für höhere Ströme eine geringere Windungszahl; dasjenige für 1000 A beispielsweise nur eine einzige Windung.

[1]) Bezieht sich auch auf Spannungsmesser.

Weicheiseninstrumente, bei denen der gesamte Verbrauchsstrom die Spule des Instrumentes durchfließt, können nur bis zu einer gewissen Grenze der Stromstärke (meist 1000 A) hergestellt werden, weil andernfalls der für den höheren Strom erforderliche Leitungsquerschnitt für die Spule zu groß werden würde.

Erweiterung des Strommeßbereiches.

Strommesser im Nebenschluß. Zur Erzielung größerer Strommeßbereiche verfährt man wie folgt: Ähnlich wie bei der Anordnung des Mühlgrabens, der nur von dem für die Mühle notwendigen Wasserstrom durchflossen wird, während der Mehrbetrag über ein Wehr im normalen Flußbett weiterfließt, bildet man zur Messung hoher Stromstärken eine sog. Stromverzweigung (Abb. 35).

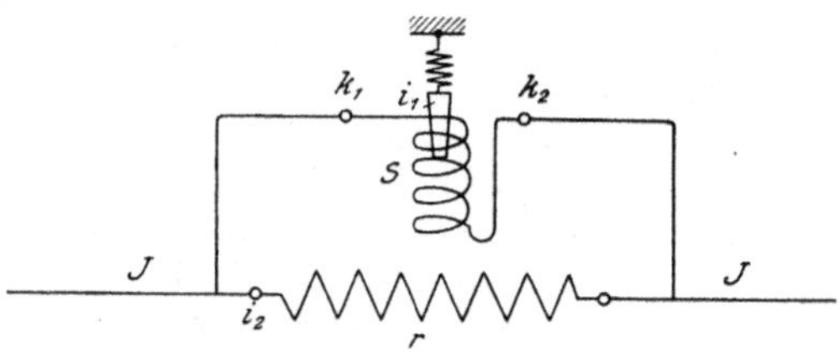

Abb. 35. Strommesser im Nebenschluß.

Der Gesamtstrom I teilt sich dabei in zwei Zweigströme i_1 und i_2. Dabei kann die Anordnung nun so getroffen werden, daß der größte Teil des Gesamtstromes I durch den Widerstand r (Nebenwiderstand, Shunt) als Teilstrom i_2 und der kleinere Teil als Teilstrom i_1 durch die Spule des Meßinstrumentes fließt.

Nebenschlüsse werden im allgemeinen aus Widerstandsmaterial hergestellt, dessen Leitwert von der Temperatur unabhängig ist. Legt man die Kupferspule eines Weicheiseninstrumentes an einen Nebenschluß an (Abb. 35), so tritt bei Erwärmung eine ungleichmäßige Stromverteilung im Shunt und Spulenzweig ein. Die Kupferspule vergrößert ihren Widerstand durch Erwärmung bei Stromdurchgang, während der Widerstand des Nebenschlusses von der Temperatur praktisch unabhängig ist. Diese Widerstandsänderungen bewirken eine Änderung der Stromverteilung in der Verzweigung, wodurch das Instrument beim gleichen Hauptstrom I durch Erwärmung eine andere Einstellung des Zeigers erhält. Das Instrument ist in Verbindung mit Nebenwiderstand von der Erwärmung abhängig. Ein Ausgleich dieses Einflusses ist bei elektromagnetischen Instrumenten wegen der verhältnismäßig großen Kupfermengen in den Spulen mit großen Schwierigkeiten verknüpft.

Bei elektromagnetischen Instrumenten findet daher diese Anordnung des Nebenschlusses nur selten, und zwar nur für sehr hohe Ströme Verwendung. Man baut die Instrumente lieber, wie schon oben erwähnt, für unmittelbare Einschaltung in die Leitung.

Bei Wechselstrom tritt, abgesehen von den Fehlern durch Erwärmung, noch ein anderer Umstand hinzu: Während sich nämlich der Gesamtstrom I bei Gleichstrom genau im umgekehrten Verhältnis der Ohmschen Zweigwiderstände in die Teilströme i_1 und i_2 scheidet, trifft dasselbe bei Wechselstrom nicht mehr zu. Der Widerstand des Zweiges i_1 (Abb. 35) ändert sich infolge der Induktivität der Spule des Weicheiseninstrumentes mit der Frequenz, während der induktionsfreie Nebenwiderstand des Zweiges i_2 für alle in der Starkstromtechnik vorkommenden Wechselzahlen derselbe bleibt. Das Verhältnis der Teilströme untereinander und zum Gesamtstrom ist also bei verschiedener Frequenz verschieden. Das elektromagnetische Instrument erhält infolge der Änderung des Teilstromes i_1 durch die Wechselzahl eine andere Einstellung, auch wenn der Gesamtstrom I derselbe geblieben ist. Die Nebenschlußschaltung ist bei Weicheiseninstrumenten von der Erwärmung und von der Wechselzahl abhängig[1]).

Strommesser und Stromwandler[2]). Man greift daher zu einem anderen Mittel, um das Strommeßbereich der Weicheiseninstrumente zu erhöhen, und das ist bei Wechselstrom der Stromwandler.

Er besteht aus einem Eisenkern mit zwei verschiedenen Wicklungen, und zwar eine Wicklung mit wenigen Windungen aus dickerem Draht und eine zweite Wicklung mit mehr Windungen aus dünnerem Draht (Abb. 36). Schickt man nun durch die dickdrähtige Wicklung einen dem Querschnitt des Drahtes entsprechenden Wechselstrom I_1, so wird, falls die dünndrähtige Wicklung, z. B. über ein Meßinstrument, etwa die Spule S eines Weicheiseninstrumentes, geschlossen ist, in der dünndrähtigen Wicklung durch Induktion ein Strom I_2 erzeugt, der die Spule des Meßinstrumentes durchfließt. Der Strom I_1 in der dickdrähtigen Wicklung heißt Primärstrom, der andere Sekundärstrom.

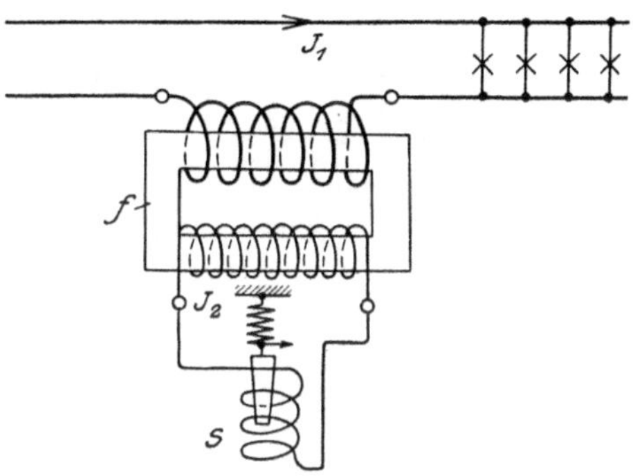

Abb. 36. Strommesser mit Stromwandler.

Primär- und Sekundärstrom verhalten sich zueinander in ihrer Größe umgekehrt wie die Windungszahlen der beiden Wicklungen. Durch geeignete Wahl der Windungszahlen von Primär- und Sekundärwicklung kann man nun dem Stromwandler jedes gewünschte Übersetzungsverhältnis (der Ströme) geben. Will man z. B. einen Wechselstrom von 2000 A messen, so kann man ein Weicheiseninstrument verwenden, welches für 5 A eingerichtet ist, und dazu einen Stromwandler nehmen, der ein Übersetzungsverhältnis von 2000/5 A besitzt. Fließen dann durch die Primärwindungen des Stromwandlers z. B. 1000 A, so fließen in der Sekundärspule und in der Spule des Weicheiseninstrumentes 2,5 A. Man führt aber die Skala des In-

[1]) Vgl. auch Z. f. Fernmeldetechnik 1920, Heft 8.
[2]) Vgl. auch das Kapitel: Meßwandler.

strumentes im vorliegenden Falle für den Primärstrom aus, d. h. man eicht das Instrument für 5 A, beziffert aber die einzelnen Teilstriche mit den entsprechenden Werten des Primärstromes.

Unter gewissen Umständen sind auch Stromwandler von der Periodenzahl abhängig, aber doch in so weiten Grenzen (z. B. 25 bis 100 Perioden) davon unabhängig, daß sie innerhalb dieser Grenzen ein genaues Übersetzungsverhältnis besitzen. Die Erwärmung kann bei Verwendung von guten Stromwandlern praktisch keinen Einfluß ausüben.

Stromwandler können natürlich nur bei Wechselstrom Verwendung finden, da ja ein Gleichstrom keinen anderen Strom induzieren kann.

Wesentlich bei der Verwendung von Stromwandlern zur Erweiterung des Strommeßbereiches bei Amperemetern ist der Umstand, daß die Instrumente von der lebensgefährlichen Hochspannung völlig abgetrennt sind. Primär- und Sekundärwicklung des Stromwandlers sind entsprechend der Hochspannung gegeneinander gut isoliert, so daß eine Berührung des Instrumentes auf der Niederspannungsseite keine Gefahr mehr mit sich bringt. (Vgl. S. 194.)

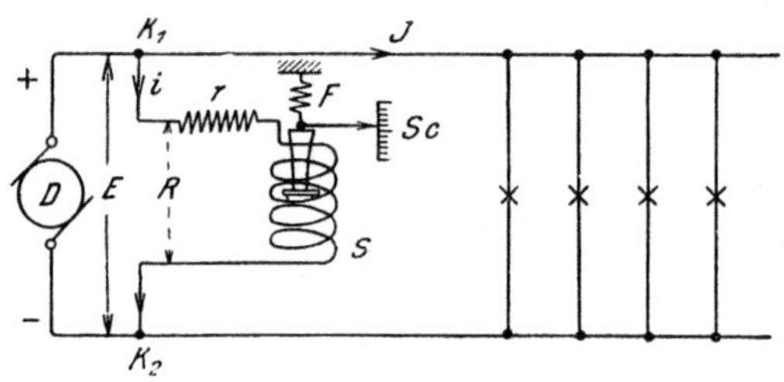

Abb. 37. Spannungsmesserschaltung.

Verwendung als Spannungsmesser. Schaltet man vor einen Strommesser mit niedrigem Meßbereich einen gewissen Vorwiderstand r, so kann er zu Spannungsmessungen verwendet werden (Abb. 37). (Entsprechend der geringen Stromstärke kommt für Spannungsmesser eine Spule aus dünnem Draht mit vielen Windungen zur Anwendung.)

Da nun der Widerstand der Kupferspule allein noch verhältnismäßig klein ist, so würde die Stromaufnahme und damit der Eigenverbrauch des Spannungsmessers sehr groß werden, wenn man die Enden der Spule unmittelbar an die zu messende Spannung legen würde[1]). Man schaltet der Spule daher den Widerstand r vor, welcher den Strom im Spannungsmesser auf ein geringeres Maß herabdrückt. Spule einschließlich Vorwiderstand stellt dann den Spannungsmesser dar. Legt man ihn an eine zu messende Spannung E an (Abb. 37), so fließt durch denselben ein Strom, der um so kleiner ist, je größer sein Gesamtwiderstand R ist. Bei einem Spannungsmesser, welcher einen bestimmten Meßbereich hat und dessen Gesamtwiderstand also nicht mehr geändert wird, ist die Stromaufnahme um so größer, je höher die Spannung E ist, an

---

[1]) Man könnte allerdings eine Spule mit sehr vielen dünnen Windungen und dementsprechend hohem Widerstand wählen und den Widerstand r fortlassen; dann würde aber das Voltmeter in seinen Angaben von der Temperatur und von der Frequenz abhängig, vgl. S. 29.

welche derselbe angelegt wird. Nach dem Ohmschen Gesetz berechnet sich dieser Strom i im Spannungsmesser vom Gesamtwiderstand R wie folgt:

$$i = \frac{E}{R}$$

Da nun aber die Einstellkraft des Spannungsmessers von der Größe des Stromes in der Spule des Instrumentes abhängt (vgl. S. 22), so kann man an der Skalenstelle, wo der Zeigerausschlag einem gewissen Wert i des Spulenstromes entspricht, den dem Strom i proportionalen Wert der Spannung E vermerken ($E = i \cdot R$). Macht man das für die verschiedenen Eichpunkte, so erhält man eine Skala in V. Der Strommesser ist zum Spannungsmesser geworden. Die Skala wird in V eingeteilt.

Der im Spannungsmesser befindliche Vorwiderstand erfüllt beim elektromagnetischen Instrument außer dem obengenannten Zweck der Herabminderung der Stromaufnahme auf ein gewisses Mindestmaß noch zwei andere: Würde man nämlich eine Spule aus Kupferdraht unmittelbar an die zu messende Spannung E anlegen, so würde der Gesamtwiderstand eines solchen Voltmeters sich bei Erwärmung mit der Temperatur ändern. Dementsprechend wäre bei ein und derselben Spannung E der Strom in der Spule bei verschiedener Temperatur nicht derselbe und demnach auch der Ausschlag des Instrumentes. Schaltet man aber einen von der Temperatur unabhängigen Widerstand vom mindestens fünffachen Betrage des Spulenwiderstandes vor, so wird die Änderung des Gesamtwiderstandes im Spannungsmesser infolge der Änderung der Kupferspule auf ein praktisch genügend kleines Maß herabgedrückt und damit ebenso die Abhängigkeit des Zeigerausschlages von Temperaturschwankungen. Da dieser Vorwiderstand induktionsfrei gewickelt wird, so daß er keine Induktivität enthält, so werden die Angaben des Spannungsmessers außerdem so gut wie unabhängig von Schwankungen der Periodenzahl.

Das oben Erwähnte bezog sich auf den niedrigsten Meßbereich eines Spannungsmessers. Die Fehler durch Erwärmung und Frequenzänderung werden aber immer geringer, je mehr Widerstand dem Spannungsmesser zur Erweiterung des Meßbereiches vorgeschaltet ist.

Erweiterung des Spannungsmeßbereiches.

Spannungsmesser mit Zusatzwiderstand. Wünscht man das Meßbereich eines gegebenen Spannungsmessers zu vergrößern, so schaltet man vor dasselbe einen Zusatzwiderstand Z (Abb. 38).

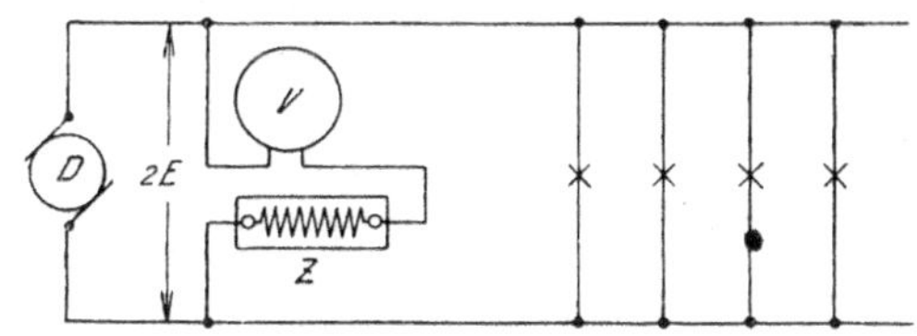

Abb. 38. Voltmeter mit Zusatzwiderstand.

Will man z. B. mit dem obengenannten Voltmeter eine Spannung messen, welche doppelt so groß ist wie E, so wählt man einen Vorwiderstand Z, der gleich dem Gesamtwiderstand R des Spannungsmessers V ist. Legt man diesen in der Schaltung der Abb. 38 an die Spannung $2E$ an, so fließt ein Strom im Spannungskreis, der sich wie früher nach dem Ohmschen Gesetz berechnen läßt. Es ist:

$$i = \frac{2E}{2R} = \frac{E}{R}$$

wie früher, als wir mit dem Spannungsmesser allein die Spannung E gemessen haben. Die Einstellung des Zeigers ist also jetzt für die Spannung $2E$ dieselbe wie früher für die Spannung E, d. h. in der neuen Anordnung ist jeder Wert der Skalenablesung mit 2 zu multiplizieren, d. h. das Meßbereich ist verdoppelt worden. Man beziffert die Skala unmittelbar mit den mit 2 multiplizierten Werten. In manchen Fällen erhalten Instrumente mit mehreren Meßbereichen ebensoviel Skalenbezifferungen, um in jedem Meßbereich den Meßwert auf der zugehörigen Skala direkt ablesen zu können.

Spannungsmesser mit Spannungswandler[1]**.** An Stelle der Zusatzwiderstände kommen besonders für höhere Spannungen (über 1000 V) zur Erweiterung des Spannungsmeßbereiches auch Spannungswandler zur Verwendung (Abb. 39).

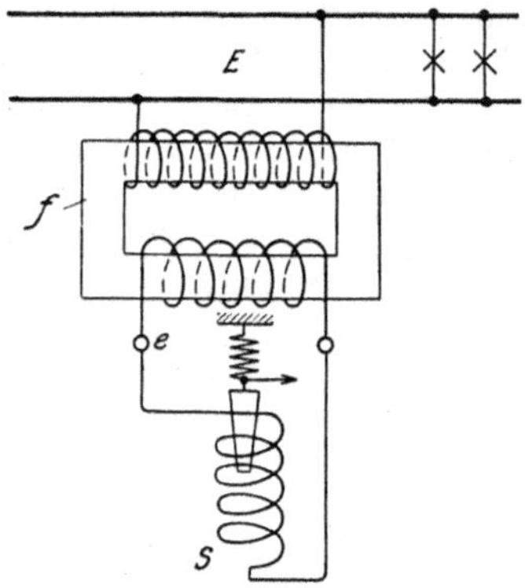

Abb. 39. Voltmeter mit Spannungswandler.

Ähnlich wie bei den früher besprochenen Stromwandlern liegen auf einem Eisenkern zwei verschiedene Wicklungen; die eine mit vielen, die andere mit wenigen Windungen. Im Verhältnis der Windungszahlen wird in der Sekundärwicklung durch Induktion eine niedrige Spannung erzeugt, welche dann einen ihr proportionalen Strom durch den Spannungsmesser S schickt, wenn man die Primärwicklung an die zu messende Hochspannung E anlegt. Der Spannungsmesser mißt dabei Niederspannung. Man beziffert aber die Skala mit den entsprechenden Werten der Hochspannung.

Wichtig und vorteilhaft ist bei der Verwendung von Strom- und Spannungswandlern der Umstand, daß das Meßinstrument elektrisch von der lebensgefährlichen Hochspannung vollständig abgetrennt ist.

Eigenverbrauch der Instrumente.

Wattverbrauch, Spannungsabfall, Stromaufnahme.

Von großer Bedeutung ist der Energieverbrauch der Meßinstrumente, der Eigenverbrauch.

[1]) Vgl. auch das Kap. Meßwandler.

Eigenverbrauch bei Gleichstrom. Sind k_1 und k_2 die Klemmen z. B. eines Weicheiseninstrumentes S, r der Ohmsche Widerstand desselben zwischen den Anschlußklemmen (Abb. 40), so ist der Wattverbrauch N, der für Erwärmung der Spule beim Stromdurchgang aufgewendet wird, proportional dem Widerstand r und proportional dem Quadrate des Stromes, der das Instrument durchfließt:

$$N = I^2 \cdot r.$$

Da der Höchstwert des Stromes I für jeden Strommesser bei einem bestimmten Meßbereich gegeben ist, so muß man seinen Widerstand r klein wählen, um den Eigenverbrauch gering zu halten, und zwar um so kleiner, je größer das Meßbereich des Strommessers werden soll.

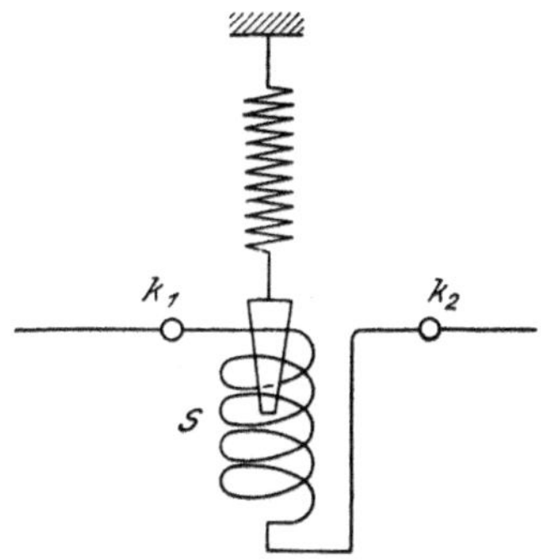

Abb. 40. Berechnung des Eigenverbrauchs.

Die Gleichung für den Wattverbrauch des Spannungsmessers kann man noch etwas umändern, um den Zusammenhang zwischen Wattverbrauch, Eigenwiderstand und Spannung besser erkennen zu lassen. Es ist nämlich:

$$N = i^2 \cdot R = (i \cdot R) \cdot i = E \cdot i = E \cdot \frac{E}{R} = \frac{E^2}{R}.$$

Hierin ist aber für einen zu berechnenden Spannungsmesser E gegeben als für das vorgeschriebene Meßbereich in Betracht kommende größte Spannung. Der Wattverbrauch N wird also um so kleiner, je größer R gewählt wird, da E und also auch E^2 vorgeschrieben ist.

Z. B. Der Widerstand eines elektromagnetischen Strommessers für 5 A betrage etwa 0,15 Ω. Der größte Spannungsabfall e an den Klemmen der Stromspule beträgt dann nach dem Ohmschen Gesetz:

$$e = I \cdot r = 5 \cdot 0{,}15 = 0{,}75 \text{ V},$$

und der Wattverbrauch des Strommessers wäre:

$$I^2 \cdot r = 5^2 \cdot 0{,}15 = 3{,}75 \text{ W}.$$

Der Widerstand R eines elektromagnetischen Spannungsmessers für 110 V betrage 1500 Ω. Die größte Stromaufnahme ist dann:

$$i = \frac{E}{R} = \frac{110}{1500} = 0{,}072 \text{ A} = 72 \text{ mA}.$$

Der Wattverbrauch des Spannungsmessers:

$$i^2 \cdot R = 0{,}072^2 \cdot 1500 = \text{ca. } 8 \text{ W}.$$

Es sei aber dabei hervorgehoben, daß sich die berechneten Werte auf den Endausschlag des Instrumentes beziehen. Für geringere Ausschläge ist der Eigenverbrauch entsprechend kleiner, und zwar fällt er bei Zurückgehen auf den halben Meßwert auf den vierten Teil, weil N vom Quadrat des Meßwertes abhängt.

Für einen gegebenen Spannungsmesser ist der Widerstand R konstant und die zu messende Spannung E ist dann veränderlich gedacht. Demnach ist auch die Stromaufnahme i je nach der Größe der gemessenen Spannung, je nach dem Ausschlag des Spannungsmessers verschieden, vgl. S. 29.

Wenn also der Eigenwiderstand R eines Spannungsmessers bekannt ist, kann man die zu jedem Zeigerausschlag gehörende Stromaufnahme und den Wattverbrauch im Instrument berechnen.

Ähnliche entsprechende Überlegungen gelten natürlich für den Spannungsabfall und den Wattverbrauch im Strommesser.

Bei den vorstehenden Betrachtungen über den Eigenverbrauch im Meßinstrument ist zunächst an die Verwendung für Gleichstrom gedacht worden, wobei dieselben dann auch genau gelten.

Eigenverbrauch bei Wechselstrom. Bei Wechselstrom tritt eine kleine Abänderung ein. Wenn auch die Beziehung $N = i^2 \cdot R$ für Wechselstrom streng richtig bleibt, so ist doch nicht mehr gleichzeitig $N = i \cdot E$ wie bei Gleichstrom, weil bei Wechselstrom zwischen Klemmenspannung und Strom eine gewisse Phasenverschiebung auftritt. Aus demselben Grunde ist in der Formel für die Stromaufnahme $i = \frac{E}{R}$ bei Wechselstrom R nicht mehr nur der Ohmsche Widerstand wie bei Gleichstrom, sondern infolge der Induktivität L der gesamte scheinbare Widerstand, der Wechselstromwiderstand R_s. Ferner ist es bei Wechselstrom nicht mehr möglich, den Spannungsabfall nach der einfachen Beziehung zu berechnen $e = I \cdot r$. In beiden Fällen muß man zur genauen Bestimmung der genannten Größen die Phasenverschiebung kennen, welche zwischen den zueinander gehörenden Strom- und Spannungswerten auftritt.

Spannungsabfall bei Wechselstrom. Betrachten wir die Verhältnisse etwas genauer: Wir fragen einmal nach der Größe des Spannungsabfalles in einem elektromagnetischen Strommesser bei Wechselstrom und benützen dazu die bekannte Methode der zeichnerischen Darstellung von Wechselstromvorgängen mit Hilfe des Vektordiagramms. In Abb. 41 sei I der Vektor des zu messenden Wechselstromes, welcher die Spule eines gegebenen Weicheiseninstrumentes durchfließt[1]).

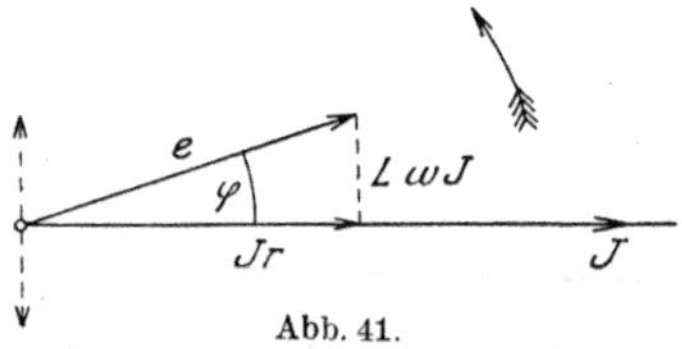

Abb. 41. Spannungsabfall bei Wechselstrom.

Ist r der Ohmsche Widerstand der Stromspule im Instrument zwischen den Klemmen desselben, so ist der Ohmsche Spannungsabfall $I \cdot r$ in Phase mit I. Senkrecht darauf steht die Komponente der Induktivität ($L \omega I$). Durch Ergänzung zum rechtwinkligen Dreieck erhalten wir in der Hypotenuse e den gewünschten Spannungsabfall in der Stromspule. Da nun Strommesser verhältnismäßig

[1]) Der Drehsinn der Vektoren sei im folgenden stets entgegen dem Uhrzeigersinn.

wenig Windungen haben, so ist die Komponente der Induktivität meist klein, und der Wechselstromspannungsabfall unterscheidet sich nur wenig von demjenigen bei Gleichstrom. Man kann sich also zur Ermittlung desselben mit der Gleichung für Gleichstrom begnügen, und es bleibt angenähert:

$$e = I \cdot r \quad ^{1)}.$$

Stromaufnahme bei Wechselstrom. Handelt es sich darum, die Stromaufnahme eines Spannungsmessers zu bestimmen, so gelten ähnliche Betrachtungen. Wir benutzen wieder das Vektordiagramm (Abb. 42): E sei der Vektor der zu messenden Wechselspannung. Enthält dann der Stromlauf des Spannungsmessers eine Induktivität, so ist der Strom i in demselben auf jeden Fall rückwärts gegen die Spannung E verschoben. Der Ohmsche Spannungsabfall iR fällt aber in Phase mit dem Strom i, während senkrecht dazu die Komponente der Induktivität $(L\omega i)$ liegt. Beide ergänzen sich in der Hypotenuse des rechtwinkligen Dreiecks zu der zu messenden Spannung E.

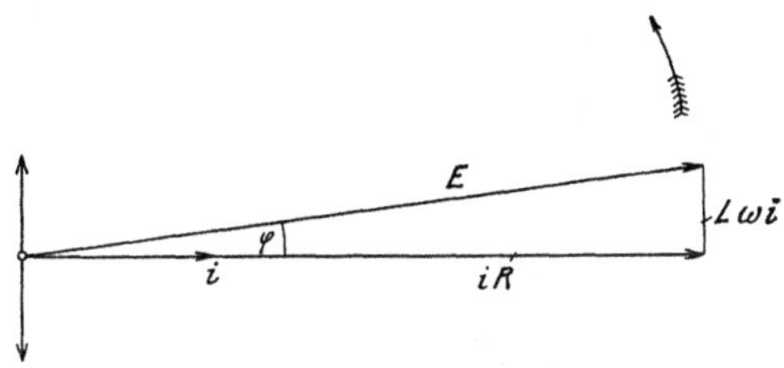

Abb. 42. Stromaufnahme bei Wechselstrom.

Da nun der Ohmsche Widerstand R bei Spannungsmessern meist verhältnismäßig groß ist, so unterscheidet sich die Hypotenuse E wenig von der Komponente iR des Ohmschen Spannungsabfalles. Man macht also einen nur sehr geringen Fehler, wenn man die Stromaufnahme eines Spannungsmessers nach der Formel für Gleichstrom berechnet zu

$$i = \frac{E}{R} \quad ^{2)}.$$

Die Annäherungen stimmen aber nicht mehr bei Instrumenten mit sehr kleinen Meßbereichen, wo die Induktivität gegenüber dem Ohmschen Widerstand stärker hervortritt und die Phasenverschiebung zwischen Spannung und Strom größer wird.

Es möge an dieser Stelle betont werden, daß sich die größte

[1]) Anstatt $e = I \cdot \sqrt{r^2 + L^2\omega^2}$ nach dem Pythagoras aus dem rechtwinkligen Spannungsdreieck, worin bei vernachlässigbar kleiner Induktivität L auch $L^2\omega^2$ gegen r^2 vernachlässigt werden kann, so daß entsteht: $e = \sqrt{I^2 r^2} = I\,r$.

[2]) Anstatt $i = \frac{E}{\sqrt{R^2 + L^2\omega^2}}$ entsprechend der Gleichung $E = i\,\sqrt{R^2 + L^2\omega^2}$ nach dem Pythagoras aus dem rechtwinkligen Spannungsdreieck, worin bei vernachlässigbar kleiner Induktivität L auch $L^2\omega^2$ gegen R^2 vernachlässigt werden kann, so daß entsteht:

$$i = \frac{E}{\sqrt{R^2}} = \frac{E}{R}.$$

Stromaufnahme im Spannungsmesser bis zu einer bestimmten Grenze der Meßbereiche im allgemeinen mit dem Spannungsmeßbereich ändert. Sie ist am niedrigsten bei höherer Spannung, am größten bei niedrigeren Meßbereichen [1]).

Ebenso ändert sich auch der Spannungsabfall bei Strommessern für Meßbereiche unter einer gewissen Grenze, und zwar ist er niedriger bei höheren Strommeßbereichen, höher bei niedrigeren Meßbereichen [1]).

Das alles gilt natürlich nicht nur für Weicheiseninstrumente, sondern entsprechend für Strom- und Spannungsmesser anderer Instrumentgattungen.

Genauigkeit. Die Genauigkeit der technischen Weicheiseninstrumente beträgt etwa 1,5 % vom Höchstwert.

Drehspulmeßgeräte.

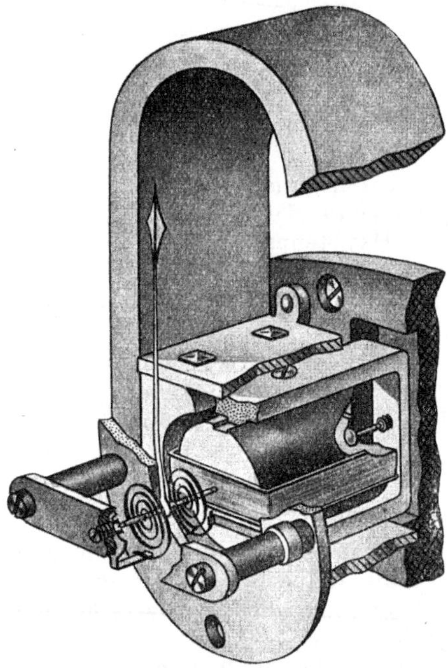

Abb. 43. Drehspulmeßgerät von H. & B.

Einleitung. Die Drehspulmeßgeräte werden vielfach auch Deprezinstrumente genannt nach den Erfindern Deprez und d'Arsonval, welche im Jahre 1881 bei der Firma Carpentier in Paris zum ersten Male ein ähnliches Instrument herstellen ließen. Von den verschiedenen Firmen, welche Meßinstrumente bauen, ist dieses Instrument weiter ausgebildet worden und stellt für Gleichstrommessungen heute wohl das Vollkommenste dar, was im Handel unter den elektrotechnischen Zeigerinstrumenten zu finden ist.

Prinzip. Ein stromdurchflossener Leiter erfährt in einem konstanten Magnetfelde von gleichbleibender Richtung eine Ablenkung.

Ausführungsform. Das Drehspulinstrument besitzt zwei wesentliche Teile: einen feststehenden Dauermagneten und eine drehbar gelagerte, vom Meßstrom durchflossene Spule. Als mechanische Gegenkraft dienen Drehfedern, die das bewegliche System in eine bestimmte Nullage zurückzuführen suchen.

Der kräftige Stahlmagnet *M* (Abb. 44) besitzt meist Hufeisenform. Die besonders angesetzten Polschuhe *NS* aus weichem Eisen sind gewöhnlich zylindrisch ausgebohrt. Dicht vor den Polschuhen schwingt die meist rechteckige Spule *D* um die Drehachse *A*.

[1]) Wegen der konstanten Amperewindungszahl vgl. S. 25.

Um den magnetischen Widerstand des Luftspaltes zwischen dem Nordpol *N* und dem Südpol *S* des Dauermagneten zu verringern, wird fast immer ein zylindrischer Eisenkern *K* in der Polbohrung konzentrisch angeordnet, der durch unmagnetisches Material, Messing usw., mit den feststehenden Teilen im Instrument mechanisch verbunden ist, so daß die Drehspule mit ihren wirksamen Drahtlängen in einem schmalen zylindrischen Hohlraum, dem sog. „Interferrikum", zwischen Kern und Polen schwebt.

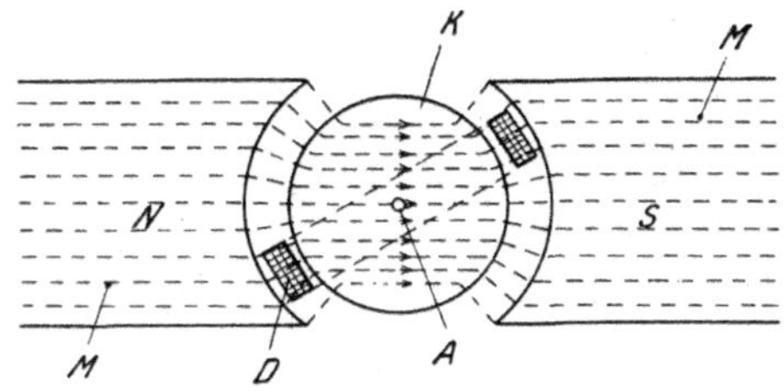

Abb. 44. Stahlmagnet mit Eisenkern.

Diese Anordnung hat den Vorteil, daß die aus dem Nordpol *N* austretenden magnetischen Kraftlinien nicht geradlinig oder in sonst beliebiger Form den Weg zum Südpol suchen, sondern im Luftzwischenraum des Hohlzylinders von allen Stellen der Nordpolfläche senkrecht auf die Achse des Eisenkerns *K* zustreben und vom Kern aus den zweiten Luftspalt nach dem Südpol hin wieder in einer Richtung durchlaufen, als kämen sie von der Kernachse *A*.

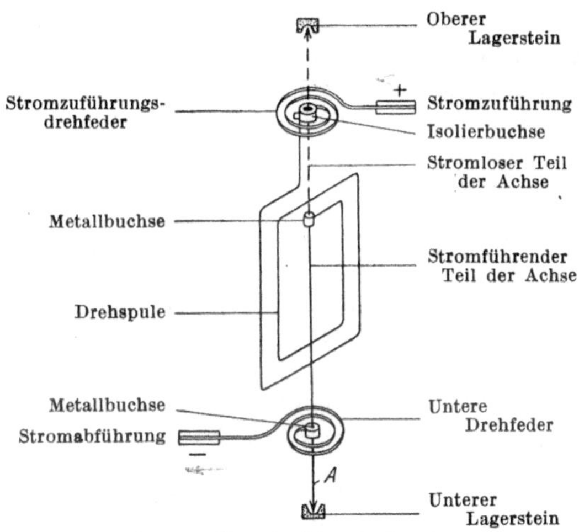

Abb. 45. Stromlauf der Drehspule.

Fließt nun durch die Drehspule ein Strom, so erfährt dieselbe eine Ablenkung, die um so größer ist, je stärker das Feld des Magneten ist und je größer der Strom ist, der durch die Spule fließt. Die Ablenkung wird bei gleicher Stromstärke um so größer, je mehr Windungen die Spule besitzt. Den Stromlauf der beweglichen Spule zeigt Abb. 45.

Dämpfung. Die Drehspulinstrumente besitzen eine elektromagnetische Dämpfung. Die bewegliche Spule ist auf ein dünnes Aluminiumrähmchen gewickelt, welches im magnetischen Felde des Dauermagneten schwingt und eine in sich geschlossene Windung darstellt. Bei der Bewegung werden in dem Rähmchen durch Induktion elektromotorische Kräfte und entsprechend dem geringen Widerstande ein verhältnismäßig großer Strom erzeugt. Befindet sich aber ein stromdurchflossener Leiter in einem magnetischen Felde, so erfährt er nach der Hand-Regel eine Ablenkung, die im vorliegenden Falle der ursprünglichen Bewegung entgegengerichtet ist und so als Dämpfung wirkt.

Natürlich dämpft auch der Gegenstrom, der bei der Bewegung der Spule in der Spulenwicklung entsteht, wenn das Instrument angeschlossen und daher über die Außenwiderstände ein geschlossener Stromkreis vorhanden ist; doch ist diese Wirkung sehr gering.

Die Kraft der Dämpfung ist nun um so stärker, je schneller sich die Spule dreht. Die dämpfende Kraft ist Null, wenn der Meßwert erreicht ist und die Spule stillsteht, d. h. im Augenblick der Ablesung. Eine Fälschung des Meßresultates durch den im Rähmchen induzierten Strom kann also nicht erfolgen, weil im Augenblick der Ablesung des Meßwertes die Spule mit dem Rähmchen stillsteht und daher kein Strom im Rähmchen vorhanden ist.

Hin und wieder findet man die beschriebene Dämpfung als „Wirbelstromdämpfung" bezeichnet, und doch besteht ein gewisser Unterschied zwischen der elektromagnetischen Dämpfung und der Wirbelstromdämpfung, wie sie z. B. bei den Hitzdrahtinstrumenten von Hartmann & Braun und anderen angewendet wird. Bei der Wirbelstromdämpfung beschreibt der durch Induktion entstehende Dämpferstrem tatsächlich Wirbel in der Dämpferscheibe, während bei der elektromagnetischen Dämpfung des Drehspulinstrumentes im Aluminiumrähmchen ein Kreisstrom entsteht, dessen Weg genau vorgeschrieben ist. Schneidet man den Aluminiumrahmen an einer Stelle auf, so ist die Dämpfung nahezu Null. Dagegen ist man wohl berechtigt, die Wirbelstromdämpfung der genannten Hitzdrahtinstrumente als elektromagnetische Dämpfung zu bezeichnen.

Nullpunkteinstellung. Die Drehspulinstrumente besitzen teilweise zur genauen Einstellung des Zeigers auf den Nullpunkt eine sog. Nullpunkteinstellung, d. h. eine von außen zugängliche Stellschraube, durch deren Verdrehung man vermittels einer kleinen Hebelübertragung im Instrument die Lage der Federnbefestigung ändern kann, wodurch die Anfangseinstellung des beweglichen Systems und damit des Zeigers geändert wird. Eine Beeinflussung der Meßresultate entsteht dadurch nicht, denn die Federn üben nach wie vor dieselbe mechanische Gegenkraft aus.

Einstellkraft. Bei einem Drehspulinstrument mit einem Dauermagneten von gegebener unveränderlicher Stärke und gegebener Windungszahl der beweglichen Spule ist die Einstellkraft nur noch veränderlich mit der Stromstärke in der Drehspule. Es ist:

$$P = c \cdot I.$$

Hierin bedeutet P = Einstellkraft, c = Proportionalitätsfaktor, I = Spulenstrom.

Da die Kraft P der Einstellung in jeder Lage der Spule an demselben Hebelarm, dem Halbmesser der Drehspule angreift, so so ist auch das Drehmoment proportional der Einstellkraft und demnach proportional der Stromstärke in der Drehspule.

Skala. Eine Folge dieser einfachen Abhängigkeit der Einstellkraft vom Spulenstrom ist die fast vollständig gleichmäßige Skala des Drehspulinstrumentes. Beim Anwachsen des Stromes um gleiche Teile rückt auch der Zeiger um gleiche Teile vorwärts. Der Abstand der einzelnen Teilstriche der Skala voneinander ist beim Drehspulinstrument an jeder Stelle der Skala derselbe, wie auch aus folgender Betrachtung hervorgeht.

Das elektrische Drehmoment ist: $M_e = c_1 \cdot I$.

Das mechanische Gegendrehmoment, welches dem elektrischen Drehmoment das Gleichgewicht hält, ist: $M_m = c_2 \cdot \alpha$, wobei α den Zeigerausschlag bedeutet. Für jede Stelle der Skala, für jeden Zeigerausschlag gilt dann:

$$M_e = M_m,$$

d. h. es ist:

$$c_1 I = c_2 \alpha$$

oder:

$$\alpha = \frac{c_1}{c_2} I = k I,$$

der Zeigerausschlag α ist der Stromstärke I in der Spule proportional.

Drehspulinstrument als Strommesser. Infolge der Verwendung von kräftigen Dauermagneten ist die für die Betätigung des Drehspulinstrumentes notwendige Amperewindungszahl im beweglichen System äußerst gering. Daher läßt es sich wie kein anderes Instrument als Strommesser herstellen für sehr kleine Ströme: Als technisches Meßinstrument für wenige mA als niedrigstes Meßbereich (als Galvanometer mit Bandaufhängung anstatt der Drehfedern als mechanische Gegenkraft für ganz geringe Bruchteile eines mA, s. Abb. 288).

Da nun aber die als Stromzuführung dienenden Drehfedern nicht weit überlastbar sind, da ferner das Systemgewicht durch eine zu kräftige Wicklung zu groß werden und in der Herstellung Schwierigkeiten bereiten würde, so ist der unmittelbaren Verwendung der Drehspulinstrumente für stärkere Ströme bei etwa 1 A eine Grenze gesetzt.

Strommesser im Nebenschluß. Die technischen Drehspulstrommesser für höhere Meßbereiche werden daher fast durchweg mit Nebenschlüssen ausgerüstet, die bis zu einer gewissen Grenze (vielfach 100 A) im Innern des Instrumentes untergebracht sind (Abb. 46), darüber hinaus werden die Nebenschlüsse irgendwo an passender Stelle vor oder hinter der Schalttafel in die Hauptstromleitung eingebaut (Abb. 47).

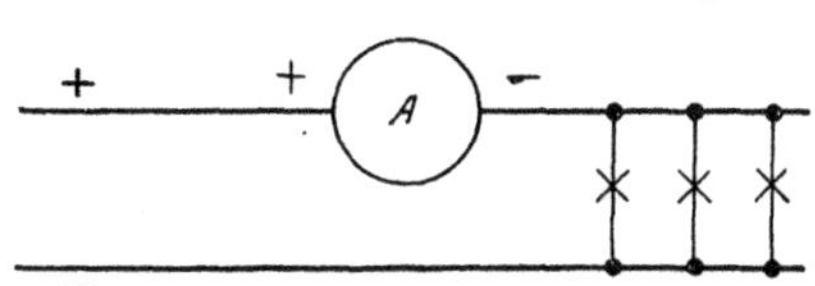

Abb. 46. Strommesser mit Nebenwiderstand i. I.

Für den Anschluß an Nebenschlüsse werden Drehspulinstrumente mit einer sehr geringen Stromaufnahme von nur etlichen mA verwendet.

Vom Nebenschluß führen die Verbindungsleitungen (Shuntkabel) zu den Klemmen des Instrumentes, wobei auf den richtigen Anschluß der Kabel bezüglich der Vorzeichen zu achten ist. Die

Verwendung anderer Kabel, als bei der Eichung verwendet wurden, ist unstatthaft. Auch in anderer Beziehung ist der Anschluß nicht gleichgültig, z. B. ist folgender Anschluß grundfalsch (Abb. 48).

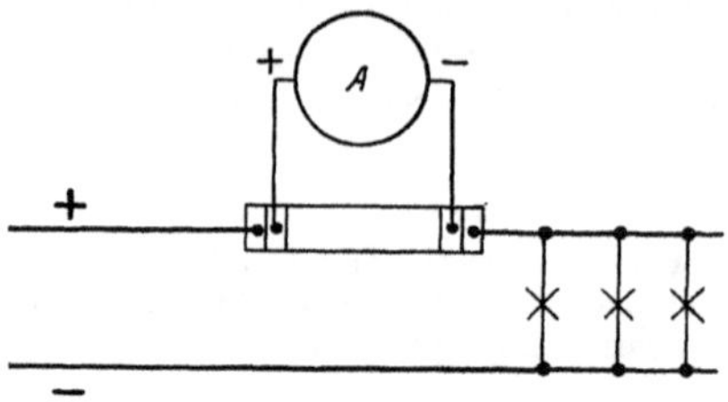

Abb. 47. Getrennter Nebenwiderstand.

Der Hauptteil des Gesamtstromes I, der durch den Nebenschluß fließen soll, müßte bei der angedeuteten Anordnung durch die verhältnismäßig dünnen Shuntkabel fließen, wobei dieselben Schaden leiden würden. Außerdem ist nach dieser falschen Schaltung die Stromverteilung im Nebenschluß und Instrument eine andere als bei der Eichung.

Die Anwendung des Nebenschlusses besitzt für das Drehspulinstrument eine ganz hervorragende Bedeutung, denn mit Leichtigkeit läßt sich jedes beliebige Strommeßbereich schaffen.

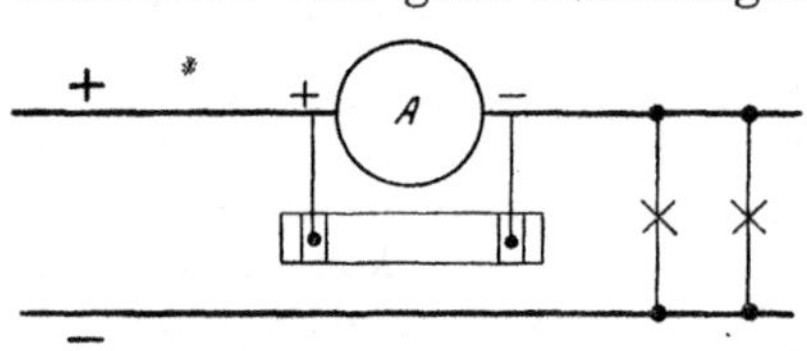

Abb. 48. Falscher Anschluß.

Ein ganz besonderer Vorteil ist dabei der geringe Spannungsabfall an den Enden des Meßsystems, z. B. ist es möglich, Ströme bis 10000 A und mehr mit Drehspulinstrumenten im Anschluß an Shunts zu messen, deren Spannungsabfall nicht höher als einige Hundertstel V zu sein braucht. Der Nebenschluß muß dann eine hinreichend große Abkühlungsfläche erhalten.

Drehspulspannungsmesser. Soll das Drehspulinstrument als Spannungsmesser verwendet werden, so wird hierfür eine Spule mit vielen Windungen aus dünnem Draht gewickelt, wodurch die für den Endausschlag nötige Stromaufnahme auf ein sehr geringes Maß herabgedrückt wird (wenige mA).

Infolge der geringen notwendigen Amperewindungszahl sind kleine Spannungen bis unter 1 V bei relativ sehr kleiner Stromaufnahme mit einem Drehspulinstrument noch meßbar. Mit Hilfe von Zusatzwiderständen kann dann das Spannungsmeßbereich nach oben beliebig erweitert werden.

Verhalten bei Gleichstrom. Ändert man die Richtung des Stromes in der beweglichen Spule, so erfährt der im magnetischen Felde befindliche Leiter eine Ablenkung nach der entgegengesetzten Richtung wie vorher. Das Instrument besitzt bei einer einmal getroffenen Anordnung eine bestimmte Polarität, und es werden daher die beiden Anschlußklemmen mit einem +-Zeichen bzw. —-Zeichen versehen. Bei falschem Stromanschluß schlägt das Instrument nach der verkehrten Seite aus.

Das Vorstehende bezieht sich auf Instrumente mit einseitigem Ausschlag, bei denen sich der Nullpunkt der Skala auf der Seite, z. B. auf der linken Seite befindet, wie das in der Praxis meistens der Fall ist, und der Zeiger bei Einschaltung des Stromes nach rechts ausschlägt. Nun kann man aber die mechanische Anordnung durch Änderung der Federnbefestigung auch so treffen, daß die Spule in der Ruhelage symmetrisch vor den Polflächen liegt und der Zeiger dementsprechend nicht einseitig (links) über der Skala steht, sondern in der Mitte derselben. Das Instrument kann dann nach zwei Seiten ausschlagen. Solche Instrumente mit Nullpunkt in der Mitte, mit beiderseitigem Ausschlag finden überall da Verwendung, wo sich bei einmal getroffener Schaltanordnung die Stromrichtung in der Hauptleitung ändern kann, z. B. in Gleichstromanlagen mit Akkumulatorenbetrieb, wo sie in die Batterieleitung eingeschaltet werden und dort anzeigen, ob die Batterie geladen wird, oder ob zur Zeit Strom aus der Batterie ins Netz fließt. Hierbei ändert sich nämlich die Stromrichtung in der Batterieleitung, und vielfach erhält ein für derartige Zwecke als Strommesser verwendetes Drehspulinstrument mit Nullpunkt in der Mitte, auf der Skala links bzw. rechts vom Nullpunkt, die Bezeichnungen: „Ladung“ und „Entladung“.

Verhalten bei Wechselstrom. Würde man ein Drehspulinstrument fortwährend umschalten, so würde es ebensooft seinen Ausschlag wechseln. Würde dieses Umschalten sehr rasch geschehen, z. B. 100 mal in der Sekunde, wie das beim gewöhnlichen Wechselstrom der Fall ist, so würde der Zeiger diesen wechselnden Stößen infolge der Trägheit des beweglichen Systems nicht mehr folgen können, d. h. das Drehspulinstrument ist nicht für Wechselstrom verwendbar, sondern nur für Gleichstrom.

Schickt man durch das Drehspulinstrument einen Wechselstrom von nicht allzu niedriger Periodenzahl, so schlägt der Zeiger nicht aus, sondern bleibt z. B. bei 50 Perioden vielleicht mit einem kaum sichtbaren Schwingen auf dem Nullpunkt der Skala stehen[1]). Bei Wechselstrom sehr niedriger Polwechselzahl, z. B. 1—2 in der Sekunde, wie es in der Praxis kaum vorkommt, spricht auch das Drehspulinstrument an, indem sein Zeiger entsprechend der Wechselzahl dauernd hin und her schwingt.

Überlastbarkeit. Während das Weicheiseninstrument infolge der verhältnismäßig kräftigen Bauart seiner fest angeordneten Stromspule und dem vollständigen Mangel an stromführenden beweglichen Teilen ohne Beschädigung größere Stromüberlastungen aushält, ist das Drehspulinstrument in dieser Beziehung empfindlicher, da die Zuführung des Meßstromes zur beweglichen Spule von den beiden am Gehäuse befestigten Anschlußklemmen nur durch sehr dünne, leicht bewegliche Kabel oder Bänder erfolgen kann. In den meisten Fällen aber verwendet man die zur Ausübung des mechanischen Gegendrehmomentes dienenden Drehfedern gleichzeitig als Stromzuführung zur beweglichen Spule. Die Verwendung beweglicher Stromzuführungen gestattet aber keine übermäßigen Strombelastungen; besonders aber die Verwendung

---

[1]) Es zeigt den arithmetischen Mittelwert an, der bei symmetrischem Wechselstrom über der Periode Null ist.

der Drehfedern als Stromzuführungen setzt der Stromstärke in der Drehspule eine ganz bestimmte Grenze, die nicht überschritten werden darf, wenn man die Drehfedern nicht gewissen Veränderungen durch Erwärmung aussetzen will, welche zu fehlerhaften Angaben des Instrumentes oder gar zu seiner Zerstörung führen würden.

Abhängigkeit von fremden Feldern. Gegenüber diesem Mangel der Drehspulinstrumente, welchen dieselben übrigens mit den meisten Instrumentgattungen teilen, die auch bewegliche Stromzuführungen besitzen, tritt dafür wieder der Vorteil in den Vordergrund, daß ihre Angaben infolge des kräftigen Dauermagneten fast unabhängig sind von fremden Feldern. Erst bei sehr hohen Stromstärken in benachbarten Leitungen macht sich eine Beeinflussung geltend, die durch Anwendung von Eisengehäusen auf ein sehr geringes Maß gebracht wird. Bei tragbaren Präzisionsinstrumenten muß bei sehr genauen Messungen der Einfluß fremder Felder berücksichtigt werden.

Der Herstellung der Dauermagneten wird in der Technik des Meßinstrumentbaues eine ganz besondere Aufmerksamkeit geschenkt. Hiervon hängt ja auch die Stärke, Unveränderlichkeit und die Gleichmäßigkeit der Magnetisierung der Magnete ab.

Abhängigkeit von der Temperatur. Die Abhängigkeit von Temperaturschwankungen ist bei Drehspulinstrumenten gering. Die Stromaufnahme der Drehspulinstrumente ist unter gewöhnlichen Umständen so klein, daß eine Erwärmung durch den Strom bei passender Wahl des Spulendrahtquerschnittes nicht eintritt. Es kann aber vorkommen, daß Meßinstrumente in Räumen aufgestellt werden, deren Temperatur wesentlich höher oder niedriger ist als die Temperatur bei der Eichung. Durch Änderung der Außentemperatur würde dann eine Beeinflussung der Angaben des Drehspulinstrumentes eintreten können. Denn erstens ändern die Feder ihre spezifische Ausdehnungskraft mit der Temperatur; sie werden bei Erwärmung weicher, und zweitens ändert sich der Widerstand des Kupferdrahtes bzw. Aluminiumdrahtes der beweglichen Spule sowohl als auch der Drehfedern. Während nun das Instrument beim gleichen Strom im beweglichen System, aber höherer Temperatur infolge der Verringerung der mechanischen Gegenkraft in den Federn einen größeren Ausschlag zeigt, sorgt die gleichzeitige Erhöhung des Widerstandes im Spulenkreise dafür, daß dieser vergrößerte Ausschlag wieder kleiner wird. Man kann nun z. B. durch Vorschalten eines ganz bestimmten Betrages an temperaturfreiem Widerstand dafür sorgen, daß der Einfluß der Erwärmung auf die Federn gleich dem Einfluß der Vergrößerung des Gesamtwiderstandes im Spulenzweige (Kupfer + Konstantan) ist, so daß sich beide Wirkungen aufheben und das Instrument bei verschiedenen Temperaturen gleiche Ausschläge zeigt.

Diese Einrichtung wird bei Drehspul-Millivoltmetern, d. h. also auch bei Strommessern angewendet. Infolge des dem beweglichen System vorgeschalteten Widerstandes steigt natürlich der Spannungsabfall des Instrumentes, und derjenige der in Betracht kommenden Nebenschlüsse muß dementsprechend bemessen werden. Es steigt ihr Eigenverbrauch. Man wird daher bei den technischen Drehspulinstrumenten der Schalttafeltype lieber einen kleinen Temperaturfehler in Kauf nehmen, als den Eigenverbrauch unnötig hoch zu treiben.

Bei tragbaren Präzisionsinstrumenten, wo es weniger auf einen geringen Eigenverbrauch ankommt, weil sie nicht dauernd eingeschaltet sind, sondern mehr auf hohe Genauigkeit, legt man mehr Widerstand vor, um das Instrument ganz fehlerfrei zu erhalten. Es gibt übrigens noch besondere, etwas umständlichere Methoden, welche dieselbe Temperaturunabhängigkeit erreichen[1]).

Eigenverbrauch. Der Widerstand des Drehspulenzweiges eines Schalttafel-Strommessers betrage z. B. etwa 1,33 Ω, der notwendige Spulenstrom sei 0,03 A. Infolgedessen ist der Spannungsabfall an den Enden des Systems und daher auch an den Klemmen des Nebenschlusses:

Spannungsabfall. $e = i \cdot r = 0{,}03 \cdot 1{,}33 = 0{,}04$ V, d. h. 40 mV.

Wattverbrauch des Strommessers. Der Wattverbrauch im Spulenzweige ist dann:

$$N = e \cdot i = 0{,}04 \cdot 0{,}03 = 0{,}0012 \text{ W}.$$

Das ist aber nicht der ganze Wattverbrauch. Dazu kommt noch der des Nebenschlusses. Derselbe ist bei 5 A:

$$N = 5 \cdot 0{,}04 = 0{,}2 \text{ W}.$$

Wie wir sehen, ist bei 5 A der Wattverbrauch des Nebenschlusses wesentlich größer als der hier vernachlässigbar kleine des Spulenzweiges. Bei 100 A wäre der Wattverbrauch im Spulenzweige wie oben $N = 0{,}0012$ W, der im Nebenschluß wäre $N = 100 \cdot 0{,}04 = 4$ W.

Höchste Stromaufnahme. Der Widerstand des beweglichen Systems eines Drehspulspannungsmessers für 0,5 V betrage z. B. etwa 50 Ω. Die größte Stromaufnahme ist dann:

$$i = \frac{E}{r} = \frac{0{,}5}{50} = 0{,}01 \text{ A} = 10 \text{ mA}.$$

Wattverbrauch des Spannungsmessers. Der Wattverbrauch im Spannungsmesser für 0,5 V beträgt nun

$$N = 0{,}5 \cdot 0{,}01 = 0{,}005 \text{ W}.$$

Bei einem Voltmeter für 110 V wäre der Wattverbrauch

$$N = 110 \cdot 0{,}01 = 1{,}1 \text{ W}.$$

Der Eigenverbrauch der Drehspulinstrumente ist also ganz allgemein viel kleiner als z. B. der der Weicheiseninstrumente.

Genauigkeit. Die Genauigkeit der technischen Drehspulinstrumente für Schalttafeln beträgt etwa 1 % vom Höchstwert. Die Genauigkeit der tragbaren Drehspulinstrumente kann bis etwa 0,1 % gesteigert werden.

Hitzdrahtmeßgeräte.

Einleitung. Der erste, der den Gedanken verwirklichte, die Erhitzung eines Metalldrahtes an einem technischen Zeigerinstrument für Meßzwecke auszunützen, war der Engländer Cardew. Bei dem von ihm im Jahre 1886 angegebenen Instrument wird ein etwa 3 m langer Platinsilberdraht von 0,06 mm Durchmesser teilweise über

[1]) Vgl. z. B. E. T. Z. 1910, S. 1219 und Fußnote 1 S. 27.

Rollen geführt und zum größten Teil in einem langen Rohr untergebracht, welches einen unschönen Fortsatz des an sich runden Instrumentes bildete. Dieses Instrument war noch recht unhandlich. Die modernen Hitzdrahtinstrumente weichen wesentlich hiervon ab.

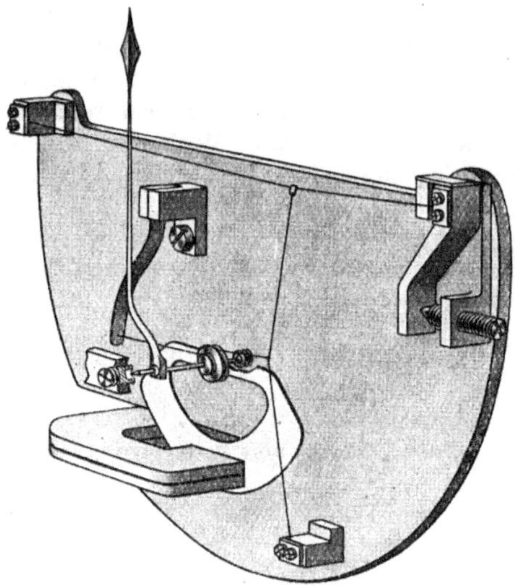

Abb. 49. Hitzdrahtmeßgerät von H. & B.

Prinzip. Ein zwischen zwei Klemmstücken ausgespannter Metalldraht wird vom Strom durchflossen und erfährt infolge der dabei auftretenden Erwärmung eine Verlängerung. Entweder ist nun die Anordnung so getroffen, daß die Entfernung der Einspannpunkte an den Enden des Meßdrahtes veränderlich ist, dann wird die Längenveränderung für die Betätigung des Instrumentes ausgenützt, oder die Entfernung der Einspannpunkte ist unveränderlich, und dann wird die Durchbiegung des ausgespannten Meßdrahtes verwendet.

Ausführungsformen. Bei dem Hitzdrahtinstrument von Hartmann & Braun ist ein etwa 17 cm langer und nur einige Hundertstel Millimeter starker Platin-Iridiumdraht H (Abb. 50) fest zwischen zwei mit den Anschlußklemmen des Instrumentes in leitender Verbindung stehenden festen Punkten K_1 und K_2 wagrecht ausgespannt. Dieser Draht H, der eigentliche Hitzdraht, wird vom Strom durchflossen und erfährt dabei eine Durchbiegung. Zwischen dem Punkte a des Hitzdrahtes und einem festen Punkt f_1 ist ein sehr dünner Platin-Iridiumdraht S ausgespannt. Von einem Punkte b desselben führt ein Seidenfaden über die auf der Zeigerachse befestigte Rolle R nach dem Ende einer bei f_2 eingespannten Blattfeder B.

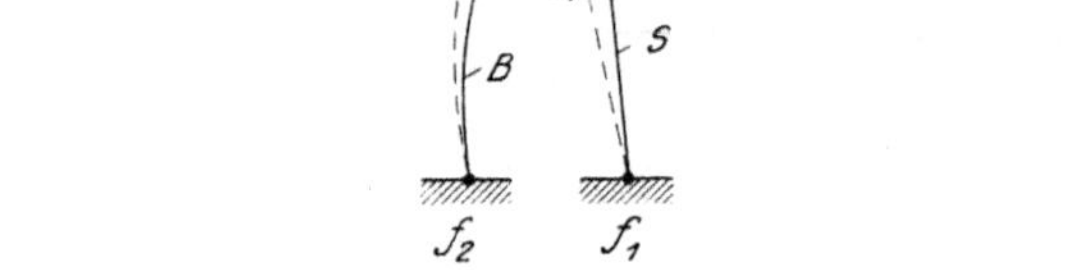

Abb. 50. Schematische Darstellung des Hitzdrahtmeßgeräts.

Erfährt jetzt der Punkt a des Hitzdrahtes eine Durchbiegung bis a_1, so zieht die Blattfeder B den Draht S durch Vermittlung des Seidenfadens und der Rolle R aus der Stellung b in die Stellung b_1. Die Rolle R und der mit ihr fest verbundene Zeiger Z wird hierbei von dem sie umschlingenden Seidenfaden gedreht. Durch diesen Übertragungsmechanismus wird die geradlinige Bewegung des Durchbiegungspunktes a am Hitzdraht in die kreisförmige Bewegung des Zeigers übertragen. Die Achse der Rolle ist zur Verminderung der Reibung mit feingeschliffenen Spitzen in sorgfältig auspolierten Edelsteinen gelagert. Da die Rolle mit Rücksicht auf die symmetrische Lage des Zeigers zur Skala im Instrument nicht einseitig sitzen darf, so liegt der Angriffspunkt a nicht genau in der Mitte des Hitzdrahtes, wodurch die Wirkung der Durchbiegung nur um weniges verringert wird. Der Hitzdraht H wie auch der Spanndraht S sind im stromlosen Zustande nicht gerade ausgespannt, sondern beide besitzen mit Rücksicht auf den Skalenverlauf eine gewisse Anfangsdurchbiegung.

Dämpfung. Die Hitzdrahtinstrumente besitzen meist eine Wirbelstromdämpfung, vielfach aber auch Luftdämpfung.

Nullpunkteinstellung. Die Hitzdrahtinstrumente besitzen eine Nullpunkteinstellung, welche die Entfernung der Einspannklemmen K_1 und K_2 (Abb. 50) des Hitzdrahtes voneinander zu verändern gestattet. Durch diese Änderung der Klemmenentfernung kann die Durchbiegung des Hitzdrahtes und damit auch die Nullage des Zeigers geändert werden.

Einstellkraft. Beim Hitzdrahtinstrument ist im Grunde genommen eine elektrische Einstellkraft nicht vorhanden. Vielmehr halten zwei Spannkräfte, die des gespannten Hitzdrahtes und die der Blattfeder als Gegenkraft einander das Gleichgewicht. Bei Erwärmung verlängert sich der Hitzdraht, wodurch seine Spannkraft nachläßt, so daß er durch die Blattfeder wieder straff gezogen wird. Der Hitzdraht dehnt sich natürlich um so stärker aus, je wärmer er wird. Die Erwärmung eines Drahtes ist aber immer proportional dem Quadrate des Stromes, der ihn durchfließt, nach dem Jouleschen Gesetz ist die Erwärmung proportional $I^2 \cdot r$, wobei r den Widerstand des Hitzdrahtes bedeutet. Die Einstellkraft P infolge der Durchbiegung des Punktes a bzw. der Verlängerung des Hitzdrahtes ist proportional der Erwärmung und somit ist:

$$P = c \cdot I^2$$

und da wieder $M_e = M_m$ sein muß (vgl. S. 23), so ist die

Skala des Hitzdrahtinstrumentes quadratisch. Es sei aber darauf hingewiesen, daß die obenstehende Gleichung nur angenähert gilt, denn in Wirklichkeit kommt noch die Veränderlichkeit des Hitzdrahtwiderstandes mit der Temperatur hinzu. Durch geeignete Wahl der Anfangsdurchbiegungen von Hitzdraht und Spanndraht S und besonders geformte Rollen ist es gelungen, den Hitzdrahtinstrumenten eine nahezu gleichmäßige Skalenteilung zu geben.

Verwendbarkeit. Das Hitzdrahtinstrument ist als Strom- und Spannungsmesser für Gleich- und bei derselben Skalenteilung auch für Wechselstrom verwendbar und hat aus diesem Grunde seine Bedeutung erlangt. — Bei Wechselstrom kann der Hitzdraht infolge seiner thermischen Trägheit den einzelnen Schwankungen des Wechselstromes nicht folgen; der Zeiger stellt sich infolgedessen auf den Mittelwert, den sog. Effektivwert ein, wie wir aus folgender Betrachtung ersehen werden.

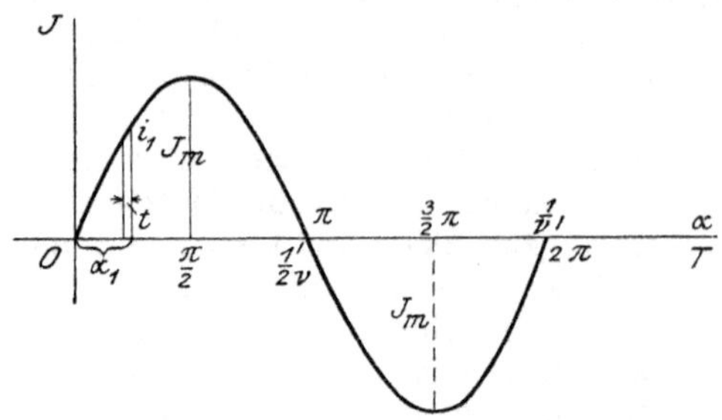

Abb. 51. Das Hitzdrahtinstrument bei Wechselstrom.

Allgemein ist die Leistung gegeben durch $N = I^2 \cdot r$. Mithin ist die in der Zeit t entwickelte Wärmemenge $Q = I^2 \cdot r \cdot t$, die geleistete Arbeit, d. h. Leistung $\times$ Zeit. Das gilt auch für das Hitzdrahtinstrument vom Widerstande r.

In Abb. 51 sei der das Hitzdrahtinstrument durchfließende Wechselstrom I abhängig von der Zeit T dargestellt bzw. dem der Zeit proportionalen Winkel α gegen die Nullage.

Zur Bestimmung der während einer Periode geleisteten Arbeit greifen wir z. B. an der Stelle α_1 eine sehr kleine Zeit t heraus. Der Momentanwert des Stromes I sei an dieser Stelle i_1 entsprechend dem Verdrehungswinkel α_1. Nehmen wir an, daß sich der Strom nach dem Sinusgesetz ändert, so besteht das Verhältnis:

$$\frac{i_1}{I_m} = \frac{\sin \alpha_1}{\sin \frac{\pi}{2}} = \frac{\sin \alpha_1}{1} \qquad \text{(Gl. 1)}$$

oder:

$$i_1 = I_m \cdot \sin \alpha_1 \quad \text{oder allgemein} \quad i_\alpha = I_m \cdot \sin \alpha^{1)}. \qquad \text{(Gl. 2)}$$

Nehmen wir für den kleinen Zeitmoment t den Strom i als konstant an, so ist hierfür die entwickelte Wärmemenge Q_α proportional:

$$Q_\alpha = i_\alpha^2 \cdot r \cdot t = I_m^2 \cdot \sin^2 \alpha \cdot r \cdot t.$$

Addieren wir nun die einzelnen Beträge der während einer Periode entwickelten Wärmemenge, so wird:

$$\begin{aligned} Q = \Sigma Q_\alpha &= I_m^2 \cdot r\,[\sin^2 \alpha_1 \cdot t + \sin^2 \alpha_2 \cdot t + \sin^2 \alpha_3 \cdot t + \ldots] \\ &= I_m^2 \cdot r \cdot \Sigma \sin^2 \alpha \cdot t. \qquad \text{(Gl. 3)} \end{aligned}$$

Stellt man die Beziehung $y = \sin^2 \alpha$ graphisch dar, so entsteht Abb. 52. Die zwischen der punktierten Linie $y = \sin^2 \alpha$ und der Abszissenachse α liegende Fläche stellt dann die Summe der $\sin^2 \alpha \cdot t$, d. h. den

[1]) Vielfach wird auch geschrieben: $i_\alpha = I_m \sin \omega t$, wobei ω die Winkelgeschwindigkeit: $\frac{\alpha}{t}$ bedeutet; $(\alpha = \omega t)$ und t der Zeit T in Abb. 51 und 52 entspricht.

Inhalt der Klammer der Gleichung (3) dar, denn die Fläche setzt sich zusammen aus sehr vielen schmalen Flächenstreifen von der veränderlichen Höhe $y = \sin^2\alpha$ und der konstanten Breite t. Die genannte Fläche kann nun ersetzt gedacht werden durch den schraffierten Flächenstreifen über der Grundlinie von der Höhe h. Berechnet man den Mittelwert aus den verschiedenen Höhen $y = \sin^2\alpha$, so findet man $h = 0{,}5$. Die während einer Periode entwickelte Wärmemenge Q wird damit:

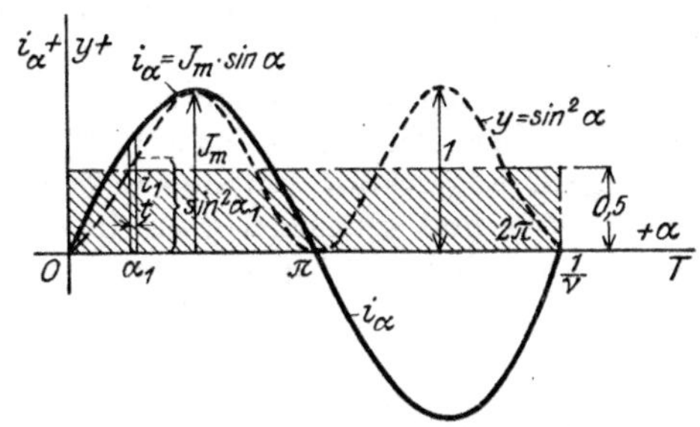

Abb. 52. Zur Erklärung, daß das Hitzdrahtinstrument den Effektivwert anzeigt.

$$Q = \Sigma Q_\alpha = I_m^2 \cdot r \cdot 0{,}5 \cdot \Sigma t.$$

Hierin ist Σt offenbar die ganze Länge der Grundlinie einer Periode. Für die Periodenzahl ν ist die Zeitdauer einer Periode: $\frac{1}{\nu}$. Es ist also $\Sigma t = \frac{1}{\nu}$. Damit wird: $\Sigma \sin^2\alpha \cdot t = 0{,}5 \cdot \frac{1}{\nu}$ und aus Gl. (3):

$$Q = I_m^2 \cdot r \cdot 0{,}5 \cdot \frac{1}{\nu}.$$

Die in der Sekunde geleistete Arbeit (Wärmemenge pro sec) ist dann die Leistung N des Wechselstromes im Instrument gleich der Arbeit von ν Perioden:

$$Q \cdot \nu = I_m^2 \cdot r \cdot 0{,}5 \cdot \frac{1}{\nu} \cdot \nu = 0{,}5 \cdot I_m^2 \cdot r. \qquad \text{(Gl. 4)}$$

Diesem Mittelwert ist der Ausschlag des Hitzdrahtinstrumentes bei Wechselstrom unabhängig von der Periodenzahl proportional. Lesen wir denselben auf einer mit Gleichstrom festgelegten Skala ab, so ist:

$$I^2 \cdot r = 0{,}5 \cdot I_m^2 \cdot r. \qquad \text{(Gl. 4a)}$$

Der Gleichstromeffekt ist gleich dem Wechselstromeffekt und zur Erzeugung desselben Ausschlags war bei Gleichstrom offenbar derselbe Wärmeeffekt nötig wie bei Wechselstrom. Demnach ist:

$$\frac{I^2}{I_m^2} = 0{,}5$$

oder:

$$I = \sqrt{0{,}5} \cdot I_m = 0{,}707 \cdot I_m. \qquad \text{(Gl. 5)}$$

Der Wert $I = 0{,}707\, I_m$, den das Hitzdrahtinstrument bei Wechselstrom anzeigt, ist der Effektivwert des Wechselstromes, weil er zur Berechnung des Effektes $N = I^2 \cdot r$ herangezogen wird.

Ähnliche Betrachtungen gelten für alle Instrumente, deren Ausschlag dem Quadrate des Stromes proportional ist, wie das Weicheiseninstrument, das Dynamometer, das Ferrarisinstrument, das elektrostatische Instrument.

Verwendung als Strommesser. Für Stromstärken bis 0,5 A wird ein einfacher Hitzdraht verwendet. Für größere Ströme wird ein Kunstgriff angewandt, um den Hitzdraht nicht stärker als mit 0,5 A zu belasten und gleichzeitig ein Instrument mit geringem Spannungsabfall zu erhalten, welches sich zum Anschluß an Nebenschlüsse besser eignet als die Instrumente mit einfachem Hitzdraht. Der einfache Hitzdraht würde für kleinen Spannungsabfall einen zu großen Querschnitt erhalten müssen, so daß dann das Instrument zu träge wird und sich außerordentlich langsam einstellt. Soll z. B. ein Instrument für 1 A hergestellt werden, so verfährt man wie folgt:

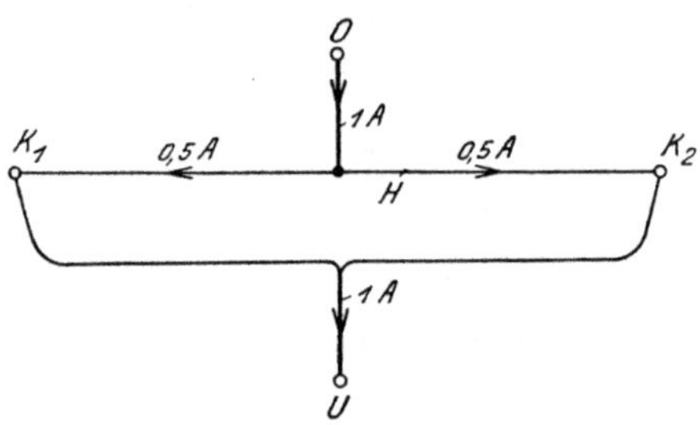

Abb. 53. Hitzdrahtstrommesser für 1 A.

Zwischen K_1 und K_2 liegt wieder der Hitzdraht H ausgespannt (Abb. 53). Der Strom wird nun nicht an den Enden, sondern in der Mitte durch ein dünnes Silberband von O aus zugeführt. Der Strom von 1 A fließt dann zu Beträgen von je 0,5 A nach links und rechts bis K_1 bzw. K_2, um von da durch stärkere Leitungen dem gemeinsamen Abfluß bei U zuzufließen. Durch diese Anordnung wird der Drahtquerschnitt von O aus gewissermaßen in zwei Teile geteilt. Der Spannungsabfall wird hierdurch nur halb so groß als bei ungeteiltem Draht und Verwendung eines Nebenschlusses.

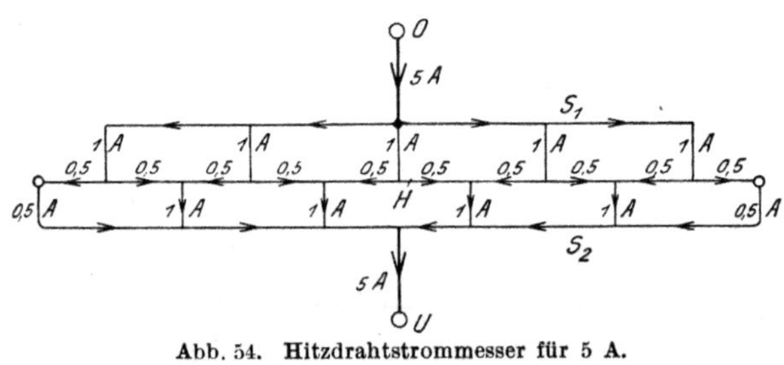

Abb. 54. Hitzdrahtstrommesser für 5 A.

Instrumente über 1 A, z. B. ein solches für 5 A, erhalten zwei kleine Sammelschienen an Stelle der Zuleitungen O und U (Abb. 54).

Vom Punkte O fließen 5 A der Sammelschiene S_1 zu, verteilen sich dann über sehr dünne Metallbänder in der aus der Abbildung ersichtlichen Weise, um in Teilströmen von je 0,5 A den Hitzdraht H gleichmäßig zu durchfließen. Durch die verschiedenen Ableitungsbänder fließen diese Teilströme zur zweiten Sammelschiene S_2, um sich bei U zu vereinigen. Solche Instrumente haben den zehnten Teil des Spannungsabfalles wie der ungeteilte Hitzdraht im Anschluß an einen Nebenschluß.

Für Ströme über 5 A können die Hitzdrahtamperemeter bei Gleich- und Wechselstrom in Verbindung mit Nebenschluß verwendet werden, und zwar kommt dann meist ein Instrument für 5 A zur Verwendung mit dem verhältnismäßig geringen Spannungsabfall von etwa 0,20 bis 0,25 V. Dasselbe wird je nach dem vorliegenden Meßbereich an einen Nebenwiderstand angeschlossen, der einen Spannungsabfall von 200—250 mV bei der in Betracht kommenden Höchststromstärke aufweist.

Bis 100 A finden die Nebenschlüsse in der Regel im Instrument selbst Platz. Darüber müssen dieselben getrennt vom Instrument in die Leitung eingebaut werden. Für den Anschluß an besondere Nebenschlüsse werden wie beim Drehspulinstrument besondere Verbindungsleitungen beigegeben, die weder vertauscht noch verkürzt oder etwa durch andere ersetzt werden dürfen. Eine Polarität besitzt das Hitzdrahtinstrument nicht, da es für die Erwärmung des Drahtes völlig gleichgültig ist, ob der Strom den Draht in einer oder der anderen Richtung durchfließt. Die Durchbiegung des Drahtes erfolgt immer in gleichem Sinne.

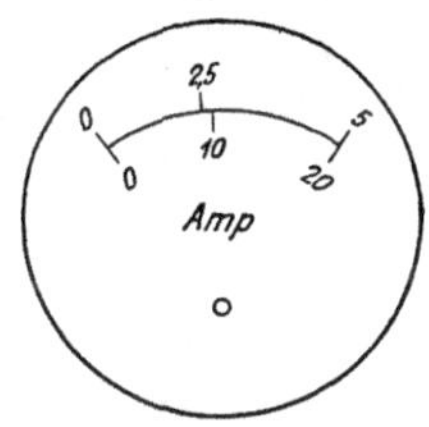

Abb. 55. Skala für zwei Meßbereiche.

Nicht unerwähnt soll bleiben, daß Strommesser der Hitzdrahttype mit mehreren Meßbereichen meist zwei Skalenteilungen erhalten müssen (Abb. 55). Nehmen wir an, es sei z. B. ein Strommesser für zwei Meßbereiche: 0—5 A und 0—20 A herzustellen, so würde man einen einfachen Hitzdrahtstrommesser für 5 A wählen.

Gleicht man dazu den Shunt für 20 A so ab, daß der Endwert 20 A mit dem Endwert 5 A des Instrumentes zur Deckung kommt, so würde bei Einschaltung von 10 A der Skalenstrich nicht genau unter den entsprechenden Wert 2,5 der 5 A-Teilung zu stehen kommen, sondern mehr nach oben, und das hat folgende Ursache:

Während der Widerstand des Nebenschlusses seinen Wert durch die Stromwärme **nicht ändert**, wird der des Hitzdrahtes **kleiner**, wenn weniger Strom hindurchfließt. Das Verhältnis der Ströme im Hitzdraht und im Nebenschluß, welches durch Abgleichung für gleichen Endausschlag ein ganz bestimmtes war, ändert sich beim Zurückgehen des Stromes, und zwar: fließt z. B. beim halben Gesamtstrom (10 A) im Hitzdraht ein verhältnismäßig größerer Strom wie beim Endausschlag, d. h. bei 20 A. Die Abweichungen beider Skalen werden um so größer, je weiter die beiden Meßbereiche auseinandergehen, wie z. B. 5 und 100 A.

Das Meßbereich der Hitzdrahtamperemeter kann bei Wechselstrom auch durch Stromwandler erweitert werden.

Verwendung als Spannungsmesser. Durch Vorschalten eines induktionsfreien und temperaturunabhängigen Widerstandes vor den

Hitzdraht eignet sich derselbe zu Spannungsmessungen für Gleich- und Wechselstrom. Dabei tritt auch hier bei niedrigen Meßbereichen die Notwendigkeit der Anordnung von zwei Skalen ein, falls ein zweites Meßbereich für höhere Spannungen dazu kommt, und zwar liegen die Verhältnisse umgekehrt wie beim Amperemeter. Im größeren Meßbereich sind hier die Ausschläge kleiner als bei den entsprechenden Werten des kleineren Meßbereiches[1]) (Abb. 56).

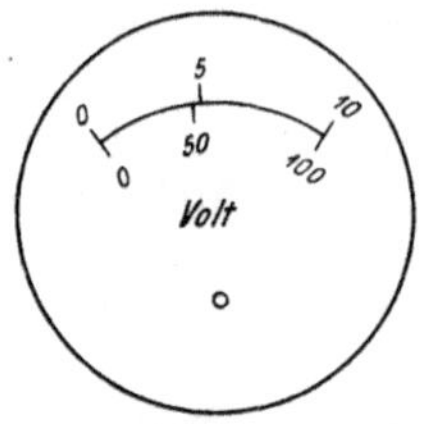

Abb. 56. Skala für zwei Meßbereiche.

An Stelle der Vorschaltwiderstände können bei Wechselstrom auch Spannungswandler zur Erweiterung des Spannungsmeßbereiches in Anwendung kommen.

Überlastbarkeit. Naturgemäß ist der Hitzdraht selbst nicht sehr stark überlastbar, meist bis zum etwa doppelten bis dreifachen Betrage des Meßbereiches. Um nun den Hitzdraht bei Überlastungen vor dem Durchschmelzen zu schützen, wird vielfach eine Sicherung vorgeschaltet.

Abhängigkeit von der Temperatur. Es liegt auf der Hand, daß ein auf der Erwärmung beruhendes Instrument von der Temperatur abhängig ist, aber es soll nur von der durch den Strom im Hitzdraht erzeugten Wärme abhängig sein, nicht aber von Schwankungen in der Außentemperatur des Raumes, in dem das Instrument sich befindet.

Mit der das Instrument umgebenden Temperatur dehnt sich die Grundplatte aus, auf der der Hitzdraht befestigt ist. Da nun der Hitzdraht und eine aus Eisen bestehende Grundplatte wegen der Verschiedenheit ihrer Ausdehnungskoeffizienten sich in verschiedener Weise ausdehnen, so werden dadurch die Anfangsdurchbiegung des Hitzdrahtes und damit die Angaben des Instrumentes beeinflußt: das Instrument zeigt falsch bei starken Schwankungen der Außentemperatur.

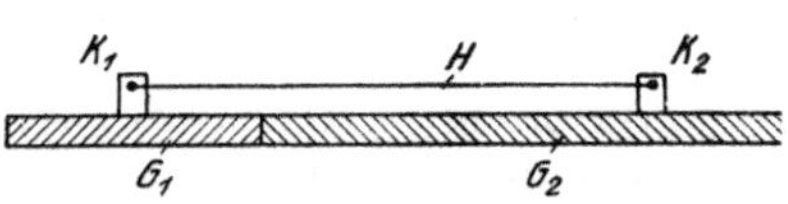

Abb. 57. Kompensationsplatte von H. & B.

Hartmann und Braun setzen daher das Meßsystem auf eine sog. Kompensationsplatte, welche nicht aus einem Stück, sondern aus zwei verschiedenen Metallen besteht, deren gemeinsamer Ausdehnungskoeffizient gleich dem des Hitzdrahtes ist (Abb. 57).

Hitzdraht und Kompensationsplatte dehnen sich jetzt gleichmäßig aus und die Anfangsdurchbiegung des Hitzdrahtes ist daher unveränderlich.

Siemens & Halske erreichen den Temperaturausgleich mit Hilfe eines Kompensationsdrahtes K (Abb. 58). Der Hitzdraht H ist einerseits an der Nullpunktstellvorrichtung N, andererseits an einer

[1]) Der Widerstand des Instruments ändert sich im kleinen Meßbereich stärker als im höheren Meßbereich.

Feder F befestigt. Diese wird von einem zum Hitzdraht parallel ausgespannten, vom Strom I nicht durchflossenen Draht K, dem Kompensationsdraht, gehalten. Vergrößert unter dem Einfluß der Umgebungstemperatur der Hitzdraht H seine Länge und Durch-

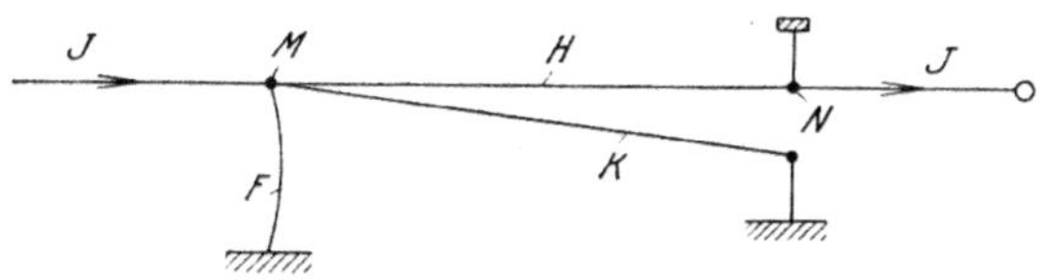

Abb. 58. Kompensationsdraht von S. & H.

biegung, so verlängert sich gleichzeitig auch der Kompensationsdraht K und bewirkt unter der Einwirkung der Federspannung eine seitliche Verlegung des einen Endpunktes M des Hitzdrahtes um gerade so viel, daß dessen Verlängerung durch die Umgebungstemperatur aufgehoben wird.

Hitzdraht und Kompensationsdraht besitzen ziemlich gleiche Wärmekapazität und folgen infolgedessen Temperaturschwankungen gleich schnell, so daß der Temperatureinfluß sehr vollkommen ausgeglichen ist.

Interessant in bezug auf Schutz gegen Überlastbarkeit und Temperaturkompensation ist auch die Ausführungsform der Dr. Paul Meyer A.-G., Berlin, die bei ihren Hitzdrahtinstrumenten die Ausdehnung in der Längsrichtung des Hitzdrahtes benutzt. Eine schematische Darstellung dieser Bauart zeigt Abb. 59; es bedeutet hierin H den zwischen einem Stützpunkte c und dem Hebel b ausgespannten Hitzdraht. Die Verlängerung dieses Hitzdrahtes wird durch den zweiarmigen Hebel b auf ein Band d übertragen. Von diesem erfolgt die weitere Übertragung auf das Zeigersystem in der oben beschriebenen Weise.

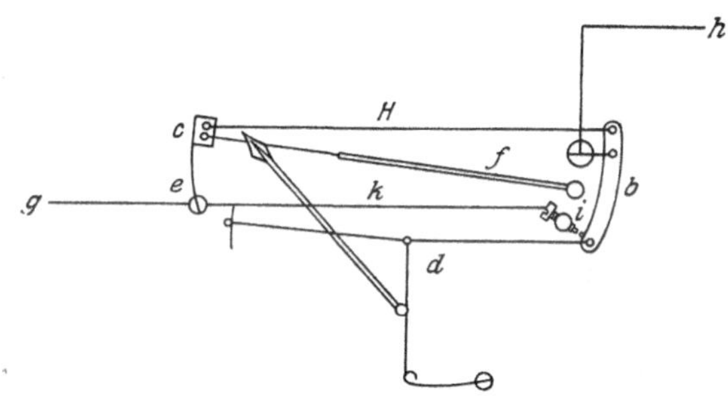

Abb. 59. Kompensationsdraht von Dr. Paul Meyer, A.-G.

Der Stützpunkt c ist nicht festgelagert, sondern befindet sich am Ende einer starken Blattfeder e, die durch einen Draht f unter bestimmter Spannung gehalten wird. Der Draht f dient zur Temperaturkompensation und ist aus zwei verschiedenen Materialien derart zusammengesetzt, daß bei äußeren Temperaturveränderungen die Stellung des Zeigers keine Veränderung erleidet. Die Stromzuführung zum Hitzdraht erfolgt bei g und h: der Kompensationsdraht f wird also nicht vom Strom durchflossen.

Um den Hitzdraht bei Überlastungen vor Beschädigungen zu schützen, sind diese Instrumente mit einer Vorrichtung versehen, welche den Hitzdraht bei Überlastung selbsttätig kurzschließt. Diese besteht in einem Kontakt *i*, der geschlossen wird, wenn der Hitzdraht eine größere Ausdehnung erfährt, als zur Erreichung des vollen Zeigerausschlages erforderlich ist. Durch diesen Kontakt wird eine Kupferverbindung *k* zum Hitzdraht parallel geschaltet, welche den größten Teil des Stromes aufnimmt. Durch diese Anordnung sind Überlastungen bis zum zehnfachen Betrage des normalen Meßbereiches ohne nachteiligen Einfluß auf das Instrument.

Abhängigkeit von fremden Feldern. Da das Hitzdrahtinstrument im Prinzip nichts mit einer magnetischen Wirkung zu tun hat, so können auch benachbarte fremde Felder keinen Einfluß auf die Angaben des Instrumentes ausüben.

Bei stärkeren Strömen (über 500 A) müssen aber die Verbindungsleitungen zwischen Instrument und Nebenschluß dicht nebeneinander verlegt werden, weil sie andernfalls mit dem Instrument eine Stromschleife bilden, die bei Wechselstrom von dem Kraftlinienwechselfeld einer Starkstromleitung geschnitten wird, so daß in ihr ein Induktionsstrom entsteht, der das Hitzdrahtinstrument durchfließt und das Meßresultat fälscht.

Abhängigkeit von der Frequenz. Ebenso wie das Hitzdrahtinstrument bei Gleich- und Wechselstrom dieselbe Skala besitzt, so sind auch seine Angaben bei Wechselstrom gewöhnlicher Wechselzahl von der Frequenz unabhängig.

Anders wird es bei Hochfrequenz. Der Hitzdrahtstrommesser mit Nebenschluß zeigt schon kleine Unterschiede bei 1000 Perioden, wenn man die Angaben bei denen mit 50 Perioden vergleicht, weil sich bei Hochfrequenz die Verschiedenheit der Induktivität des Hitzdrahtes und des Nebenschlusses bemerkbar macht, während bei Wechselstrom niedriger Periodenzahl ein Unterschied nicht nachzuweisen ist; sie gelten beide als induktionsfrei. Für Frequenzen über 1000 Perioden bis zu mehreren Millionen pro Sekunde sind besondere Strommesser gebaut worden. Der Spannungsmesser ist dagegen unabhängig von der Periodenzahl (weil ein einfacher dünner Draht ohne Nebenschluß verwendet wird) und daher auch für Hochfrequenz verwendbar.

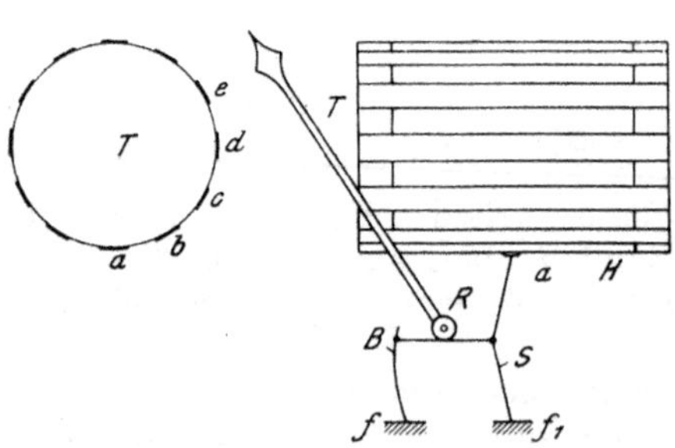

Abb. 60. Hitzbandstrommesser für Hochfrequenz.

Hitzbandstrommesser für Hochfrequenz. Solche Hitzbandstrommesser werden z. Z. bis 300 A hergestellt. Sie sind auf demselben Grundsatz aufgebaut wie das gewöhnliche Hitzdrahtinstrument.

In Abb. 60 sind *a*, *b*, *c*, *d*, *e*, . . . usw. eine Anzahl auf eine Trommel *T* am Rande auf zwei Metallscheiben befestigte gleich dimensionierte Hitzbänder, von denen eins (*a*) in der auf S. 42 beschriebenen Weise zur Betätigung des Hitzdrahtprinzips ausgenützt wird. Sämtliche Hitzbänder werden gleichzeitig von gleichen Teilströmen durchflossen. Durch die völlig regelmäßige Anordnung heben sich alle Induktivitäten in der Wirkung gegenseitig auf; auch die Zuleitungen sind in völliger Symmetrie an das Instrument herangeführt. Der Hitzbandstrommesser zeigt demnach auch bei den höchsten Frequenzen die Stromstärken richtig an.

Außerdem werden für Hochfrequenz sog. Hitzdrahtwattzeiger hergestellt, welche in Wirklichkeit keine Leistungsmesser, sondern nur Milliamperemeter sind. Diese Instrumente erhalten entsprechend ihrem eigenen Leistungsverbrauch eine in Watt bezifferte Skala. Sie werden aber wie die Strommesser in die Leitung eingeschaltet und geben entsprechend dem jeweiligen Zeigerausschlag den Wattverbrauch $I^2 \cdot r$ an, wobei r den Eigenwiderstand des Hitzdrahtes bedeutet.

Eigenverbrauch. Beträgt der Ohmsche Widerstand eines gewöhnlichen Hitzdrahtstrommessers für 5 A z. B. 0,05 Ω, so ist sein Spannungsabfall

$$e = 0{,}05 \cdot 5 = 0{,}25 \text{ V},$$

sein Wattverbrauch

$$N = 5 \cdot 0{,}25 = 1{,}25 \text{ W}.$$

Beträgt der Widerstand eines Hitzdrahtspannungsmessers für 0 bis 130 V z. B. etwa 867 Ω, so ist seine größte Stromaufnahme

$$i = \frac{130}{867} = 0{,}15 \text{ A} = 150 \text{ mA}.$$

Der Wattverbrauch ist hierfür:

$$N = 0{,}15 \cdot 130 = 19{,}5 \text{ W}.$$

Genauigkeit. Die Genauigkeit der Hitzdrahtinstrumente beträgt etwa 1 % vom Höchstwert der Skala.

Elektrostatische Meßgeräte.

Einleitung. Das elektrostatische Prinzip ist wohl eines der ältesten, welches schon vor der Entwicklung der Elektrotechnik von den Physikern in der Elektrizitätslehre zum Nachweis elektrischer Spannungen verwendet wurde. Der einfachste Apparat nach diesem Prinzip ist das bekannte Elektroskop, bei dem zwei dünne Metallblättchen isoliert aufgehängt sind. Bringt man eine durch Reibung erhaltene Elektrizitätsmenge an den Metallknopf des Elektroskops, so spreizen die daran hängenden Blättchen auseinander, ein Zeichen, daß sie mit Elektrizität geladen wurden.

Prinzip. Bei den in der modernen Elektrotechnik zur Verwendung kommenden elektrostatischen Spannungsmessern ist im allgemeinen eine bewegliche Metallscheibe gegenüber einer oder mehreren festen angeordnet. Werden nun die Metallscheiben mit Elektrizität geladen, d. h. an eine Spannung angelegt, so ändert die beweglich angeordnete Platte ihre Lage im elektrostatischen Felde.

Ausführungsformen. Es sind verschiedene Ausführungsformen entstanden, von denen einige genannt sein mögen:

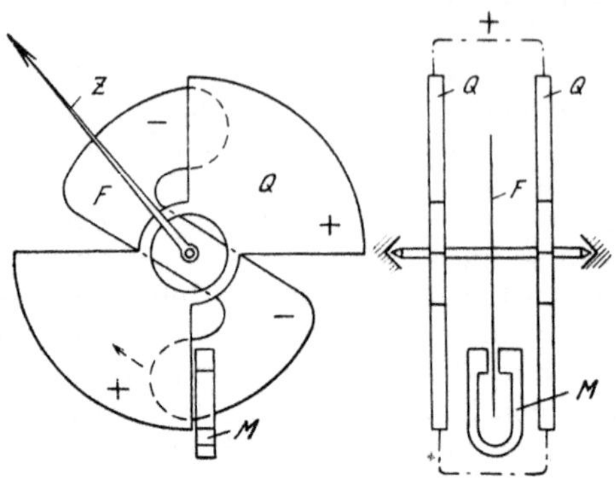

Abb. 61. Zeiger-Quadranten-Elektrometer.

Abb. 61 und 62 zeigen eine Ausführungsform nach dem Muster des bekannten Thomsonschen Quadrantenelektrometers. Ein Aluminiumflügel *F* ist drehbar zwischen zwei fest angeordneten, parallelen Metallplatten *Q* gelagert, welche beide die Form von Doppelquadranten haben. Erteilt man jetzt den Doppelquadranten eine elektrische Ladung (z. B. eine positive), dem Aluminiumflügel aber eine negative (z. B. indem man eine Gleichstrombatterie mit einem Pol an die Quadranten, mit dem anderen an die bewegliche Scheibe legt), so wird der Flügel zwischen die Quadrantenpaare hineingezogen. Als Gegenkraft kann eine Drehfeder oder auch bei geeigneter Anordnung die Schwerkraft der Erde dienen. Die Bewegung des Systems wird gewöhnlich elektromagnetisch gedämpft, wobei im vorbeschriebenen Falle der Aluminiumflügel als Dämpferscheibe Verwendung findet. Ebensogut könnte man aber auch Luftdämpfung anwenden. In einzelnen Fällen, wo bei statischen Instrumenten Öl als Dielektrikum anstatt Luft angewendet wird, greift man zur Flüssigkeitsdämpfung (Öldämpfung).

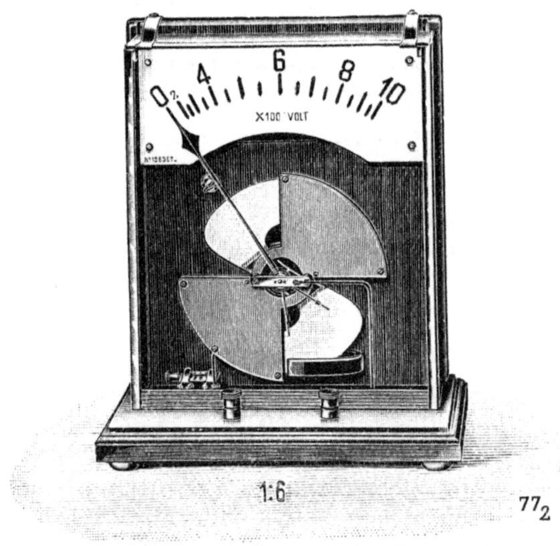

Abb. 62 Demonstrationselektrometer.

Siemens & Halske, Hartmann & Braun und andere bauen solche Zeiger-Quadranten-Elektrometer; Hartmann & Braun nur als Demonstrationsinstrument bis 1000 V, Siemens & Halske bis 10000 V für direkte Einschaltung in die Hochspannung. Für Spannungen über 1000 V haben Hartmann & Braun folgende Anordnung getroffen (Abb. 63):

Zwischen zwei fest angeordneten, im wesentlichen rechteckigen Metallplatten *a* und *c* hängt vermittels zweier sehr dünner Bronzebänder *e* eine Aluminiumscheibe *b* an dem in der Grundplatte des Instrumentes befestigten Metallsteg *h*. Führt man der festen Platte *a* und der beweglichen Platte *b* die gleichnamige Elektrizität zu, während die feste Platte *c* entgegengesetzt geladen wird, so wird die bewegliche Platte *b* in der Richtung von *a* nach *c* zu getrieben. Um diese kurze, praktisch geradlinige Bewegung auf die Kreisbewegung des Zeigers zu übertragen, dient eine Hebelübersetzung. Das Bronzebändchen *g* ist einerseits an der beweglichen Aluminiumplatte *b*, andererseits an der Mitte eines Spanndrahtes *f* befestigt. Dieser Spanndraht *f* liegt zwischen zwei senkrecht in die Drehachse des Zeigers eingefügten Stiften *S*. Bewegt sich nun die Aluminiumplatte *b*, so wird die Achse *A* und damit der Zeiger **Z** gedreht. Als mechanische Gegenkraft dient die Anziehungskraft der Erde. Im stromlosen Zustande hängt die bewegliche Metallplatte *b* senkrecht herunter.

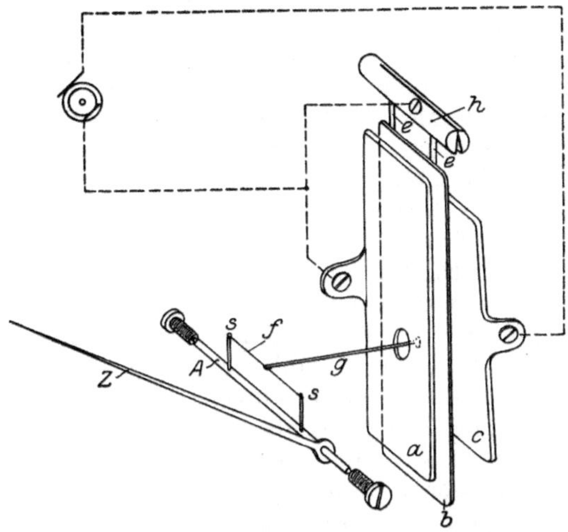

Abb. 63. Elektrostatisches Plattenvoltmeter von H. & B.

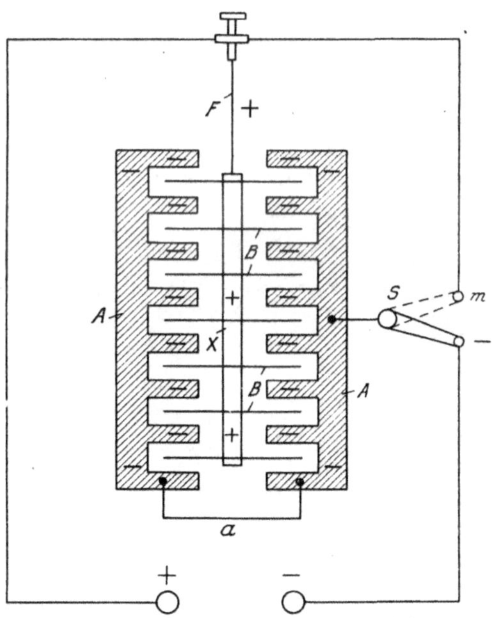

Abb. 64. Quadrantenanordnung beim Multizellularvoltmeter.

Infolge der Erdanziehung als Gegenkraft braucht dieses Instrument keine Nullpunkteinstellung (vgl. S. 13). Es wird so aufgestellt, daß der Zeiger im ausgeschalteten Zustande auf Null steht. Damit die freischwebende Platte *b* beim Transport nicht im Instrument umherpendeln kann, ist eine Arretiervorrichtung angeordnet, welche den Flügel *b* in der Ruhelage festhält. Als Dämpfung dient eine besonders auf der Achse angeordnete Aluminiumscheibe, welche sich zwischen den Polen eines Dauermagneten dreht. Die Dämpfung und Arretiervorrichtung sind in der Abb. 63 nicht eingezeichnet.

Für Meßbereiche unter 1000 V eignet sich die vorbeschriebene Type weniger gut, weil dann die elektrostatischen Einstellkräfte zu gering sind. Lord Kelvin hat in seinem Multizellularvoltmeter eine Vervielfachung der elektrostatischen Kräfte erzielt. Nach diesem Prinzip bauen Hartmann & Braun elektrostatische Schalttafelvoltmeter für niedrige Spannungen. In Abb. 64 stellen *A* zwei durch die Leitung *a* verbundene, im Instrument fest angeordnete Metallkörper vor, welche den festen Doppelquadranten der Abb. 62 entsprechen. Es ist die Anordnung etwa so zu verstehen, als wäre übereinander eine Anzahl von Doppelquadranten angeordnet. In ihren Zwischenräumen schwingen eine Anzahl Aluminiumflügel *B*, je einer zwischen zwei benachbarten Quadranten. Im ausgeschalteten Zustande befinden sich die untereinander fest auf einer gemeinsamen Achse verbundenen Flügel *B* außerhalb der Quadranten und werden bei Anschluß des Instrumentes gleichzeitig in dieselbe hineingezogen, genau wie es bei dem einfachen Flügel des auf S. 52 beschriebenen Instrumentes der Fall war. Die Quadrantenkörper erhalten dabei die entgegengesetzte Ladung wie die Flügel, es findet Anziehung statt. Der Schalter *S* dient dazu, das Instrument in der Stellung *m* nach Gebrauch zu entladen, damit eine möglicherweise vorhandene Restladung das Instrument nicht verhindert, auf Null zurückzugehen.

Die gemeinsame Achse mit den Flügeln hängt an einem Metallfaden *F*, der infolge seiner Verdrehung beim Ausschlag des Instrumentes gleichzeitig als mechanische Gegenkraft dient. Der mit der Achse verbundene, wagrecht schwebende Zeiger führt eine Kreisbewegung aus. Seine Spitze ist senkrecht nach unten gebogen, und die zu messende Spannung in Volt ist auf einer bogenförmigen Skala ablesbar (Abb. 65).

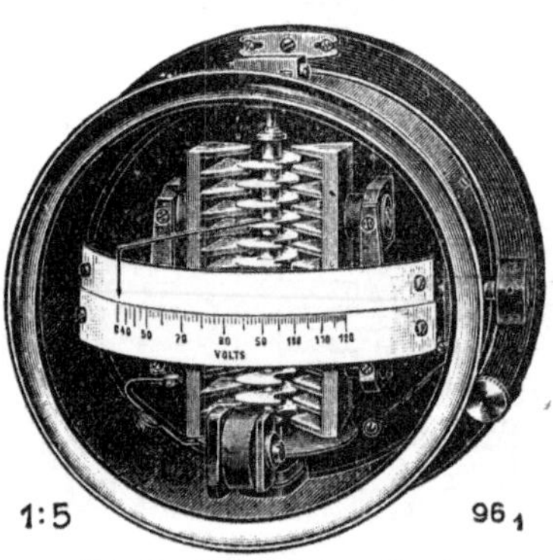

Abb. 65. Multizellularvoltmeter.

Das Multizellularvoltmeter besitzt eine Nullpunkteinstellung, d. h. eine Stellschraube, mit deren Hilfe der Aufhängefaden *F* gedreht werden und dadurch die frei daranhängende Achse mit den Aluminiumflügeln in eine andere Lage gebracht werden kann. Eine Arretiervorrichtung sorgt dafür, daß das bewegliche System beim Transport nicht beschädigt werden kann.

Als Dämpfung dient wieder eine auf der Achse sitzende Scheibe aus Aluminium, die sich zwischen den Polen eines permanenten Magneten bewegt.

Solche Multizellularvoltmeter führt Hartmann & Braun für Spannungen zwischen 100 und 1000 V aus.

Kondensatoren. Für Spannungen über etwa 13000 V kann man auch die auf S. 66 beschriebenen Instrumente nicht mehr un-

Abb. 66. Kondensatorenaufbau hinter der Schalttafel.

mittelbar an die Hochspannungsleitung anlegen. In solchen Fällen kommen zur Unterteilung der Spannung Kondensatoren in Anwendung, die den genannten Instrumenten vorgeschaltet werden.

Wie man aus Abb. 66 ersieht, sind für sehr hohe Spannungen die Kondensatoren auf besonders isolierten Marmorplatten befestigt, sie spielen eine ganz ähnliche Rolle wie die Vorschaltwiderstände bei den früher beschriebenen Voltmetern, nur mit dem Unterschied, daß durch die Kondensatoren ein verschwindend kleiner Strom fließt.

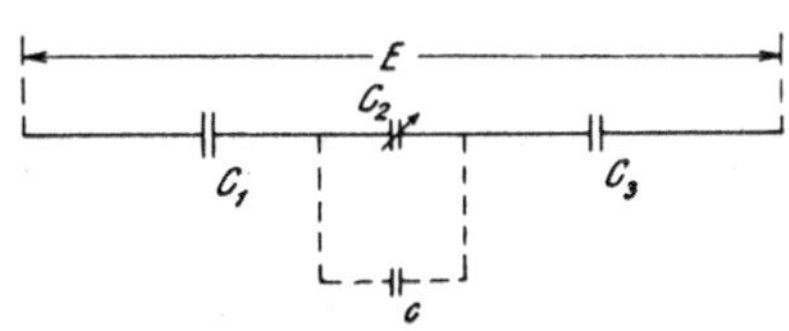

Abb. 67. Kondensator in Parallelschaltung zum Instrument.

Man hat nun die Erfahrung gemacht, daß für sehr hohe Spannungen die beschriebene Anordnung einfach vorgeschalteter Kondensatoren zu umfangreich und zu teuer wird. Daher hat man zu dem Hilfsmittel gegriffen, dem statischen Instrument einen Kon-

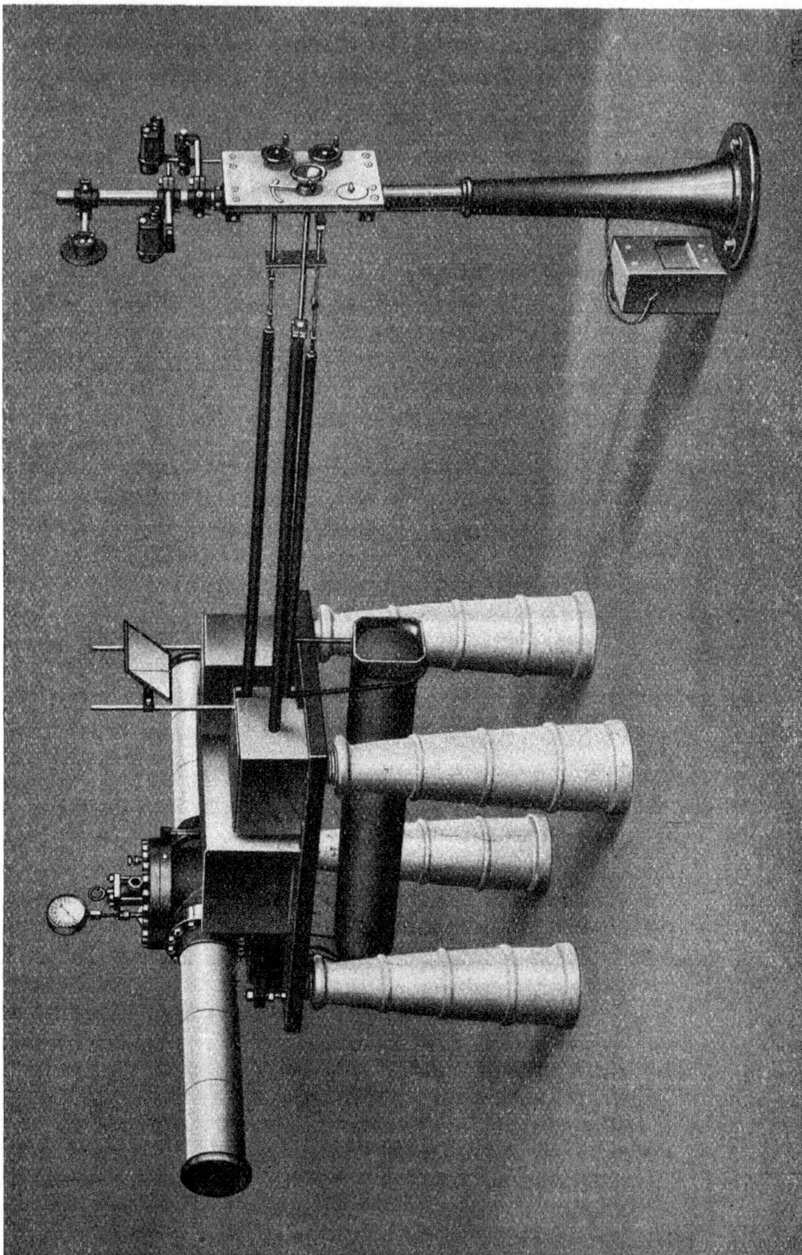

Abb. 68. Hochspannungsvoltmeter von H. & B.

densator parallel zu schalten. In Abb. 67 sei E die zu messende Spannung von beispielsweise 125000 V, wobei das Instrument den Endausschlag zeigen möge. C_1 und C_3 seien die Kapazitäten zweier Vorschaltkondensatoren, C_2 diejenige eines statischen Spannungsmessers und c diejenige eines zum Instrument parallel liegenden Kondensators.

Wäre die Anordnung ohne den Parallelkondensator c getroffen, so würde der Zeiger des Spannungsmessers schon bei einer niedrigeren Gesamtspannung E_1, angenommen z. B. bei 80000 V, den Endausschlag zeigen. Denn in dem Augenblick, wo der Kondensator c parallel zum Instrument angelegt wird, fließt ein Teil des Stromes über den Parallelkondensator und der Spannungsmesser zeigt infolgedessen einen entsprechend geringeren Ausschlag. Daher ist es jetzt möglich, die Gesamtanordnung an eine höhere Spannung E, z. B. wie oben angenommen 125000 V, anzulegen, wobei das Voltmeter nunmehr wieder den Endausschlag zeigt, weil seinen Platten infolge der Spannungserhöhung wieder eine größere Elektrizitätsmenge zugeführt wird.

Die Anordnung mit Kondensatoren hat jedoch den Nachteil, daß der an sich von der Periodenzahl des Wechselstromes unabhängige statische Spannungsmesser in Verbindung mit den Kondensatoren wegen ihres dielektrischen Hystereseverlustes, vgl. Anm. 1, S. 60, im gewissen Grade von der Frequenz abhängig wird. Diese Abhängigkeit läßt sich durch Verwendung geeigneten Isolationsmaterials auf den für technische Frequenzen vernachlässigbaren Rest herabdrücken.

Hartmann & Braun bauen nach den Angaben von Palm ein absolutes Voltmeter für sehr hohe Spannungen (zurzeit bis 250000 V). Es beruht auf dem Grundsatz der Spannungsstromwage, bei welcher der elektrostatischen Anziehung zwischen zwei entgegengesetzt geladenen Metallflächen das Gleichgewicht gehalten wird durch die elektrodynamische Anziehung zweier von einem Hilfsstrom durchflossenen Spulen. Die Hilfsstromstärke gibt das Maß für die angelegte Hochspannung. Als Isoliermittel dient komprimierter Stickstoff von 12 Atm. Druck. Der größte Meßfehler bei der Nennspannung ist etwa $^1/_2{}^0/_0$.[1]) (Abb. 68.)

I. Carpentier in Paris baut nach Angaben von Abraham und Villard für Hochspannung bis 200000 V einen elektrostatischen Spannungsmesser, welcher seinem Prinzip nach eine gewisse Ähnlichkeit mit dem Thomsonschen Elektrometer besitzt (Abb. 69).

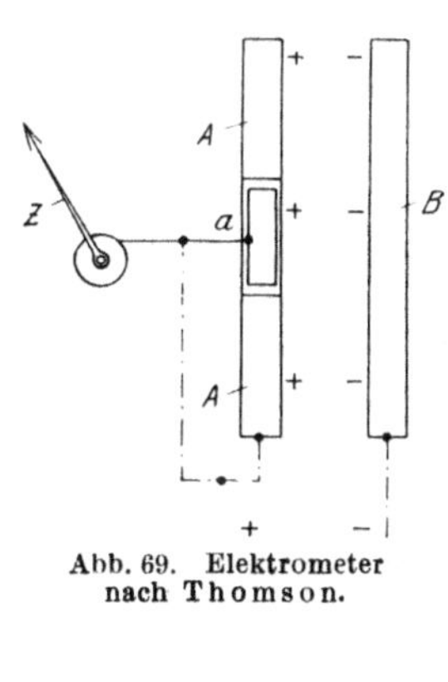

Abb. 69. Elektrometer nach Thomson.

[1]) Näheres siehe Z. f. technische Physik 1920, Nr. 7: „Ein absolutes Voltmeter für 250000 Volt Effektivspannung".

Einer festen Metallplatte A steht eine gleich große feste Metallplatte B gegenüber. Die Metallplatte A besitzt in der Mitte ein kreisrundes Loch, in welchem konzentrisch eine bewegliche Scheibe a so angeordnet ist, daß der Instrumentzeiger Z bei ihrer geradlinigen Bewegung in der Richtung senkrecht zur Fläche der Platte A auf die Platte B zu mit Hilfe einer geeigneten Vorrichtung kreisförmig gedreht wird. Führt man den Platten A und a gleichnamige Elektrizität, der Platte B die entgegengesetzte zu, so wird die bewegliche Platte a in der Richtung von A nach B getrieben.

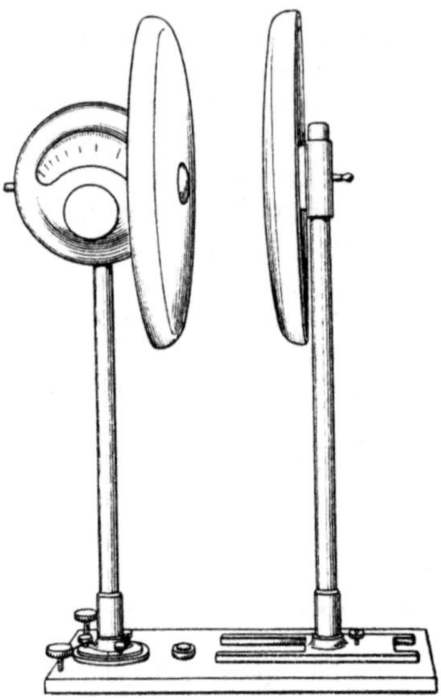

Abb. 70. Hochspannungsvoltmeter nach Abraham & Villard.

Abb. 70 zeigt die Ausführung eines auf dem beschriebenen Prinzip beruhenden Instrumentes für Spannungen bis 200000 V.

Als Isolation zwischen den Metallplatten dient lediglich die Luft; als Befestigungsmaterialien kommen Porzellan- bzw. Glasisolatoren zur Verwendung.

Einstellkraft. Ist f die bewegliche, F die festangeordnete Metallplatte irgendeines statischen Instrumentes, a ihr Abstand von einander, und es werde, wie in Abb. 71 angedeutet, bei Anschluß des Instrumentes beispielsweise an eine Gleichspannung die Platte F positiv, die andere negativ geladen, so ist die Kraft der Einstellung des Instrumentes, d. h. die Anziehungskraft zwischen der beweglichen und der festen Platte proportional der Elektrizitätsmenge Q, welche sich auf den Platten befindet. Wächst aber die Spannung, an welche das Instrument angeschlossen ist, so wächst auch die Elektrizitätsmenge, und zwar auf beiden Platten gleichzeitig nach der Beziehung:

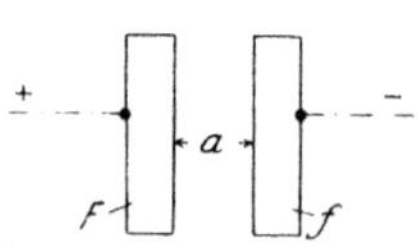

Abb. 71. Einstellkraft.

$$Q = c \cdot E,$$

wobei c die Kapazität des Instrumentes bedeutet und als unveränderlich angesehen werden kann. Nun ist aber nach dem Coulombschen Gesetz die Kraft P der Anziehung zwischen zwei Elektrizitätsmengen Q:

$$P = \frac{Q^2}{a^2},$$

wobei a den Abstand der beiden Elektrizitätsträger bedeutet, Mithin ist auch:

$$P = \frac{(c \cdot E)^2}{a^2} = \frac{c^2}{a^2} \cdot E^2.$$

Ist a wenig veränderlich, wie z. B. bei dem Elektrometer von Carpentier (Abb. 70) und bei dem statischen Spannungsmesser von Hartmann & Braun Abb. 63), so kann $\frac{c^2}{a^2} = C$ praktisch als konstant angesehen werden. Es ist somit angenähert:

$$P = C \cdot E^2.$$

Skala. Die Skala der genannten elektrostatischen Instrumente besitzt daher quadratischen Charakter. Wir wollen dabei aber nicht vergessen, daß bei einer Änderung des Abstandes a der Platten sich auch die Kapazität ändert, womit sich, streng genommen, auch der Ausschlag des Instrumentes ändert. Die physikalischen Gesetze für die Größe der Einstellkraft bei den statischen Instrumenten mit verdrehbarem Aluminiumflügel und ähnlichen (vgl. z. B. S. 53) sind komplizierter, weil der Abstand a der festen von der beweglichen Platte sehr veränderlich ist u. a. m. Man hat aber beim elektrostatischen Instrument versucht, durch Formgebung der Hauptteile des Meßsystems, hier der festen und der beweglichen Metallplatten, den an sich quadratischen Charakter der Eichkurve so zu verändern, daß die Skalenteilung möglichst gleichmäßig wurde. Im allgemeinen weisen aber elektrostatische Spannungsmesser noch ziemlich ungleichmäßige Skalenteilungen auf. Da aber das statische Instrument nur als Spannungsmesser verwendet wird, so genügt es, wenn die Skala an der Gebrauchsstelle entsprechend der wenig schwankenden Betriebsspannung eine praktisch gleichmäßige Teilung aufweist.

Das elektrostatische Prinzip erfordert zur Erzeugung der für die Bewegung einer Anzeigevorrichtung notwendigen Kräfte ziemlich beträchtliche Metallflächen, welche auch bei der üblichen Verwendung des leichten Aluminiumbleches ein verhältnismäßig großes Systemgewicht bedingen. Die elektrostatische Kraftwirkung ist bei niedrigen Spannungen immer noch gering.

Erst mit der riesigen Entwicklung der Hochspannungstechnik scheinen auch die statischen Instrumente wieder an Bedeutung zu gewinnen. Man vergleiche die Ausführungsformen von Hartmann u. Braun (S. 56) und von Carpentier (S. 58) für Spannungen zwischen 100000 und 250000 V und Fußnote S. 57. Für sehr hohe Spannungen erscheint der elektrostatische Spannungsmesser wegen seines verschwindend kleinen Eigenverbrauches als der geeignetste.

Verwendbarkeit. Das statische Instrument ist seiner Natur nach nur als Spannungsmesser verwendbar und nicht etwa auch als Strommesser.

Obwohl die zur Betätigung des Instrumentes notwendige treibende Kraft (besonders bei sehr kleinen Spannungen) nur durch Anwendung verhältnismäßig großer Aluminiumflächen erreicht wird, ist doch die Kapazität der Anordnung so gering, und der Wechselstromwiderstand des Instrumentes daher so groß, daß die Stromaufnahme des Voltmeters bei Wechselstrom außerordentlich klein ist. Da der niedrigste Spannungsmeßbereich technischer elektrostatischer Voltmeter z. Z. bei etwa 50 V erreicht ist, so ist auch an eine Verwendung in Verbindung mit Nebenwiderstand (s. S. 26) nicht zu denken, weil der Eigenverbrauch eines derartigen Strommessers infolge des hohen Spannungsabfalls am Nebenwiderstand zu hoch werden würde.

Bei Gleichstrom fließt abgesehen von dem Ladestromstoß beim

Einschalten überhaupt kein Strom durch das Voltmeter, der Widerstand ist bei Gleichstrom praktisch unendlich groß.

Dagegen findet es zur Überwachung des Isolationszustandes von Leitern nach dem Voltmeterprinzip wegen seines geringen Eigenverbrauches vielfach Verwendung.

Verhalten bei Gleich- und Wechselstrom. Das elektrostatische Voltmeter eignet sich für Gleich- und Wechselstrom. Für Gleichstrom nur in unmittelbarer Einschaltung ohne Verwendung von Vorschaltkondensatoren, weil sich die Spannung bei Gleichstrom nicht im Verhältnis der Kapazitäten, sondern im Verhältnis der Isolationswiderstände teilt. Diese bleiben nicht konstant, und es resultiert daraus eine labile Einstellung des Instrumentes. Für Wechselstrom ist das Voltmeter in unmittelbarer Einschaltung und auch in Verbindung mit Kondensatoren zur Erweiterung des Spannungsmeßbereiches verwendbar. Vgl. S. 55 Kondensatoren.

Abhängigkeit von der Frequenz. In unmittelbarer Einschaltung sind die statischen Spannungsmesser mit Luftisolation unabhängig von Schwankungen in der Periodenzahl. Denn der Ausschlag der Instrumente ist nur von der Höhe der Ladung, von der Elektrizitätsmenge auf den Platten abhängig, und diese ist bei jeder Polwechselzahl proportional der Spannung, d. h. unabhängig von der Frepuenz. Anders wird es bei der Verwendung von Kondensatoren in Verbindung mit dem statischen Spannungsmesser (vgl. S. 55). Hier macht sich der Einfluß der dielektrischen Hysterese[1]) geltend. Er zeigt weniger bei höherer Frequenz. (Vgl. die Remanenz und Hysteresis beim Weicheiseninstrument, S. 24.)

Abhängigkeit von fremden Feldern. Infolge ihres Prinzips sind die Angaben der elektrostatischen Voltmeter Beeinflussungen durch äußere elektrostatische Felder sehr unterworfen. Entweder muß also das ganze Meßsystem von Metall umgeben sein, oder das Instrument muß in genügender Entfernung von Hochspannung führenden Leitungen und auch großen Metallmassen Aufstellung finden.

Abhängigkeit von der Temperatur. Die statischen Instrumente mit Luftisolation sind von Schwankungen in der Temperatur unabhängig. Der Stromdurchgang der Spannungsmesser ist äußerst gering, und außerdem ist die ganze Anordnung auch bei starken Temperaturschwankungen in der Umgebung des Instrumentes unveränderlich. Es könnte allerdings sein, daß die Spannkraft der gegebenenfalls verwendeten Drehfedern nachläßt. Aber dieser Einfluß macht sich erst bei praktisch kaum vorkommenden Temperaturänderungen bemerkbar, so daß er hier vernachlässigt werden kann. Dagegen ändern sich die Angaben der statischen Voltmeter mit der Temperatur, wenn Vorschaltkondensatoren mit festem Dielektrikum zur Anwendung kommen, weil sich die Dielektrizitätskonstante des festen Dielektrikums und damit die Kapazität des Kondensators mit der Temperatur ändert.

---

[1]) Fritz Hoppe, Lexikon der Elektrizität und des Magnetismus, S. 408. Graetz, Handbuch der Elektrizität und des Magn., I. Bd., S. 254.

Abhängigkeit von der Feuchtigkeit. Bei starker Feuchtigkeit der Luft macht sich ein Einfluß auf die Angaben der statischen Instrumente bemerkbar.

Überlastbarkeit. Bei der Verschiedenheit der Ausführungsformen lassen sich allgemeine Grenzen der Überlastbarkeit nicht angeben. Um eine Beschädigung durch Funkenbildung zwischen den wirksamen Metallplatten zu vermeiden, ist z. B. bei den Instrumenten der Firma Hartmann & Braun (vgl. S. 53) die eine feste Metallplatte hornartig abgebogen (Abb. 72). Tritt jetzt eine Überspannung an das Instrument, so wird dieselbe bei Funkenbildung zwischen den Platten *b* und *c* nach oben abgeblasen, ähnlich wie bei den bekannten Hörnerblitzableitern. Außerdem werden vielfach vor das Instrument zum Schutz Graphitwiderstände von mehreren Megohm und eine Sicherung in die Leitung eingeschaltet, welche ein völliges Durchschlagen der Spannung verhindern.

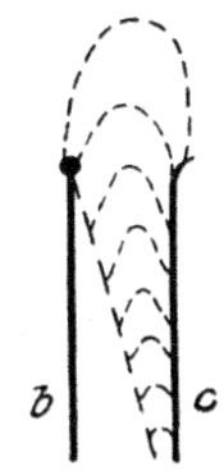

Abb. 72. Funkenblasung.

Energieverbrauch. Der Eigenverbrauch der Spannungsmesser ist bei Wechselstrom verschwindend klein (einige Millionstel A), bei Gleichstrom null. Der Wattverbrauch ist infolge der Kapazität des Instrumentes auch bei Wechselstrom null, weil zwischen Strom- und Klemmenspannung fast 90° Phasenverschiebung bestehen.

Genauigkeit. Die Genauigkeit der elektrostatischen Instrumente liegt bei unmittelbarer Einschaltung etwa bei 1 %, in Verbindung mit Vorhaltkondensatoren etwa bei 2 %.

Elektrodynamische Meßgeräte.

Einleitung. Ebenso wie das Drehspulinstrument für genaue Gleichstrommessungen eine hervorragende Bedeutung erlangt hat, werden die elektrodynamischen Meßgeräte für Präzisionsmessungen in Wechselstromanlagen verwendet. Besonders aber, wo es sich darum handelt, genaue Leistungsmessungen in Wechselstromanlagen auszuführen, ist das elektrodynamische Wattmeter unentbehrlich geworden.

Prinzip. Zwei elektromagnetische Felder, ein festes und ein bewegliches, sind so angeordnet, daß das bewegliche Feld infolge der gegenseitigen Einwirkung beider Felder aufeinander gedreht wird.

Hierzu sei bemerkt, daß die beiden Felder bei rein elektrodynamischen Instrumenten[1]) in eisenfreien Spulen erzeugt werden.

Ausführungsform. In einer festangeordneten Spule *S* sei drehbar gelagert eine zweite bewegliche Spule *s* (vgl. Abb. 73). Die gestrichelten Flächen mögen Schnitte durch die Windungen der beiden Spulen be-

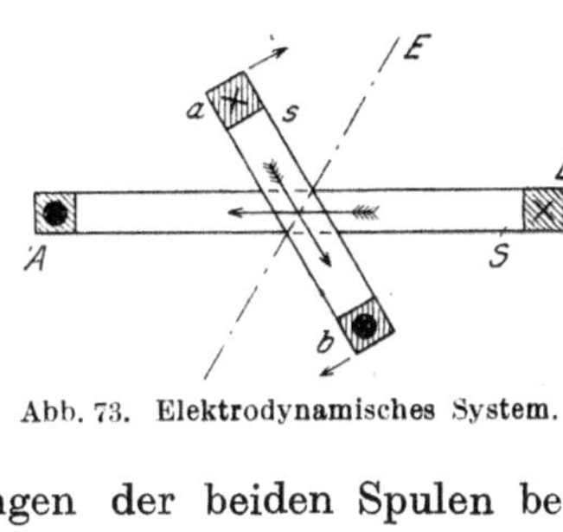

Abb. 73. Elektrodynamisches System.

[1]) Im Gegensatz zu den ferrodynamischen Instrumenten (s. S. 117).

deuten. Werden beide Spulen vom Strom durchflossen, und zwar da, wo Punkte in den Querschnitt eingezeichnet sind, in der Richtung senkrecht aus der Papierebene heraus, da wo Kreuze eingezeichnet sind, senkrecht in die Papierebene hinein, so findet nach dem Ampereschen Gesetz von den parallel entgegengesetzt gerichteten Strömen Abstoßung statt zwischen den auf der Papierebene senkrecht zu denkenden Spulenseiten A, a bzw. B, b. Gleichzeitig wird nach dem Gesetz von den parallel- und gleichgerichteten Strömen a von B und b von A angezogen. Die drehbar gelagerte Spule s wird im Sinne des Uhrzeigers aus der gezeichneten Lage herausgetrieben.

Kehrt in beiden Spulen die Stromrichtung gleichzeitig um, so bleibt der Sinn der Drehung derselbe. Eine oder zwei als mechanische Gegenkraft dienende Torsionsfedern suchen die bewegliche Spule in die eingezeichnete Anfangslage zurückzudrehen.

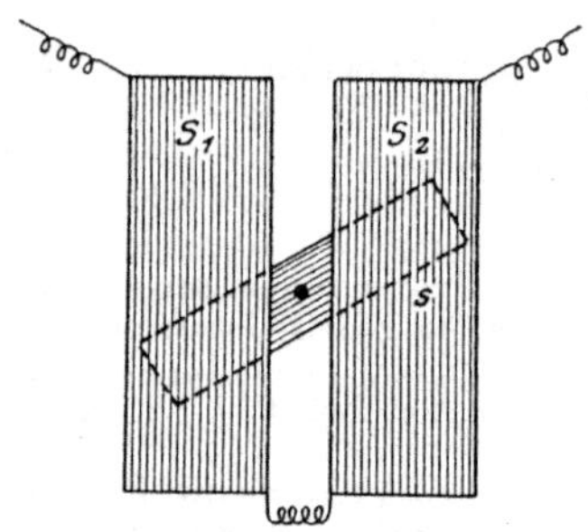

Abb. 74. Elektrodynamometerspulen.

Die Ausführung des Instrumentes kann insofern verschieden getroffen werden, als entweder kreisrunde Spulen oder rechteckige zur Verwendung kommen. Außerdem kann die bewegliche Spule s kleiner gehalten sein wie die feste Spule S und sich demnach in derselben drehen, oder sie ist größer als die feste Spule, und dann bewegt sie sich um die feststehende Spule herum. Die feste Spule ist bei einigen Konstruktionen unterteilt, d. h. es sind dann zwei Spulen mit parallelen Windungsflächen nebeneinander angeordnet, zwischen denen die Achse hindurchgeht (Abb. 74). Die bewegliche Spule dreht sich dann in dem gemeinsamen Hohlraum.

Andere Abweichungen von der beschriebenen Ausführungsform sind weniger wesentlich und sollen daher hier nicht besonders erwähnt werden.

Dämpfung. Die eisenfreien elektrodynamischen Instrumente besitzen meist Luftdämpfung, da eine Wirbelstromdämpfung infolge des dazu notwendigen Dauermagneten einen störenden Einfluß auf die Wirkungsweise des elektrodynamischen Instrumentes ausüben würde.

Nullpunkteinstellung. Die tragbaren Präzisions-Elektrodynamometer besitzen meist eine Nullpunktkorrektion (vgl. S. 13).

Elektrodynamische Strom- und Spannungsmesser.

Einstellkraft. Nehmen wir den einfachsten Fall an, wo die Windungen der festen Spule mit denen der beweglichen Spule hintereinander geschaltet sind (Abb. 75). Der Verbrauchsstrom I fließt dann durch die bewegliche und die feste Spule und besitzt in beiden stets dieselbe Größe. Die Kraft der Abstoßung bzw. der Anziehung der Spulenseiten voneinander ist natürlich von der Stromstärke in beiden Spulen abhängig. Es ist:

$$P = c \cdot I^2,$$

wobei bedeutet: P = Einstellkraft, I = Spulenstrom, c = Proportionalitätsfaktor.

Diese Betrachtung gilt aber nur angenähert, denn die Einstellkraft ist auch noch abhängig von der Lage der beweglichen zur festen Spule, wie wir aus der folgenden Überlegung sehen werden.

Jede der Spulen erzeugt ein magnetisches Feld, deren Hauptrichtungen in Abb. 76 durch Pfeile angedeutet sind, die auf den Spulenebenen senkrecht stehen und von der Stromrichtung in den Spulen abhängen. Die gegenseitige Wirkung solcher magnetischer Felder ist dieselbe wie die zweier Magneten aufeinander.

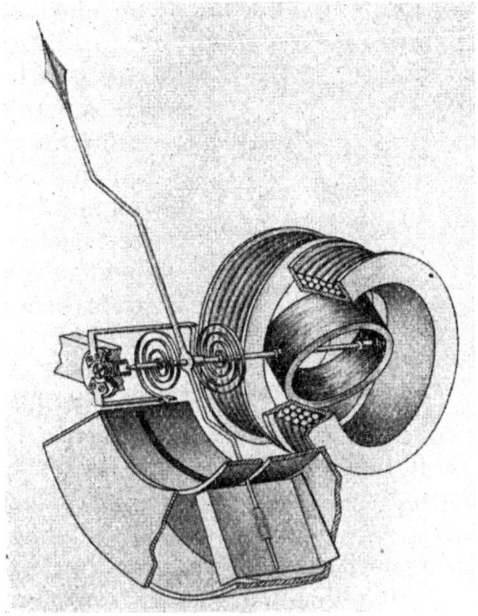

Abb. 74a. Elektrodynamischer Strommesser.

Bringt man eine Magnetnadel m (Abb. 77) in die Nähe eines anderen Magneten M, so wird sich die Nadel m im Felde F des

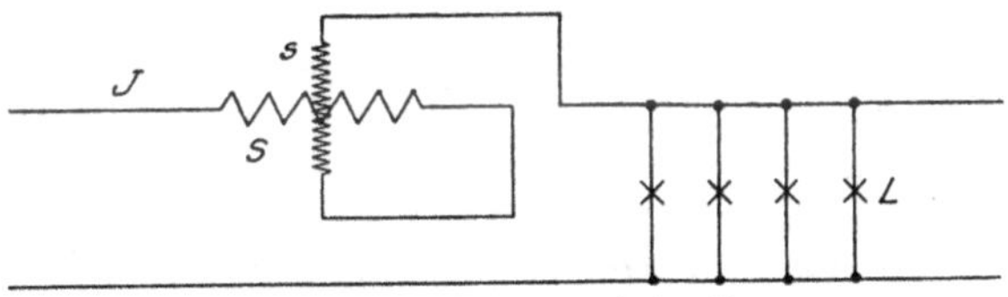

Abb. 75. Schaltung elektrodynamischer Strommesser.

Magneten M so einstellen, daß der Südpol s der Nadel dem Nordpol N des Magneten M zugewendet ist. Man nimmt nun gewöhnlich

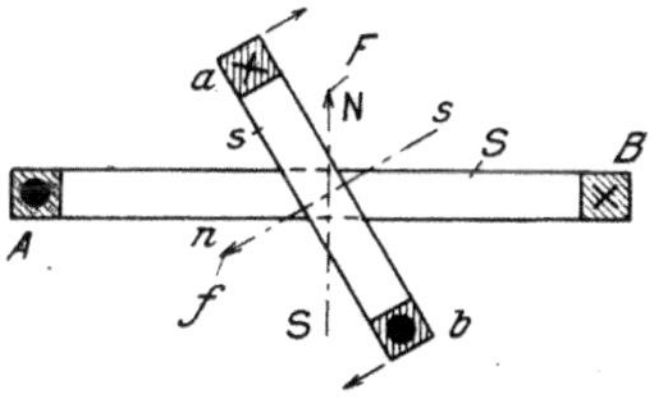

Abb. 76. Feldrichtung in den Spulen.

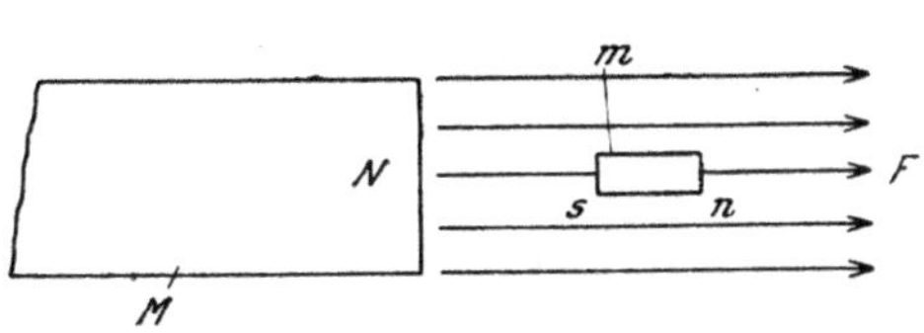

Abb. 77. Magnetnadel im Magnetfelde.

an, daß die Kraftlinien eines Magneten vom Nordpol zum Südpol laufen und erkennt, daß die Nadel sich so einstellt, daß ihre äußeren

Kraftlinien die Richtung des Feldes F des Magneten einzunehmen versucht, in dem sich die Nadel befindet.

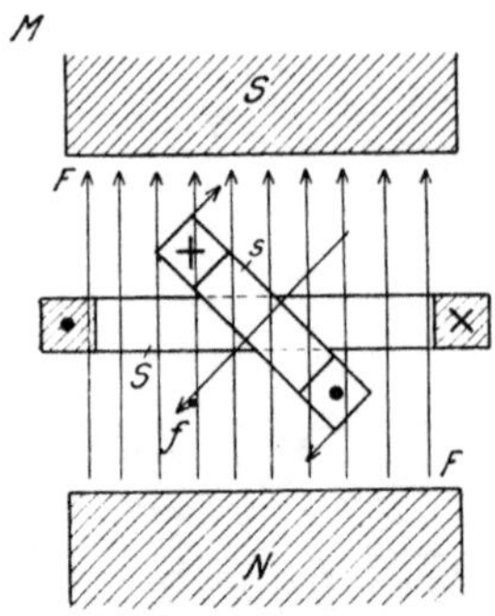

Abb. 78. Einstellkraft des elektrodynamischen Strommessers.

Denken wir uns nun die feste Spule S des elektrodynamischen Instrumentes (Abb. 76) z. B. durch einen Magneten $N—S$ ersetzt (Abb. 78), so wird sich die bewegliche Spule s so einzustellen versuchen, daß ihre inneren Kraftlinien in die Richtung des Feldes F fallen. Sie wird sich im Sinne des Uhrzeigers drehen. Bedeuten also die eingezeichneten Pfeile in Abb. 76 die Mittellinien beider magnetischer Felder, so sucht sich naturgemäß das bewegliche Feld so lange zu drehen, bis ihre Hauptrichtungen einander decken. Dieses Ziel sucht sie auf dem kürzesten Wege zu erreichen, sie dreht sich also nicht links, sondern rechts herum, im Sinne des Uhrzeigers.

Bezeichnet F die Stärke des festen Feldes (Abb. 76), f die des beweglichen, so ist die Kraft, mit der sich das drehbare Feld im Sinne des Uhrzeigers aus der gezeichneten Lage in der Winkelabweichung α vom festen Felde F in die Hauptrichtung desselben zu drehen versucht, erstens proportional der Stärke des festen Feldes F, ferner proportional der Stärke des beweglichen Feldes f und außerdem aber noch abhängig von der augenblicklichen Lage α der Felder zueinander.

Abb. 79.

Die homogen gedachten Felder F und f sind im folgenden immer nur durch je eine Linie dargestellt. Liegen die Felder ineinander ($\alpha = 0$), wie in Abb. 79 angedeutet ist, so ist die Kraft der Anziehung gleich Null, denn das von der Natur gesetzte Ziel ist erreicht. Bilden die Felder einen beliebigen Winkel α miteinander, so ist die Einstellkraft proportional dem Sinus der Winkelabweichung (Abb. 80). Für Abb. 79 gilt: $\sin 0^0 = 0$; auch für $\alpha = 180^0$ ist $\sin \alpha = 0$; die Felder befinden sich dann in der labilen Gleichgewichtslage; ein noch so kleiner Stoß genügt, um sie aus der Lage $\alpha = 180^0$ herauszutreiben.

Die Anordnung der Spulen wird nun meist so gewählt, daß die Felder eine Anfangslage $\alpha = 135^0$ besitzen. Für den Endausschlag des Instruments ist dann die Winkelabweichung $\alpha =$ etwa 45^0. Dazwischen besitzt der Sinus der Winkelabweichung α einen Höchstwert; für $\alpha = 90^0$ ist $\sin \alpha = 1$. Es ist

$$P = C \cdot F \cdot f \cdot \sin \alpha \; ^{1}), \qquad \text{Gl. (1)}$$

[1]) **Bei Wechselstrom** ist hierbei Voraussetzung, daß zwischen F und f keine Phasenverschiebung besteht. Ist eine solche (φ) vorhanden, dann wird:

$$\boldsymbol{P = C \cdot F \cdot f \sin \alpha \cdot \cos \varphi},$$

vgl. die Ausführungen S. 73, wobei E und J die Stelle von F und f vertreten und die Abhängigkeit von der Lage ($\sin \alpha$) nach S. 71 infolge der Formgebung der Spulen vernachlässigt werden darf. Für $\varphi = 0$ ($\cos \varphi = 1$) entsteht wobei P = Einstellkraft, F = Stärke des festen Feldes, f = Stärke des beweglichen Feldes, C = Proportionalitätsfaktor, α = Winkelabweichung bedeutet.

Ist nun der Strom in beiden Spulen derselbe wie in dem betrachteten einfachsten Falle (vgl. Abb. 75), so unterscheiden sich die Feldstärken F und f infolge der im allgemeinen verschiedenen Windungszahlen durch einen konstanten Faktor. Man kann setzen: $f = c_1 F$, und es wird daher:

$$P = C \cdot F \cdot c_1 \cdot F \cdot \sin\alpha,$$

oder wenn $C \cdot c_1 = k$ gesetzt wird:

$$P = k F^2 \sin\alpha . \qquad \text{(Gl. 2)}$$

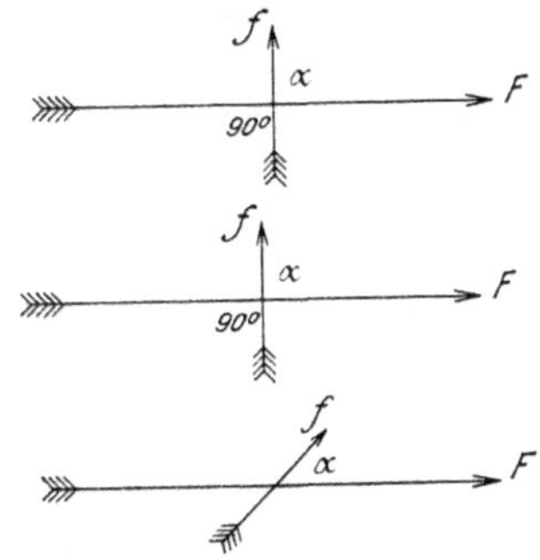

Abb. 80. Abhängigkeit der Einstellkraft von der räumlichen Lage der Felder.

Vergleichen wir diese Gleichung mit der auf S. 63, so unterscheiden sich beide im Prinzip nur durch die Winkelfunktion $\sin\alpha$. Denn das Feld F ist bei eisenlosen Spulen proportional der Stromstärke I in der Spule. Man kann setzen $F = c_2 \cdot I$, dann wird aus Gleichung (2):

$$P = k c_2^2 \cdot I^2 \cdot \sin\alpha ,$$

wobei $k \cdot c_2^2$ in den konstanten Proportionalitätsfaktor c zusammengefaßt gedacht werden kann. Es ist nunmehr

$$P = c I^2 \sin\alpha . \qquad \text{(Gl. 3)}$$

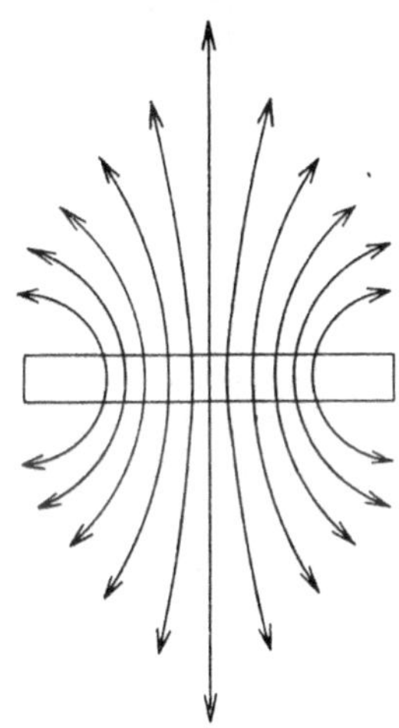
Abb. 81. Feld der eisenfreien Spule.

Gl. (1), S. 64. Wären durch e und i (Abb. 91, die punktierte und die ausgezogene Linie), die (bei Wechselstrom) in der Größe und Richtung wechselnden Felder F und f abhängig von der Zeit T dargestellt, so ergäbe die strichpunktierte Linie N den Wechsel des Produkts $F \cdot f$. Bei $\varphi = 0$ ergäben sich nur positive Werte (Abb. 91), während sich bei $\varphi = 90^0$ ebensoviel positive wie negative Werte ergeben (Abb. 92).

Da das bewegliche System des elektrodynamischen Instrumentes zu träge ist, um den wechselnden Wirkungen des Produkts $F \cdot f$ bei Wechselstrom gewöhnlicher Frequenz (50~) folgen zu können, so stellt es sich auf einen Mittelwert ein, der am größten bei $\varphi = 0$, am kleinsten ($= 0$) bei $\varphi = 90^0$ ist, weil bei $\varphi = 0$ nur positive Produkte auftreten, während bei $\varphi = 90^0$ die Anzahl der positiven von ebensoviel negativen Wirkungen wieder aufgehoben wird, so daß die Gesamtwirkung null ist und das Intrument keinen Ausschlag gibt.

Bei sinusförmiger Veränderung der Felder F und f kommt diese Tatsache mathematisch dadurch zum Ausdruck, daß in Gl. (1), S. 64 der Cosinus des Phasenwinkels φ zwischen F und f als Faktor hinzutritt. Bei Werten von φ, die zwischen 0 und 90^0 liegen (Abb. 93), überwiegt die Anzahl der positiven Augenblickswerte $F \cdot f$; das Instrument stellt sich auf einen Wert ein, der kleiner ist als der Maximalwert, aber größer ist als 0 ($0 < \cos\varphi < 1$).

Während die Gleichung S. 63 nur angenähert galt, weil in ihr die Funktion der Lage der Spulen untereinander noch nicht berücksichtigt war, gilt obige Gleichung (3) streng richtig für homogene Felder. Das ist nun bei den Spulen der elektrodynamischen Instrumente zwar nicht der Fall, jedoch verlaufen die Kraftlinien jeder Spule im allgemeinen symmetrisch zu einer mittleren Hauptfeldrichtung (vgl. Abb. 81).

Ohne praktisch einen großen Fehler zu begehen, können wir bei den vorliegenden Betrachtungen derartige symmetrische Felder als in einer Linie, der mittleren Hauptrichtung, zusammenfallend denken. Die Wirkung solcher Felder aufeinander ist etwa dieselbe wie die bei homogenen Feldern.

Skala. Entsprechend der doppelten Abhängigkeit der Einstellkraft vom Spulenstrom ist der Skalencharakter des elektrodynamischen Strommessers und Spannungsmessers quadratisch. Hierbei macht sich aber meist mehr oder weniger die Sinusfunktion der gegenseitigen Lage der beweglichen zur festen Spule geltend.

Das elektrische Drehmoment ist: $M_e = k \cdot I^2 \cdot \sin\alpha$.

Das mechanische Gegendrehmoment ist: $M_m = c_1 \cdot y$, wobei y den Zeigerausschlag bedeutet. Für jeden Zeigerausschlag y gilt dann:

$$M_e = M_m,$$

und es ist daher:

$$k \cdot I^2 \sin\alpha = c_1 \cdot y$$

oder:

$$y = \frac{k}{c_1} \cdot I^2 \sin\alpha = k_1\, I^2 \cdot \sin\alpha; \qquad k_1 = \frac{k}{c_1}.$$

Es ist nun auch bei elektrodynamischen Instrumenten vielfach der Versuch gemacht worden, durch Formgebung der Spulen usw. den ungleichmäßigen Charakter der Skala derart zu verändern, daß die Skalenteile gleichweit voneinander entfernt sind.

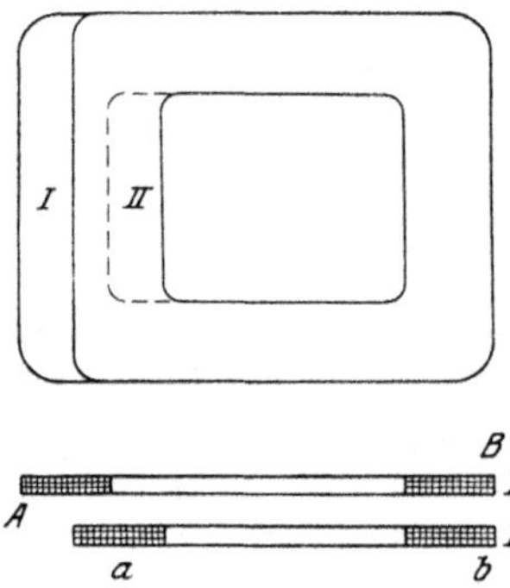

Abb. 82.

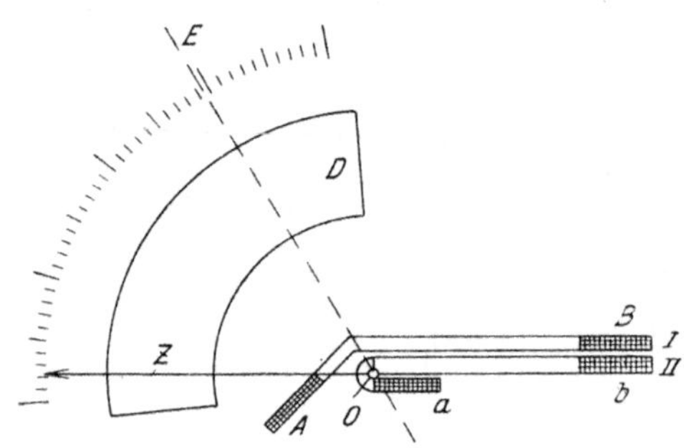

Abb. 83.

Elektrodynamischer Strommesser mit gleichmäßiger Skala.

Meßgerät mit gleichmäßiger Skala. Am besten ist das vielleicht bei einem Instrument gelungen, welches Hartmann & Braun neben den üblichen elektrodynamischen Strom- und Spannungsmessern mit quadratischer Skala herstellt[1]).

Eine feste flache Spule *I* (vgl. Abb. 82) und eine ebensolche bewegliche *II* sind, wie in Abb. 83 dargestellt, umgebogen und so angeordnet und geschaltet, daß die bewegliche Spule bei Stromdurchgang im Sinne des Uhrzeigers um den Aufhängepunkt *O* gedreht wird. Die Spulenseite *b* wird von der entsprechenden Seite *B* der festen Spule abgestoßen, während die Spulenseite *a* der beweglichen Spule *II* von der entsprechenden Seite *A* der festen Spule *I* angezogen wird.

Im Gegensatz zu den normalen Elektrodynamometern besitzt die bewegliche Spule des vorbeschriebenen Instrumentes Fadenaufhängung, ähnlich wie bei Galvanometern. Dadurch wird es notwendig, dem Instrument mit Hilfe einer besonders angebrachten Wasserwage und entsprechenden Stellschrauben vor dem Gebrauch eine wagerechte Lage zu geben, in welcher das bewegliche System frei schwingen kann. Die Skala ist fast ganz gleichmäßig. (Vgl. Abb. 84.)

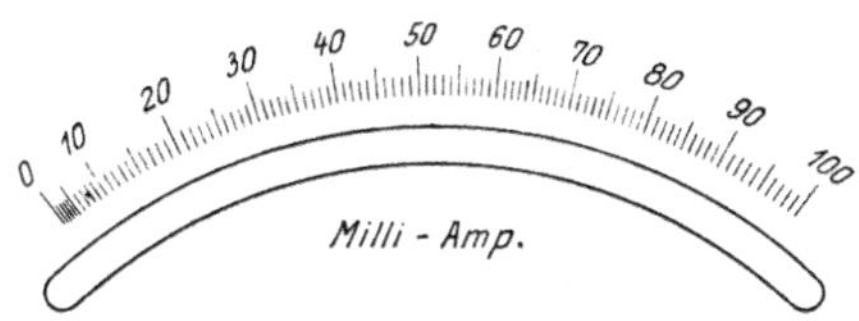

Abb. 84.
Skala des Amperemeters (Abb. 83).

Verwendbarkeit. Die elektrodynamischen Instrumente sind für Gleich- und Wechselstrom verwendbar, und zwar können sie mit Gleichstrom geeicht werden und zeigen dann in Wechselstrom eingeschaltet ohne weiteres die Effektivwerte richtig an.

Erweiterung der Meßbereiche. Da es aus technischen Gründen schwierig erscheint, bewegliche Systeme für höhere Stromstärken herzustellen, so ist der Hintereinanderschaltung der beweglichen und festen Spule für Strommesser für höhere Meßbereiche sehr bald eine Grenze gesetzt. Schon von Bruchteilen eines Ampere an wird die Hintereinanderschaltung nicht mehr angewendet. Man schaltet dann vielfach bei höheren Strömen vor eine dickdrähtige feste Spule *S* einen gewissen induktionsfreien Vorschaltwiderstand (Abb. 85) und legt parallel zur Kombination die dünndrähtige bewegliche Spule *s*.

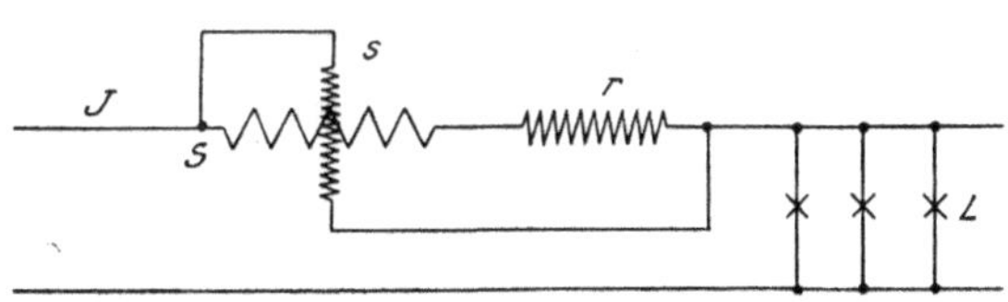

Abb. 85. Bewegliche Spule im Nebenschluß.

Elektrodynamische Strommesser können zur Erweiterung des Meßbereiches auch nicht einfach an besondere Nebenschlüsse angelegt werden, wie das z. B. bei Drehspulinstrumenten und Hitzdrahtinstrumenten ohne weiteres möglich war. Infolge der verhältnismäßig großen Kupfermassen und der Induktivität der Spulen ent-

[1]) Nach den Angaben von Th. Bruger, vgl. E. T. Z. 1904, Heft 37.

stehen im Anschluß an Nebenschlüsse Meßfehler wie bei den Weicheiseninstrumenten [1]).

Dagegen kann das Meßbereich eines elektrodynamischen Strommessers bei Wechselstrom sehr wohl vermittels geeigneter Stromwandler erweitert werden.

Das Meßbereich der elektrodynamischen Spannungsmesser kann entweder durch Vorschaltwiderstände oder durch Spannungswandler erweitert werden.

Abhängigkeit von fremden Feldern. Infolge ihres Prinzips sind die Angaben der elektrodynamischen Intrumente von fremden Magnetfeldern abhängig. Aus demselben Grunde ist auch die Aufstellung elektrodynamischer Intrumente in der Nähe größerer Eisenmassen zu vermeiden. Bei Gleichstrom sind die Angaben der Elektrodynamometer in geringem Maße auch von dem magnetischen Felde der Erde abhängig. Je nach der Lage des Instrumentes während der Messung liefert das magnetische Feld der Erde einen mehr oder weniger großen Beitrag zu dem in der festen Spule vom Strom erzeugten Felde. Man kann den Fehler dadurch ausgleichen, daß man zwei Messungen mit verschiedener Stromrichtung ausführt. Ist der vom Erdfeld erzeugte Fehler vor der Umschaltung positiv, so ist er nach der Umschaltung negativ und von gleicher Größe. Das Mittel aus beiden Meßwerten ergibt dann genau den richtigen Wert. Der Fehler wird bei der Eichung berücksichtigt, in fast allen Fällen praktischer Messungen dagegen vernachlässigt.

Bei Wechselstrom wird diese Umschaltung gewissermaßen 100 mal pro Sekunde bei 50 Perioden vorgenommen, so daß das Erdfeld keinen Fehler in den Angaben des Instrumentes erzeugen kann.

Dagegen können Felder von Dauermagneten oder Gleichstrom elektromagneten bei Gleichstrom einen Einfluß ausüben, der auch durch Umschaltung nicht ganz beseitigt werden kann, weil solche Felder im allgemeinen nicht homogen sind.

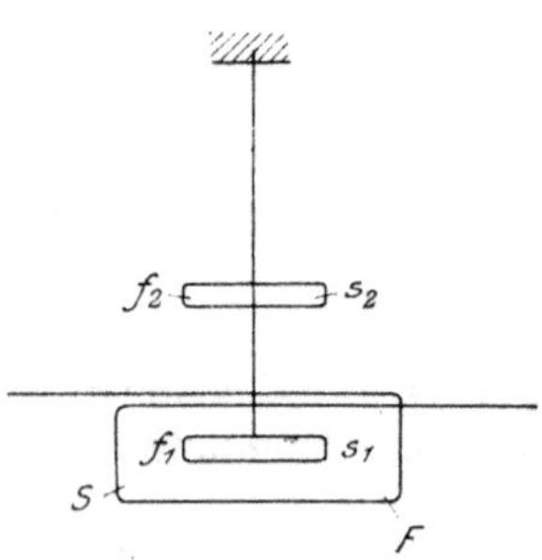

Abb. 86. Astatisches Instrument.

Wechselfelder können die Angaben der elektrodynamischen Instrumente nur bei Wechselstrom beeinflussen.

Da die Beeinflussung durch fremde Felder in manchen Fällen lästig ist und vor allem bei sehr genauen Gleichstrommessungen eine zeitraubende Umschaltung und zwei Ablesungen erforderlich macht, so hat man das sog. astatische Instrument geschaffen (Abb. 86). In dem Felde F einer fest angeordneten Hauptstromspule S bewegt sich das Feld f_1 einer drehbar gelagerten feindrähtigen Spule s_1. Außerhalb des Wicklungsraumes der festen Spule S ist an derselben Drehachse parallel zur Hauptrichtung der Spule s_1 eine gleich geformte, gleich große

[1]) Vgl. aber die Schaltung der Spulengruppen S. 80 und 81.

zweite dünndrähtige Spule s_2 befestigt, welche ein dem Felde f_1 paralleles und gleich großes, aber entgegengesetzt gerichtetes bewegliches Feld f_2 erzeugt. Während nun das bewegliche Feld f_1 mit dem festen Felde F ein Drehmoment D_1 im Sinne des Uhrzeigers erzeugt (Abb. 87), wird das bewegliche Feld f_1 vom Erdfeld im gezeichneten Augenblick in der entgegengesetzten Richtung gedreht, entsprechend einem Drehmoment d_1 des Erdfeldes. Ein diesem Drehmoment d_1 gleich großes, aber entgegengesetzt gerichtetes Drehmoment d_2 erfährt infolge des Erdfeldes das bewegliche Feld f_2. Die Erdfelddrehmomente oder auch die Beeinflussungen durch sonstige für den Ort der Messung als homogen zu betrachtende Felder sind bei der astatischen Anordnung stets gleich groß und entgegengesetzt gerichtet; sie heben sich also in der Wirkung auf.

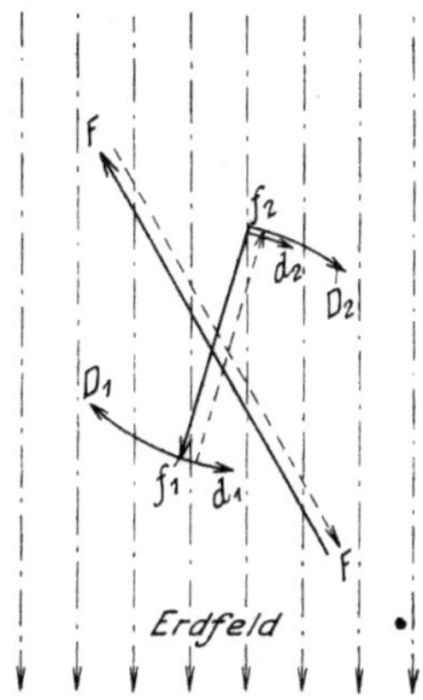

Abb. 87. Drehmomente bei Astasie.

Homogene Felder können demnach auf ein astatisches elektrodynamisches Instrument keine Wirkung ausüben.

Es bleibt noch zu bemerken, daß sich die Spule s_2 mit dem Felde f_2 im äußeren Felde F der Hauptstromspule befindet. F hat außen die entgegengesetzte Richtung wie F (in der Spule) und ist schwächer. Infolge der Einwirkung von F auf f_2 entsteht ein dem Hauptdrehmoment D_1 gleichgerichtetes, wenn auch schwächeres Drehmoment D_2 im Sinne des Uhrzeigers.

Abhängigkeit von der Temperatur. Der Strommesser mit Nebenschluß besitzt eine Abhängigkeit von der Temperatur infolge der Änderung des Widerstandsverhältnisses im Nebenschluß und Instrument (vgl. auch S. 26 und 41 Fußnote).

Trotzdem ist es z. B. Siemens & Halske gelungen, elektrodynamische Strommesser nach der Schaltung Abb. 85 auch für Meßbereiche bis 200 A zu konstruieren, bei denen die Abhängigkeit von der Temperatur (und von den in der Starkstromtechnik zur Zeit vorkommenden Frequenzen) in praktisch geringen Grenzen bleibt (vgl. S. 40).

Der Spannungsmesser kann durch Vorschalten von temperaturfreiem Widerstand von der Temperatur unabhängig gemacht werden. Meist wird mindestens der fünffache temperaturfreie Widerstand vor den Kupferwiderstand der Instrumentspulen geschaltet (vgl. S. 29).

Abhängigkeit von der Frequenz. Der Strommesser ohne Nebenschluß, wie er in Abb. 75 dargestellt ist, ist bei den in der Starkstromtechnik vorkommenden Polwechselzahlen von der Frequenz unabhängig. Da derselbe aber eine nicht unbedeutende Induktivität besitzt, so wird er beim Anschluß an induktionsfreie Nebenschlüsse von der Periodenzahl abhängig infolge der Änderung des Widerstandsverhältnisses in der Stromverzweigung, ähnlich wie beim Weicheiseninstrument, wenn man nicht, was vielfach auf Schwierigkeiten stößt, für gleiche Induktivität in den beiden parallelen Zweigen sorgt. Dasselbe gilt von der Parallelschaltung (Abb. 85).

Der elektrodynamische Spannungsmesser ist ebenfalls infolge seiner Induktivität abhängig von der Frequenz; sein Wechselstromwiderstand ändert sich mit der Polwechselzahl. Mit zunehmender Periodenzahl läßt er bei derselben Spannung weniger Strom hindurch. Schaltet man aber genügend induktionsfreien Widerstand vor, so wird die Abhängigkeit von der Periodenzahl nahezu beseitigt.

Für höhere Frequenzen ist aber das elektrodynamische Instrument weniger geeignet[1]).

Überlastbarkeit. Infolge der feindrähtigen beweglichen Spule und den als Stromzuführung zu derselben dienenden Torsionsfedern ist das elektrodynamische Instrument nur bis zum etwa doppelten Betrage der Höchststromstärke überlastbar.

Eigenverbrauch. Beträgt der Ohmsche Widerstand eines elektrodynamischen Strommessers für 5 A etwa 0,2 Ω, so ist der größte Spannungsabfall:

$$e = I r = 5 \cdot 0{,}2 = 1 \text{ V}$$

und der größte Energieverbrauch:

$$N = e I = 1 \cdot 5 = 5 \text{ W}.$$

Beträgt der Ohmsche Widerstand eines elektrodynamischen Spannungsmessers für 0—130 V etwa 2167 Ω, so ist seine größte Stromaufnahme:

$$i = \frac{E}{R} = \frac{130}{2167} = 0{,}06 \text{ A} = 60 \text{ mA}$$

und der größte Wattverbrauch:

$$N = E \cdot i = 130 \cdot 0{,}06 = 7{,}8 \text{ W}.$$

Genauigkeit. Die Genauigkeit der elektrodynamischen Instrumente beträgt 0,3 bis 1%, bezogen auf den Höchstwert der Skala.

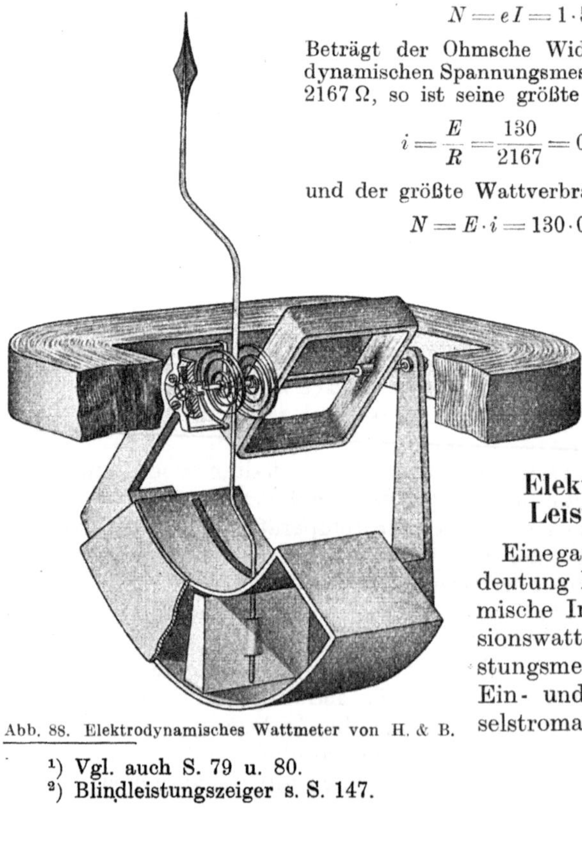

Abb. 88. Elektrodynamisches Wattmeter von H. & B.

Elektrodynamische Leistungsmesser.[2])

Eine ganz hervorragende Bedeutung hat das elektrodynamische Instrument als Präzisionswattmeter für genaue Leistungsmessungen besonders in Ein- und Mehrphasen-Wechselstromanlagen gewonnen.

[1]) Vgl. auch S. 79 u. 80.

[2]) Blindleistungszeiger s. S. 147.

Einstellkraft bei Gleichstrom. Schaltet man die fest angeordnete Spule S eines elektrodynamischen Instrumentes in die Leitung eines Verbrauchsapparates (Abb. 89) ein, etwa wie die Spule eines Weicheisenstrommessers, und schließt die bewegliche Spule s unter Vorschaltung eines geeigneten Widerstandes r an die Spannung E an, etwa wie man einen Spannungsmesser an die zu messende Spannung anlegt, so ist der Ausschlag des so eingeschalteten elektrodynamischen Instrumentes, wie früher, proportional sowohl dem Strom in der festen als auch dem Strom in der beweglichen Spule und außerdem einer Funktion des Lagenwinkels α (vgl. S. 65). Es ist somit die Einstellkraft beim Leistungsmesser:

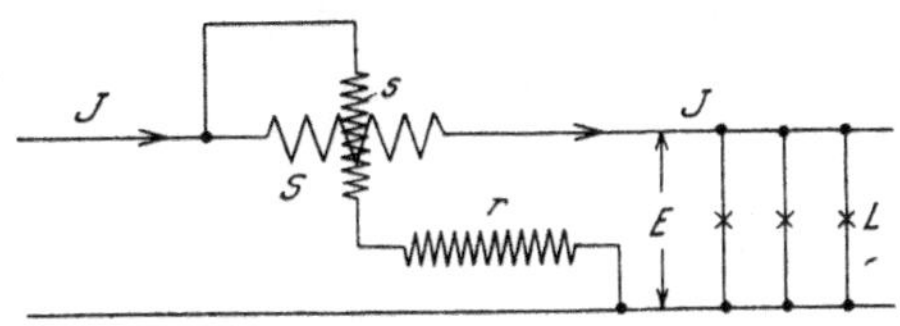

Abb. 89. Wattmeterschaltung.

$$P = c \cdot I \cdot i \cdot \sin \alpha,$$

wenn P = Einstellkraft, c = Proportionalitätsfaktor, I = Strom in der festen Spule, i = Strom in der beweglichen Spule, im Spannungskreis, α = Winkel der gegenseitigen Lage der Spulen bzw. der Felder untereinander ist.

Nun ist es aber durch geeignete Formgebung bzw. durch richtige Wahl der Größenverhältnisse beider Spulen zueinander gelungen[1]), den im geringeren Maße hervortretenden Einfluß der gegenseitigen Lage der Spulen zueinander zu beseitigen, so daß die Einstellkraft von der Stellung der beweglichen Spule unabhängig ist. Die Gleichung nimmt für ein derartiges Wattmeter die Form an:

$$P = c I \cdot i.$$

Der Strom i in der beweglichen Spule ist von der Größe der Spannung E abhängig sowie von der Größe des Gesamtwiderstandes R, der sich zusammensetzt aus der beweglichen Spule s und dem vorgeschalteten Widerstande r. Es ist:

$$i = \frac{E}{R},$$

und demnach wird die Einstellkraft des Leistungsmessers:

$$P = c I i = c I \frac{E}{R}.$$

Faßt man hierin $\frac{c}{R}$ als Konstante zusammen in C, denn R ist unveränderlich, so wird:

$$P = C \cdot I \cdot E. \qquad \text{(Gl. 1)}$$

---

[1]) Görner gelang es zuerst mit ganz einfachen Spulen, nur durch Wahl der Größenverhältnisse, eine gleichmäßige Skala beim Wattmeter zu erhalten. Vgl. Abb. 88 und 90.

Der Ausschlag eines nach Abb. 89 eingeschalteten elektrodynamischen Instrumentes ist proportional dem Hauptstrom I, der die feste sog. Hauptstromspule des Wattmeters durchfließt, und der Spannung E an den Enden des Stromkreises der beweglichen, der sog. Spannungsspule; d. h. des Spannungskreises (der vielfach auch der Nebenschlußkreis heißt). Da nun bekanntlich:

$$I \cdot E = N$$

die Leistung in Watt ist, so ist:

$$P = C\,N, \qquad \text{(Gl. 2)}$$

wobei N die zu messende Leistung in Watt bedeutet. Die Einstellkraft und damit der Zeigerausschlag des elektrodynamischen Leistungsmessers ist also proportional der zu messenden, in den Lampen verbrauchten Leistung in Watt.

Denn das elektrische Drehmoment ist:

$$M_e = k N,$$

das mechanische Drehmoment:

$$M_m = c \cdot \alpha .$$

Für Gleichgewicht ist demnach:

$$M_m = M_e \qquad \text{oder} \qquad k \cdot N = c\,\alpha,$$

d. h.

$$\alpha = \frac{k}{c} N = K \cdot N .$$

Skala. Sinkt I oder E auf die Hälfte, so ist die Leistung N nur halb so groß, und dann geht der Zeiger auch auf den halben Ausschlag zurück. Die Skala des Leistungsmessers ist proportional; die einzelnen Skalenteile sind gleich weit voneinander entfernt (Abb. 90, vgl. auch S. 75).

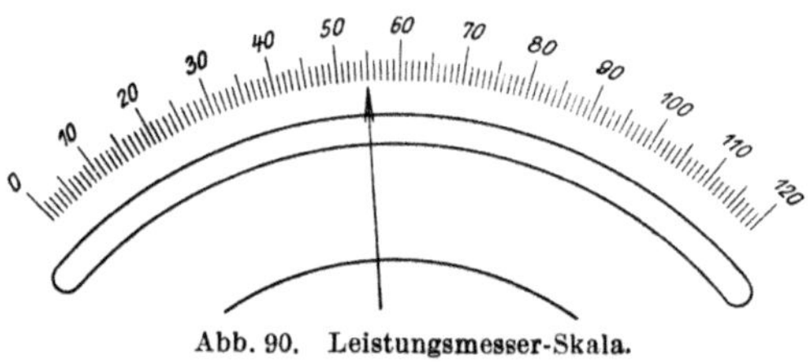

Abb. 90. Leistungsmesser-Skala.

Einstellung bei Wechselstrom. Nach Gl. (1) ist die Einstellkraft des Wattmeters:

$$P = C \cdot J \cdot E,$$

was für Gleichstrom zutrifft und auch noch für Wechselstrom, solange keine Phasenverschiebung zwischen dem Verbrauchsstrom J und der Spannung E des Wechselstromes besteht. Zwar gilt Gl. (1) für Augenblickswerte auch bei Wechselstrom, nicht aber unter allen Umständen mehr für die Mittelwerte, die Effektivwerte des Wechselstromes.

In Abb. 91 seien die Augenblickswerte der Spannung $e = E_m \sin\alpha$ und des Stromes $i = J_m \sin\alpha$ als Funktion des Winkels α graphisch dargestellt (vgl. S. 44). Die Phasenverschiebung φ sei hier Null, d. h.

e und i erreichen gleichzeitig ihre Null- und Maximalwerte. Durch Multiplikation der gleichzeitigen Augenblickswerte i und e entsteht die Leistungskurve N, welche hier nur positive Werte besitzt. Ein nach Abb. 89 eingeschaltetes Wattmeter hat das Bestreben, sich in jedem Augenblick entsprechend der Gleichung:

$$n = C \cdot ei$$

einzustellen.

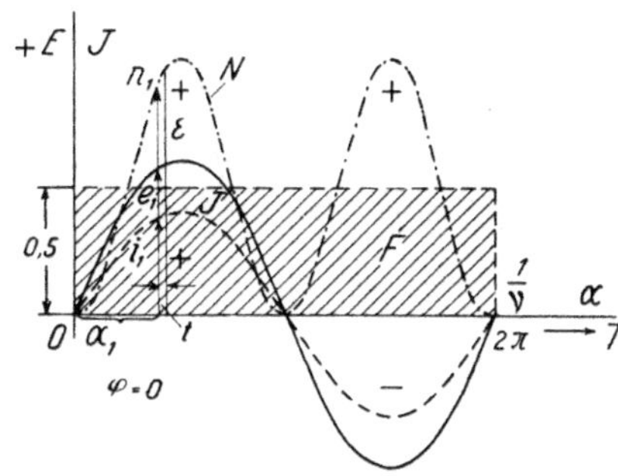

Abb. 91. Einstellung des Wattmeters bei Wechselstrom.

Da es aber infolge seiner Trägheit den Augenblickswerten n der Leistung N nicht folgen kann, so stellt es sich auf den Mittelwert ein. Derselbe berechnet sich wie folgt als mittlere Ordinate der Leistungskurve N. Die zwischen der Leistungskurve N und der Abszissenachse liegende Fläche stellt die während der Periode $0 - 2\pi$ geleistete Arbeit A dar und ist gleich der Summe der Augenblickswerte $n \cdot t$, wobei t eine der vielen sehr kleinen Zeitabschnitte bedeuten möge, in welche man sich die Grundlinie 2π geteilt denkt. Es wird:

$$A = \Sigma n \cdot t = \Sigma ei \cdot t$$
$$A = \Sigma E_m \cdot \sin\alpha \cdot J_m \sin\alpha \cdot t$$

oder:

$$A = \Sigma E_m J_m \sin^2\alpha \cdot t = [E_m J_m \sin^2\alpha_1 t + E_m J_m \sin^2\alpha_2 \cdot t + E_m J_m \sin^2\alpha_3 \cdot t + \ldots]$$
$$A = E_m J_m \cdot [\sin^2\alpha_1 \cdot t + \sin^2\alpha_2 \cdot t + \sin^2\alpha_3 \cdot t + \ldots]$$

oder:

$$A = E_m \cdot J_m \cdot \Sigma(\sin^2\alpha \cdot t).$$

Nach Seite 45 ist $\Sigma \sin^2\alpha \cdot t = 0{,}5 \cdot \frac{1}{\nu}$, daher ist $A = E_m \cdot J_m \, 0{,}5 \cdot \frac{1}{\nu}$ die Arbeit einer Periode. Bei ν Perioden in der Sekunde ist dann die in der Sekunde geleistete Arbeit, d. h. die Leistung des Wechselstromes:

$$N = 0{,}5 \cdot E_m \cdot J_m \frac{1}{\nu} \cdot \nu = 0{,}5 \cdot E_m J_m. \qquad \text{(Gl. 1)}$$

Da das Wattmeter mit Gleichstrom geeicht ist, so zeigt es den Gleichstromwert EJ an, der dem Wechselstromwert $N = 0{,}5 \cdot E_m \cdot J_m$ entspricht. Es ist:

$$0{,}5\, E_m \cdot J_m = E \cdot J.$$

Der Gleichstromeffekt ist gleich dem Wechselstromeffekt. Zur Erzeugung desselben Ausschlags war bei Gleichstrom offenbar derselbe Effekt nötig wie bei Wechselstrom. Teilt man den Faktor 0,5 in $\sqrt{0{,}5} \cdot \sqrt{0{,}5}$, so kann man schreiben:

$$N = \sqrt{0{,}5} \cdot E_m \cdot \sqrt{0{,}5} \cdot J_m = E_{\text{eff.}} J_{\text{eff.}} = EJ.$$

Man schreibt bei Wechselstrom kurz $N = E \cdot J$, wobei $E = \sqrt{0{,}5} \cdot E_m$ und $J = \sqrt{0{,}5} \cdot J_m$ Effektivwerte bedeuten. Bei Phasengleichheit gilt also bei Wechselstrom dieselbe Beziehung wie bei Gleichstrom.

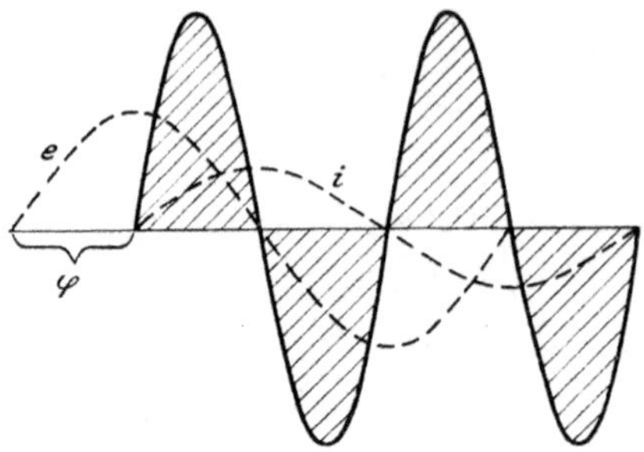

Abb. 92. Leistung bei 90° Phasenverschiebung.

Ist die Phasenverschiebung nicht Null, sondern φ, so stellt sich der Leistungsmesser auf einen anderen Wert ein, entsprechend einer Arbeit A_φ. Es wird hierfür:

$$A_\varphi = \Sigma n \cdot t = \Sigma e i t$$

$$A_\varphi = \Sigma E_m \sin\alpha \cdot J_m \sin(\alpha \pm \varphi) t$$

oder:

$$A_\varphi = E_m J_m \Sigma \sin\alpha \cdot \sin(\alpha \pm \varphi) t.$$

Hierin ist z. B. für $\varphi = 90^0$: $\sin(\alpha \pm 90) = \cos\alpha$, d. h.:

$$\Sigma \sin\alpha \cdot \sin(\alpha \pm \varphi) t = \Sigma \sin\alpha \cos\alpha\, t = \tfrac{1}{2} \Sigma \sin 2\alpha\, t = 0$$

über die Periode, weil die Funktion $y = \sin 2\alpha$ ebensoviel gleiche positive wie negative Werte besitzt. Es wird daher:

$$A\varphi = E_m J_m \tfrac{1}{2} \Sigma \sin 2\alpha\, t = 0 \quad \text{für} \quad \varphi = 90^0. \qquad \text{(Gl. 2)}$$

Das Wattmeter zeigt Null. Das geht auch aus der Abb. 92 hervor, welche zeigt, daß für $\varphi = 90^0$ die Leistung N ebensoviel positive wie negative Werte besitzt, ihr Mittelwert also Null ist. Ist $\varphi > 0$ aber $< 90^0$, so wird:

$$\begin{aligned} A_\varphi &= E_m J_m \cdot \Sigma \sin\alpha \cdot \sin(\alpha \pm \varphi) t \\ &= E_m J_m \Sigma \sin\alpha [\sin\alpha \cos\varphi \pm \cos\alpha \sin\varphi] t \\ &= E_m J_m \Sigma \sin^2\alpha \cos\varphi\, t \pm E_m J_m \Sigma \sin\alpha \cdot \cos\alpha \cdot \sin\varphi\, t \end{aligned}$$

oder, da φ während ein und desselben Arbeitsvorgangs konstant ist:

$$A = E_m J_m \cos\varphi \Sigma \sin^2\alpha\, t \pm E_m J_m \sin\varphi \cdot \Sigma \sin\alpha \cos\alpha\, t$$

oder zur Abkürzung:

$$A = \qquad A_1 \qquad \pm \qquad A_2.$$

Hierin ist durch Übergang zur sekundlichen Arbeit, zur Leistung nach Gleichung (1):

$$N_1 = 0{,}5 \cdot E_m \cdot J_m \cdot \cos\varphi = E \cdot J \cos\varphi$$

und nach Gleichung (2):

$$N_2 = E_m J_m \sin\varphi \tfrac{1}{2} \Sigma \sin 2\alpha\, t = 0.$$

Damit wird für $90^0 > \varphi > 0$:

$$\boldsymbol{N = N_1 + N_2 = E J \cos\varphi}.\text{[1]} \qquad \text{(Gl. 3)}$$

Das Wattmeter zeigt einen Wert an, der kleiner ist als das Voltampereprodukt EJ und der von der Phasenverschiebung φ abhängt; $\cos\varphi$ heißt der „Leistungsfaktor“. Der Leistungsfaktor ist die Zahl, mit der das Voltampereprodukt multipliziert werden muß, um die Leistung zu erhalten; er ist stets gleich oder kleiner als 1.

---

[1]) Siehe auch Anmerkung S. 133.

Abb. 93 zeigt auch, daß die Leistungskurve z. B. für $\varphi = 45^0$ positive und negative Werte besitzt, wobei aber die Anzahl der positiven überwiegt; für $\varphi = 45^0$ ist $\cos\varphi = 0{,}707$. Das Wattmeter zeigt:

$$N = 0{,}707 \cdot EJ \text{ für } \varphi = 45^0.$$

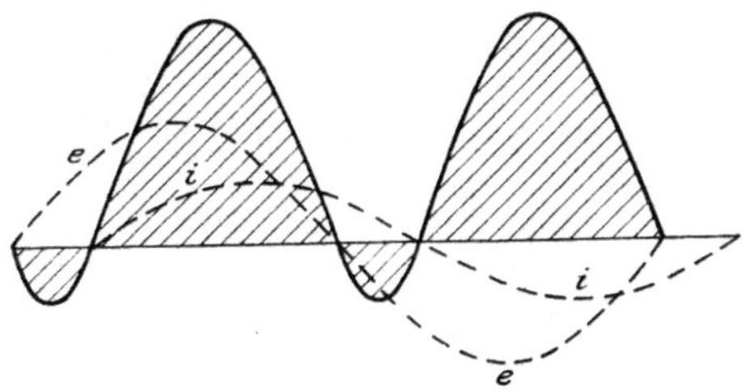

Abb. 93. Leistung bei mittlerer Phasenverschiebung.

Skalenausführung. Tragbare Präzisions-Wattmeter werden mit Gleichstrom geeicht. Der Endwert der Skala gibt das Voltampereprodukt der Nennwerte von Strom und Spannung an, die auf der Skala verzeichnet sind. Z. B. 5 A bzw. 120 V. Wegen der vielfachen Verwendbarkeit durch Erweiterung der Strom- und Spannungsmeßbereiche und einer dadurch bedingten größeren Anzahl verschiedener Multiplikationskonstanten erhalten die Präzisions-Wattmeter meist keine Watt-Skala, sondern nur eine Skala in Teilstrichen, die mit der Zahl dieser Teilstriche beziffert werden (Abb. 90). Eine beigefügte Tabelle der Multiplikationskonstanten gibt dann die Werte pro Skalenteil in Watt für die verschiedenen Meßbereiche an.

Bei Wechselstrom wird der Endwert der Skala auch bei vollen Strom und Spannungswerten nur bei $\cos\varphi = 1$ erreicht (s. S. 72—74).

Um die Skala voll auszunützen und bei normalem Betrieb einer Wechselstromanlage ($\cos\varphi < 1$) den Leistungswert mehr am Ende der Skala eines ortsfesten Wattmeters ablesen zu können, werden dieselben vielfach so geeicht, daß der Endwert der Skala nicht dem Voltampereprodukt der Nennwerte von Strom und Spannung entspricht, sondern einem kleineren Wert. Ortsfeste Wattmeter erhalten dabei meist eine Skalenbezifferung in Watt.

Beispiel 1: Ein Einphasenwattmeter (vgl. S. 89) für 800 A 120 V mit Stromwandler 800/5 A kann nach Abb. 108 geschaltet werden. (Der besondere Vorwiderstand fällt hier weg.) Der mittlere Leistungsfaktor sei als ca. 0,8 bekannt.

Das Wattmeter erhält dann eine Skala für

$$N = J \cdot E \cdot \cos\varphi = 800 \cdot 120 \cdot 0{,}833 = \mathbf{80\ kW}.$$

Das Wattmeter besitzt eine Stromspule für 5 A, wird aber mit 120 V und $5 \cdot 0{,}833 = 4{,}17$ A so abgeglichen (vgl. weiter unten), daß der Endwert der Skala damit erreicht wird. Bei 5 A 120 V und $\cos\varphi = 0{,}833$ bzw. bei 800 A primär, 120 V und $\cos\varphi = 0{,}833$ erreicht dann der Zeiger im normalen Betriebe den Endwert der Skala. Ist der Leistungsfaktor kleiner als 0,833, so geht der Ausschlag zurück. Das Wattmeter ist gewissermaßen für ein Voltampereprodukt $4{,}17 \cdot 120$ entsprechend $800 \cdot 0{,}833 \cdot 120 = 667$ A $\cdot$ 120 V primär auf den Endausschlag abgeglichen.

Da eine gewisse Amperewindungszahl der Stromspule Vorbedingung ist für das Zustandekommen des notwendigen Drehmoments (s. S. 25), so ist der obigen Abgleichung des Wattmeters für Werte des Leistungsfaktors, die unter 0,6 (bei Registrierinstrumenten 0,8) liegen, meist eine Grenze gesetzt. Das Wattmeter kann eine Skala erhalten für einen Leistungsmeßbereich, der kleiner ist als das Voltampereprodukt, aber nicht kleiner als etwa $0{,}6 \cdot E \cdot J$ (bei Registrierinstrumenten nicht kleiner als etwa $0{,}8\ E \cdot J$ (s. S. 190).

Beispiel 2: Ein Drehstromwattmeter (vgl. S. 100 usw., auch S. 134 usw.) soll mit Strom- und Spannungswandlern (500/5 A bzw. 3000/110 V) verwendet werden. Gewünscht ist eine Skala für ein Leistungsmeßbereich von 2000 kW. Das entspricht:

$$N = \sqrt{3} \cdot E \cdot J \cdot \cos\varphi = \sqrt{3} \cdot 3000 \cdot 500 \cdot 0{,}7698 \text{ W}.$$

Wird ein Einphasenwattmeter an zugänglichen Nullpunkt angeschlossen (S. 100 u. 101), so gelten obige Betrachtungen für Wechselstrom. Die Skala wird für Drehstrom mit den mit 3 multiplizierten Werten beziffert.

Würde man z. B. ein Doppelwattmeter so abgleichen, daß der Endwert der Skala dem doppelten Voltampere-Produkt $(2 \cdot E \cdot J)$ entspricht, so würde der Zeiger bei Drehstrommessungen auch bei induktionsfreier Belastung bei vollen Strom- und Spannungswerten nicht den Endausschlag zeigen, weil zwischen den Spannungen E und den Strömen J eine natürliche Phasenverschiebung von 30^0 besteht (s. S. 107).

Ortsfeste Doppelwattmeter werden daher gewöhnlich in Einphasenstrom (bzw. Gleichstrom) bei Serienschaltung der Hauptstromspulen und Parallelschaltung der Spannungspulen so geeicht, daß der Endwert der Skala bei voller Spannung E mit einem Strom von $\frac{1}{2}\sqrt{3} \cdot J \cdot \cos\varphi$ erreicht wird, d. h. hier mit einem Sekundärstrom von $\frac{\sqrt{3}}{2} \cdot 5 \cdot 0{,}7698 = 3{,}33$ A.

Der Endausschlag des Drehstrom-Doppelwattmeters entspricht dann in Drehstrom einem Voltampereprodukt von

$$\sqrt{3} \cdot 384 \cdot 3000 = 2000 \text{ KVA primär}.$$

Im Betriebe zeigt das Wattmeter bei vollen Strom- und Spannungswerten (bei gleicher Belastung) den Endausschlag bei $\cos\varphi = 0{,}7698$ (während die beiden Einphasen-Präzisionswattmeter in Aronschaltung [S. 105] nicht den Endausschlag zeigen, sondern nur $0{,}866\ EJ$, weil sie mit EJ auf den Endwert abgeglichen sind).

In Zweiphasenwechselstrom würde das Doppelwattmeter zweckmäßig mit $2 \cdot e \cdot J \cdot \cos\varphi$ auf den Endausschlag abgeglichen werden; vgl. S. 93 usw. $(N = 2 \cdot e\,J \cos\varphi)$. Jedes der Wattmeter Abb. 116 ist als Einphasenwattmeter anzusehen. Bei induktionsfreier Belastung sind J und e in Phase.

Das Drehfeldwattmeter (Abb. 171) wird gewöhnlich in Drehstrom geeicht und so abgeglichen (vgl. S. 131), daß es bei voller Spannung bei einem Strom von $J \cdot \cos\varphi$ (gleicher induktionsfreier Belastung) den Endausschlag zeigt, das Einphasenwattmeter des ersten Beispiels würde man z. B. für Drehstrom so abgleichen, daß es bei induktionsfreier gleicher Belastung in Drehstrom bei $J = 4{,}17$ A den Endausschlag zeigt. Schaltet man so ein Wattmeter nach der Abgleichung in Einphasenwechselstrom ein, so zeigt es natürlich zu viel, wenn E und J in Phase sind. Verschiebt man J gegen E um 30^0, so zeigt es den alten Wert.

Dabei ist noch zu beachten, daß der Ausschlag des Wattmeters nicht etwa proportional $E \cdot J \cdot \cos\varphi$ ist, weil es an der verketteten Spannung ($-E_2$) liegt (s. Abb. 170). Der Gesamtwiderstand des Spannungskreises ist um $\sqrt{3}$ mal so groß gewählt, als wenn das Wattmeter an einer Spannung $e = \frac{E}{\sqrt{3}}$ läge, damit der Ausschlag proportional $e J \cdot \cos\varphi$ wird.

Natürlich erhält das Instrument als Drehstromwattmeter eine Bezifferung der mit 3 multiplizierten Werte des Einphasenwattmeters.

Es gibt auch Fälle, in denen gewünscht wird, daß die Skala für einen Leistungsmeßbereich eingerichtet wird, der größer ist als das Voltampereprodukt der Nennwerte von Strom und Spannung. In solchen Fällen wird gewöhnlich die Hauptstromspule des Wattmeters (bzw. der Stromwandler) überlastet. Das obengenannte Einphasenwattmeter für 5 A und 120 V wird dann mit einem Sekundärstrom geeicht, der größer ist als 5 A. Die Größe der Überlastung ist begrenzt durch die Dimensionen der Hauptstromspule des Wattmeters bzw. des Stromwandlers.

Bei einer Überlastung um 14—15 % würde das Wattmeter für einen Primärstrom von 917 A (5,73 A sec.) abgeglichen und erhielte eine Skala mit dem Endwert $917 \cdot 120$ Watt $= 110$ kW. Die mittlere Leistung des normalen Betriebes wird dann unterhalb des Endwertes abgelesen. Spitzen der Belastung, wie sie beispielsweise durch Einschalten der Beleuchtungskörper am Abend erreicht werden, vergrößern dann den Ausschlag am Wattmeter durch vergrößerte Leistung, teilweise durch Erhöhung der Stromstärke, teilweise dadurch, daß der Leistungsfaktor bei Beleuchtung durch Glühlampen näher an 1 gerückt ist.

Die in den verschiedenen Fällen genannte Abgleichung auf den Skalenendwert geschieht gewöhnlich durch Einstellung eines Parallelwiderstandes r zur Spannungsspule s (Abb. 93a).

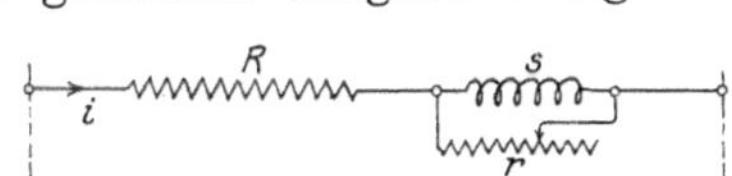

Abb. 93a. Abgleichung eines Wattmeters auf den Endausschlag.

Je nachdem der Abgleichwiderstand r größer oder kleiner gewählt wird, fließt ein mehr oder weniger großer Teilbetrag des Gesamtstromes i durch die bewegliche Spule, wodurch der Endausschlag des Wattmeters bei konstanter Spannung E und bei gleichbleibender Eichstromstärke in der Hauptstromspule verschieden groß gewählt werden kann.

Beim Drehfeldinstrument (Abb. 167) geschieht die Abgleichung auf den Skalenendwert gleichzeitig mit der Abgleichung auf 90° (vgl. S. 130 usw.).

Was an Amperewindungen in der Hauptstromspule durch Verkleinerung des Leistungsfaktors verloren geht, muß in den Spannungsspulen durch Vergrößerung der Amperewindungen (Vergrößerung der Stromstärke i) ersetzt werden. In Gl. (1), S. 65 und Gl. (1), S. 128 bedeutet das eine Vergrößerung der Felder f bzw. F_2.

Verwendbarkeit und Fehlerquellen. Bezüglich der Verwendbarkeit, ferner des Verhaltens bei Gleich- und Wechselstrom, der Abhängigkeit von Temperatur und fremden Feldern sowie Überlastbarkeit vergleiche auch die entsprechenden Kapitel über den elektrodynamischen Strom- und Spannungsmesser.

Von der Temperatur ist der elektrodynamische Leistungsmesser praktisch unabhängig, solange die Hauptstromspule nicht an einen Nebenwiderstand angeschlossen ist.

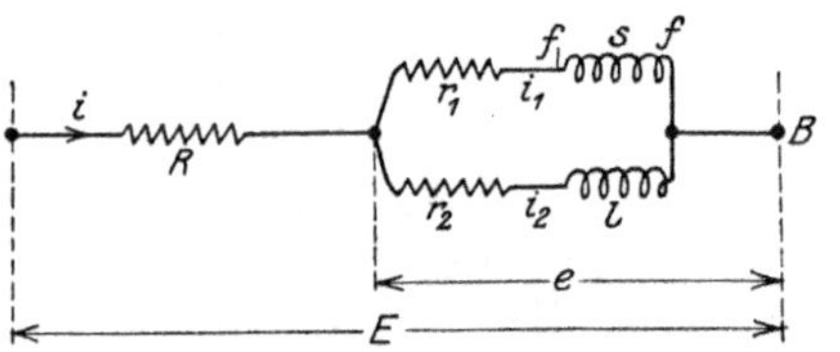

Abb. 93b. Frequenz- und temperaturunabhängige Schaltung des Wattmeterspannungskreises.

Im Spannungskreis liegt die bewegliche Spule gewöhnlich in einer Stromverzweigung nach Art der Abb. 93b.

Der temperaturunabhängige Parallelwiderstand r_2 (von dem ein Teil [l] aus später zu erläuternden Gründen induktiv gewickelt sein kann) wird so eingestellt, daß das Wattmeter bei einem bestimmten Gesamtstrom i im Spannungskreis (bei tragbaren Präzisionswattmetern meist $i = 0{,}03$ A) bei vollem Strom im Hauptstromkreis den Endausschlag zeigt. (Vgl. die Abgleichung auf den Skalenendwert S. 77.)

Der temperaturunabhängige Vorwiderstand R wird dann je nach der Höhe des Spannungsmeßbereiches (E) auf einen bestimmten, der Stromstärke i entsprechenden Wert abgeglichen. (Bei tragbaren Präzisionswattmetern meist auf 1000 Ohm für je 30 V.)

Der Widerstand r_1 besteht ebenfalls aus temperaturunabhängigem Material (Manganin, Konstantan usw.) und ist der beweglichen Spule s vorgeschaltet, die entweder aus Kupfer oder aus Aluminiumdraht gewickelt ist.

Mit der Temperatur vergrößert der Drehspulenzweig seinen Widerstand. Gleichzeitig werden aber die Stromzuführungen zur beweglichen Spule, welche gewöhnlich aus zwei bei f (Abb. 93b) eingefügten Bronzefedern bestehen, weich und verkleinern ihre spez. Dehnung (s. S. 7). Während die Vergrößerung des Widerstandes den Strom i, und damit den Ausschlag des Wattmeters verkleinert, wird derselbe durch das Nachlassen der Federspannung vergrößert. Beide Wirkungen heben einander teilweise auf.

Noch ein anderer Umstand wirkt der Vergrößerung des Widerstandes am Drehspulenzweige entgegen. Bei konstantem Gesamtstrom i im Spannungskreis steigt der Strom i_2, wenn i_1 infolge der Widerstandszunahme fällt. Da r_2 unveränderlich ist, so steigt auch der Spannungsabfall e an den Enden der Verzweigung. Die Folge davon aber ist nunmehr wieder eine Vergrößerung des Teilstromes i_1, der daher nicht in dem Maße sinkt, als durch die Vergrößerung des Widerstandes zu erwarten wäre.

Infolge der Widerstandsänderung in der Verzweigung ändert sich auch der Gesamtwiderstand zwischen den Enden A und B (Abb. 93 b). Der Vorschaltwiderstand R sorgt je größer je mehr dafür, daß diese Änderung, prozentuell auf den Gesamtwiderstand bezogen, nur in sehr geringem Maße bemerkbar wird. Um den Einfluß der Widerstandsänderung praktisch zum Verschwinden zu bringen, ist bei den obengenannten tragbaren Präzisions-Wattmetern ein Vorwiderstand für einen Meßbereich von wenigstens 90 V erforderlich.

Von der Periodenzahl des Wechselstromes ist der elektrodynamische Leistungsmesser in so geringem Maße abhängig, daß er, mit Gleichstsom geeicht, ohne weiteres bei den verschiedenen in der Starkstromtechnik vorkommenden Periodenzahlen verwendet werden kann. Solange die Hauptstromspule nicht im Nebenschluß liegt, was übrigens nur bei Gleichstromwattmetern vorkommt, ist das in der Hauptstromspule erzeugte elektromagnetische Feld bei allen Polwechselzahlen dasselbe und proportional der Stromstärke in der Spule. Eine Phasenverschiebung zwischen dem die Spule durchfließenden Strom und dem dadurch in der Spule erzeugten elektromagnetischen Wechselfeld besteht bei richtig gebauten, rein elektrodynamischen Leistungsmessern nicht. Die Augenblickswerte des Wechselfeldes sind in ihrer Größe proportional den Momentanwerten des Wechselstromes in der Spule. Erst bei den in der Hochfrequenztechnik üblichen hohen Wechselzahlen macht sich ein größerer Einfluß infolge einer der des Hauteffektes[1]) ähnlichen Ursache bemerkbar. Die ungleiche Phasenverschiebung zwischen den Strömen in den einzelnen Stromfäden und der Klemmenspannung an den Enden der Hauptstromspule bewirkt eine Gesamtverschiebung des in der Spule erzeugten elektromagnetischen Feldes. Das Feld ist mit dem Strom nicht mehr auf gleicher Phase, und dieser Phasenfehler ist beim Wattmeter nicht zu kompensieren. Da er um so größer wird, je dicker der Querschnitt mit Rücksicht auf die Vergrößerung des Strommeßbereiches gewählt werden muß, so werden Leistungsmesser mit Spulen über 400 A auch bei niedrigeren Frequenzen kaum noch als Präzisionswattmeter gelten können.

Zur Vermeidung von Wirbelstrombildungen im Querschnitt des Leiters sind die Hauptstromspulen im Leistungsmesser mehrfach unterteilt. Wattmeterspulen für niedrigere Stromstärken werden aus

---

[1]) Siehe Hauteffekt = Skineffekt, Lexikon d. Elektrizität u. des Magnetismus: Fritz Hoppe, S. 842.

Draht gewickelt; für höhere Stromstärken aus einzelnen Bändern, die durch isolierende Papierzwischenlagen voneinander getrennt sind.

Die Induktivität der beweglichen Spule beträgt nur einige Tausendstel Henry. In den meisten Fällen praktischer Messungen würde bei den in der Starkstromtechnik üblichen mittleren Frequenzen der Phasenfehler, welcher durch die Induktivität der Drehspule und durch Parallelschaltung des induktionsfreien Abgleichswiderstandes r_2 erzeugt wird, vernachlässigt werden können, sofern der der Verzweigung (Abb. 93a) vorgeschaltete Widerstand R genügend groß ist.

Bei sehr genauen Messungen und bei höheren Frequenzen ist es zweckmäßig ein Wattmeter zu verwenden, bei dem der Strom i_1 und damit das Feld f der Drehspule s mit der Meßspannung E auf gleicher Phase ist.

Wickelt man einen Teil (l) des Widerstandes r_2 stärker induktiv als die Drehspule s, so liegt der Strom i_2 um einen Winkel φ_2 hinter der Teilspannung e an den Enden der Verzweigung (Abb. 93c) zurück, der größer ist als der Winkel φ_1 zwischen i_1 und e. Beide Ströme ergeben in geometrischer Summe den Gesamtstrom i, der in R die Teilspannung $i \cdot R$ vernichtet und mit iR in Phase ist. iR und e setzen sich nun zur Gesamtspannung E an den Enden AB des Spannungskreises (Abb. 93b) zusammen. Bei richtiger Wahl der Induktivitäten fällt i_1 mit E auf gleiche Phase.

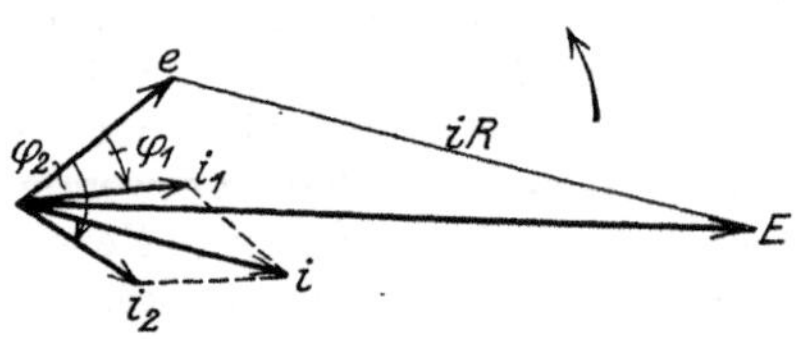

Abb. 93c. Vektordiagramm zur Phasenkompensation des Wattmeters.

Auf diese Weise erreicht Siemens & Halske bei seinen tragbaren Präzisionswattmetern eine Phasenkompensation für eine bestimmte Normalfrequenz, die aber für einen verhältnismäßig großen Frequenzbereich vollkommen ausreicht, so daß das Instrument mit Gleichstrom geeicht werden kann.

Erweiterung des Meßbereiches. Infolge der getrennten Stromkreise der Hauptstromspulen und der beweglichen Spannungsspule hat der Leistungsmesser im einfachsten Falle zwei verschiedenartige Meßbereiche, einen Strommeßbereich und einen Spannungsmeßbereich. Beide Meßbereiche können erweitert werden, und es gelten für jedes derselben die entsprechenden Regeln wie bei den elektrodynamischen Strom- und Spannungsmessern.

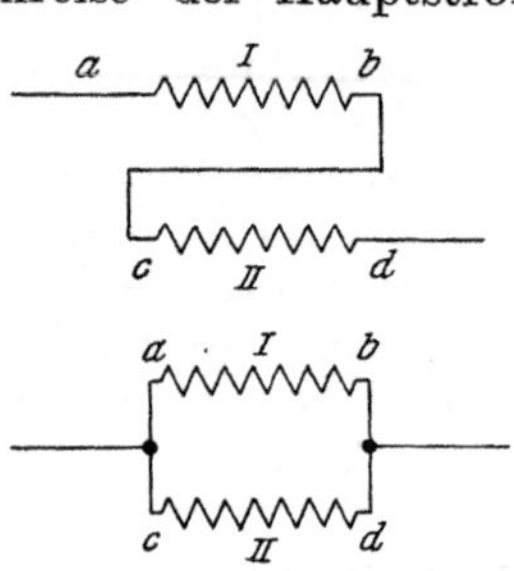

Abb. 94. Gruppenschaltung für zwei Strommeßbereiche.

Hierzu muß bemerkt werden, daß der elektrodynamische Leistungsmesser bis etwa 400 A für unmittelbare Einschaltung in die Hauptleitung hergestellt wird; die fest angeordnete Hauptstromspule besitzt bei den höheren Strommeßbereichen wenige oder z. B. beim Meßbereich 400 A nur eine einzige Windung. Es darf nicht unerwähnt bleiben, daß es möglich ist, durch Unterteilung der Windungen der Hauptstromspule ohne weitere Hilfsapparate (Shunt, Stromwandler) durch Parallel- und Serienschaltung z. B. zwei Strommeßbereiche zu schaffen (Abb. 94). Durch weitere Unterteilung der ganzen Spule in vier gleiche Abteilungen kann man drei Strommeßbereiche schaffen (Abb. 95). Diese letzte Anordnung wird jedoch bezüglich der Umschaltung umständlich, weshalb einige Firmen eine besondere Umschaltwalze im Instrument anordnen.

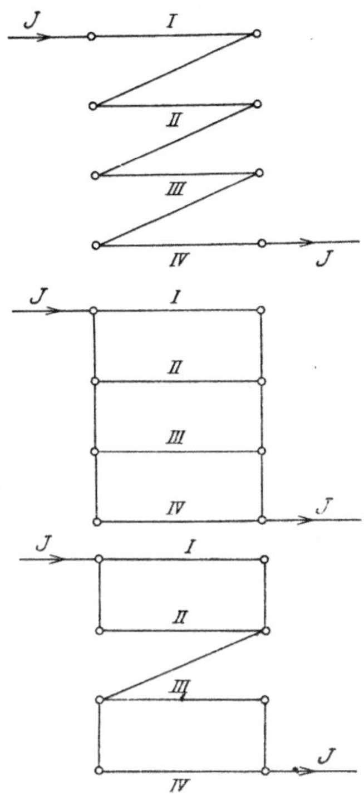

Abb. 95. Gruppenschaltung für drei Strommeßbereiche.

Hartmann & Braun erhält auf andere Weise drei Stromempfindlichkeiten beim elektrodynamischen Leistungsmesser. Bei einem Wattmeter mit unterteilter Hauptstromspule z. B. für zwei Meßbereiche bis 10 bzw. 20 A wird der Spannungskreis so abgeglichen, daß der Zeiger des Leistungsmessers in der Schaltung auf das kleinere Strommeßbereich: 10 A den Vollausschlag beim Spannungsendwert, z. B. bei 150 V, schon bei 5 A in der Stromspule erreicht. Die größte Stromaufnahme im Spannungskreis sei hierbei 30 mA. Bei Strömen über 5 A würde man also in dieser Schaltung die Leistung nicht mehr ablesen können. Es ist deshalb die neben skizzierte Anordnung getroffen (Abb. 96). Zwischen den Punkten *I* und *II* liege der Spannungskreis. In Schalterstellung *v* fließt der

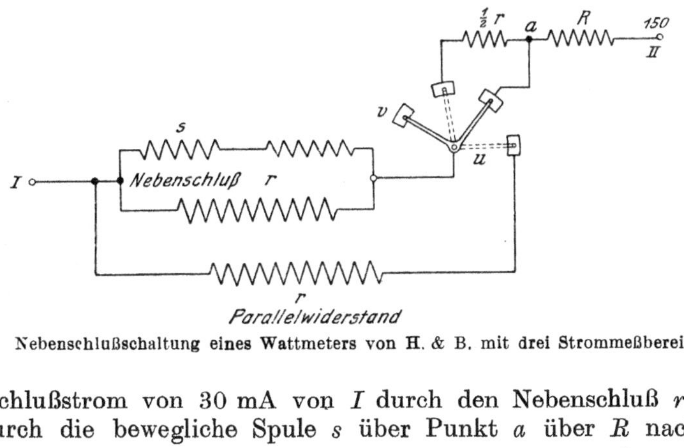

Abb. 96. Nebenschlußschaltung eines Wattmeters von H. & B. mit drei Strommeßbereichen.

Nebenschlußstrom von 30 mA von *I* durch den Nebenschluß *r* zum Teil durch die bewegliche Spule *s* über Punkt *a* über *R* nach *II*.

In Schalterstellung u liegt parallel zum Nebenschluß ein Parallelwiderstand r Ohm. Der Nebenschluß r und damit die bewegliche Spule erhält jetzt nur den halben Strom wie vorher. Denn der Gesamtwiderstand zwischen I und II hat sich nicht geändert.

Während aber bei 5 A und 150 V der Zeiger des Leistungsmessers den Endwert der Skala erreicht, erreicht er ihn in Schaltung u erst bei 10 A und 150 V.

In der Schaltung der Hauptstromspule auf das Strommeßbereich 20 A erreicht der Zeiger den Endwert der Skala, bei 10 A in Schalterstellung v, bei 20 A in Schalterstellung u. Durch Verdrehung des Schalters von u nach v kann man also, ohne die Hauptstromspule umzuschalten, vom Strommeßbereich 5 auf 10 A übergehen bzw. in der anderen Schaltung der Hauptstromspule von 10 auf 20 A. Das Strommeßbereich von 10 A tritt dabei zweimal auf.

Eigenverbrauch. Besitzt die Hauptstromspule eines elektrodynamischen Leistungsmessers für 5 A und 120 V z. B. einen Widerstand von etwa 0,12 Ω, so ist der größte Spannungsabfall in der Stromspule bei 5 A:

$$e = 0{,}12 \cdot 5 = 0{,}6 \text{ V}$$

und der Wattverbrauch:

$$N = 0{,}6 \cdot 5 = 3 \text{ W}.$$

Besitzt ferner der Spannungskreis: bewegliche Spule nebst Vorschaltwiderstand für 120 V einen Gesamtwiderstand von 4000 Ω, so ist der größte Strom bei 120 V

$$i = \frac{E}{R} = \frac{120}{4000} = 0{,}03 \text{ A}.$$

Der Wattverbrauch ist:

$$N = E \cdot i = 126 \cdot 0{,}03 = 3{,}6 \text{ W}.$$

Der Gesamtwattverbrauch, der größte Eigenverbrauch des Leistungsmessers ist dann:

$$N = 3 + 3{,}6 = 6{,}6 \text{ W}.$$

Genauigkeit. Die Genauigkeit der elektrodynamischen Leistungsmesser beträgt 0,3—1 % vom Höchstwert.

Leistungsmessungen.

A. Leistungsmessungen in Gleichstromanlagen.

Leistungsmessungen in Zweileiteranlagen. Soll z. B. die Leistung einer Gleichstromzweileiteranlage mit einem elektrodynamischen Wattmeter gemessen werden, so ist nach Abb. 97 die Umschaltung sowohl des Hauptstromkreises als auch des Spannungskreises im Leistungsmesser erforderlich, wenn man den Fehler infolge des erdmagnetischen Feldes vermeiden will. In dem Schema bedeutet W das Wattmeter mit der Hauptstromspule S, die vom Hauptstrom J, dem Strom in der Lampengruppe, durchflossen wird. Vor der Spannungsspule s, die vom Nebenschlußstrom i durchflossen wird, liegt der Vorschaltwiderstand v, der im vorliegenden Falle für Meßspannungen bis 120 V im Leistungsmesser selbst untergebracht sei. Durch den Zusatzwiderstand Z möge das Spannungsmeßbereich für die Betriebsspannung von 600 V erweitert werden.

Der Umschalter U ermöglicht die Umschaltung des Stromes J in der Hauptstromspule S, der Spannungsumschalter u die Um-

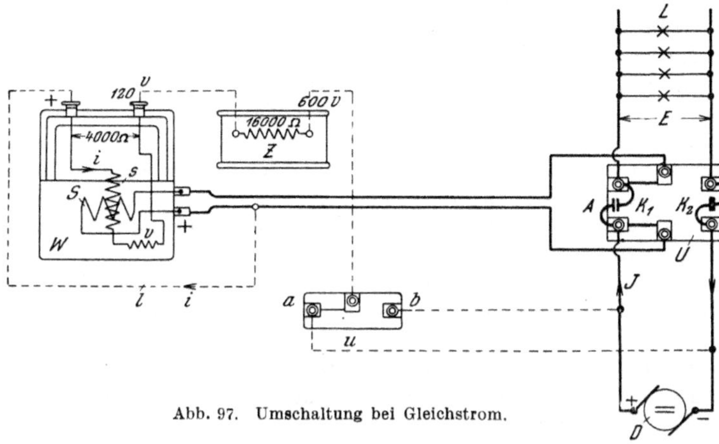

Abb. 97. Umschaltung bei Gleichstrom.

schaltung des Stromes i in der beweglichen Spule s. Damit die Hauptleitung zur Lampengruppe bei der Messung nicht unterbrochen wird, besitzt der Umschalter U eine sog. Kurzschlußvorrichtung, welche z. B. in der im Schema eingezeichneten Schalterstellung die Klemmen an der Seite B des Schalters durch einen Federkontakt k_2 kurzschließt. Auf der Seite A ist ein ebensolcher Federkontakt k_1 angebracht, der aber in der gezeichneten Schalterstellung beim Niederdrücken des Schalthebels durch den Schalter selbst geöffnet wurde, damit der Verbrauchsstrom J nicht durch den Federkontakt k_1 direkt den Lampen zufließen kann, sondern zur Leistungsmessung erst auf dem stark gezeichneten Stromwege durch die Hauptstromspule S des Wattmeters fließen muß.

Schaltet man U auf Seite B um, so wird der Kontakt k_2 geöffnet, aber erst dann, wenn sich der Schalthebel bereits zwischen den Hauptkontakten bei B befindet. Ehe aber der Schalthebel beim Umschalten von A nach B die Hauptkontakte bei A verläßt, schließt sich der Federkontakt k_1 selbsttätig.

In der Stellung B des Umschalters ist die Richtung des Stromes in der Hauptstromspule S umgekehrt wie in der gezeichneten Schalterstellung A. Die Stromrichtung an den Lampen L ist in beiden Fällen natürlich dieselbe. Wollte man nur den Strom in der Spule S umschalten, so würde das Wattmeter verkehrt ausschlagen. Man schaltet also mit dem Spannungswender u gleichzeitig auch den Strom i in der beweglichen Spule s um. Im vorliegenden Falle gehört zur Schalterstellung A des Stromumschalters U die mit a bezeichnete Stellung des Spannungsschalters u. Der Strom i fließt in der gezeichneten Schaltstellung A vom Punkt O der Plusleitung nach der mit + bezeichneten Spannungsklemme des Leistungsmessers und von da durch die bewegliche Spule nach der zweiten Spannungsklemme und weiter durch den Zusatzwiderstand Z und durch den Umschalter u über a nach der Minusleitung der Anlage zurück.

Während der Fehler durch das Erdfeld **bei Eichungen** von Instrumenten berücksichtigt werden **muß**, verzichtet man bei Leistungsmessungen in der Praxis vielfach auf die umständliche Umschaltung und nimmt den kleinen Fehler des Erdfeldes mit in Kauf. Dagegen tut man gut, sich in manchen Fällen durch einen kurzen Umschaltungsvorversuch, der gegebenenfalls ohne Zuhilfenahme eines besonderen Umschalters direkt an den Klemmen des Wattmeters vorgenommen werden kann, davon zu überzeugen, ob überhaupt größere Störungen durch fremde Beeinflussung vorhanden sind (vgl. S. 68 und das Beispiel S. 86).

An der Hand der vorliegenden Schaltung mögen gleich noch zwei bei Leistungsmessungen wichtige Punkte zur Besprechung gelangen.

1. Die Berücksichtigung des Eigenverbrauchs bei sehr genauen Messungen, welche besonders bei der Messung kleinerer Leistungen notwendig wird, und

2. die Vermeidung gefährlicher Spannungen am Leistungsmesser durch die geeignete Wahl der Schaltung.

Eigenverbrauch im Leistungsmesser. Grundsätzlich kann nämlich ein Unterschied in der Schaltung des Leistungsmessers vorliegen. Entweder zweigt der Nebenschluß in bezug auf die Richtung des Hauptstromes vor der Hauptstromspule ab, wie in Schaltung I (Abb. 98), oder hinter derselben, wie in Schaltung II (Abb. 99). In beiden Fällen ist die vom Wattmeter gemessene Leistung gleich: Strom in der festen Spule × Spannung an den Klemmen des Nebenschlußkreises des Wattmeters. Die in den Lampen wirklich verbrauchte Leistung ist aber um einen Teil des Eigenverbrauches im Wattmeter kleiner. Die verbrauchte Leistung ist $N = J_g \cdot E_g =$ Lampenstrom × Lampenspannung. Betrachten wir den Fall genauer. Es sei:

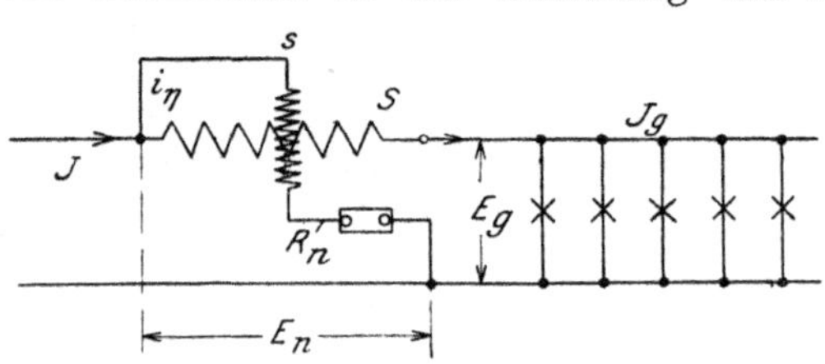

Abb. 98. Spannungsabnahme vor der Hauptstromspule (Schaltung I).

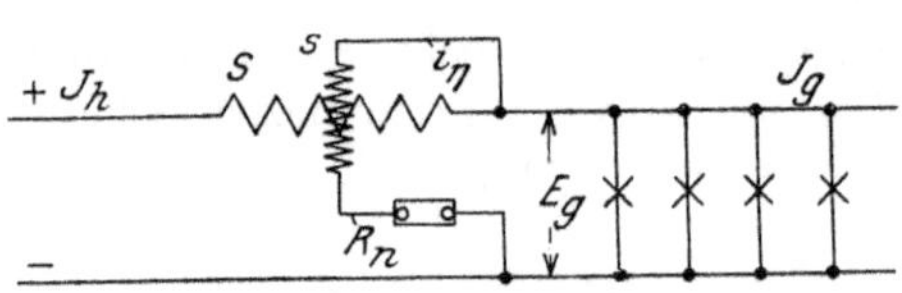

Abb. 99. Spannungsabnahme hinter der Hauptstromspule (Schaltung II).

E_g = Lampenspannung,
J_g = Lampenstrom,
J_h = Strom an der Wattmeterspule S im Hauptstromkreis,

i_n = Strom in der Wattmeterspule s im Nebenschlußkreis,
E_n = Spannung an den Enden des Nebenschlußkreises,
r_h = Widerstand der Hauptstromspule,
R_n = Widerstand des Nebenschlußkreises.

In Schaltung I mißt der Leistungsmesser:

$$N_1 = J_h \cdot E_n, \quad \text{wobei } J_h = J_g \text{ ist, und: } E_n = E_g + J_h \cdot r_h,$$

also:

$$N_1 = J_g (E_g + J_h \cdot r_h) = J_g \cdot E_g + J_h^2 \cdot r_h.$$

$J_h^2 \cdot r_h$ ist aber der Wattverbrauch der Hauptstromspule S im Leistungsmesser.

In Schaltung I mißt der Leistungsmesser den Wattverbrauch der Hauptstromspule mit.

Dieser Betrag $J_h^2 \cdot r_h$ ist bei jeder genauen Messung der Leistung von Verbrauchsapparaten, besonders aber bei der Messung kleiner Leistungen von dem am Wattmeter abgelesenen Wert in Abzug zu bringen.

In Schaltung II mißt der Leistungsmesser:

$$N_2 = J_h \cdot E_n,$$

wobei:

$$J_h = J_g + i_n; \quad E_n = E_g = i_n \cdot R_n$$

ist; also wird:

$$N_2 = (J_g + i_n) \cdot E_n = (J_g + i_n) \cdot E_g = J_g \cdot E_g + i_n \cdot E_n$$
$$N_2 = J_g \cdot E_g + i_n^2 \cdot R_n.$$

$i_n^2 \cdot R_n$ ist aber der Wattverbrauch des Nebenschlußkreises im Leistungsmesser.

In Schaltung II mißt der Leistungsmesser den Wattverbrauch des Nebenschlusses mit.

Dieser Betrag $i_n^2 \cdot R_n$ ist bei jeder genauen Messung der Leistung von Verbrauchsapparaten, besonders aber bei der Messung kleiner Leistungen von dem am Wattmeter abgelesenen Wert in Abzug zu bringen.

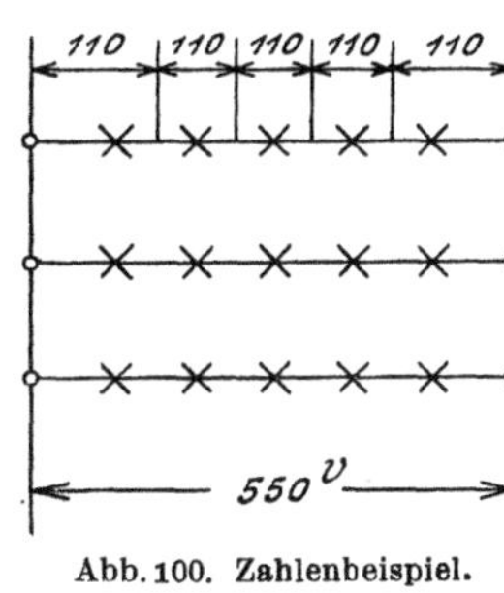

Abb. 100. Zahlenbeispiel.

Beispiel: Es sei der Wattverbrauch einer Lampengruppe nach Abb. 100 zu messen, die zusammen einen Strom von 0,5 A führen und die zu je 5 einzelnen Lampen zu 110 V hintereinander geschaltet sein mögen; die einzelnen Reihen seien parallel geschaltet. Die zur Speisung der Lampengruppe notwendige Spannung sei 550 V.

Der Leistungsmesser besitze einen Strommeßbereich von 1 A und einen Spannungsmeßbereich von 120 V sowie eine Skala mit 120 gleichen Teilen. Mit einem Zusatzwiderstand für einen Spannungsmeßbereich von 600 V würde er bei 1 A und 600 V auf den Teilstrich 120 zeigen, entsprechend: 1 A × 600 V = 600 W. Es entspricht dann ein Skalenteil 5 W. Für unsere Lampengruppe soll der Leistungsmesser bei 0,5 A und 550 V = 275 W auf den Teilstrich 55 zeigen.

In Schaltung I mißt er aber den Wattverbrauch der Hauptstromspule mit. Derselbe ist bei 0,5 A in den Lampen und einem Widerstand r_h der Spule von 1,8 Ω gleich:

$$J_h^2 \cdot r_h = 0{,}5^2 \cdot 1{,}8 = 0{,}45 \text{ W}.$$

Da im vorliegenden Falle ein Skalenteil 5 W bedeutet, so entsprechen 0,45 W etwa 0,1 Skalenteil. Der Leistungsmesser würde also bei Schaltung I anstatt auf den Teilstrich 55 auf 55,1 zeigen, ein Fehler, der hier noch vernachlässigt werden kann, da er nur einen geringen Bruchteil des gesamten zu messenden Wertes (275 W) ausmacht und innerhalb der Ablesefehlergrenze liegt.

In Schaltung II mißt der Leistungsmesser den Wattverbrauch des Nebenschlusses mit. Beträgt der Widerstand des Nebenschlusses für je 30 V 1000 Ω, d. h. also im Meßbereich 600 V einschließlich des Zusatzwiderstandes insgesamt: $R_n = 20000\ \Omega$, so ist der größte Strom $i_n = \frac{600}{20000} = 0{,}03$ A bei 600 V.

Bei 550 V natürlich nur: $\frac{550}{20000} = 0{,}0275$ A.

Der entsprechende Eigenverbrauch bei 550 V wird: $i_n^2 \cdot R_n = 0{,}0275^2 \cdot 20000$ etwa $= 15$ W.

15 W entsprechen im vorliegenden Falle 3 Skalenteilen. Der Leistungsmesser würde bei Schaltung II anstatt auf 55 auf den Teilstrich 58 zeigen, ein Fehler, der nicht mehr zu vernachlässigen ist. Der prozentige Fehler ist:

$$x = 100 \cdot \frac{15}{275} = \text{ca. } 5{,}45\,\%.$$

Die Schaltung der Abb. 97 ist so getroffen, daß sowohl in Schalterstellung A als auch B der Wattverbrauch der Hauptstromspule mitgemessen wird.

Soll der Einfluß des Erdfeldes durch Umschaltung berücksichtigt werden, und sind die in den beiden Schalterstellungen erhaltenen Wattmeterausschläge α und β, so ist der Mittelwert aus beiden

$$\frac{\alpha + \beta}{2}.$$

Von der diesem mittleren Zeigerausschlag entsprechenden Leistung in Watt ist der Eigenverbrauch des Leistungsmessers in Abzug zu bringen.

Um den Eigenverbrauch des Leistungsmessers ermitteln zu können, braucht man einen Strommesser, welcher in den Hauptstromkreis des Wattmeters gelegt wird; vgl. nebenstehendes Schema (Abb. 101 bzw. 102), welches dem Schaltungsschema (Abb. 97) im wesentlichen entspricht. Dabei ist dann noch zu berücksichtigen, daß dieser Strommesser auch den Strom im Nebenschlußkreis des Wattmeters und des Voltmeters mitmißt Der Eigenverbrauch des Strommessers wird bei dieser Schaltung vom Leistungsmesser natürlich nicht mitgemessen.

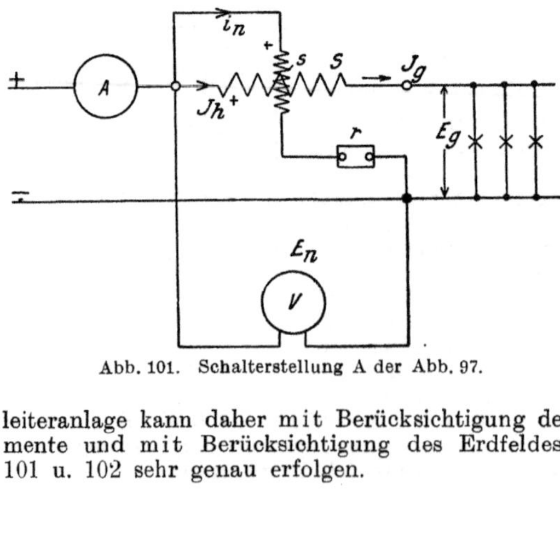

Abb. 101. Schalterstellung A der Abb. 97.

Die Ermittelung der Leistung einer Gleichstrom-Zweileiteranlage kann daher mit Berücksichtigung des Eigenverbrauchs der Instrumente und mit Berücksichtigung des Erdfeldes nach Schema Abb. 97 bzw. 101 u. 102 sehr genau erfolgen.

Nicht immer aber liegen die Verhältnisse so günstig wie im Beispiel nach Schaltung I. Im Gegenteil ist bei allen Leistungsmessungen streng darauf zu achten, was das Wattmeter alles mißt. Die eventuellen Beiträge von anderen Meßinstrumenten sind zu kontrollieren, ob sie für die Messung in Betracht gezogen werden müssen oder vernachlässigt werden können. Zum Schluß dürfen wir nicht vergessen, daß es sich in den vorstehenden Betrachtungen immer nur darum gehandelt hat, die Leistung von Verbrauchsapparaten zu messen. Handelt es sich nun aber darum, die Leistung eines Stromerzeugers zu ermitteln, so vertauschen die beiden Schaltungsarten S. 84 ihre Rollen bezüglich des vom Leistungsmesser mitgemessenen Eigenverbrauchs. Bei Schaltung nach Abb. 98 ist der Wattverbrauch des Nebenschlusses **zuzuzählen**; nach Abb. 99 der der Hauptstromspule (vgl. auch S. 90 u. 91).

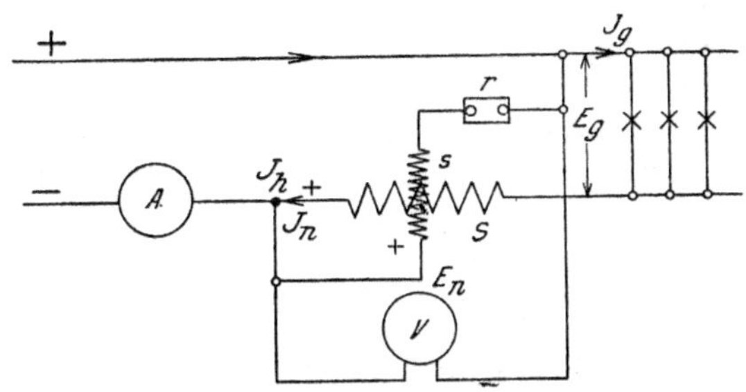

Abb. 102. Schalterstellung B der Abb. 97.

Gefährliche Spannungen im Leistungsmesser. Die auf S. 83 angegebene Schaltung ist so getroffen, daß zu hohe Spannungen, welche dem Leistungsmesser gegebenenfalls gefährlich werden würden, nicht auftreten können.

Im Gegensatz dazu liegt bei falscher Schaltung wie in nebenstehender Abb. 103 das eine Ende a der beweglichen Spule s des Leistungsmessers an dem Minusleiter, während die Hauptstromspule S in dem Plusleiter eingeschaltet ist. Dadurch kann es vorkommen, daß zwischen nahe beeinander liegenden Punkten der beweglichen und der festen Spule fast die volle Betriebsspannung auftritt, wodurch bei der meist gedrängten Bauart in den Meßinstrumenten eine Gefährdung der Isolationen zwischen der festen und der beweglichen Spule des Leistungsmessers zu befürchten ist. Man beobachtet daher bei der Schaltung von Wattmetern folgende Regel: Das eine Ende der beweglichen Spule wird an denjenigen Leiter angeschlossen, in welchem auch die Hauptstromspule des Leistungsmessers liegt, das andere Ende der beweglichen Spule liegt dann am Vorschaltwiderstand, an den sich in Hintereinanderschaltung mit beiden der Zusatzwiderstand anschließt. Das freie Ende des Zusatzwiderstandes kommt an denjenigen Hauptleiter, in welchem die feste Spule des Leistungsmessers **nicht** liegt. Auf diese

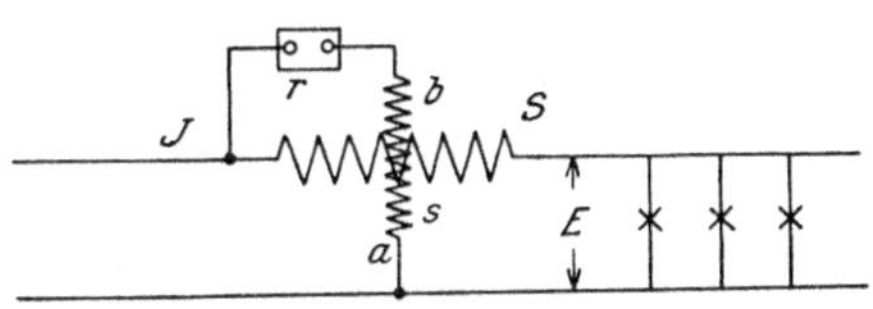

Abb. 103. Falscher Anschluß des Spannungskreises.

Weise besitzen je ein Ende der beweglichen und der festen Spule dasselbe Potential. Größere Spannungsunterschiede können nunmehr zwischen der beweglichen und der festen Spule im Leistungsmesser nicht auftreten. Gewöhnlich sind die einander entsprechenden Klemmen des Hauptstrom- und Nebenschlußkreises mit einem gleichartigen Zeichen, z. B. mit einem Plus- (+) oder mit einem Stern- (*) Zeichen oder dergleichen versehen.

Ausgleichsleitung. Die leitende Verbindung zwischen den Spulenenden gleichen Potentials nennt man auch „Ausgleichsleitung". Sie verhindert nicht nur das Auftreten gefährlicher Spannungen, sondern auch das Zustandekommen elektrostatischer Ladungen, die eine Fälschung des Meßresultates zur Folge haben könnten. Um gegen elektrische Felder in der Umgebung des Wattmeters geschützt zu sein, kleidet man Leistungsmesser, die für unmittelbare Einschaltung in die Hochspannung bestimmt sind, im Innern mit Metall aus und verbindet einen Punkt der Metallbelegung mit der Ausgleichsleitung. Vgl. auch S. 113.

Aufstellung des Leistungsmessers. Schließlich ist bei der Aufstellung des Leistungsmessers darauf zu achten, daß er sich in genügender Entfernung (1—2 m) von Starkstrom führenden Leitungen befindet. Für elektrodynamische Strom- und Leistungsmesser für stärkere Ströme gilt die besondere Regel, daß die Zuleitungen zum Instrument möglichst bis an dasselbe heran dicht nebeneinander liegen sollen, so daß sich die magnetischen Einflüsse der Zuleitungen gegenseitig aufheben.

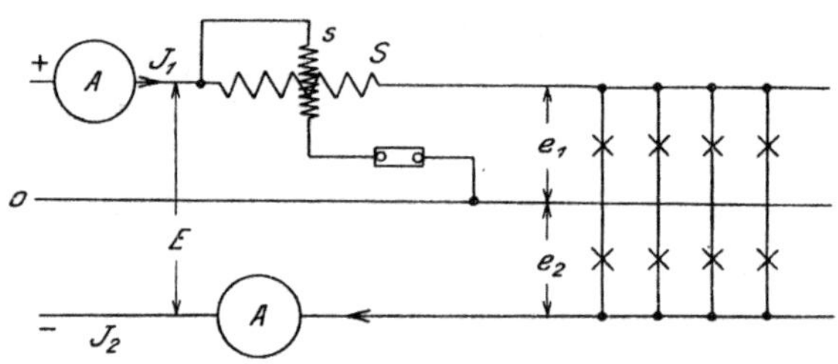

Abb. 104. Gleichbelastete Dreileiteranlage.

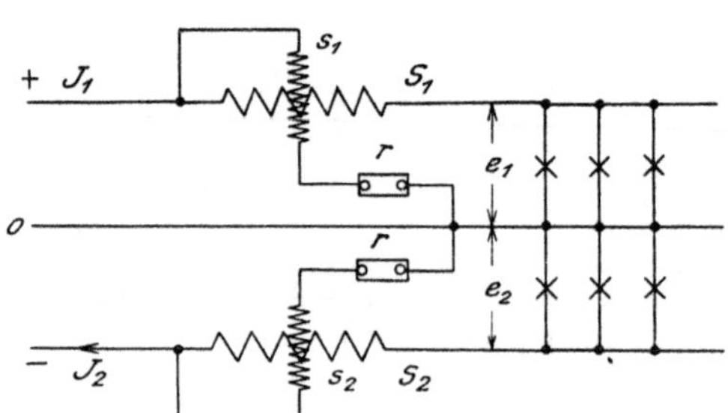

Abb. 105. Ungleich belastete Dreileiteranlage.

Leistungsmessung in Dreileiteranlagen. In Gleichstrom-Dreileiteranlagen können zwei wesentliche Fälle eintreten. Entweder sind die beiden Seiten der Anlage gleich belastet oder sie sind ungleich belastet. Die Gesamtleistung setzt sich stets aus zwei Teilen zusammen. Es ist:

$$N = J_1 \cdot e + J_2 \cdot e\,.$$

Für gleiche Belastung ist $J_1 = J_2 = J$, und es genügt zur Messung der Gesamtleistung **ein einziges** Wattmeter, dessen Schaltung aus Abb. 104 zu ersehen ist. Es gilt für diesen Fall:

$$N = 2 \cdot J \cdot e .$$

Die Angaben des Leistungsmessers sind mit 2 zu multiplizieren, um die Gesamtleistung N der Dreileiteranlage zu erhalten. Ortsfeste Wattmeter erhalten daher vielfach eine Skalenbezifferung in den mit 2 multiplizierten Leistungswerten, um den Gesamteffekt der Dreileiteranlage direkt ablesen zu können.

Für ungleiche Belastung ist $J_1 \gtrless J_2$, und es sind zur Messung der Gesamtleistung zwei Wattmeter (oder ein Doppelwattmeter, vgl. S. 108) erforderlich. Bei Verwendung von zwei Leistungsmessern sind die Angaben beider zu addieren (Abb. 105).

An Stelle von zwei Wattmetern kann auch **ein** Wattmeter treten, welches dann umgeschaltet wird (vgl. Abb. 106). Die Gesamtleistung der Dreileiteranlage ist dann gleich der Summe der Wattmeterangaben in den beiden Schalterstellungen A und B. Im übrigen gelten bei Messungen in Dreileiteranlagen dieselben Regeln wie bei Gleichstrom-Zweileiteranlagen.

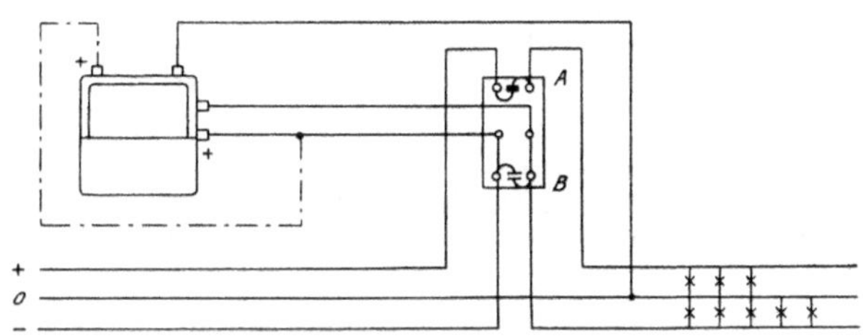

Abb. 106. Umschaltung **eines** Wattmeters.

B. Leistungsmessungen in Wechselstromanlagen.

Leistungsmessungen bei Einphasenwechselstrom. Die Messung der Leistung in Einphasen-Wechselstromanlagen geschieht im Prinzip nach demselben Schema wie bei Gleichstrom-Zweileiteranlagen, nur daß hier die Umschaltung wegen des Erdfeldes wegfällt.

Für die Schaltung und Aufstellung gelten bei Wechselstrom — abgesehen vom Erdfeld — dieselben Regeln auch bezüglich der Abhängigkeit von fremden Feldern, der Leitungsführung, der Berücksichtigung des Eigenverbrauches, der Vermeidung gefährlicher Spannungen im Leistungsmesser usw., wie bei Gleichstrom.

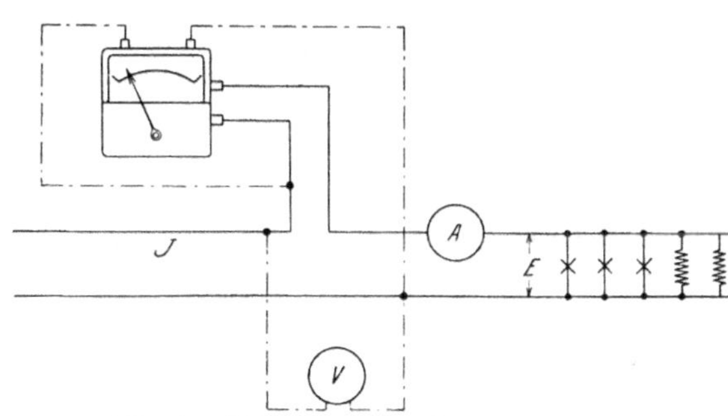

Abb. 107. Wattmeter in Einphasenwechselstrom.

Beispiel 1. Es sei die Leistung einiger Stromverbraucher in einer Einphasen-Wechselstromanlage zu messen. (Abb. 107.)

Am Strommesser wurde gemessen: 15 A, am Spannungsmesser: 220 V. Wir verwenden einen Leistungsmesser mit einem Strommeßbereich von z. B. 20 A und einem Spannungsmeßbereich von 220 V. Das Wattmeter sei mit Gleichstrom für 20 A $\times$ 220 V = 4400 W geeicht worden und besitze eine Skala mit 110 gleichen Teilen, so daß bei unserer Messung jedem Skalenteil 40 W entsprechen. Die augenblickliche Phasenverschiebung sei etwa = 18°.

Dann ist der Leistungsfaktor $\cos\varphi = 0{,}95$. Bei 15 A, 220 V und $\cos\varphi = 0{,}95$ ist: $N = E \cdot J \cdot \cos\varphi = 15 \cdot 220 \cdot 0{,}95 = 3140$ W = 3,14 kW. Der Zeiger des Leistungsmessers steht dann über der Skala bei 38,4 der Skalenteilung. Der Eigenverbrauch desselben, hier der Hauptstromspule *S* und dazu des Strommessers, ist bei 15 A und einem Eigenwiderstand der hintereinander geschalteten Spulen beider Instrumente von 0,02 Ω: $J^2 \cdot r = 15^2 \cdot 0{,}02 = 4{,}5$ W, d. h. so klein, daß er im Verhältnis zum Meßwert: 3,14 kW vernachlässigt werden kann (0,14°/₀).

Die Größe der Phasenverschiebung war hierbei als bekannt vorausgesetzt, was im allgemeinen nicht der Fall ist. Die Phasenverschiebung kann aber auf Grund vorangegangener Leistungsmessung berechnet werden, wenn Strom und Spannung bekannt ist. Es ist:

$$\cos\varphi = \frac{N}{EJ} = \frac{3140}{220 \cdot 15} = 0{,}95\,.$$

Bei Verwendung eines Stromwandlers nur zur Erweiterung des Strommeßbereiches und eines Zusatzwiderstandes zur Erweiterung des Spannungsmeßbereiches kommt die Schaltung der Abb. 108 in Frage. Die Leitung 1 sorgt dafür, daß gefährliche Spannungen im Wattmeter nicht auftreten können. Primär- und Sekundärwicklung des Wandlers sind einseitig miteinander verbunden und auch mit dem einen Ende der beweglichen Spule des Leistungsmessers.

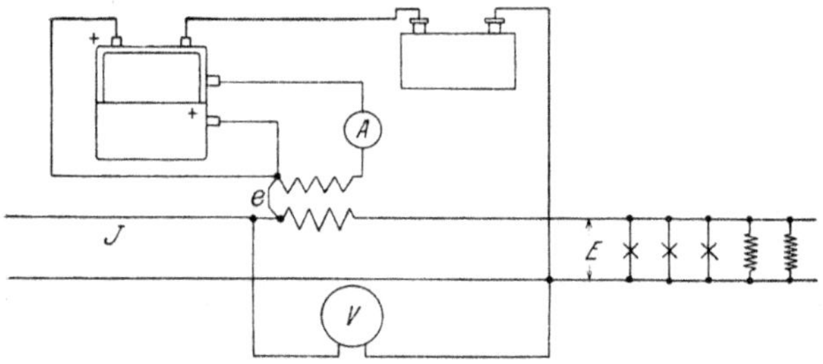

Abb. 108. Erweiterung des Strommeßbereiches durch Stromwandler.

Eine sogenannte **Erdung** (vgl. Beispiel 2) zum Schutze der Meßapparate darf bei dieser Schaltung **nicht** vorgenommen werden, weil sonst der eine Hauptleiter der Wechselstromanlage direkt an Erde liegen würde. Bei **Hochspannungsmessungen** sind sowohl der Stromwandler, wie auch die übrigen Apparate der Betriebsspannung entsprechend **gut isoliert** aufzustellen. Schon dadurch, daß der Spannungskreis direkt an der Hochspannung anliegt, ist der Leistungsmesser hochspannungsführend; dazu kommt, daß **auch der Stromkreis** der Hauptstromspule an einem Punkt mit der Hochspannungsleitung verbunden ist.

Will man die Meßapparate vollständig von der lebensgefährlichen Hochspannung abtrennen, so müssen sowohl Strom- als auch Spannungswandler verwendet werden[1]).

Beispiel 2. Es sei wieder die Leistung einiger Stromverbraucher zu messen. Der Gesamtstrom sei 50 A, die Betriebsspannung 10000 V. Wir verwenden einen Leistungsmesser für 5 A und 100 V, sowie einen Stromwandler mit dem Übersetzungsverhältnis 50/5, und zur Erweiterung des Spannungsmeßbereiches auf 10000 V einen Spannungswandler mit dem Übersetzungsverhältnis 10000/100 V. Es sei wieder $\cos\varphi = 0{,}95$ (Abb. 109).

[1]) Bei Verwendung von Meßwandlern mit ungenauem Übersetzungsverhältnis oder Winkelabweichung zwischen Primär- und Sekundärphase entstehen Fehler in der Leistungsmessung, die gegebenenfalls berücksichtigt werden müssen. Vgl. S. 194—198 und das Beispiel S. 109.

Das Wattmeter soll dann bei 50 A, 10000 V und $\cos\varphi = 0{,}95$ eine Leistung von

$$N = 50 \cdot 10000 \cdot 0{,}95 = 475000 \text{ W} = 475 \text{ kW}$$

anzeigen. Dazu sei bemerkt, daß in der Hauptstromspule des Leistungsmessers bei einem Strom von 50 A im Hauptstromkreis nur 5 A fließen, entsprechend dem Übersetzungsverhältnis des Stromwandlers 50/5, und daß an den Spannungsklemmen des Wattmeters bei 10000 V nur eine Spannungsdifferenz von 100 V besteht, entsprechend dem Übersetzungsverhältnis des Spannungswandlers 10000/100.

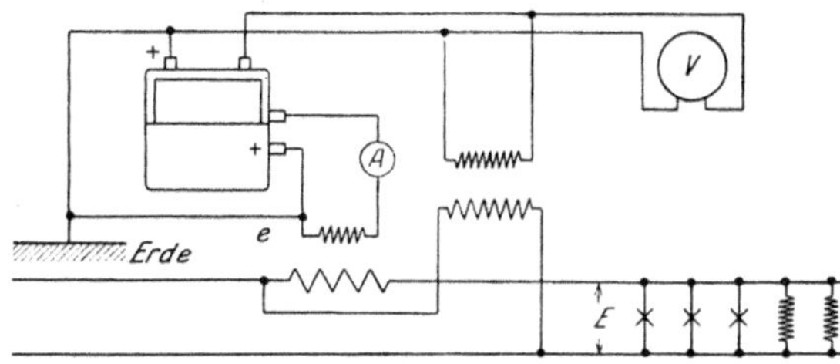

Abb. 109. Meßwandler zur Abtrennung von der Hochspannung.

Der Leistungsmesser selbst, ohne Hilfsapparate, mißt am Endausschlag, dem Teilstrich 100 eine Leistung von 500 W. Mit den Hilfsapparaten können aber jetzt Leistungen bis zu 50 A und 10000 V gemessen werden. Dem Endausschlag entsprechen also:

$$50 \cdot 10000 = 500000 \text{ W} = 500 \text{ kW}.$$

Bei Verwendung der Hilfsapparate entsprechen hier jetzt einem Skalenteil 5000 W = 5 kW.

Die zu messende Leistung war 475000 W. Der Zeiger des Wattmeters stellt sich daher auf den Teilstrich 95 der Skala.

Eine andere Art der Ermittlung der Primärleistung auf Grund der Angaben des auf der Niederspannungsseite eingeschalteten Wattmeters ist folgende: Der Leistungsmesser zeigt ohne Hilfsapparate bei 5 A und 100 V eine größte Leistung von 500 W an. Es entspricht bei einer Skala mit 100 Teilen ein Teil 5 W.

Der Leistungsmesser ist nun mit einem Stromwandler 50/5 A und einem Spannungswandler 10000/100 V in die Hochspannungsleitung eingebaut. Der Zeiger steht, wie im Beispiel 2 erklärt, bei 475 kW auf dem Teilstrich 95. Multipliziert man diesen Ausschlag mit der Multiplikations-Konstanten $k = 5$ des Leistungsmessers und ferner mit dem Übersetzungsverhältnis der Meßtransformatoren: $50/5 = 10$, und $10000/100 = 100$, so erhält man gleich das Endresultat in Watt. Es ist:

$$N = 95 \cdot 5 \cdot 10 \cdot 100 = 475 \text{ kW}.$$

Der Eigenverbrauch des Leistungsmessers, Strommessers und der Wandler ist so gering, daß er gegenüber der zu messenden Leistung von 475 kW nicht in Betracht kommt.

Die mit der Erde verbundene — „geerdete" Leitung — sorgt dafür, daß gefährliche Spannungen im Wattmeter nicht auftreten können. Die Sekundärwicklungen beider Meßwandler besitzen einen gemeinsamen Punkt, der gleichzeitig ein Punkt des Stromkreises, sowohl der Hauptstromspule, als auch des einen Endes der Spannungsspule ist; der andere Punkt des Spannungskreises liegt an dem anderen Ende der Sekundärseite des Spannungswandlers. Der gemeinsame Punkt ist zum Schutze der Meßapparate und der zu messenden Personen an Erde gelegt, so daß nunmehr jede Gefahr bei der Messung ausgeschlossen ist. Eine isolierte Aufstellung der Apparate ist hierbei im allgemeinen nicht erforderlich. Moderne Meßwandler sind so gebaut, daß ihre Gehäuse ebenfalls geerdet werden können. Die Primärseite der Meßwandler bleibt aber nach wie vor hochspannungsführend und ihre Berührung ist daher lebensgefährlich.

In den zwei Übungsbeispielen ist der Nebenschluß des Leistungsmessers und auch der Spannungsmesser so geschaltet, daß ihr Eigenverbrauch vom Wattmeter nicht mitgemessen wurde, sondern der des Amperemeters bzw. der Hauptstromspule des Wattmeters bzw. Stromwandlers. In Abb. 110 ist die Schaltung des Beispieles 2 so abgeändert, daß derselbe jetzt mitgemessen wird, weil der Spannungswandler hinter dem Stromwandler abgreift, so daß dann der Wattverbrauch des Strommessers, des Stromwandlers und der Hauptstromspule des Leistungsmessers für den Abzug des Eigenverbrauchs der Instrumente nicht in Frage kommt.

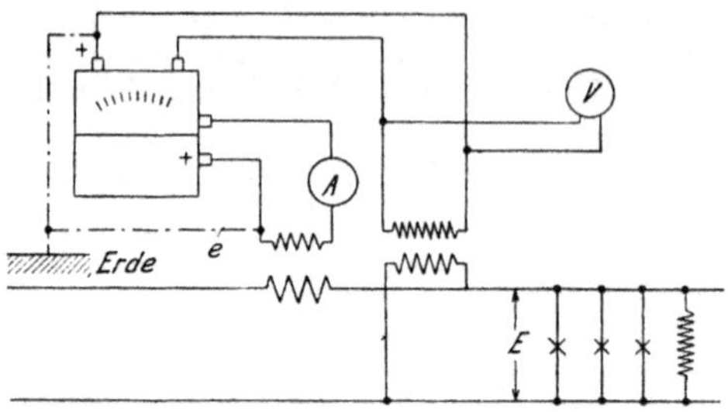

Abb. 110. Eigenverbrauch des Spannungsaggregates.

Schließlich sei noch bemerkt, daß in vielen Fällen diejenige Schaltung vorgezogen wird, bei welcher der Leistungsmesser den Eigenverbrauch der Spannungsaggregate mitmißt. Denn dieser Verlust ist meist leichter festzustellen, während der Eigenverbrauch des Strommessers und der Hauptstromspule des Leistungsmessers sich wegen des oft nicht bekannten Widerstandes ihrer Spulen nicht ermitteln läßt. Auch ist zu beachten, daß der Eigenverbrauch der Spannungsaggregate bei allen Messungen mit der gleichen Spannung denselben Wert behält, z. B. bei einer größeren Meßreihe im gleichen Betrieb, aber bei verschiedenen Belastungszuständen. Immerhin empfiehlt es sich, vor jeder Messung den Eigenverbrauch abzuschätzen und die Schaltung darnach zu wählen.

Leistungsmessungen in Zweiphasenwechselstrom. Während bei Einphasenwechselstrom nur eine Wechselspannung tätig ist, haben wir bei dem sog. Zweiphasenwechselstrom zwei Grundspannungen zu unterscheiden, welche in der Phase um 90^0 gegeneinander verschoben sind. Abb. 112 u. 114 zeigen den zeitlichen Verlauf der Spannungen bei Ein- und Zweiphasenwechselstrom. Die entsprechenden Vektordiagramme sind in Abb. 111 u. 113 dargestellt.

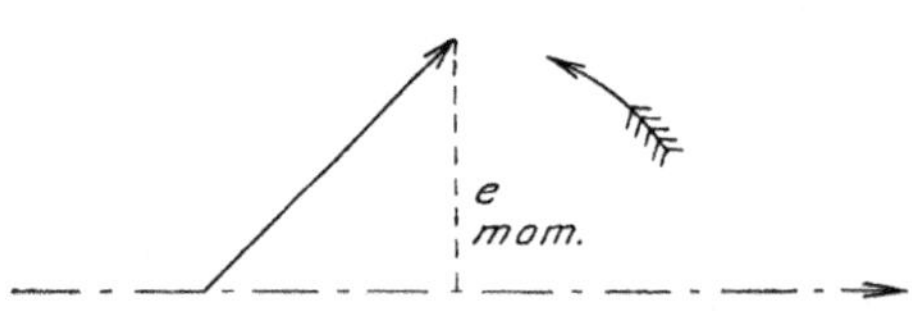

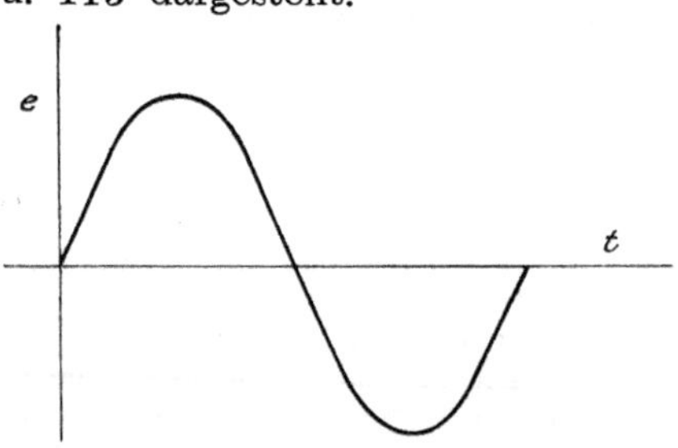

Abb. 111. Einphasenwechselstrom. Abb. 112.

Der den Zweiphasenstrom liefernde Generator kann nun entweder so geschaltet sein, daß die beiden Spannungen e_1 und e_2 getrennt voneinander bestehen, wobei aber die räumliche Anordnung der Spulen in der Dynamomaschine so getroffen ist, daß die Spannung e_1 ihren Höchstwert zu einer Zeit besitzt, wo $e_2 = 0$ ist und umgekehrt, d. h. die beiden Spannungen liegen in ihrer Phase zeitlich um 90^0 auseinander.

In diesem Falle kann die Leistungsmessung dadurch erfolgen, daß die Leistung in jeder Phase einzeln bestimmt wird, indem man z. B.

in jede Leitung ein Wattmeter schaltet. Man hat es in diesem Falle eigentlich mit zwei getrennten Einphasenwechselströmen zu tun (Abb. 115).

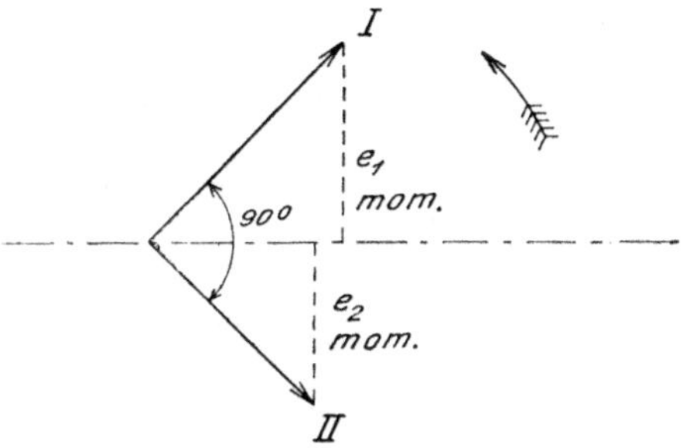

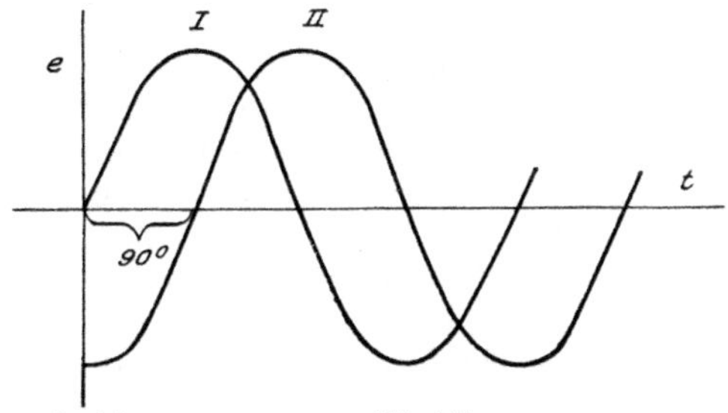

Abb. 113. Zweiphasenwechselstrom. Abb. 114.

Der Generator kann aber auch so geschaltet sein, daß die Wicklungen miteinander in Verbindung stehen, wie in Abb. 116 schematisch dargestellt ist. Man hat dann die sog. verkettete Zweiphasenschaltung.

Die Wicklung *I* liefert die Spannung e_1, die Wicklung *II* die Spannung e_2, die wir zwischen dem Mittelleiter und je einem Außenleiter messen können. Außer den Spannungen e_1 und e_2, die in der Phase um 90^0 gegeneinander verschoben sind, kann man aber zwischen den Außenleitern noch eine dritte Spannung E messen, die sich aus den beiden anderen zusammensetzt, sie ist in jedem Augenblick gleich der Summe beider. Diese Addition kann zeichnerisch dargestellt werden. In Abb. 117 sind die Augenblickswerte e der Spannungen e_1

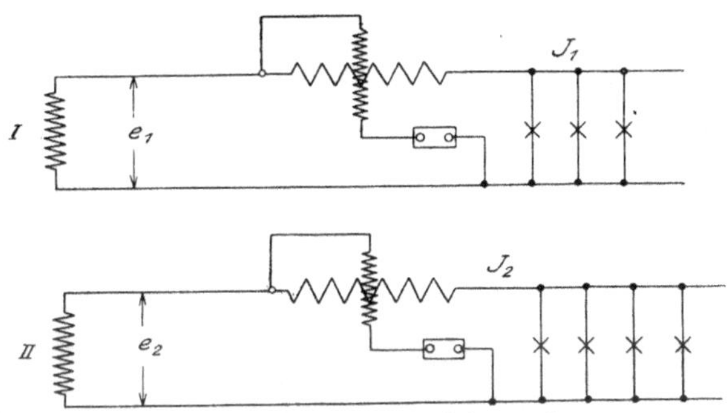

Abb. 115. Unverkettete Zweiphasenanlage.

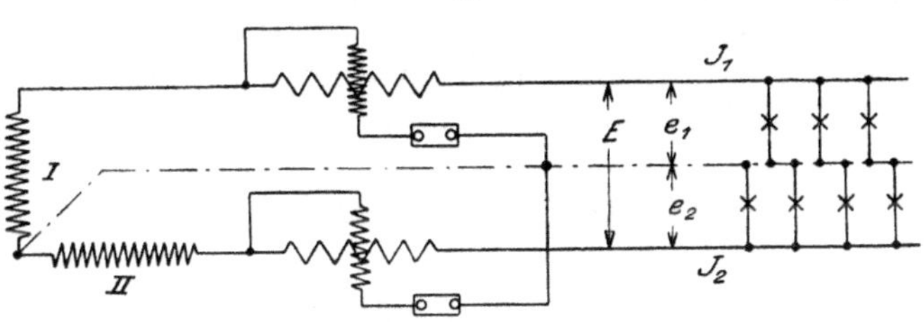

Abb. 116. Verkettete Zweiphasenanlage.

und e_2 addiert und ergeben für jeden Augenblick t die Summenspannung E, entsprechend ergibt die Addition der Vektoren e_1 und e_2 die Resultierende $E = \sqrt{2} \cdot e$. Hier sind die Höchstwerte der Wechselspannung eingezeichnet; man könnte ebensogut die Effektivwerte, welche der Spannungsmesser mißt, zur geometrischen Addition verwenden, um gleich den Effektivwert der resultierenden Spannung zu erhalten.

Die Ströme I_1 und I_2 können natürlich gegen die zugehörigen Spannungen e_1 und e_2 um einen gewissen Winkel φ verschoben sein.

Sind die Belastungen beider Netzhälften (Phasen) in bezug auf Strom- und Phasenverschiebung gleich, so kann die Leistung natürlich auch mit einem einzigen Wattmeter bestimmt werden: für $I_1 = I_2 = I$ und $\varphi_1 = \varphi_2 = \varphi$ wird: $N = 2 \cdot e \cdot I \cdot \cos\varphi$.

Ortsfeste Leistungsmesser erhalten vielfach eine Skalenbezifferung in den mit 2 multiplizierten Leistungswerten, um die Gesamtleistung des verketteten Zweiphasensystems unmittelbar ablesen zu können.

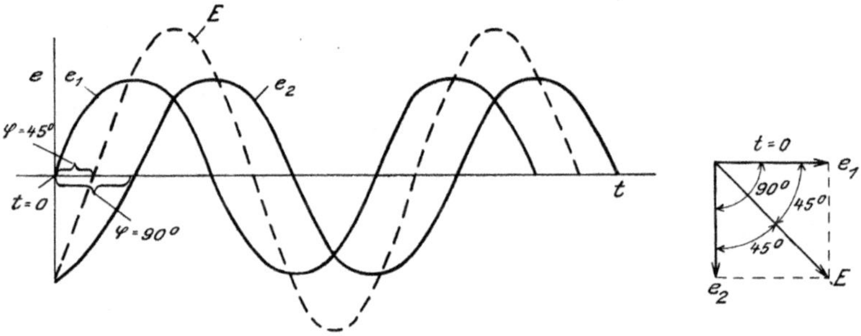

Abb. 117. Summierung der Spannungen.

Ferner ist:

$$\cos\varphi = \frac{N}{e \cdot I},$$

wenn N, e und I durch Messung bekannt sind.

Anstatt der Phasenspannung e kann man auch die verkettete Spannung $E = \sqrt{2} \cdot e$ in die Leistungsformel einführen. Es wird dann:

$$N = \sqrt{2} \cdot E J \cos\varphi.$$

Bei ungleicher Belastung ist $I_1 \gtrless I_2$ und vielleicht auch $\varphi_1 \gtrless \varphi_2$; dann kann wohl die Gesamtleistung mit zwei Wattmetern oder einem Doppelwattmeter gemessen werden. Eine mittlere Phasenverschiebung läßt sich aber sinngemäß nicht mehr berechnen. Für annähernd gleiche Belastung würde sein:

$$\cos\varphi_{\mathrm{mittel}} = \frac{N}{2 \cdot e_{\mathrm{mittel}} \cdot I_{\mathrm{mittel}}}.$$

Drehstrom-Leistungsmessungen.

Während man bei Einphasenwechselstrom nur eine Spannung hat, mußte man bei Zweiphasenwechselstrom zwei verschiedene Grundspannungen unterscheiden, die in der Phase zeitlich um 90^0 gegeneinander verschoben waren.

Bei **Dreiphasenwechselstrom**, dem sogenannten **Drehstrom**, unterscheidet man **drei** verschiedene Grundspannungen, die in der Phase um je 120^0 gegeneinander zeitlich verschoben sind (Abb. 118).

Auch der Drehstromgenerator kann so geschaltet sein, daß die drei Spannungen e_1, e_2, e_3 getrennt voneinander bestehen, wobei aber die Anordnung der Spulen in der Dynamomaschine so getroffen ist, daß die Spannung e_1 z. B. ihren positiven Höchstwert um 120^0,

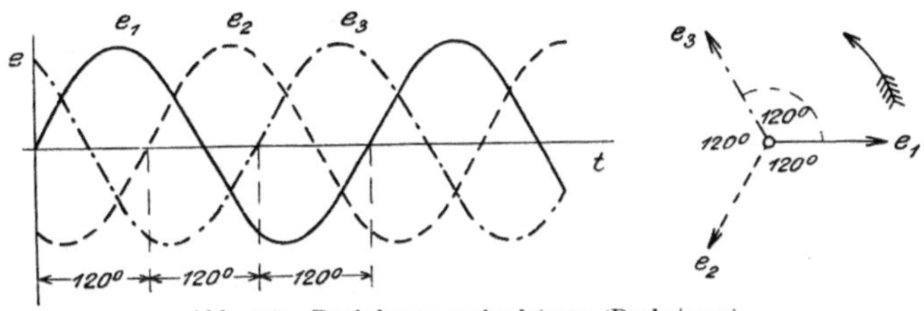

Abb. 118. Dreiphasenwechselstrom (Drehstrom).

$^1/_3$ Periode, früher erreicht wie die Spannung e_2, und diese erreicht ihren positiven Höchstwert wieder um 120^0 früher wie die Spannung e_3. Die Spannung e_3 erreicht aber ihren positiven Höchstwert 120^0 früher, als die Spannung e_1 **zum zweitenmal** den positiven Höchstwert erreicht. Das Vektordiagramm hat **eine** Umdrehung vollendet.

Das unverkettete Drehstromsystem würde sechs Leitungen besitzen (Abb. 119), entsprechend den drei voneinander unabhängigen Phasen. Bezeichnet man die drei Ströme entsprechend mit I_1, I_2

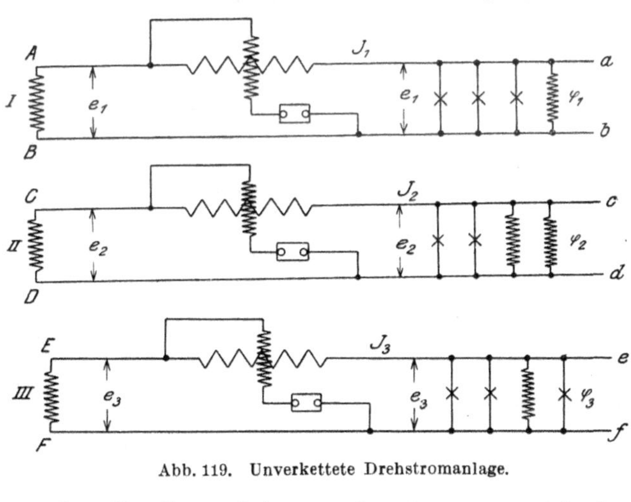

Abb. 119. Unverkettete Drehstromanlage.

und I_3, so ist die Gesamtleistung des Systems gleich der Summe der Leistungen in den voneinander völlig unabhängigen Leitungen. Entsprechend dem Früheren wird:

$$N = e_1 \cdot I_1 \cdot \cos\varphi_1 + e_2 \cdot I_2 \cdot \cos\varphi_2 + e_3 \cdot I_3 \cdot \cos\varphi_3 .$$

Gewöhnlich aber haben wir es in der Praxis nicht mit solchen unverketteten Drehstromsystemen zu tun, sondern die einzelnen Leitungen sind teilweise vereinigt. Man unterscheidet bei Drehstrom zwei verschiedene Schaltungsarten: die „Sternschaltung" und die „Dreieckschaltung".

Die Sternschaltung. Vereinigen wir die drei Leitungen *b*, *d* und *f* der Abb. 119 miteinander, so entsteht folgendes Bild (Abb. 120).

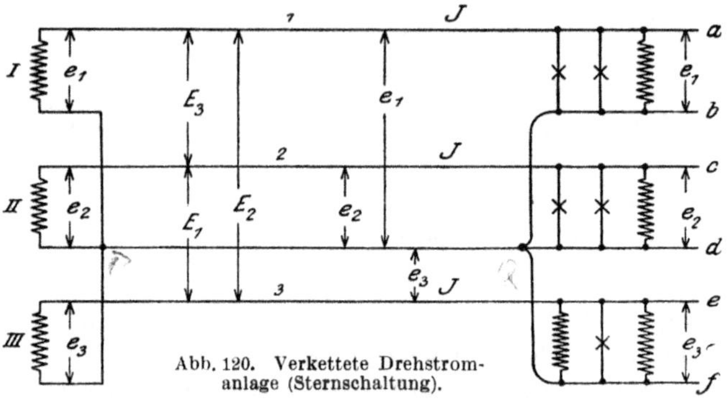

Abb. 120. Verkettete Drehstromanlage (Sternschaltung).

Die einzelnen Abteilungen *I*, *II* und *III* des Drehstromgenerators erzeugen die drei Spannungen e_1, e_2, e_3, welche nach Voraussetzung zeitlich um je 120^0 auseinander liegen (Abb. 118). Dementsprechend fließen bei Belastung in den Leitungen *a*, *c* und *e* der Abb. 119 die Ströme I_1, I_2 und I_3, welche auch die drei Verbrauchsgruppen speisen. Der Strom in den Verbrauchsapparaten ist gleich dem Strom in den Leitungen *a*, *c*, *e*. Die Sternschaltung in Abb. 120 wird gewöhnlich wie in Abb. 124 angedeutet. Die gemeinsame Leitung *PQ*, welche durch Vereinigung der drei Leitungen *b*, *d*, *f* entstanden ist, führt als gemeinsame Rückleitung die Summe der drei Ströme I_1, I_2 und I_3. Wir nehmen gleiche induktionsfreie Belastung an; dann ist $I_1 = I_2 = I_3 = I$, und es besteht keine Phasenverschiebung zwischen den einzelnen Strömen *I* und den zugehörigen Spannungen *e* (Abb. 121). Bei

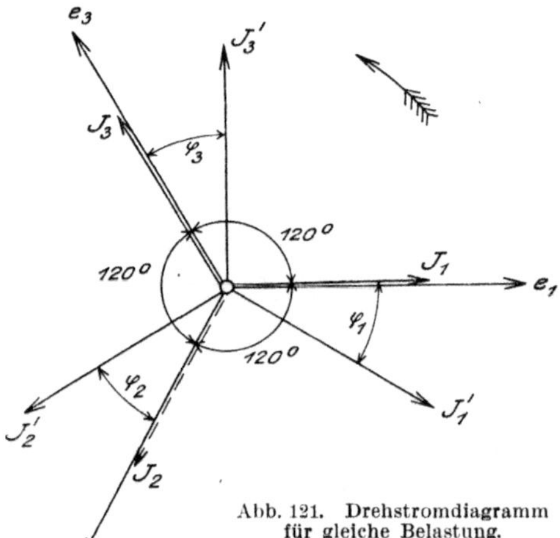

Abb. 121. Drehstromdiagramm für gleiche Belastung.

induktiver, aber gleicher Belastung würden die Phasenverschiebungen nicht 0 sein; die Vektoren I_1', I_2', I_3' würden entgegengesetzt der Pfeilrichtung im Diagramm um gewisse Winkel $\varphi_1 = \varphi_2 = \varphi_3 = \varphi$ gegen die Spannungen *e* zurückliegen. In beiden Fällen gleicher Belastung ist aber die Summe der Ströme stets Null, wie sich aus folgender Betrachtung ergibt: In Abb. 121 ist der Augenblickswert des Stromes $I_1 = 0$. Die Augenblickswerte der Ströme I_2 und I_3 sind wegen der symmetrischen Lage gleich und entgegengesetzt gerichtet, heben sich also auf. Verdrehen wir das Diagramm um einen beliebigen Winkel φ, so ist immer wieder die Summe der Augenblickswerte gleich Null, wie durch Abmessung im Diagramm festgestellt werden kann. Die Rückleitung PQ führt also bei gleicher Belastung keinen Strom und kann dann fortfallen. Bei ungleicher Belastung ist der Strom in PQ nicht Null.

Während die Ströme I in den Leitungen bei Sternschaltung gleich den Strömen in den Lampengruppen sind, müssen wir zwei verschiedene Arten von Spannungen unterscheiden. Während zwischen den Leitungen a, c, e und der Leitung PQ die Spannungen e bestehen, welche vom Generator erzeugt werden, und welche gleich den Spannungen an den Klemmen der Verbrauchsapparate sind, sind die Spannungen E_1, E_2, E_3 zwischen den einzelnen Leitungen a, c, e offenbar nicht gleich den erzeugten Spannungen e, sondern größer als diese. Sie setzen sich aus je zweien derselben zusammen. Entsprechend der Schaltung der Abb. 120 wird E_1 aus e_2 und e_3 gebildet, ebenso E_2 aus e_3 und e_1 und E_3 aus e_1 und e_2, und zwar ergeben sich die großen Spannungen in jedem Augenblick als die Summe der kleinen. Die Addition geschieht wie bei Zweiphasenwechselstrom, für die Vorstellung am einfachsten mit Hilfe des Vektordiagramms.

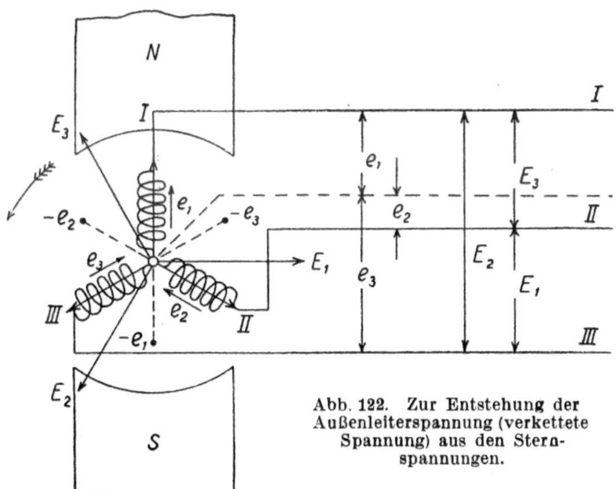

Abb. 122. Zur Entstehung der Außenleiterspannung (verkettete Spannung) aus den Sternspannungen.

Die Wicklungen I, II, III des oben erwähnten Drehstromgenerators mögen in völliger Symmetrie, wie in Abb. 122 schematisch dargestellt, vor den beiden Polen N—S liegen, so daß in Wicklung I im gezeichneten Augenblick bei einer Drehung des Ankers in der Pfeilrichtung der positive Höchstwert der Sternspannung e_1 aufträte (vom Sternpunkt nach außen), während im gleichen Augenblick die Sternspannungen e_2 und e_3 in den Wicklungen II und III negative, nur halb so große Werte besitzen. Dementsprechend ist das Vektordiagramm der Sternspannungen für den genannten Augenblick in die Abbildung eingetragen. Die Projektionslinie für die Augenblickswerte liegt wagerecht und geht durch den Drehpunkt; sie ist in der Abbildung nicht eingezeichnet. Die verketteten Spannungen E setzen sich nun, wie schon oben angedeutet, aus den Sternspannungen zusammen.

Es ist vektoriell:

$$E_1 = \overline{e_2 - e_3}$$
$$E_2 = \overline{e_3 - e_1}$$
$$E_3 = \overline{e_1 - e_2}$$

wie im folgenden näher gezeigt werden soll.

Für den gezeichneten Augenblick ist die Richtung von e_1 in bezug auf den äußeren Stromkreis der verketteten Spannung E_3 dieselbe wie die Richtung von e_2; die Spannungen e_1 und e_2 addieren sich, obwohl die Sternspannung e_1 im Augenblick positiv, e_2 aber negativ ist.

Denken wir uns nun, daß der Spannungsbeitrag e_2 der Wicklung *II* auch in Spule *I* erzeugt worden wäre, so müßte der Augenblickswert der Spannung e_1 größer gezeichnet werden, und zwar um den Betrag des Augenblickswertes von e_2, wobei aber zu berücksichtigen ist, daß dieser Betrag aus den obengenannten Gründen für den gezeichneten Augenblick zu addieren ist, trotzdem der Augenblickswert von e_2 gerade negativ ist. — Es gibt nun einen resultierenden Vektor, der dieser Summe der beiden Augenblickswerte entspricht, d. h. also nicht nur für den gezeichneten Augenblick, sondern auch für jeden anderen. Verlängern wir nämlich den Vektor der Sternspannung e_2 gleich weit nach rückwärts und addieren den so erhaltenen negativen Vektor minus e_2 geometrisch zu dem Vektor der Sternspannung e_1 (durch Ergänzung zum Parallelogramm), so erhalten wir in der Diagonale einen neuen Vektor E_3. Seine Augenblickswerte, d. h. seine Projektionen auf die Wagrechte durch den Drehpunkt, entsprechen in jedem Augenblick der Summe der Augenblickswerte der beiden Sternspannungen nach Größe und Richtung, bezogen natürlich auf den äußeren Stromkreis der Summenspannung, der sog. verketteten Spannung E_3, was sich für verschiedene Zeitpunkte, d. h. für verschiedene Lagen des Diagramms, zeichnerisch leicht ermitteln läßt. Daß zur Bildung des resultierenden Vektors der Vektor e_2 nach rückwärts verlängert werden muß, ist ganz natürlich, da die Anfänge der Wicklungen aneinander liegen; sie sind dann nicht hintereinander, sondern gegeneinander geschaltet.

In derselben Weise erhält man durch gleichweite Rückwärtsverlängerung des Vektors e_3 und geometrische Addition der Vektoren minus e_3 und e_2 den resultierenden Vektor der verketteten Spannung E_1, dessen Augenblickswerte in jedem Augenblick der Summe der Augenblickswerte der beiden Sternspannungen e_2 und e_3 entsprechen, bezogen wieder auf den äußeren Stromkreis der Summenspannung E_1. Im gezeichneten Augenblick heben sich die Beiträge auf; der Augenblickswert der verketteten Spannung ist Null. Der resultierende Vektor E_1 liegt in der Wagrechten. In bezug auf den äußeren Stromkreis E_1 haben die Sternspannungen e_2 und e_3 im gezeichneten Augenblick entgegengesetzte Richtung, obgleich die Augenblickswerte beider Sternspannungen negativ sind.

Schließlich erhält man durch gleichweite Rückwärtsverlängerung des Vektors e_1 und geometrische Addition der Vektoren minus e_1 und e_3 den resultierenden Vektor der verketteten Spannung E_2, dessen Augenblickswert der Summe der Augenblickswerte der beiden Sternspannungen e_1 und e_3 entspricht, bezogen auch hier auf den äußeren Stromkreis der Summenspannung E_2. Für den gezeichneten Augenblick addieren sich die Sternspannungen in ihrer Wirkung auf den äußeren Stromkreis, obwohl der Augenblickswert von e_1 positiv, der der Spannung e_3 negativ ist.

Die „verketteten Spannungen" E_1, E_2 und E_3[1]) sind, wie man sieht, um je 30° gegen die „Sternspannungen" e_2, e_3, e_1 vorwärts verschoben und um je 120° gegeneinander verschoben. Ihre Summe ist daher in jedem Augenblick Null. Ihre Richtung sei positiv im Sinne der Bezifferung; z. B. sei $\overline{e_2 - e_3} = E_1 = E_{II-III} =$ positiv. Dann ist $\overline{e_3 - e_2} = -E_1 = E_{III-II}$, d. h. negativ zu setzen.

Es darf nicht unerwähnt bleiben, daß die Spannungen E auch in anderer Weise zusammengesetzt werden können. Anstatt z. B. e_1 mit $-e_2$ zu E_3 zusammenzusetzen, kann man auch e_2 mit $-e_1$ zu $-E_3$ susammensetzen. Dieser resultierende Vektor liegt dann 30° zurück gegen e_2 usf. Tatsächlich wird auch das Vektordiagramm vielfach so gezeichnet, daß die verketteten Spannungen den Sternspannungen um 30° nacheilen. Für das Folgende sei festgesetzt: Der Drehsinn der Vektoren im umgekehrten Sinne des Uhrzeigers, die Bezifferungsreihenfolge dagegen umgekehrt, damit die Spannung bzw. der Strom I seinen Null- bzw. Maximalwert eher erreicht als II, und ebenso II eher als III, III eher als I usf.

Die Reihenfolge I, II, III, in der alle Sternspannungen e_1, e_2, e_3 bzw. die verketteten Spannungen E_1, E_2, E_3 bei einer Drehung der Wickelungen, Abb. 122, im Sinne des Pfeiles nacheinander null und maximal werden, wird Phasenfolge genannt und es werden die Leitungen I, II, III dementsprechend vielfach mit R, S, T bezeichnet (V. d. E.).

Ist die Phasenfolge eines Drehstromsystems irgendwie unbekannt, so kann sie mit einem Drehfeldrichtungsanzeiger ermittelt werden (vgl. S. 136).

Die verketteten Spannungen werden ebenso wie die Ströme nach dem Schema der zyklischen Vertauschung zusammengesetzt.

$$I = \overline{2 - 3}$$

$$II = \overline{3 - 1}$$

$$III = \overline{1 - 2}$$

[1]) Vielfach noch „Dreieckspannungen" genannt. Vgl. S. 110.

Im Diagramm Abb. 123 ist Dreieck OAB gleichseitig. Die Dreieckswinkel betragen 60^0. Die Höhe On ist gleich $^1/_2 \cdot E_1$ im Parallelogramm $OBCA$. Es ist aber

$$\frac{On}{e_2} = \sin 60^0 = \frac{\sqrt{3}}{2},$$

mithin ist

$$O_n = \frac{\sqrt{3}}{2} \cdot e_2 = \frac{1}{2} \cdot E_1;$$

also wird

$$E_1 = \sqrt{3} \cdot e_2,$$

ebenso ist

$$E_2 = \sqrt{3} \cdot e_3,$$

$$E_3 = \sqrt{3} \cdot e_1.$$

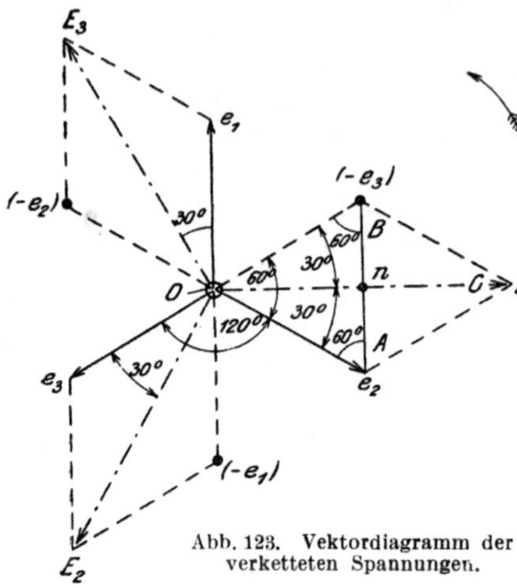

Abb. 123. Vektordiagramm der verketteten Spannungen.

Ganz allgemein ausgedrückt ist: $E = \sqrt{3} \cdot e$. Die verkettete Spannung ist $\sqrt{3} \times$ so groß wie die Sternspannung.

Gleiche Belastung.

Zugänglicher Nullpunkt[1]). Wir wollen uns nun die Aufgabe stellen, die Leistung des verketteten Dreiphasenstromes zu messen. Die Belastung sei durch Glühlampen hergestellt, d. h. $\cos\varphi = 1$, und sie sei vollständig gleich: $I_1 = I_2 = I_3 = I$. Die gemeinsame Leitung PQ könnte fortfallen; wir nehmen aber zunächst einmal an, sie sei für Meßzwecke noch zugänglich. Dabei ist es aber nicht nötig, daß die Leitung PQ vom Mittelpunkt des Generators bis zum Mittelpunkt der Verbrauchsgruppe ganz durchgezogen ist. Wir haben dann den einfachsten Fall einer Drehstromleistungsmessung:

Wir brauchen nur einen einzigen Leistungsmesser, wie bei Einphasenwechselstrom, einzuschalten (Abb. 124). Da in allen drei hier verketteten Leitungen die Leistung dieselbe ist, so wird die Gesamtleistung gleich dem dreifachen, vom Wattmeter angegebenen Wert. Die Angaben des Leistungsmessers sind mit 3 zu multiplizieren, denn für gleiche Belastung und $\cos\varphi = 1$ ist

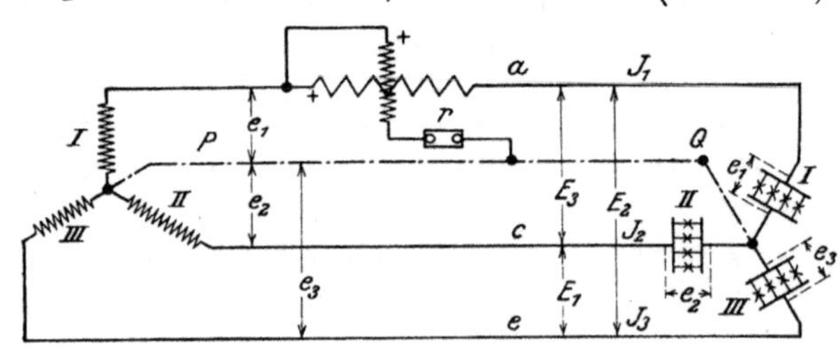

Abb. 124. Sternschaltung mit (für Meßzwecke zugänglichem) unbelasteten Neutralleiter.

$$N = 3 \cdot e \cdot I = e_1 \cdot I_1 + e_2 \cdot I_2 + e_3 \cdot I_3,$$

[1]) Nur für Meßzwecke. (Neutralleiter unbelastet vgl. S. 115.)

wobei bedeutet: N = Leistung in W, e = Sternspannung in V, I = Strom in A.

Ortsfeste Leistungsmesser erhalten daher vielfach eine Skalenbezifferung in den mit 3 multiplizierten Werten, um die Gesamtleistung der Drehstromanlage unmittelbar ablesen zu können (s. S. 75).

Anstatt der Sternspannung e kann man auch die verkettete Spannung E in die Formel für die Leistung einführen: Es war $E = \sqrt{3} \cdot e$, damit wird $e = \frac{E}{\sqrt{3}}$ und es ist

$$N = 3 \cdot \frac{E}{\sqrt{3}} \cdot I = \sqrt{3} \cdot E \cdot I; \quad \text{für } \varphi = 0, \quad \cos\varphi = 1$$

für $\varphi \gtrless 0$, d. h. für induktive oder kapazitive Belastung $\cos\varphi < 1$, wird: $N = \sqrt{3} \cdot E \cdot I \cdot \cos\varphi$, ganz entsprechend wie bei Einphasenwechselstrom.

Beispiel 1: Es sei die Leistung eines Drehstrommotors zu messen. Die Belastung kann dann als gleich angenommen werden. Es sei:

$$I_1 = I_2 = I_3 = I = 20 \text{ A}$$
$$\cos\varphi = 0{,}75\,.$$

Zwischen den Außenleitern und dem Neutralpunkt P des Motors in Abb. 125 sei die Sternspannung gemessen worden zu $e = 120$ V. Es wird demnach:

$$N = 3 \cdot e \cdot I \cdot \cos\varphi = 3 \cdot 120 \cdot 20 \cdot 0{,}75$$
$$N = 5400 \text{ W}.$$

Der Leistungsmesser zeigt:

$$n = e \cdot I \cdot \cos\varphi\,,$$

das ist aber die Leistung in der Phase I. Die gesamte Leistung des Drehstrommotors ist also

$$N = 3 \cdot e \cdot I \cdot \cos\varphi\,.$$

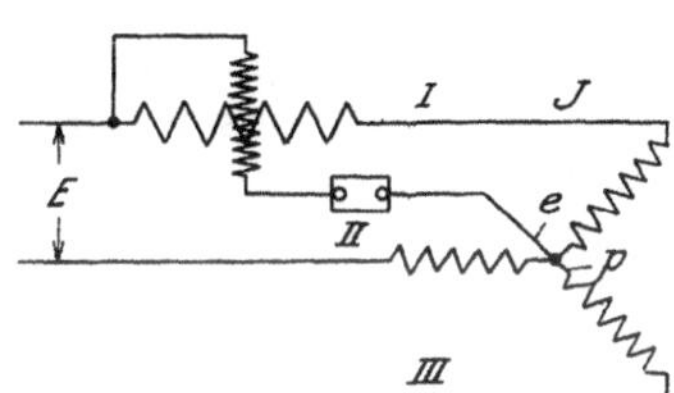

Abb. 125. Leistungsmessung beim Drehstrommotor.

Verwenden wir einen Leistungsmesser mit einem Strommeßbereich von 20 A, und einem Spannungsmeßbereich von 125 V, welcher für $20 \cdot 125 = 2500$ W geeicht ist und 125 Skalenteile besitzt, so entspricht ein Skalenteil einer Leistung von 20 W und das Wattmeter zeigt für unseren Motor auf dem Teilstrich 90 eine Leistung von $n = 1800$ W an. Die Gesamtleistung ist dann

$$N = 3 \cdot 1800 = 5400 \text{ W}.$$

Unzugänglicher Nullpunkt. Die Motorleistung kann wie in vorstehendem Beispiel gemessen werden, auch wenn der Neutralleiter der Anlage sonst nicht zugänglich ist, ganz gleichgültig, ob die Anlage im Stern oder im Dreieck geschaltet ist.

In obigem Beispiel war angenommen, daß bei gleicher Belastung der stromlose Neutralleiter, die Leitung PQ, in Abb. 124

für Meßzwecke zugänglich sei. Ist das nicht der Fall, so ist die Messung des gesamten Drehstromeffektes nicht mehr ohne weiteres mit einem gewöhnlichen Einphasenleistungsmesser ausführbar (z. B. bei Dreieckschaltung, s. S. 110).

Man greift daher zu einem anderen Mittel, um die Gesamtdrehstromleistung bei unzugänglichem Nullpunkt mit nur einem Wattmeter messen zu können. Man verschafft sich einen künstlichen Nullpunkt in einem sog. Nullpunktwiderständ oder Sternwiderstand.

Schalten wir nämlich drei gleiche induktionsfreie Widerstände R_1, R_2, R_3, wie in Abb. 127, zu einem Stern und legen diesen mit den Punkten A, C, E an die Leitungen a, c, e an, so stellt dieser Sternwiderstand ganz genau so wie die drei in Stern geschalteten Lampengruppen (Abbildungen 126 bzw. 128) einen Stromverbraucher vor. Nach S. 97 usw. erhält jeder der Zweigwiderstände R_1, R_2, R_3 den gleichen Strom. An den Enden eines jeden besteht eine Spannung, welche gleich der Sternspannung e ist. Wir schalten nun den Nebenschlußkreis des Leistungsmessers in Abb. 128 als Teilwiderstand mit zwei anderen induktionsfreien Widerständen R_2, R_3 „in Stern" an einen gemeinsamen Punkt P, mit den freien Enden an die Hauptleitungen

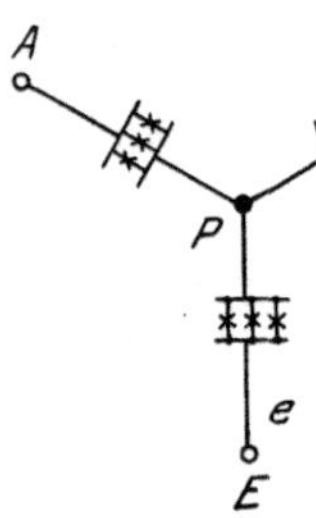

Abb. 126.

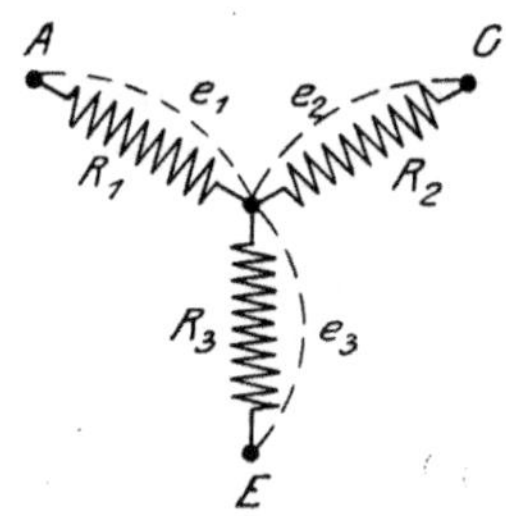

Abb. 127.

Künstlicher Nullpunkt.

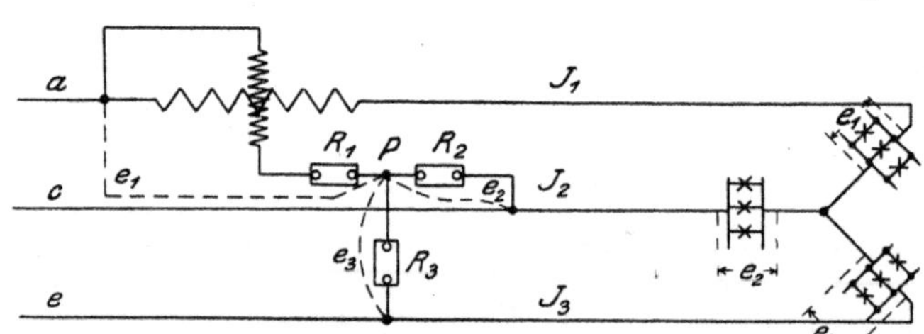

Abb. 128. Wattmeter mit Nullpunktwiderstand.

a, c, e an. An den Enden der drei Widerstände besteht dann eine Spannung, welche der Spannung an den Lampengruppen, der Sternspannung e, gleich ist. Nach Schaltung Abb. 128 mißt der Leistungsmesser eine Leistung $n = e \cdot I$ für $\cos\varphi = 1$. Belastet man nun gleichmäßig induktiv, so verschiebt sich die Phase des Stromes I gegen die Spannung e an den Enden der in Stern geschalteten Verbrauchsgruppen. Der kleine Strom i in den einzelnen Zweigen des Nullpunktwiderstandes wird dagegen nicht verschoben, da die Widerstände induktionsfrei gewickelt sind. Der Strom im Wattmeternebenschluß ist also in Phase mit der Sternspannung e_1; der Leistungsmesser zeigt deshalb auch bei gleichmäßig induktiver, z. B. Motorenbelastung:

$$n = e \cdot I \cdot \cos\varphi\,.$$

Die Angaben des Wattmeters sind auch hier mit 3 zu multiplizieren, um die Gesamtleistung zu erhalten.

Beispiel 2: Die elektrischen Werte und der Leistungsmesser seien wie im Beispiel S. 101 angenommen, der Nullpunkt sei aber hier nicht zugänglich. Der Eigenwiderstand des Leistungsmessers beträgt beim Meßbereich 125 V 4166 Ω (für 30 V 1000 Ω); wir bilden also mit zwei weiteren Widerständen von je 4166 Ω entsprechend der Schaltung Abb. 128 einen Nullpunktwiderstand. Der Leistungsmesser zeigt dann mit seiner Hauptstromspule, in eine der drei Hauptleitungen eingeschaltet:

$$n = e \cdot I \cdot \cos\varphi$$

an; dieser Wert

$$n = 120\,\text{V} \cdot 20\,\text{A} \cdot 0{,}75 = 1800\,\text{W}$$

ist mit 3 zu multiplizieren. Es wird:

$$N = 3 \cdot 1800 = 5400\,\text{W}.$$

Vielfach wird zu einem gewöhnlichen Einphasenwattmeter für Drehstrommessungen ein besonderer Nullpunktwiderstand geliefert. Für unser Beispiel würde die Anordnung wie in Abb. 129 getroffen werden können. Klemme *I* und *III* des Nullpunktwiderstandes werden dann mit denjenigen Hauptleitungen verbunden, in denen die Hauptstromspule des Leistungsmessers nicht liegt. Klemme *II* wird mit dem freien Ende des Wattmeternebenschlusses verbunden. Natürlich kann diese Schaltung auch für mehr als einen Spannungsmeßbereich verwendet werden.

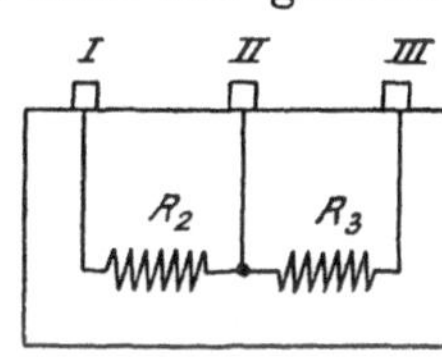

Abb. 129. Stern- = Nullpunktwiderstand.

Untenstehend ist in Abb. 130 und 131 die Verwendung eines Nullpunktwiderstandes für zwei Meßbereiche dargestellt (die im Ver-

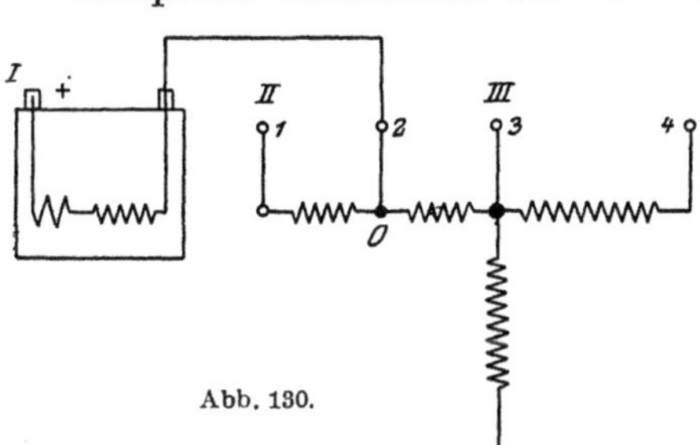

Abb. 130.

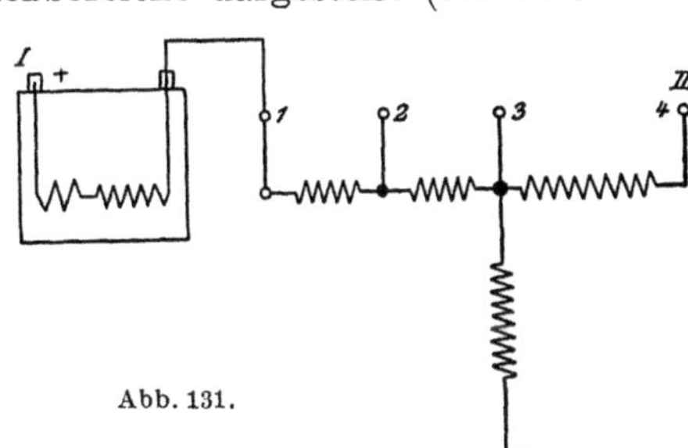

Abb. 131.

Nullpunktwiderstand für zwei Drehstrommeßbereiche (1 : 3).

hältnis 1 : 3 stehen). Abb. 130 zeigt die Schaltung im niedrigen Meßbereich, Abb. 131 die Schaltung für das höhere Spannungsmeßbereich. Im Falle Abb. 130 liegt der künstliche Nullpunkt (0) an der Klemme 2 und die Klemmen +, 1 und 3 werden an die Hauptleitungen der Drehstromanlage angeschlossen. Im Falle Abb. 131 liegt der künstliche Nullpunkt bei der Klemme 3 und die Klemmen: +, 4 und 5 werden an die Hauptleitungen *I*, *II* und *III* angeschlossen.

Siemens & Halske bringen zum Anschluß an ihre Nullpunktwiderstände am Leistungsmesser ein Einphasen-Spannungsmeßbereich von 30 V an.

Zwischen der Plusklemme und der sog. 30-V-Klemme dieses Einphasenmeßbereiches befindet sich ein Wattmeterwiderstand von 1000 Ω.

In Abb. 132 ist ein Nullpunktwiderstand im Schema dargestellt, mit dem man in Verbindung mit dem oben erwähnten Leistungsmesser die Einphasenmeßbereiche 150, 300 und 600 V und die Drehstrom-Spannungsmeßbereiche 150, 300 und 600 V verkettete Spannung herstellen kann.

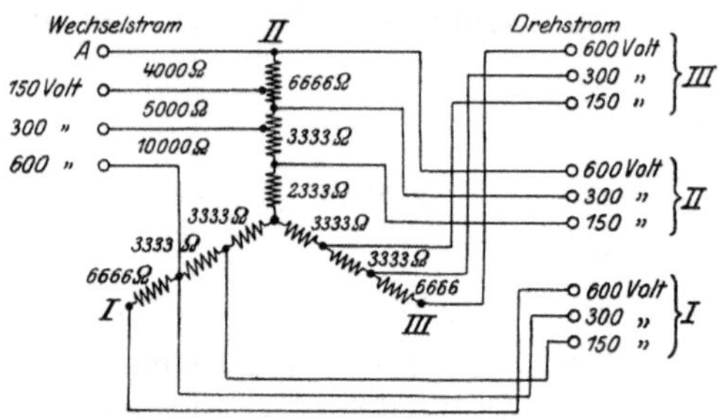

Abb. 132. Sternwiderstand von S. & H.

Aus dem Schema ist ersichtlich, daß Phase *II* des Widerstandes 1000 Ω weniger besitzt als die beiden anderen Zweige. Die fehlenden 1000 Ω werden durch die im Wattmeterspannungskreise (1000-Ω-Klemme) eingebauten 1000 Ω ergänzt. Hieraus folgt die Schaltregel:

Die Phase *II* des Widerstandes Abb. 132 ist stets unmittelbar an den Leistungsmesser anzuschließen. Die Widerstände sind so bemessen, daß sich bei allen Spannungsmeßbereichen runde Multiplikationskonstante ergeben. In Drehstrom erreicht dann aber das Wattmeter bei maximaler Stromstärke und $\cos\varphi = 1$ noch nicht den Endausschlag (sondern nur 86,5 $^0/_0$).

Die Messung mit nur einem Wattmeter ist nur genau richtig bei wirklich gleicher Belastung in den drei Leitungen[1]. Obwohl dieser Fall auch bei Motorenbelastung in der Praxis kaum vorkommt, weil die Wicklung der Motoren nie völlig gleichmäßig ist, so wird das Verfahren doch in vielen Fällen recht brauchbar sein, namentlich bei Anlagen mit stark schwankender Belastung, da es vielfach mehr darauf ankommt, die Änderungen der Belastung zu beobachten, als die ganz genaue Größe der Leistung zu bestimmen.

Leistungsfaktor. Hat man nach dem Verfahren der Beispiele 1 oder 2 die Gesamtdrehstromleistung bei gleicher Belastung gemessen, so läßt sich der Leistungsfaktor berechnen, wenn der Strom *I* in A und die Sternspannung *e* in V bekannt sind. Es ist

$$\cos\varphi = \frac{N}{3 \cdot e \cdot I},$$

[1] Vgl. weiter unten: Zweiwattmetermethode.

oder, wenn die verkettete Spannung E gemessen wurde,

$$\cos\varphi = \frac{N}{\sqrt{3}\cdot E\cdot I}.$$

Es sei noch bemerkt, daß man den Leistungsfaktor eines gleichmäßig belasteten Drehstromsystems auch direkt mit einem Leistungsmesser bestimmen kann, ohne erst Strom und Spannung zu messen. Man schaltet ein Einphasenwattmeter nach Abb. 171 und liest die den Schaltungen *II* und *III* entsprechenden Ausschläge α_1 und α_2 am Leistungsmesser ab. Es ist dann

$$\operatorname{tg}\varphi = 3\cdot\frac{\alpha_1-\alpha_2}{\alpha_1+\alpha_2},$$

wobei α_1 den größeren von beiden Wattmeterausschlägen bedeutet.

Ungleiche Belastung.

Zweiwattmetermethode. Will man in beliebig belasteten Drehstromdreileiteranlagen genaue Leistungsmessungen ausführen, so eignet sich dazu am besten die sog. Zweiwattmetermethode.

Wir wählen für Augenblickswerte deutsche, für Mittelwerte lateinische Buchstaben. Bezeichnen wir mit $\mathfrak{i}_1$, $\mathfrak{i}_2$, $\mathfrak{i}_3$ die Augenblickswerte der Leitungsströme I_1, I_2, I_3, mit $\mathfrak{e}_1$, $\mathfrak{e}_2$, $\mathfrak{e}_3$ die Augenblickswerte der Sternspannungen e, mit $\mathfrak{E}_1$, $\mathfrak{E}_2$, $\mathfrak{E}_3$ die Augenblickswerte der verketteten Spannungen E unseres Drehstromsystems, mit $\mathfrak{N}_1$ und $\mathfrak{N}_3$ die Augenblickswerte der Leistung, welche in zwei nach Abb. 133 eingeschalteten Leistungsmessern *I* und *III* gemessen werden soll[1]), so ist der Augenblickswert der Leistung, welche das Wattmeter *I* mißt: $\mathfrak{N}_1 = \mathfrak{i}_1\cdot\mathfrak{E}_3$; und der Augenblickswert der Leistung, welchen das Wattmeter *III* mißt: $\mathfrak{N}_3 = \mathfrak{e}_3\cdot(-\mathfrak{E}_1)$, wie aus folgendem hervorgeht.

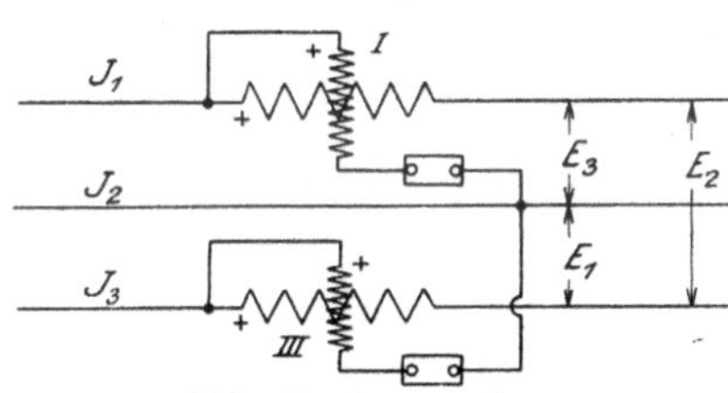

Abb 133. Aronschaltung.

Die äußere Schaltung der beiden Wattmeter ist so gewählt, daß beide bei gleichartiger innerer Schaltung bei induktionsfreier Belastung positive Ausschläge „in die Skala hinein“ zeigen. Betrachten wir nämlich das Diagramm (Abb. 134), so sehen wir, daß der Strom I_1 bei induktionsfreier Belastung mit der Sternspannung e_1 in Phase ist, also gegen die verkettete Spannung E_3 eine Verschiebung von 30^0 besitzt. Nach dem, was wir über das Verhalten der Einphasenwattmeter erfahren haben, muß daher das Wattmeter *I* einen positiven Ausschlag zeigen, denn erst dann, wenn die Phasenverschiebung zwischen Strom und Spannung im Wattmeter größer

[1]) Die Aronschaltung.

als 90^0 ist, wird der Ausschlag eines richtig angeschlossenen Wattmeters negativ. Der Strom I_3 besitzt dagegen bei induktionsfreier Belastung eine Phasenverschiebung von mehr als 90^0 gegen die verkettete Spannung E_1, da er in diesem Falle mit der Sternspannung e_3 in Phase ist, die gegen E_1 um 150^0 verschoben liegt. Der Spannungskreis des Wattmeters *III* wird daher nicht an die verkettete Spannung E_1, sondern an die Spannung minus E_1 gelegt[1]). Der Augenblickswert der Leistung, die das Wattmeter *III* mißt, ist also nicht $\mathfrak{N}_3 = \mathfrak{e}_3 \cdot \mathfrak{E}_1$, sondern $\mathfrak{N}_3 = \mathfrak{i}_3 \cdot (-\mathfrak{E}_1)$.

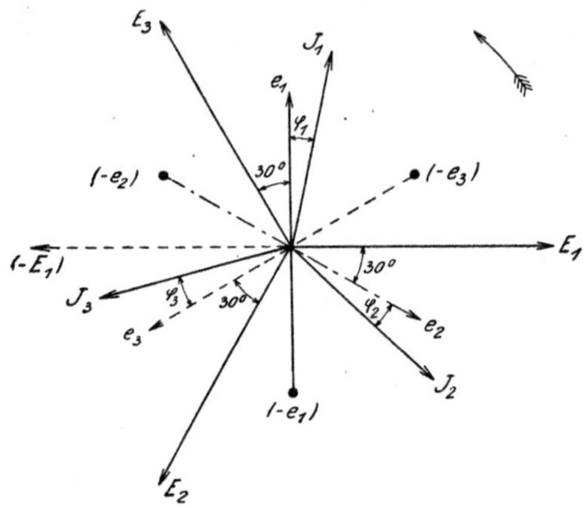

Abb. 134. Drehstromdiagramm für ungleiche Belastung.

In jedem Augenblick ist aber nach Seite

$$\mathfrak{E}_3 = \mathfrak{e}_1 - \mathfrak{e}_2$$

und

$$\mathfrak{E}_1 = \mathfrak{e}_2 - \mathfrak{e}_3$$

damit wird

$$\mathfrak{N}_1 = \mathfrak{i}_1 (\mathfrak{e}_1 - \mathfrak{e}_2)$$

und

$$\mathfrak{N}_3 = \mathfrak{i}_3 (\mathfrak{e}_3 - \mathfrak{e}_2).$$

Bilden wir die Summe der beiden vom Wattmeter gemessenen Leistungen, so wird:

$$\mathfrak{N} = \mathfrak{N}_1 + \mathfrak{N}_3 = \mathfrak{i}_1 (\mathfrak{e}_1 - \mathfrak{e}_2) + \mathfrak{i}_3 (\mathfrak{e}_3 - \mathfrak{e}_2) \qquad \text{Gl. 1}$$

oder:

$$\mathfrak{N} = \mathfrak{i}_1 \mathfrak{e}_1 - \mathfrak{i}_1 \mathfrak{e}_2 + \mathfrak{i}_3 \mathfrak{e}_3 - \mathfrak{i}_3 \mathfrak{e}_2,$$

in jedem Augenblicke ist aber nach Kirchhoff die Summe der Ströme Null, d. h.

$$\mathfrak{i}_1 + \mathfrak{i}_2 + \mathfrak{i}_3 = 0,$$

man kann also für jeden Augenblick setzen:

$$\mathfrak{i}_2 = -(\mathfrak{i}_1 + \mathfrak{i}_3),$$

damit wird:

$$\mathfrak{N} = \mathfrak{i}_1 \mathfrak{e}_1 - (\mathfrak{i}_1 + \mathfrak{i}_3) \mathfrak{e}_2 + \mathfrak{i}_3 \cdot \mathfrak{e}_3 = \mathfrak{i}_1 \mathfrak{e}_1 + \mathfrak{i}_2 \mathfrak{e}_2 + \mathfrak{i}_3 \mathfrak{e}_3.$$

Das ist aber in jedem Augenblick die Leistung des gesamten Drehstromsystems. Man ist also in der Lage, die Gesamtdrehstromleistung bei beliebiger Belastung mit nur zwei Wattmetern[2]) genau zu messen. Die beiden Leistungsmesser *I* und *III* stellen sich nun infolge ihrer Trägheit auf die Mittelwerte N aus den Augenblickswerten $\mathfrak{N}_1$ und $\mathfrak{N}_3$ ein (vgl. S. 73). Bemerkenswert ist bei der Messung der Drehstromleistung nach der Zweiwattmeter-

[1]) D. h. mit der Spannungs-Plusklemme nicht an Leiter *II* ($+E_1$ ist $=E_{II-III}$), sondern an Leiter *III* (weil die Spannung $[-E_1] = E_{III-II}$ ist). Vgl. S. 99.
[2]) Anstatt drei.

methode, daß die nach Abb. 133 eingeschalteten Leistungsmesser bei induktionsfreier Vollbelastung nicht den Endwert der Skala zeigen. Bei $\cos\varphi = 1$ liegt der Vektor des Stromes I_1 in der Phase der Sternspannung e_1, der Leistungsmesser aber an der verketteten Spannung E_3. Daher besteht zwischen dem Strom I_1 in der Hauptstromspule des Leistungsmessers I (vgl. Abb. 134) und der Spannung E_3 an den Klemmen des Wattmeternebenschlusses eine Phasenverschiebung von 30^0.

Der Leistungsmesser I mißt also bei $\varphi_1 = 0$, $\cos\varphi_1 = 1$

$$N_1 = I_1 E_3 \cos 30^0 = 0{,}866\, I_1 E_3\,,$$

entsprechend zeigt der Leistungsmesser III bei $\cos\varphi_3 = 1$ und bei Höchststrom und -spannung auch nicht den Endwert der Skala an, sondern, da er im Nebenschluß an der Spannung $(-E_1)$ anliegt:

$$N_3 = I_3 (-E_1) \cos 30^0 = 0{,}866\, I_3 E_1\,,$$

denn $(-E_1)$ liegt gegen e_3 um 30^0 verschoben[1]).

Haben wir dagegen eine **Phasenverschiebung** von 30^0 zwischen den Strömen und den zugehörenden Sternspannungen, z. B. bei Motorbelastung, so zeigt der Leistungsmesser III den größten Ausschlag:

$$N_3 = I_3 \cdot (-E_1)\,,$$

weil für $\varphi_3 = 30^0$ I_3 und minus E_1 in Phase sind. Der Leistungsmesser I zeigt:

$$N_1 = I_1 \cdot E_3 \cdot \cos 60^0 = 0{,}5 \cdot I_1 E_3\,,$$

d. h. den halben Ausschlag, denn I_1 ist um 60^0 zurückverschoben gegen E_3.

Bei 60^0 **Phasenverschiebung** zwischen den Strömen und den zugehörenden Sternspannungen zeigt der Leistungsmesser III wieder

$$N_3 = I_3 (-E_1) \cos 30^0 = 0{,}866\, I_1 E_3$$

und der Leistungsmesser I zeigt:

$$N_1 = I_1 E_3 \cos 90^0 = I_1 E_3 \cdot 0 = 0\,.$$

Allgemein ausgedrückt ist also die Gesamtleistung nach der Zweiwattmetermethode (Abb. 133) effektiv:

$$N = N_1 + N_3 = E_3 \cdot I_1 \cos(30 + \varphi_1) + E_1 \cdot I_3 \cos(30^0 - \varphi_3)\,.$$

Wird die Phasenverschiebung noch größer als 60^0, so schlägt der Leistungsmesser I nach der verkehrten Seite aus. Er zeigt eine negative Leistung an, der Kosinus von Winkeln über 90^0 ist negativ. Die Anschlüsse am Nebenschluß des Leistungsmessers I sind miteinander zu vertauschen[2]). Die Gesamtleistung des Drehstromsystems

---

[1]) Das Wattmeter gibt trotz des Minuszeichens von E_1 einen positiven Ausschlag, weil der Richtungssinn der Spannung $(-E_1)$ bezogen auf das Wattmeter positiv ist. Das Minuszeichen hat hier keine algebraische, sondern nur eine Bedeutung als Bezeichnung.

[2]) Vgl. dazu: „Gefährliche Spannungen“ S. 87 und 113.

ist jetzt nicht mehr gleich der Summe der beiden Wattmeterangaben, sondern gleich ihrer Differenz.

Voraussgesetzt, daß zwei gleichartige Leistungsmesser verwendet werden, welche bei entsprechend gleichem Anschluß Ausschläge in gleicher Richtung geben, kann man für die Messung nach der oben beschriebenen Zweiwattmetermethode folgende Regel aufstellen:

Die gesamte Drehstromleistung ist gleich der Summe der von den beiden Wattmetern angegebenen Leistungen, wenn die Ausschläge beider Leistungsmesser bei gleichartigem Anschluß (nach Abb. 133) positiv sind. Schlägt jedoch bei gleichartigem Anschluß einer der Leistungsmesser verkehrt aus, so ist der Spannungskreis dieses Leistungsmessers umzuschalten und der Gesamtdrehstromeffekt ist jetzt gleich der Differenz der von beiden Wattmetern angegebenen Leistungen (vgl. das nachstehende Beispiel).

Doppelwattmeter. In Betrieben mit stark schwankender Belastung bietet nun die gleichzeitige Ablesung zweier Wattmeter einige Schwierigkeiten. Deshalb verwendet man in manchen Fällen anstatt zweier Leistungsmesser das Doppelwattmeter. Dasselbe enthält zwei vollständige Wattmetersysteme in einem gemeinsamen Gehäuse. Die beweglichen Systeme der beiden Leistungsmesser sind auf einer gemeinsamen Drehachse fest miteinander verbunden, und die ganze Anordnung ist so getroffen, daß die auf die gemeinsame Achse wirkenden Drehmomente sich addieren oder gegebenenfalls subtrahieren. Mit einer einzigen Zeigerablesung kann man auf diese Weise an einem Doppelwattmeter die Gesamtleistung einer Gleichstrom-Dreileiteranlage oder einer Drehstrom-Dreileiteranlage auch bei ungleicher Belastung in den verschiedenen Teilen der betreffenden Anlage bestimmen[1]).

Die innere Schaltung des Doppelwattmeters entspricht der der Zweiwattmetermethode. Natürlich beeinflussen sich die ziemlich dicht nebeneinander befindlichen Wattmeterstysteme bei eisenfreien Instrumenten in gewissem Grade. Vielfach wird das Doppelwattmeter mit einem Korrektionswiderstande versehen, der den Fehler der gegenseitigen Beeinflussung zum größten Teil beseitigt, worauf aber hier nicht näher eingegangen werden soll.

Für genauere Messungen ist stets die Messung mit zwei Wattmetern vorzuziehen.

Beispiel. Zur Messung der Leistung eines Drehstrommotors seien zwei Einphasenwattmeter gegeben, die mit Gleichstrom für maximal 5 A und 120 V geeicht sind und bei 600 W 120 Teile zeigen.

Die Wattmeter selbst seien ohne Fehler, aber für die Drehstrommessung an zwei Stromwandler angeschlossen, die bei dem Übersetzungsverhältnis $U_i = 1$ einen Fehler von $\Delta u_i = +2\%$ und eine Winkelabweichung $\delta_i = +50'$ besitzen und an zwei Spannungswandler, die bei $U_e = 1$ einen Fehler von $\Delta u_e = +1\%$ und eine Winkelabweichung $\delta_e = +20'$ besitzen.

[1]) Skalenausführung s. S. 75.

Die Belastung sei als gleich angenommen zu 5 A und 110 V bei $\varphi = 40^0$ pro Phase. Jedes Wattmeter führt dann im Sekundärkreis der Meßwandler 5,1 A bzw. 111,1 V. Nach dem Prinzip der Aronschaltung (Abb. 133) messen die Wattmeter:

$$N_1 = I_1 E_3 \cos I_1 E_3 = 5{,}1 \cdot 111{,}1 \cdot \cos 69^0\,30' = 198{,}4\ \mathrm{W} \sim 39{,}7\ \text{Teile},$$
$$N_3 = I_3 \cdot (-E_1) \cos I_3 (-E_1) = 5{,}1 \cdot 111{,}1 \cdot \cos 9^0\,30' = 558{,}7\ \mathrm{W} \sim 111{,}8\ \text{Teile}.$$

Die Korrekturen wegen der Meßwandler werden nach S. 197 für Wattmeter *I*:

$$\Delta\delta = +\,0{,}0291 \cdot \mathrm{tg}\,(30^0 + 40^0)\,(50' - 20') = 0{,}0291 \cdot 2{,}747 \cdot 30 = +\,2{,}4\,^0/_0,$$
$$\Delta_u = +1 + 2 \qquad = +\,3{,}0\,^0/_0,$$
$$\Delta_1 = \Delta\delta + \Delta_u = +\,5{,}4\,^0/_0 = 10{,}7\ \mathrm{W} \sim 2{,}14\ \text{Teile}$$

für Wattmeter *III*:

$$\Delta\delta = +\,0{,}0291 \cdot \mathrm{tg}\,(30^0 - 40^0)\,(20' - 50') = 0{,}0291\,(-0{,}1763)\,(-30') = +\,0{,}154\,^0/_0,$$
$$\Delta_u = +1 + 2 \qquad = +\,3\,^0/_0,$$
$$\Delta_3 = \Delta\delta + \Delta_u = +\,3{,}154\,^0/_0 = 17{,}6\ \mathrm{W} \sim 3{,}53\ \text{Teile}.$$

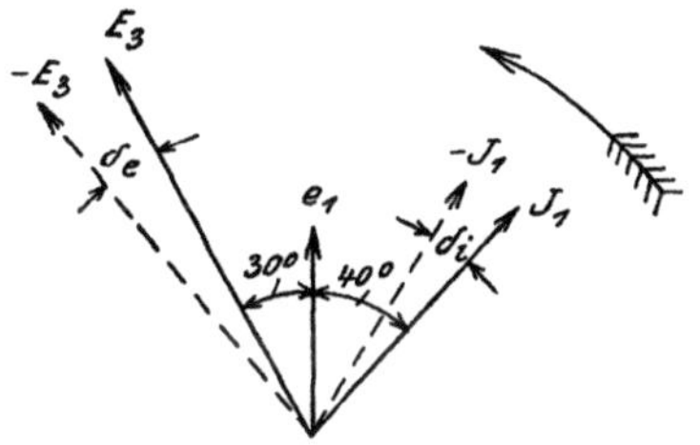

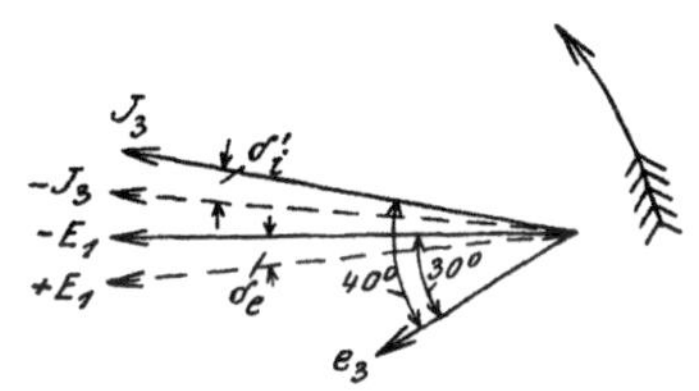

Zum Zahlenbeispiel:

Abb. 135. Wattmeter *I*. Abb. 136. Wattmeter *III*.

Die Wattmeterangaben werden danach korrigiert:

$$\left.\begin{aligned} N_{1\,\mathrm{corr}} &= 198{,}4 - 10{,}7 = 187{,}7\ \mathrm{W} \sim 37{,}5\ \text{Teile} \\ N_{3\,\mathrm{corr}} &= 558{,}7 - 17{,}6 = 541{,}1\ \mathrm{W} \sim 108{,}2\ \text{Teile} \end{aligned}\right\} +$$

Summe: **728,8 W** entsprechend der Primärleistung:

$$N = \sqrt{3}\,E\,I \cos\varphi = \sqrt{3} \cdot 5 \cdot 110 \cos 40^0 = \mathbf{728{,}8\ W}\ \text{gegenüber}$$
$$N_1 + N_3 = 757{,}1\ \mathrm{W}\ \text{unkorrigiert.}$$

Wie man sieht, sind selbst bei ungünstigen Verhältnissen die Fehler durch die Meßwandler noch verhältnismäßig gering (im ganzen etwa $4\,^0/_0$) und können bei guten Wandlern mit geringeren Winkelabweichungen und genauerem Übersetzungsverhältnis, wenn es sich nicht um die Messung sehr kleiner Leistungen handelt, meist vernachlässigt werden.

Wäre das Übersetzungsverhältnis nicht 1, sondern $U > 1$, so wären die korrigierten Werte noch mit demselben zu multiplizieren gewesen um die Primärleistung zu erhalten. Um den Fehler infolge Winkelabweichung und Übersetzung der Wandler deutlich hervortreten zu lassen, ist auf den Eigenverbrauch im vorstehenden Beispiel keine Rücksicht genommen (vgl. S. 84).

Leistungsfaktor. Da ein sog. mittlerer Leistungsfaktor bei Drehstrom mit ungleich belasteten Phasen keine physikalische Bedeutung besitzt, so sei hier für die Bestimmung des mittleren Leistungsfaktors bei annähernd gleicher Belastung auf S. 104 verwiesen.

Bei ungleicher Belastung ist es ratsam, die drei Phasenverschiebungen $\varphi_1, \varphi_2, \varphi_3$ zwischen den Sternspannungen e und den Strömen I einzeln zu bestimmen. Dabei ist eine gewisse Vorsicht notwendig. Bei Drehstromanlagen mit starker Ungleichmäßigkeit in den Belastungen ist das Dreieck der Sternspannungen nicht mehr gleichseitig, wie das bei gleicher Belastung der Fall ist.

In festen Schaltanlagen verwendet man für diesen Zweck meist einen direkt zeigenden Phasenmesser, der auf die drei Leitungen umgeschaltet werden muß, wenn man die einzelnen Verschiebungen in den drei Leitungen ermitteln will[1]).

Eigenverbrauch. Zum Schluß möge darauf hingewiesen werden, daß für die Berücksichtigung des Eigenverbrauches der Leistungsmesser dieselben Regeln wie früher bei Einphasen-Wechselstromanlagen in Betracht kommen.

Die Dreieckschaltung. Auf S. 96 hatten wir in Abb. 120 die drei Leitungen b, d und f des unverketteten Drehstromsystems S. 95 zu einer vereinigt und die sog. Sternschaltung erhalten.

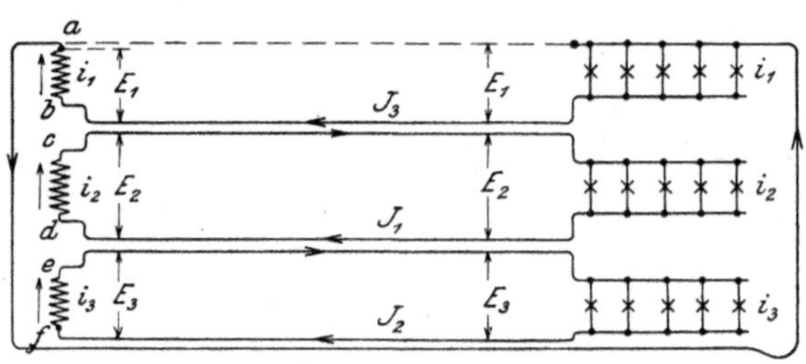

Abb. 137. Dreieckschaltung.

Vereinigen wir nun die Leitung b mit c, ferner d mit e und schließlich a mit f, wie Abb. 137 zeigt, so erhalten wir die sog. Dreieckschaltung, weil sowohl die Spulengruppen des Generators als auch die Gruppen der Stromverbraucher in Form eines Dreiecks zusammengeschaltet sind. Gewöhnlich wird die Dreieckschaltung wie in Abb. 138 angedeutet.

Aus den Abb. 137 u. 138 erkennen wir sofort, daß die Spannung zwischen je zwei Hauptleitungen gleich je einer der Spannungen ist, welche die drei Verbrauchsgruppen erhalten. Diese drei Spannungen[2]) liegen wieder um je 120° gegeneinander verschoben (Abb. 139). Infolgedessen ist ihre Summe in jedem Augenblick Null.

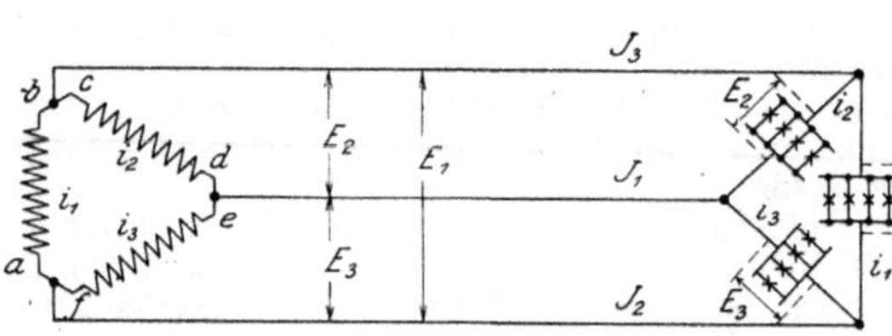

Abb. 138. Dreieckschaltung.

Messen wir nun die Ströme bei gleicher Belastung der Hauptleitungen: $I_1 = I_2 = I_3 = I$, so finden wir, daß die Ströme i in den

[1]) Vgl. S. 137 und Gruhn E.T.Z. 1915, Heft 45.

[2]) Verkettete (oder vielfach noch Dreieck-) Spannungen genannt.

Verbrauchsgruppen kleiner sind. Je zwei setzen sich ja auch zum Strom in je einer Hauptleitung zusammen, und zwar ist:

$$I = \sqrt{3}\, i; \text{ bei } \mathfrak{i}_1 = \mathfrak{i}_2 = \mathfrak{i}_3 .$$

Das vollständige Drehstromdiagramm für Dreieckschaltung für gleiche induktionsfreie Belastung ist in Abb. 139 dargestellt.

Hierbei ist:

$$I_1 = -(i_2 - i_3) = \overline{i_3 - i_2},$$
$$I_2 = -(i_3 - i_1) = \overline{i_1 - i_3},$$
$$I_3 = -(i_1 - i_2) = \overline{i_2 - i_1},$$

Dabei ist der positive Dreieckstrom i mit der zugehörenden positiven Dreieckspannung E in Phase gedacht. Der Leitungsstrom I ist auch bei Dreieckschaltung mit der Sternspannung e in Phase, wie früher bei Sternschaltung. Es hat sich nur die Schaltung der Verbrauchsapparate (bzw. der Stromerzeuger) geändert; das Diagramm ist dasselbe wie früher. Die Differenzen der Dreieckströme i (in Klammern) erhalten mit Rücksicht auf die zyklische Vertauschung das negative Vorzeichen. Übrigens würde $I_1 = \overline{i_2 - i_3}$ zu einem Leitungsstrom $(-I_1)$ führen, der um 180^0 gegen I_1, Abb. 139, versetzt läge, was bei der vorausgesetzten induktionsfreien Belastung nicht möglich ist, wofür I_1 mit e_1 in Phase sein soll; ebenso I_2 mit e_2 und I_3 mit e_3.

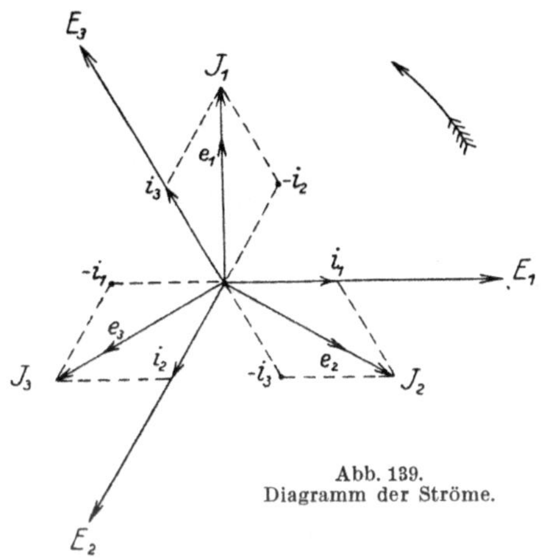

Abb. 139. Diagramm der Ströme.

Wir stellen uns nun die Aufgabe, die gesamte Drehstromleistung bei Dreieckschaltung nach der Zweiwattmetermethode zu messen, und schalten die zwei Leistungsmesser nach Abb. 133 ein.

Wir wählen für die Augenblickswerte wieder deutsche, für die Mittelwerte lateinische Buchstaben. Es möge bedeuten: $\mathfrak{i}_1, \mathfrak{i}_2, \mathfrak{i}_3$ die Augenblickswerte der Ströme J_1, J_2, J_3 in den Leitungen, $\mathfrak{j}_1, \mathfrak{j}_2, \mathfrak{j}_3$ die Augenblickswerte der Ströme $\mathfrak{i}_1, \mathfrak{i}_2, \mathfrak{i}_3$ in den Verbrauchsgruppen, und schließlich $\mathfrak{E}_1, \mathfrak{E}_2, \mathfrak{E}_3$ die Augenblickswerte der Spannungen E_1, E_2, E_3 zwischen je zwei Leitungen.

Der Leistungsmesser I versucht, sich in jedem Augenblick entsprechend einem Momentanwert der Leistung

$$\mathfrak{N}_1 = \mathfrak{i}_1 \mathfrak{E}_3$$

einzustellen, und Wattmeter III entsprechend einer Leistung

$$\mathfrak{N}_3 = \mathfrak{i}_3 (-\mathfrak{E}_1) \qquad \text{(vgl. S. 106)};$$

hierbei ist aber

$$\mathfrak{i}_1 = \mathfrak{j}_3 - \mathfrak{j}_2 \quad \text{und} \quad \mathfrak{i}_3 = \mathfrak{j}_2 - \mathfrak{j}_1,$$

daher wird die Summe der beiden Wattmeterangaben:

$$\mathfrak{N} = \mathfrak{N}_1 + \mathfrak{N}_3 = \mathfrak{i}_1 \cdot \mathfrak{E}_3 + \mathfrak{i}_3 (- \mathfrak{E}_1) = (\mathfrak{j}_3 - \mathfrak{j}_2) \cdot \mathfrak{E}_3 + (\mathfrak{j}_2 - \mathfrak{j}_1)(- \mathfrak{E}_1),$$

oder:

$$\mathfrak{N} = \mathfrak{j}_3 \mathfrak{E}_3 - \mathfrak{j}_2 \mathfrak{E}_3 - \mathfrak{j}_2 \mathfrak{E}_1 + \mathfrak{j}_1 \mathfrak{E}_1,$$

oder:

$$\mathfrak{N} = \mathfrak{j}_1 \mathfrak{E}_1 - (\mathfrak{E}_1 + \mathfrak{E}_3) \mathfrak{j}_2 + \mathfrak{j}_3 \cdot \mathfrak{E}_3,$$

und da

$$-(\mathfrak{E}_1 + \mathfrak{E}_3) = \mathfrak{E}_2 \text{ ist,}$$

so wird in jedem Augenblick

$$\mathfrak{N} = \mathfrak{j}_1 \cdot \mathfrak{E}_1 + \mathfrak{j}_2 \cdot \mathfrak{E}_2 + \mathfrak{j}_3 \cdot \mathfrak{E}_3.$$

Das ist aber der Augenblickswert der gesamten Drehstromleistung bei Dreieckschaltung. Vgl. Abb. 138.

Man kann also auch bei Dreieckschaltung die Gesamtdrehstromleistung mit nur zwei Wattmetern messen (ohne die Aronschaltung S. 105 abändern zu müssen).

Für die Leistungsmessung bei Dreieckschaltung, nach der Zweiwattmetermethode, gelten sinngemäß die entsprechenden Betrachtungen wie bei Sternschaltung (vgl. S. 105—107), z. B. zeigen die Leistungsmesser bei Sternschaltung bei induktionsfreier Vollbelastung nicht den Endausschlag, sondern sie zeigen

$$N_1 = J_1 E_3 \cos 30^0 = 0{,}866 \cdot J_1 E_3,$$
$$N_3 = J_3 (- E_1) \cos 30^0 = 0{,}866\, J_3 E_1 \quad \text{usw.}$$ [1]).

Zum Schluß sei noch bemerkt, daß bei gleicher Belastung bei Dreieckschaltung ebenfalls dieselben Regeln wie bei Sternschaltung in Betracht kommen.

Auch hier kann man die Gesamtleistung mit einem einzigen Wattmeter gegebenenfalls in Verbindung mit einem besonderen Nullpunktwiderstand messen (vgl. S. 102–103).

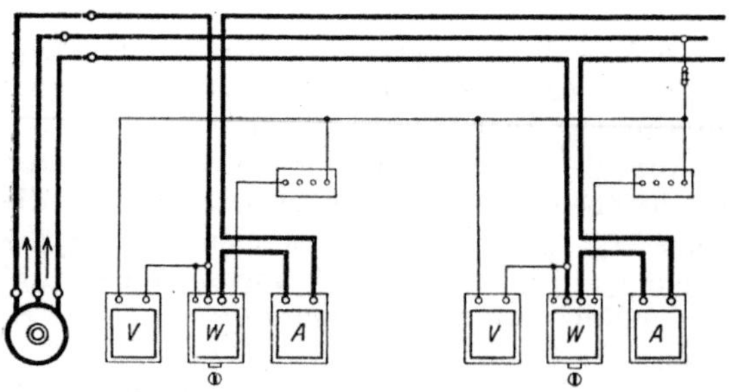

Abb. 140. Zweiwattmetermethode (Niederspannung).

Für die Messung der Drehstromleistung nach der Zweiwattmetermethode zeigt Abb. 140 aus der Technischen Anweisung . Nr. 11 von Siemens & Halske ein Schaltungsschema für Niederspannung. Dasselbe zeigt bei kürzester Leitungsführung einfache und übersichtliche Anordnung der Meßinstrumente.

[1]) Vgl. S. 107.

Hierbei ist jeder der beiden Leistungsmesser mit einem im Instrument eingebauten Umschalter im Spannungskreis versehen. Bei gleicher Schalterstellung sind dann die Ausschläge zu addieren, bei ungleicher Schalterstellung zu subtrahieren.

Gefährliche Spannungen im Leistungsmesser. Abb. 141 zeigt dieselbe Schaltung für Hochspannung ohne Verwendung von Strom- und Spannungswandlern, wobei alle Instrumente der Hochspannung entsprechend gegen Erde gut isoliert aufgestellt sein müssen. Der Umschalter für den Spannungskreis ist hier getrennt angeordnet. Zur Vermeidung gefährlicher Spannungen im Leistungsmesser, vgl. auch S. 87, ist dieser Umschalter so gebaut, daß der Kontakt L des Spannungsumschalters beim Ausschalten zuerst unterbrochen und beim Einschalten zuletzt geschlossen wird. Wäre das nicht der Fall, so würde beim Einschalten die Spannungsspule des Leistungsmessers über den Kontakt L, den Spannungsmesser und den Vorschaltwiderstand an der mittleren Leitung an Hochspannung gelegt werden, während die Leitung, in welche die Hauptstromspule des Leistungsmessers eingebaut ist, ein Potential besitzt, welches um den vollen Betrag der Betriebsspannung von dem Potential der mittleren Leitung entfernt ist. Mit anderen Worten: Zwischen der Hauptstromspule und der Spannungsspule im Leistungsmesser besteht die volle Spannungsdifferenz der Hochspannung. Die Isolation zwischen beiden Spulen würde nicht genügen, der Leistungsmesser würde beschädigt werden.

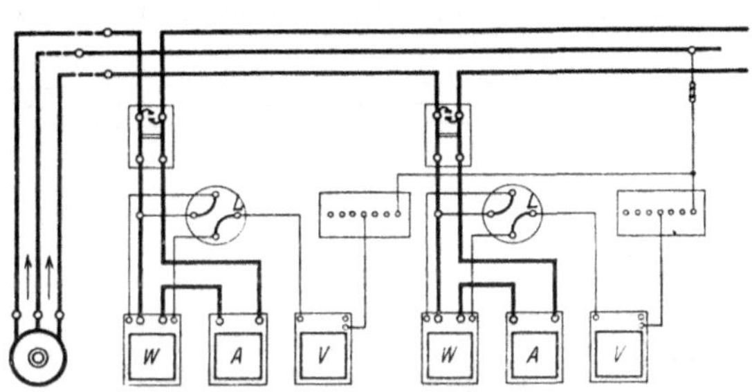

Abb. 141. Hochspannungsschaltung ohne Meßwandler.

Wird dagegen der andere Kontakt zuerst geschlossen, so erhält die Spannungsspule zuerst Verbindung mit der Leitung der Hauptstromspule. Eine gefährliche Spannung zwischen beiden Spulen kann nun nicht mehr auftreten.

Die entsprechende Überlegung gilt für das Ausschalten der Kontakte beim Wenden des Spannungsumschalters. Jetzt muß der Kontakt L zuerst unterbrochen werden, um die Spannungsspule vom Widerstand und der mittleren Leitung abzutrennen, ehe der andere Kontakt, d. h. das andere Ende des Wattmeterspannungskreises, von der Leitung der Hauptstromspule abgelöst wird.

Spannungs- und Leistungsmesser in Hintereinanderschaltung. An demselben Schema ist bemerkenswert, daß das Voltmeter in den Spannungskreis des Leistungsmessers mit eingeschaltet ist.

Dadurch werden besondere Vorschaltwiderstände für den Spannungsmesser gespart. Diese Hintereinanderschaltung von Voltmeter- und Wattmeternebenschluß erscheint aber nur zweckmäßig, wenn beide

Instrumente dieselbe größte Stromaufnahme haben oder besser gesagt: bei gleicher Spannung denselben Strom aufnehmen.

Aber auch dann ist diese Hintereinanderschaltung bei genauen Messungen nicht mehr für Spannungen unter 3000 V zu empfehlen, weil die Induktivität des meist für solche Zwecke verwendeten elektrodynamischen Spannungsmessers bei der Leistungsmessung einen Phasenfehler erzeugen würde.

Außerdem bedingen die verhältnismäßig großen Kupferwiderstände der Spulen des elektrodynamischen Spannungsmessers für den Leistungsmesser eine Temperaturabhängigkeit des Widerstandes im Spannungskreise. Wenn auch jedes Instrument für sich so abgeglichen ist, daß ein Einfluß der Temperatur beim Einzelgebrauch praktisch nicht zu bemerken ist, so ist doch der etwa fünfmal so große Kupferwiderstand des Spannungsmessers für die Angaben des Leistungsmessers von Einfluß, wenn man nicht genügend temperaturfreien Widerstand davorschalten kann. Der im Verhältnis geringere Widerstand des Leistungsmessers hat auf die Angaben des Spannungsmessers auch unter 3000 V noch keinen Einfluß.

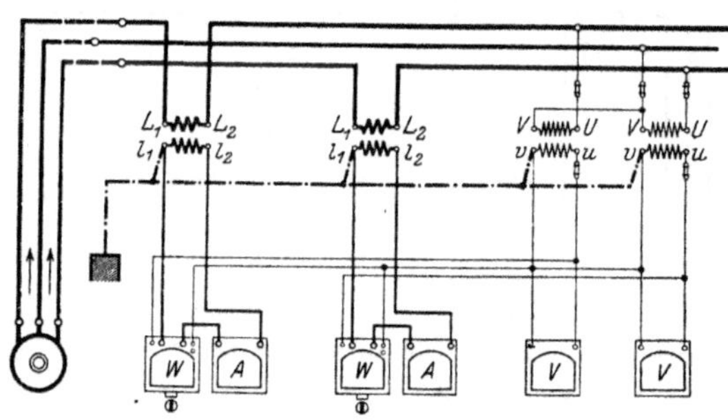

Abb. 142. Hochspannungsschaltung mit Meßwandlern.

Bei 3000 V beträgt dagegen der Gesamtwiderstand des Spannungskreises 100000 Ω; das reicht aus, um beide Fehler, den Phasen- und den Temperaturfehler, im Leistungsmesser verschwindend klein werden zu lassen.

Abb. 142 zeigt ein Schema mit Strom- und Spannungswandler zur Abtrennung von der Hochspannung.

Zweiwattmetermethode mit Umschaltung. Bei Drehstrom mit beliebig belasteten Phasen und ruhigem, wenig schwankendem Betrieb kann die Messung anstatt mit zwei Wattmetern auch mit nur einem Leistungsmesser und einem Umschalter mit Kurzschlußvorrichtung erfolgen (vgl. S. 83). Siemens & Halske liefern solche Umschalter mit Kurzschlußvorrichtung für Ströme bis 600 A, für Spannungen bis 12000 V.

Das entsprechende Schaltungsschema für Niederspannungen ist in Abb. 143 abgebildet. Der Spannungsumschalter ist wieder im Instrument eingebaut. Schlägt der Leistungsmesser in beiden Stellungen des Hauptstromumschalters nach derselben Seite aus, so sind die beiden vom Wattmeter gemessenen Leistungswerte zu addieren. Andernfalls ist beim negativen Ausschlag des Leistungsmessers der Spannungsschalter zu wenden und die beiden vom Wattmeter gemessenen Leistungswerte sind zu subtrahieren.

Bezüglich des Eigenverbrauches der Instrumente gilt dasselbe wie für Einphasenwechselstrommessungen (vgl. S. 84), ebenso bezüglich des Eigenverbrauches der verwendeten Strom- und Spannungswandler.

Bei allen Schaltungen mit Stromwandlern ist darauf zu achten, daß nur Umschalter mit Kurzschlußvorrichtung verwendet werden, da die Stromwandler sekundär nicht offen bleiben dürfen (vgl. S. 203).

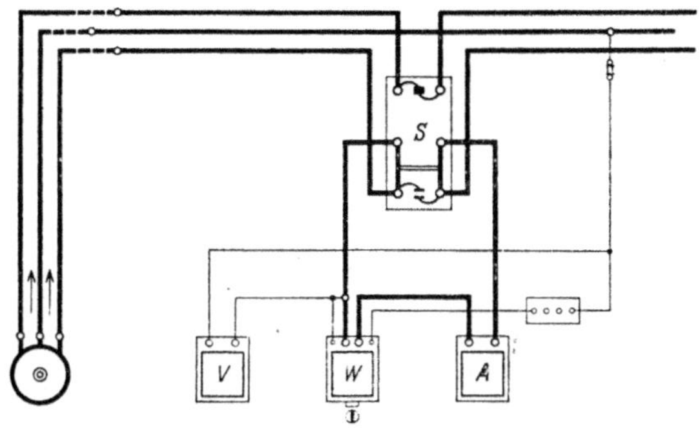

Abb. 143. Umschaltung eines Wattmeters.

Vierleiteranlagen.

Drehstrom mit zugänglichem, belastetem Neutralleiter. Will man für Licht- und Kraftzwecke verschiedene Spannungen verwenden, so führt man den Neutralleiter des in Stern geschalteten Drehstromsystems durch. Dieser „vierte Leiter“ wird dann vielfach als „Nulleiter“ oder Neutralleiter bezeichnet.

In solchen Fällen läßt sich die Gesamtdrehstromleistung nicht mehr nach der Zweiwattmetermethode bestimmen. Es kommen dann drei Leistungsmesser in Anwendung, die nach Abb. 144 eingeschaltet werden.

Aus dem Schema geht ohne weiteres hervor, daß die Gesamtleistung des Drehstrom-Vierleitersystems gleich der Summe der drei von den drei Wattmetern gemessenen Einzelleistungen ist, denn jedes Wattmeter mißt die Leistung einer der drei Verbrauchsgruppen.

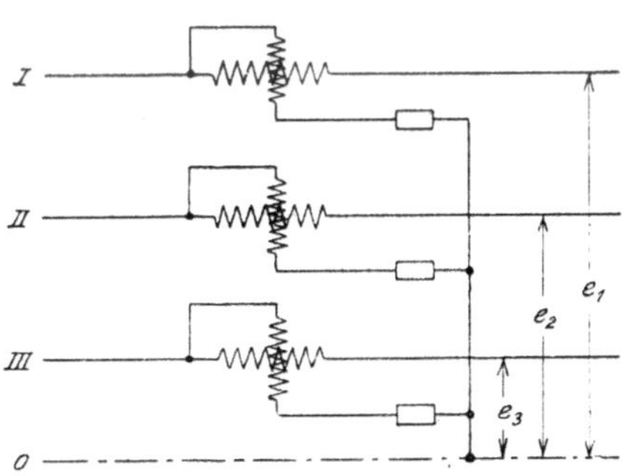

Abb. 144. Drei Wattmeter bei vier Leitern.

Der mittlere Leistungsfaktor einer annähernd gleichmäßig belasteten Vierleiteranlage ist gegeben durch die Beziehung

$$\cos\varphi_{\text{mittel}} = \frac{N}{3\,e_{\text{mittel}}\cdot I_{\text{mittel}}} = \frac{N_1+N_2+N_3}{e_1 J_1 + e_2 J_2 + e_3 J_3} = \frac{N_1+N_2+N_3}{\frac{E}{\sqrt{3}}(J_1+J_2+J_3)}$$

es gelten die früheren Betrachtungen über gleich belastete Drehstrom-

Dreileiteranlagen. Bei ungleicher Belastung der Vierleiteranlage sind die Phasenverschiebungen einzeln zu bestimmen. Es ist:

$$\cos\varphi_1 = \frac{N_1}{e_1 J_1};$$

$$\cos\varphi_2 = \frac{N_2}{e_2 J_2};$$

$$\cos\varphi_3 = \frac{N_3}{e_3 J_3}.$$

Die Dreiwattmetermethode kann aber auch zur Bestimmung der Gesamtleistung einer Drehstrom-Dreileiteranlage benutzt werden. Schaltet man die drei Leistungsmesser nach nebenstehendem Schaltbild Abbildung 145 und bedeutet wieder:

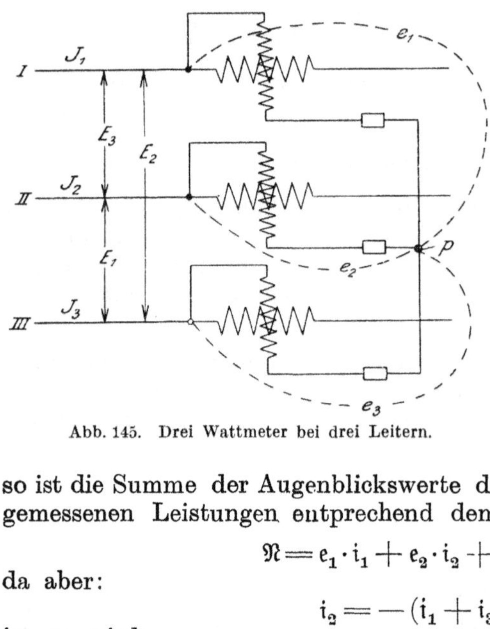

Abb. 145. Drei Wattmeter bei drei Leitern.

$\mathfrak{E}_1, \mathfrak{E}_2, \mathfrak{E}_3 =$ Augenblickswerte der verketteten Spannung E,

$\mathfrak{e}_1, \mathfrak{e}_1, \mathfrak{e}_3 =$ Augenblickswerte der künstlichen Sternspannung e an den Enden der drei Wattmeternebenschlüsse,

$\mathfrak{i}_1, \mathfrak{i}_2, \mathfrak{i}_3 =$ Augenblickswerte der Leitungsströme I,

so ist die Summe der Augenblickswerte der von den drei Wattmetern gemessenen Leistungen entprechend dem früheren:

$$\mathfrak{N} = \mathfrak{e}_1 \cdot \mathfrak{i}_1 + \mathfrak{e}_2 \cdot \mathfrak{i}_2 + \mathfrak{e}_3 \cdot \mathfrak{i}_3,$$

da aber:

$$\mathfrak{i}_2 = -(\mathfrak{i}_1 + \mathfrak{i}_3)$$

ist, so wird:

$$\mathfrak{N} = \mathfrak{e}_1 \cdot \mathfrak{i}_1 + \mathfrak{e}_2 [-(\mathfrak{i}_1 + \mathfrak{i}_3)] + \mathfrak{e}_3 \cdot \mathfrak{i}_3,$$

oder

$$\mathfrak{N} = \mathfrak{e}_1 \mathfrak{i}_1 - \mathfrak{e}_2 \mathfrak{i}_1 - \mathfrak{e}_2 \mathfrak{i}_3 + \mathfrak{e}_3 \mathfrak{i}_3,$$

oder

$$\mathfrak{N} = [\mathfrak{i}_1 (\mathfrak{e}_1 - \mathfrak{e}_2) + \mathfrak{i}_3 (\mathfrak{e}_3 - \mathfrak{e}_2)]. \qquad \text{(Gl. 1)}$$

In den Klammern stehen aber die Differenzen je zweier Spannungen, die zusammen je eine der Außenleiterspannungen, d. h. der verketteten Spannungen ergeben.

Die Gl. (1) entspricht der Gl. (1) der Zweiwattmetermethode S. 106 und stellt den Augenblickswert der zu messenden Gesamtdrehstromleistung dar. Die Gesamtleistung einer Drehstrom-Dreileiteranlage ist also gleich der Summe der von drei Wattmetern angegebenen Einzelleistungen. Die Dreiwattmetermethode ist sowohl bei Stern- als auch bei Dreieckschaltung verwendbar. Dabei brauchen die drei Nebenschlüsse der Leistungsmesser nicht etwa in bezug auf ihren Widerstand einander gleich zu sein. Immer setzen sich die Nebenschlußspannungen *e* zu je zweien zu einer Außenleiterspannung *E* zusammen und die Gl. (1) und die vorhergehenden Betrachtungen gelten, unabhängig von der Größe der Nebenschlußwiderstände und unabhängig von der jeweiligen Größe der in ihnen abgedrosselten Teilspannungen *e*.

Läßt man einen der Nebenschlußwiderstände, z. B. den des Leistungsmessers *II*, ganz Null werden, so liegt der Punkt *P* in der Hauptleitung *II*, und die Dreiwattmetermethode geht in die Zweiwattmetermethode über.

Elektrodynamische Meßgeräte mit Eisenschluß.

In neuerer Zeit ist man vielfach dazu übergegangen, die Wicklungen elektrodynamischer Instrumente vollständig in Eisen einzubetten. Es hat dies den Vorteil, daß bei sehr gedrängter Bauart größere Drehmomente erzielt werden.

Siemens & Halske verwenden beispielsweise für Gleichstromleistungsanzeiger ein eisengeschlossenes elektrodynamisches Meßsystem. Die in 10 Spulen unterteilte dünndrähtige, feste Wicklung ist in zwei schwalbenschwanzförmige Nuten des aus millimeterstarken legierten Eisenblechen aufgebauten äußeren Eisenkernes eingebettet und wird über einen Vorschaltwiderstand an die Spannung angeschlossen. Die auf einen vollen Metallrahmen gewickelte Drehspule mit wenigen Windungen dicken Drahtes ist die Stromspule und wird über einen Widerstand an einen Nebenschluß mit 150 mV Spannungsabfall gelegt. Durch diese Schaltung ist es möglich, die Instrumente für sehr hohe Stromstärken bauen zu können.

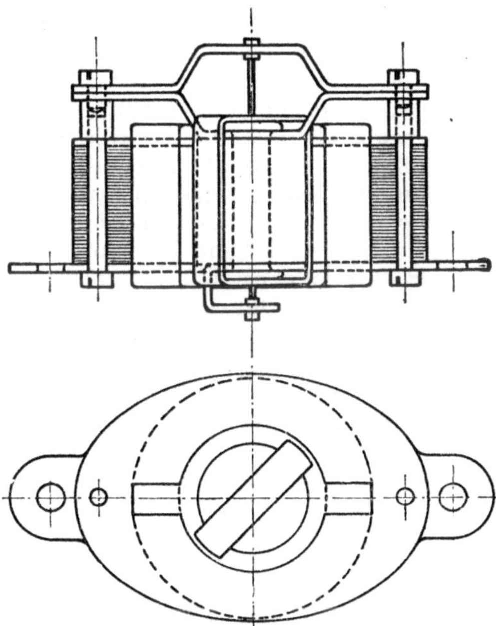

Abb. 146. Leistungsmesser mit Eisenschluß von S. & H.

Die durch Verwendung des Eisens entstehenden Fehler durch Remanenz, Hysterese sind sehr gering; sie betragen nur etwa 0,5 % des Endwertes der Skala.

Da die feste Spule im Spannungskreis liegt, kann es nicht vorkommen, daß das Instrument im stromlosen Zustande beim Anlegen an die Spannung allein einen Ausschlag gibt, wie es infolge der Remanenz der Fall sein würde, wenn man die Drehspule an den Spannungskreis anlegte. — Durch den starken Eisenschutzmantel ist das Instrument ganz besonders vor der Einwirkung starker fremder Felder geschützt.

Auch für die Leistungsmessungen bei Wechselstrom und Drehstrom werden von der genannten Firma eisengeschlossene elektrodynamische Meßsysteme verwendet, jedoch von anderer Bauart und Schaltung, als die der oben beschriebenen Gleichstromleistungsmesser. Die feste Spule wird hier vom Hauptstrom durchflossen und liegt in den schmalen Nuten eines aus dünnen Blechen aufgebauten Eisenkernes mit elliptischem Umfang. Die frei gewickelte, bewegliche Spule, die über einen großen Vorschaltwiderstand an die Spannung angeschlossen wird, bewegt sich in dem 4 mm weiten Luftspalt zwischen dem äußeren Eisenkern und dem gleichfalls aus dünnen Blechen aufgeschichteten kreisrunden, inneren Kern. Auf diese Weise, durch die Schließung des Kraftlinienflusses in dem Eisenkern, läßt sich bei gleichem Aufwand an erregenden Amperewindungen gegenüber einem eisenlosen Instrument ein etwa 20mal so großes Drehmoment erreichen. Die Meßgenauigkeit ist dabei noch eine sehr große, sie beträgt bei allen möglichen Belastungsfällen etwa 0,3 bis 0,5 $^0/_0$ des Höchstwertes. Ein besonderer Vorzug auch dieser Instrumente gegenüber eisenlosen Leistungsmessern ist außer in der sehr gedrängten Bauart, wie schon bemerkt, darin zu erblicken, daß sie praktisch so gut wie unbeeinflußbar sind. Ein Strom von 1000 A kann in unmittelbarer Nähe am Gehäuse vorbeigeführt werden, ohne daß ein störender Fehler auftritt. Des weiteren sind die eisengeschlossenen Dynamometer von der Frequenz innerhalb sehr weiter Grenzen praktisch unabhängig. Bei technisch vorkommenden Leistungsfaktoren, etwa zwischen 0,5 und 1, beträgt der Fehler zwischen 15 und 1000 Perioden nur etwa 1 $^0/_0$. Unter Ausschaltung des Einflusses der gegenseitigen Induktion zwischen Strom- und Spannungsspule wurde bei einem der Werkstatt unmittelbar entnommenen Eisenblechkörper für Stromspulen und 50 Perioden ein Phasenfehler von etwa 15 Minuten gemessen; bei 1000 Perioden ein solcher von 45 Minuten. Da bei den hohen Polwechselzahlen die Induktivität der Spannungsspule eine merkliche Verschiebung des Spannungsspulenstromes gegenüber der Spannung hervorruft, so vermindert sich noch der Phasenfehler des Stromkörpers um den des Spannungskreises.

Zur Dämpfung der Zeigerbewegungen sind neben dem Eisenkörper zwei Magnete befestigt, in deren Luftspalt sich eine Dämpferscheibe bewegt.

Zur Leistungsmessung bei Gleichstrom ist dieses Meßsystem weniger gut geeignet, weil sich dabei die charakteristischen Fehler, die durch die Verwendung des Eisens immer entstehen, in höherem

Maße bemerkbar machen als bei Wechselstrom. Nach heftigen Kurzschlüssen lassen sich unter Umständen Fehler von 1,0 und sogar 1,5 $^0/_0$ des Höchstwertes feststellen, wenn die Messung nur in einer Stromrichtung vorgenommen wird. Für Messung von Gleichstromleistungen ist das bereits erwähnte Gleichstromwattmeter mit Nebenschlüssen besser geeignet, weil bei ihm gegebenenfalls Kurzschlüsse nur über die Drehspule gehen und deshalb keine wesentliche Änderung des magnetischen Zustandes im Eisenkörper bewirken können. Der Wechselstromleistungszeiger kann mit Gleichstrom geeicht werden, da die Unterschiede, die sich bei der Eichung mit Wechselstrom und bei der Eichung mit Gleichstrom ergeben, nur etwa 0,1 bis 0,2 $^0/_0$ betragen.

Der Leistungszeiger mit einem Meßsystem ist in erster Linie zur Messung in Einphasenwechselstromnetzen geeignet. Es braucht dabei lediglich im Spannungskreis eine Abgleichung mit Ohmschem Widerstand zu erfolgen. Für die Messung der Leistung in Drehstromnetzen mit gleichbelasteten Phasen sind drei Schaltungen möglich. Bei zweien derselben wird ein Instrument für Wechselstrom benutzt, das für die Sternspannung geeicht ist. In dem einen Falle ist der Nullpunkt bereits am Spannungswandler vorhanden, im anderen Falle wird erst mit Widerständen, die im Instrument selbst untergebracht sind, ein künstlicher Nullpunkt geschaffen.

Beide Fälle setzen das Vorhandensein von zwei bzw. drei Einphasenspannungswandlern oder eines Drehstromspannungswandlers voraus.

Zur Leistungsmessung bei Drehstrom mit ungleicher Belastung der drei Zweige ohne Nulleiter werden Wechselstromleistungszeiger in der Schaltung der Zweiwattmetermethode verwendet. Die beiden Systeme sind nebeneinander aufgebaut und durch eine Bandkuppelung miteinander verbunden. Es wird dazu ein auf Rollen laufendes Band verwendet, das durch Vorspannen der Spiralfeder der Systeme straff gehalten wird, auch dann, wenn eines der beiden Systeme, wie es bei kleinen Leistungsfaktoren der Fall ist, ein negatives Drehmoment entwickelt.

In gleicher Weise werden auch Leistungsmesser ausgeführt zur Messung ungleicher Belastung in Drehstromnetzen mit Nulleiter. Sie enthalten drei Systeme, die wieder durch ein Band miteinander gekuppelt sind. Die Vorschaltwiderstände werden in diesem Falle außerhalb des Gehäuses untergebracht, weil für sie im Instrument kein Raum mehr zur Verfügung steht.

Der Spannungsabfall einer Stromspule beträgt bei 5 A und 50 Perioden etwa 0,6 V, die Stromaufnahme im Spannungskreis pro System 10—20 mA, je nachdem der Endausschlag bei $\cos\varphi = 1$ oder $\cos\varphi = 0,5$ erreicht wird. Die Skala dieser Leistungsmesser ist gleichmäßig.

Der innere Aufbau der ferrodynamischen Instrumente der Allgemeinen Elektrizitäts-Gesellschaft ist aus Abb. 147 ersichtlich. Die einzelnen Bestandteile sind auch hier vollständig eingekapselt. Die bewegliche Spule, die mit ihrer Achse in Saphirsteinen gelagert ist, bewegt sich in einem durch den Umfang des Eisenkerns und den Innendurchmesser des Eisenrückschlußringes begrenzten Luftspalt. Mit der beweglichen Spule ist der wellenförmig ausgebildete Dämpferflügel fest verbunden, der sich in einer fast

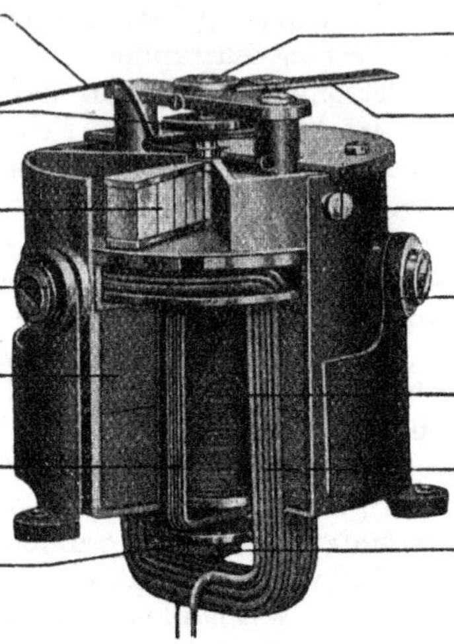

Abb. 147. Ferrodynamisches Instrument der A. E. G.

allseitig geschlossenen Doppelluftkammer bewegt, wodurch eine vollkommen schwingungsfreie Einstellung des Zeigers erzielt wird. Abb. 148 b zeigt den Deckel der Dämpferkammer mit den im Innern angeordneten Kreisausschnitten, welche die Kammer in zwei Hälften

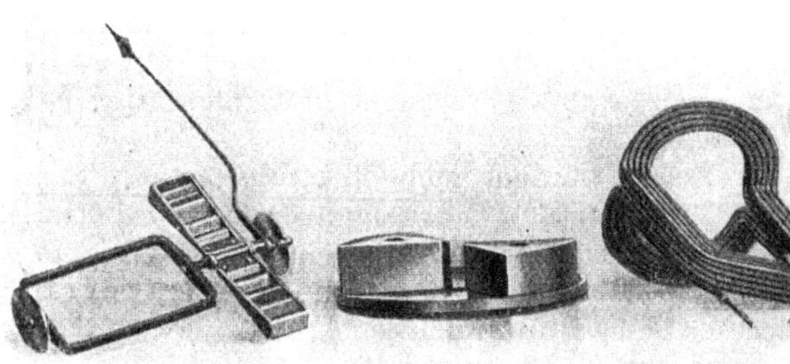

Abb. 148. Teile zum Ferrodynamischen Instrument (Abb. 147).

trennen. Die feste Spule Abb. 148c ist innerhalb des Rückschlußringes angeordnet, und wird zwischen diesem und der Deckplatte gehalten.

Während Abb. 147 den Einbau des eisernen Rückschlußringes in die äußere Kapsel, sowie die Nuten für die Führung der festen Spule und die Zentrierung für den inneren Eisenkern erkennen läßt, ist in Abb. 149b der geblätterte Eisenkern mit dem oberen und unteren Lager für die bewegliche Spule dargestellt. Der in Abb. 149c dargestellte Sockel dient als Träger für das ganze System.

a b c

Abb. 149. Teile zum Ferrodynamischen Instrument (Abb. 147).

Auch diese Instrumente sind durch den Eisenschluß gegen äußere Felder geschützt und werden von benachbarten Stromschienen und so weiter fast gar nicht beeinflußt. Die Fehler aber, welche durch die Verwendung von Eisen auftreten, sind hier durch entsprechende Wahl des Verhältnisses zwischen den das Feld erregenden Voltampere und den im Eisen infolge von Wirbelströmen und Hysterese auftretenden Verlusten auf ein so geringes Maß herabgedrückt, daß sie praktisch vernachlässigt werden können[1]).

Drehfeldmeßgeräte.

Einleitung. Während das elektrodynamische Instrument als tragbares Präzisionsinstrument für Wechselstrommessungen, in erster Linie als Leistungsmesser wegen seiner Unabhängigkeit von der Polwechselzahl und Spannung, ferner wegen seiner Zuverlässigkeit als Kontrollinstrument, in Betracht kommt, weil es mit Gleichstrom geeicht werden kann und weniger für die ortsfeste Anordnung auf Schalttafeln verwendet wird, erfreuen sich die Drehfeldinstrumente, auch Ferraris oder Induktionsinstrumente genannt, wegen ihres völligen Mangels an stromführenden beweglichen Teilen und ihrer großen Einstellkräfte, d. h. also wegen ihrer großen Widerstandsfähigkeit in elektrischer und mechanischer Beziehung gerade auf diesem Gebiete, vor allem als Wattmeter, eines besonderen Rufes.

Prinzip. Eine bewegliche Metallscheibe oder auch ein Metallzylinder wird der Wirkung eines wandernden Feldes bzw. eines Drehfeldes ausgesetzt, so daß in der Scheibe oder Trommel Wirbel-

[1]) Vgl. D.R.P. 235913.

ströme entstehen, welche mit dem wandernden Felde in Wechselwirkung treten und so die Scheibe bzw. die Trommel in Drehung versetzen.

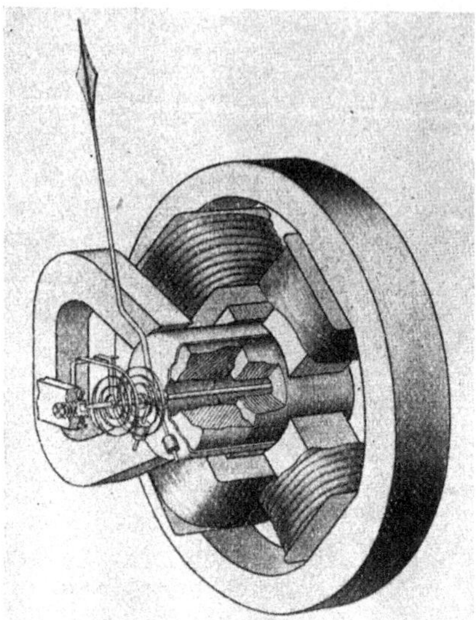

Abb. 149a. Drehfeldwattmeter.

Ausführungsform. Die Ausführungsform kann verschieden sein, je nachdem ein wanderndes Feld oder speziell ein Drehfeld erzeugt wird.

Das Drehfeld.

Nehmen wir einmal an, es seien zwei Spulen S_1 und S_2 von gleichen Dimensionen, gleicher Windungszahl usw. senkrecht zueinander angeordnet, wie in Abb. 150 angedeutet ist. Nehmen wir ferner an, daß beide Spulen von gleichen Wechselströmen durchflossen werden, so entstehen in den Spulen zwei magnetische Wechselfelder F_1 und F_2, deren mittlere Hauptrichtungen aufeinander senkrecht stehen. Würden die beiden Spulen in Serie geschaltet sein, so daß der gleiche Strom beide Spulen hintereinander durchfließen muß, so würde der Strom in jedem Augenblick in beiden Spulen gleichzeitig dieselbe Größe haben. Ebenso würden die Felder gleich groß und phasengleich sein. Bei der in Abb. 150 durch Kreuze und Punkte in den gezeichneten Spulenschnittflächen angedeuteten Stromrichtung würden die Felder F_1 und F_2 die durch die Pfeile angedeutete Richtung haben. Kehrt der Strom in den Spulen um, so kehrt auch die Feldrichtung um. Graphisch dargestellt würde sich folgendes Bild ergeben (Abb. 151):

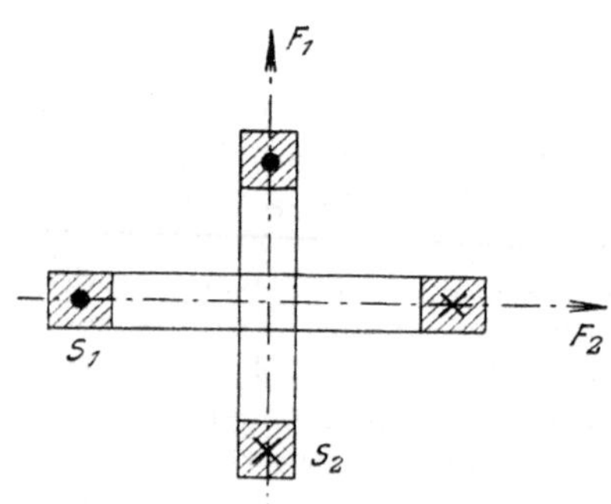

Abb. 150. Feste Spulengruppe.

Wie bei dem Parallelogramm der Kräfte setzen sich die Felder F_1 und F_2 zu dem resultierenden Felde F zusammen. Das resultierende Feld ist im vorliegenden Falle größer als jedes der Einzelfelder F_1 und F_2 und seine Richtung liegt zwischen beiden (Abb. 152). Nehmen wir nun aber einmal bei derselben Spulenanordnung an, daß der Strom in beiden Spulen zwar gleich sei, daß aber der Strom in Spule S_2 eine Phasenverschiebung von 90^0 gegen den Strom in der

Spule S_1 besitze. D. h. der Strom I_2 ist Null zu einer Zeit, wo I_1 seinen Maximalwert besitzt und umgekehrt. Abb. 153 (vgl. S. 131, 90°-Schaltung). In diesem Falle würden die Felder F_1 und F_2 zwar auch gleich groß sein, aber da sie mit den Einzelströmen auf gleicher Phase sind, so müssen sie eine gegenseitige Phasenverschiebung von 90° besitzen wie die Ströme selbst, d. h. das Feld F_2 ist Null zu

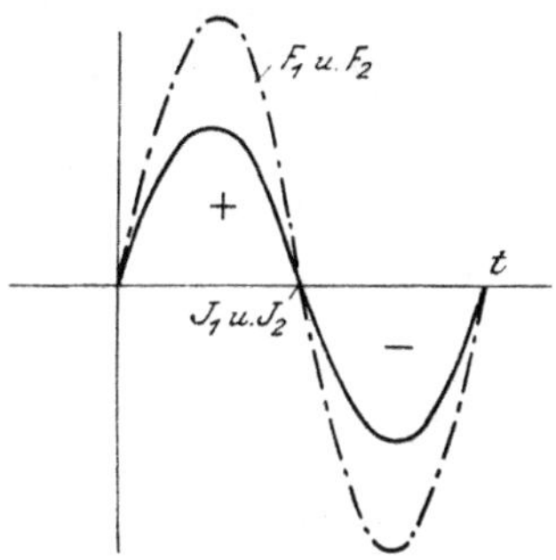

Abb. 151. Zeitfolge.

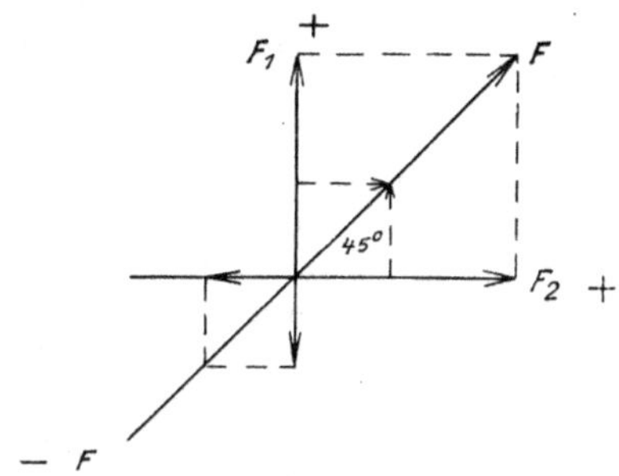

Abb. 152. Räumliche Lage.

einer Zeit, wo auch I_2 Null ist, wo aber I_1 und F_1 ihren Maximalwert besitzen und umgekehrt.

Da wir die Spulenanordnung wie in Abb. 150 beibehalten haben, stehen die Felder in jedem Augenblick senkrecht aufeinander. Im Augenblick $t=0$ ist F_1 auch Null; F_2 besitzt aber seinen Maximalwert und ist negativ. Zeichnen wir uns die Augenblickswerte der

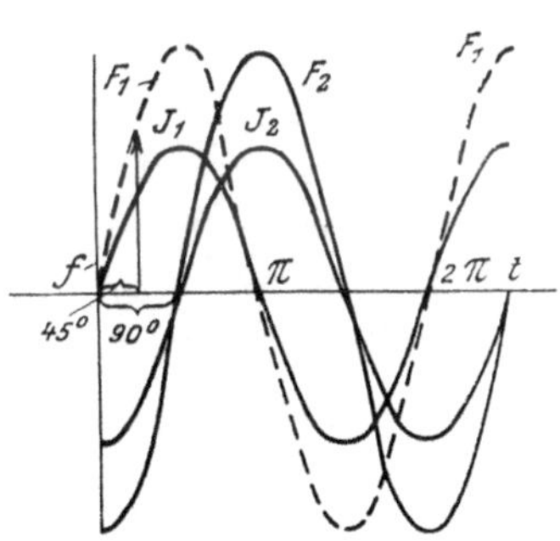

Zeitfolge.

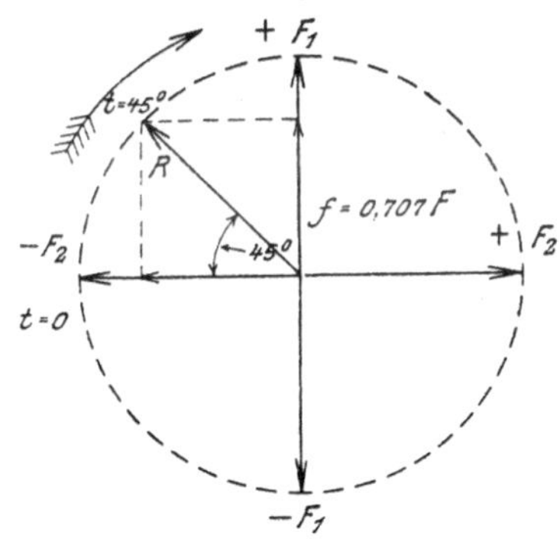

Räumliche Lage.

Felder F_1 und F_2 in ein rechtwinkliges Achsenkreuz ein (vgl. Abb. 153), wobei $+F_1$ und $+F_2$ die positiven räumlichen Feldrichtungen der Einzelfelder bedeuten mögen, so fällt das resultierende Feld (hier $-F_2$) für den Augenblick $t=0$ nach links. Für $t=45^0$ sind die Augenblickswerte der Einzelfelder $f=F\cdot\sin 45^0=\frac{1}{2}\sqrt{2}\cdot F$, und das resultierende Feld wird

$$R=\sqrt{(+\tfrac{1}{2}\sqrt{2}\cdot F_1)^2+(-\tfrac{1}{2}\sqrt{2}\cdot F_2)^2}=F,$$

da $F_1 = F_2$ ist. Die Resultierende R fällt unter 45^0 nach links oben. Für $t = 90^0$ ist $F_2 = 0$, $F_1 =$ maximal positiv. Die Resultierende ist $R = + F_1$ und liegt senkrecht nach oben, und so geht das weiter. Für $t = 180^0$ ist $R = + F_2$ und liegt nach rechts usw., d. h. bei der beschriebenen Anordnung entsteht ein wanderndes resultierendes Feld, welches in jedem Augenblick dieselbe Größe $R = F$, aber in jedem Augenblick eine andere Richtung hat, und zwar dreht sich das Feld im Kreise in gleichen Zeiten im Sinne des Uhrzeigers um gleiche Winkel vorwärts. Es ist das gerade so, als drehte man z. B. einen hufeisenförmig gebogenen Stahlmagneten im Kreise herum, so daß sich sein magnetisches Feld $N—S$ mitdrehen muß (Abb. 154).

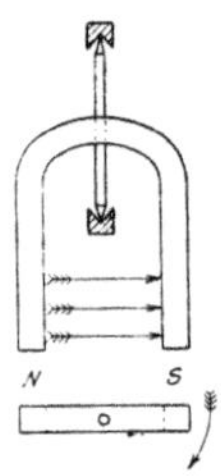

Abb. 154.

Bringen wir nun eine in der Achse A drehbare Aluminiumtrommel S, die in der Abb. 155 im Schnitt dargestellt ist, in das Drehfeld, so werden die Kraftlinien desselben bei ihrer Rotation die Flächen der Aluminiumtrommel schneiden; dadurch entstehen aber in der Aluminiumtrommel Wirbelströme, welche nach dem Lenzschen Gesetz die Bewegung des Drehfeldes aufzuhalten versuchen. Da sie das nicht können, weil die Drehung der Kraftlinien zwangsweise von außen erfolgt, so wird die drehbar gelagerte Aluminiumtrommel mitlaufen. Zwei Drehfedern bilden wieder die mechanische Gegenkraft, ohne die die Trommel sich fortdauernd drehen würde. (Vgl. z. B. auch S. 36 oben.)

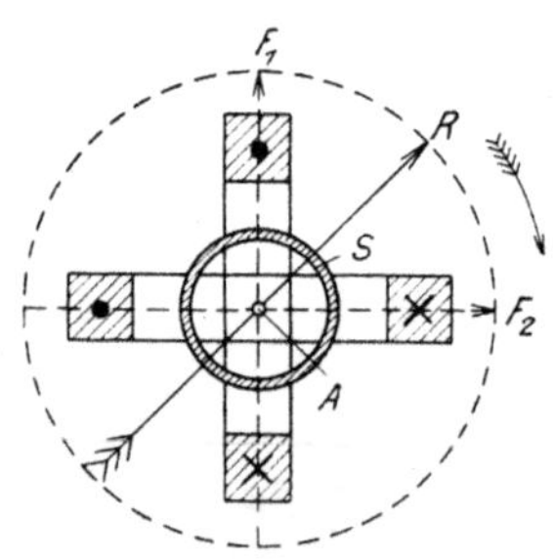

Abb. 155. Trommel im Drehfeld.

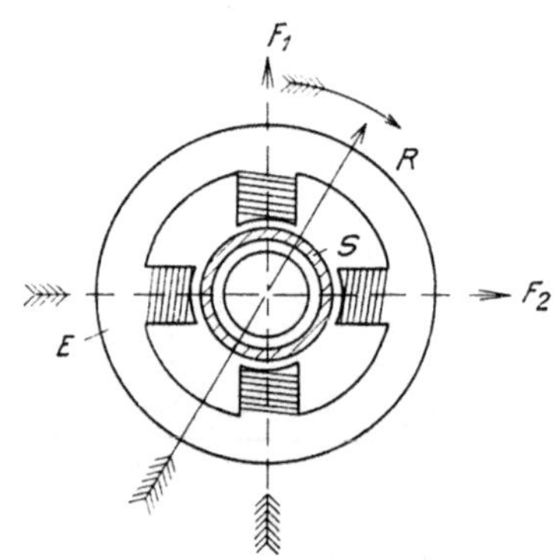

Abb. 156. Drehfeldinstrument von H. & B.

Es muß noch hinzugefügt werden, daß das oben beschriebene Drehfeld ein sog. kreisförmiges Drehfeld ist: Seine Größe, man sagt: sein Radius, ist unveränderlich und es dreht sich in gleichen Zeiten um gleiche Winkel vorwärts. Ist F_1 nicht gleich F_2, was meistens der Fall ist, oder beträgt bei der beschriebenen rechtwinklig gekreuzten Anordnung der beiden Spulen die Phasenverschiebung zwischen F_1 und F_2 nicht 90^0, so entsteht kein kreisförmiges, sondern ein sog. elliptisches Drehfeld, dessen Größe R veränderlich ist, so daß der Endpunkt des Drehfeldradius eine Ellipse beschreibt und sich auch nicht gleichmäßig vorwärts dreht (vgl. S. 143 Fußnote). Jedoch entsteht auch beim elliptischen Drehfeld ein kräftiges Drehmoment.

Bei den Ferrarisinstrumenten von Siemens & Halske und Hartmann & Braun wird das Drehfeld aber nicht in zwei aufeinander senkrechten eisenlosen Spulen erzeugt, sondern in einer Gruppe von 4 Spulen, welche auf einem kreisrunden Poleisen befestigt sind, wobei die Spulen zu je zweien in gleichem Sinne geschaltet werden, so daß sich wieder zwei einzelne Wechselfelder F_1 und F_2 ergeben, welche sich zum resultierenden Drehfeld R zusammensetzen (Abb. 156). Zur Vermeidung von Wirbelströmen im Eisen ist dasselbe unterteilt.

Das wandernde Feld.

In den Induktionsinstrumenten der A. E. G. und anderen kommt kein Drehfeld zustande, sondern nur ein wanderndes Feld.

Vor den Polschuhen p eines lamellierten Wechselstrommagneten E liegen die beiden Metallplatten K (vgl. Abb. 157), zwischen denen sich die Aluminiumscheibe S auf der Achse A hindurchdrehen soll. Bei stromdurchflossener Spule durchdringen die Kraftlinien des Wechselfeldes nicht nur die Scheibe S, sondern auch die Metallplatten K und erzeugen auch in diesen Wirbelströme, die gegen das erzeugende Feld praktisch um 90^0 verschoben sind. Während nun das ursprüngliche Wechselfeld W im wesentlichen mit dem Erregerstrom gleichphasig angenommen wird, ist das resultierende Wechselfeld R, welches sich an den Stellen, wo die Metallplatten K vor den Polflächen liegen, teilweise aus dem ursprünglichen Wechselfeld W und dem Wirbelstromfeld w_i der Platten zusammensetzt, gegen W verschoben (Abb. 158).

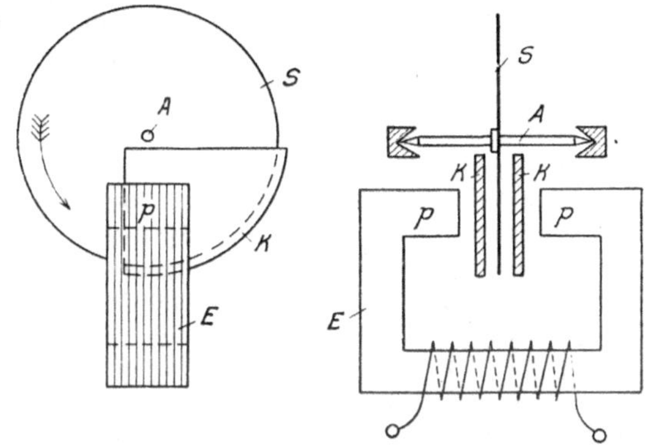

Abb. 157. Induktionsinstrument der A. E. G.

An den freien, von den Metallplatten K nicht bedeckten Polflächen tritt also innerhalb eines Wechsels zuerst das ursprüngliche Feld W auf, während das resultierende Feld R noch Null ist und erst später anzuwachsen beginnt, um schließlich nach rechts wieder zu verschwinden. So wandert bei jedem Polwechsel ein magnetisches Feld von links nach rechts und verschwindet dort. Die in der dreh-

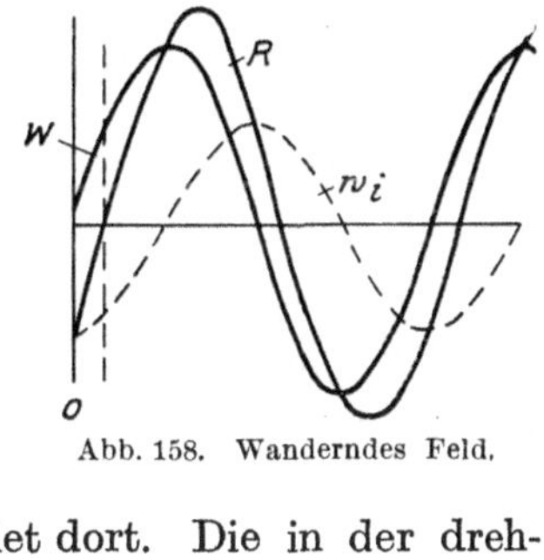

Abb. 158. Wanderndes Feld.

baren Aluminiumscheibe S entstehenden Wirbelströme suchen wieder nach dem Lenzschen Gesetz die Bewegung des wandernden Feldes aufzuhalten. Da sie das nicht können, weil das wandernde Feld von außen erzeugt wird, so beginnt sich die beweglich angeordnete Aluminiumscheibe zu drehen. Als mechanische Gegenkraft dienen wieder Spiralfedern.

Dämpfung. Die Drehfeldinstrumente besitzen in den meisten Fällen Wirbelstromdämpfung. Bei denjenigen Instrumenten, welche eine zylindrische Trommel im Drehfeld verwenden, können z. B. über dem Ferrarispoleisen (vgl. Abb. 156) zwei Hufeisenmagnete M_1 und M_2 angeordnet werden, welche die Trommel, wie in Abb. 159 angedeutet ist, umklammern. Bei der Drehung der Trommel S vor den Polflächen werden in der Trommel Wirbelströme entstehen, welche die Bewegung dämpfen. Der Eisenkern E bildet auch für die Kraftlinien der Dauermagneten den gewünschten Rückschluß, auch hier kann durch die Wirbelströme der Dämpfung wie beim Drehspulinstrument kein Einfluß auf das Meßresultat ausgeübt werden, weil diese Wirbelströme nur während der Drehung der Trommel auftreten.

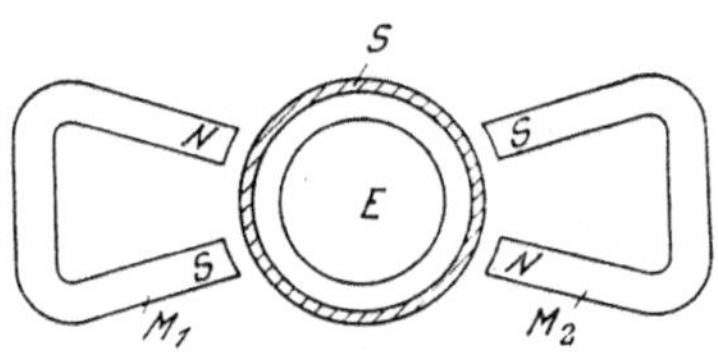

Abb. 159. Dämpfer-Magnete.

Bei den Instrumenten, welche eine Scheibe anstatt einer Trommel besitzen, ist die Wirbelstromdämpfung ähnlich wie bei den Hitzdrahtinstrumenten ausgebildet.

Einstellkraft. Zur Ermittlung der elektrischen Einstellkraft beim Drehfeldinstrument betrachten wir als Beispiel die Anordnung der Abb. 156[1]). Je zwei gegenüberliegende Spulen sind in gleichem Sinne geschaltet, so daß wir die in den vier Spulen erzeugten Felder zu zwei Einzelfeldern F_1 und F_2 zusammenfassen können.

Die vier Spulenfelder erzeugen dicht vor ihren Polflächen in der Zylinderfläche der Trommel vier Wirbelstromgruppen und dementsprechend vier Wirbelstromfelder (Abb. 160 u. 161), welche dieselbe Richtung im Raum haben wie die Spulenfelder. Wir fassen ebenfalls je zwei gegenüberliegende zusammen zu f_1 und f_2, wobei dann f_1 zwar räumlich die Richtung von F_1 besitzt, zeitlich aber praktisch um 90^0 hinter F_1 zurückliegt; denn die durch Induktion entstandene EMK und der mit ihr gleichphasig zu denkende Wirbelstrom i_w

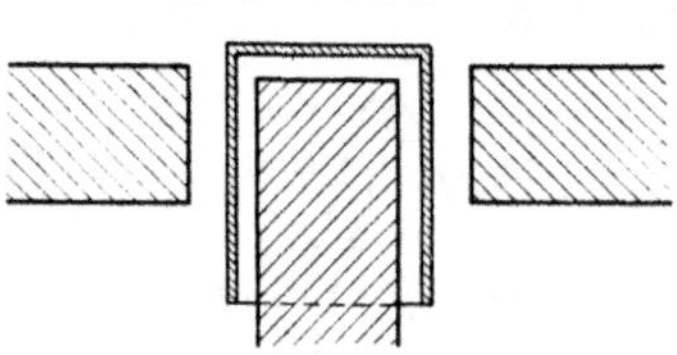
Abb. 160.

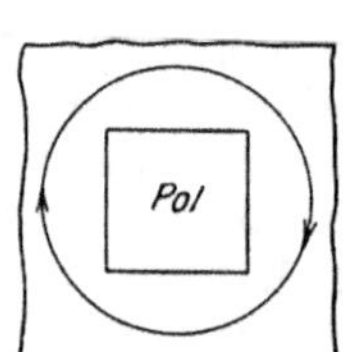

Abb. 161.

Polanordnung.

[1]) Eine Ableitung für das Scheibeninstrument (als Zähler) siehe: Möllinger, Wirkungsweise der Motorzähler und Meßwandler.

(Abb. 162) und damit auch das Feld f, welches als praktisch gleichphasig mit i_w angenommen wird, liegt gegen das erzeugende Feld F um 90^0 zurück. Ebenso liegt f_2 in der Richtung von F_2, ist aber in der Phase auch um etwa 90^0 gegen F_2 zurück. (Abb. 163 u. 164.) Überlegen wir nun, was für Drehmomente bei der vorliegenden Anordnung entstehen können.

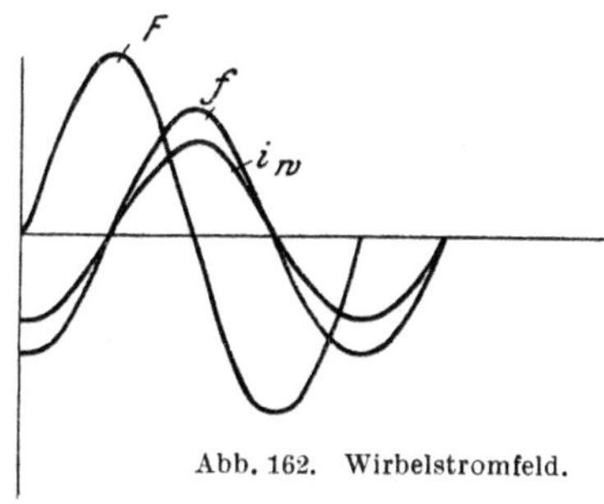

Abb. 162. Wirbelstromfeld.

Zwischen F_1 und f_1, sowie F_2 und f_2 kann kein Drehmoment auftreten, da diese Felder räumlich bereits ineinanderliegen (vgl. S. 64). Dagegen tritt zwischen F_2 und f_1 ein Drehmoment D_1 auf im Sinne des Uhrzeigers, und zwischen F_1 und f_2 ein Drehmoment D_2 im entgegengesetzten Sinne (Abb. 163); bezeichnen wir D_1 als positiv, so ist D_2 negativ. Wie bei den früheren Betrachtungen über das elektrodynamische Instrument gilt auch hier, daß jedes der Drehmomente proportional ist der Stärke des festen, sowie des beweglichen Feldes, proportional aber auch dem Sinus des räumlichen Winkels α $(= 90^0)$, um den beide Felder gegeneinander versetzt liegen. Außerdem ist jedes der Drehmomente noch propor-

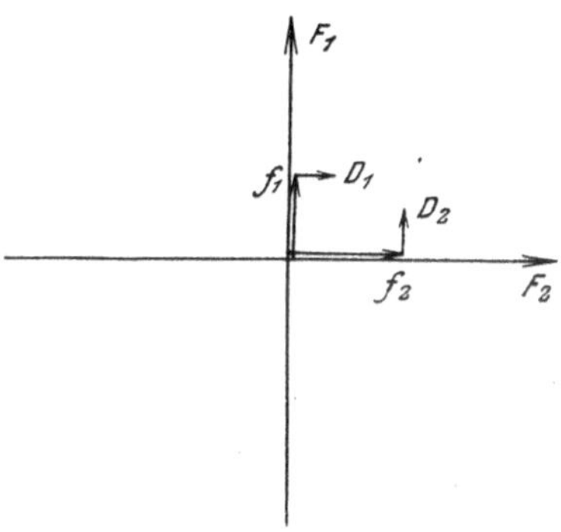

Abb. 163. Räumliche Lage.

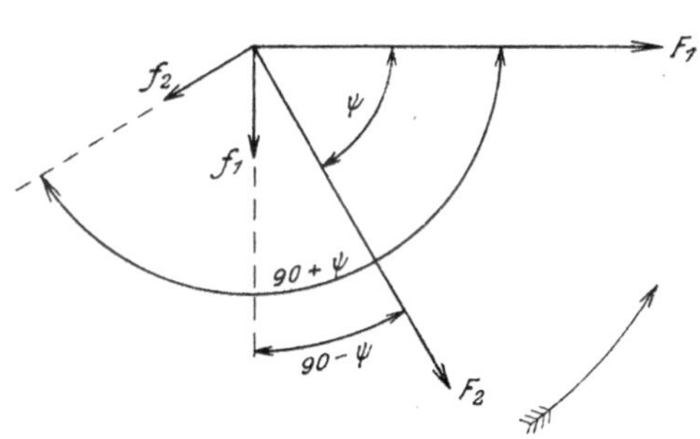

Abb. 164. Zeitfolge.

Entstehung des Drehmoments.

tional dem Kosinus des Phasenverschiebungswinkels ψ, um den die beiden Wechselfelder zeitlich gegeneinander verschoben sind. Demgemäß wird:

$$\left.\begin{aligned} D_1 &= + F_2 f_1 \sin 90^0 \cos (F_2 f_1) = + F_2 f_1 \cos (F_2 f_1) \\ D_2 &= - F_1 f_2 \sin 90^0 \cos (F_1 f_2) = - F_1 f_2 \cos (F_1 f_2) \end{aligned}\right\} \sin 90^0 = 1\,.$$

Wie groß sind nun die Phasenwinkel zwischen dem festen Felde F_1 und dem beweglichen Felde f_2 bzw. zwischen F_2 und f_1? Hierüber sind bis jetzt noch keinerlei Voraussetzungen gemacht worden. Nehmen wir einmal v o r l ä u f i g an, daß zwischen den festen Feldern F_1 und F_2 eine gewisse Phasenverschiebung ψ besteht, wie es in Wirklichkeit auch der Fall ist, die künstlich z. B. mit Hilfe von Drosselspulen erzeugt sein mag, so ist der Winkel zwischen F_1 und $f_2 = 90^0 + \psi$ und der Winkel zwischen F_2 und $f_1 = 90^0 - \psi$. Denn es ist ja f_2 zeitlich senkrecht F_2 und f_1 senkrecht F_1 nach Voraussetzung (Abb. 162 und 164). Damit wird:

$$D_1 = + F_2 f_1 \cos(F_2 f_1) = + F_2 f_1 \cos(90 - \psi),$$
$$D_2 = - F_1 f_2 \cos(F_1 f_2) = - F_1 f_2 \cos(90 + \psi).$$

Da aber $\cos(90 + \psi) = - \sin\psi$ und $\cos(90 - \psi) = + \sin\psi$ ist, so wird:

$$D_1 = F_2 f_1 \sin\psi \quad \text{und} \quad D_2 = F_1 f_2 \sin\psi.$$

Beide Drehmomente wirken im gleichen Sinne. Das Gesamtdrehmoment D ist gleich der Summe beider.

Es ist:

$$D = D_1 + D_2 = (F_2 f_1 + F_1 f_2) \sin\psi,$$

hierin ist aber $f_1 = c_1 F_1$ und $f_2 = c_2 F_2$, wenn wir Proportionalität zwischen den Wirbelstromfeldern f und ihren erzeugenden Feldern F annehmen; d. h. es wird:

$$D = (F_2 c_1 F_1 + F_1 c_2 F_2) \sin\psi$$

oder:

$$D = (c_1 + c_2) F_1 F_2 \sin\psi;$$

setzen wir hierin $c_1 + c_2 = c$, so wird:

$$\boldsymbol{D = c F_1 F_2 \sin\psi},\text{[1]} \qquad \text{(Gl. 1)}$$

wobei bedeutet: D = Drehmoment, F_1 und F_2 = zwei nach Abb. 156 räumlich gegeneinander versetzte Felder, ψ = Phasenwinkel zwischen F_1 und F_2, c = Proportionalitätsfaktor.

Verwendung. Die Ferrarisinstrumente werden als Volt- und Amperemeter sowie als Wattmeter hergestellt; sie können nicht in Gleichstrom verwendet werden, da bei Gleichstrom keine Induktion entsteht. Die Eichung erfolgt daher mit Wechselstrom durch Vergleich mit elektrodynamischen Präzisionsinstrumenten.

Für Volt- und Amperemeter kann die Anordnung durch geeignete Wahl der Verhältnisse so getroffen werden, daß $F_2 = k F_1$ ist. Dann wird:

$$D = c F_1 k F_1 \sin\psi$$

oder, wenn $c k = K$ gesetzt wird:

$$D = K F_1^2 \sin\psi.$$

Da in solchen Fällen ψ bei konstanter Periodenzahl eine konstante Größe behält, so kann man hierfür setzen:

$$K \cdot \sin\psi = k_1,$$

[1] Zu demselben Resultat gelangt Görner mit Berücksichtigung des Umstandes, daß die Wirbelfelder f um mehr als 90^0 gegen die Hauptfelder F verschoben sind, s. Schweizer E.T.Z. 1907, S. 612.

und es wird für Volt- und Amperemeter:

$$D = k_1 F_1^2.$$

Da nun das Feld F proportional der Stromstärke im Instrument ist, so wird $F_1 = k\,I$, d. h.:

$$D = k_1 k^2 I^2 = C\,I^2.$$

Skala: Dementsprechend besitzt das Ferrarisvolt- und -amperemeter eine quadratische Skala. Durch Schlitzung der Aluminiumtrommel oder andere Kunstgriffe ist es aber gelungen, den Charakter der Skalenteilung der Ferrarisvolt- und -amperemeter gleichmäßiger zu gestalten.

Der Drehfeldleistungszeiger.

Wie beim elektrodynamischen Wattmeter unterscheiden wir zwei getrennte Stromkreise, den Hauptstromkreis und den Nebenschlußkreis (Abb. 165). Während das Feld der Hauptstromspulen variabel ist, besitzt das Nebenschlußfeld des Spannungskreises bei gleich-

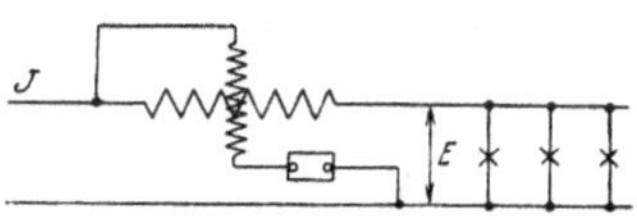

Abb. 165. Einphasen-Wattmeter.

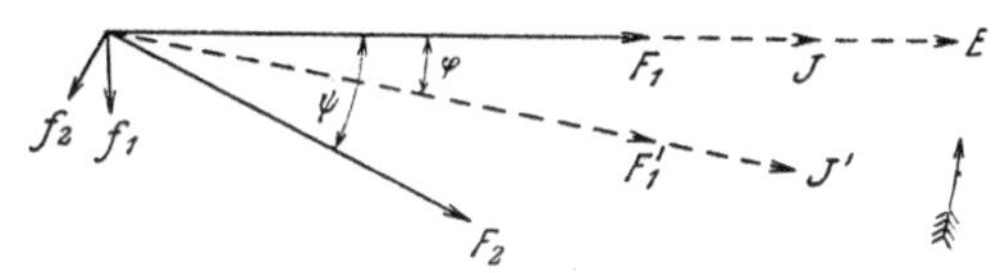

Abb. 166. Vektordiagramm.

bleibender Periodenzahl und konstanter Spannung stets dieselbe Größe. F_1 (Abb. 166) sei das Feld, welches dem Hauptstrom I proportional[1]) und der Einfachheit halber zunächst mit demselben in Phase[2]) gedacht ist; F_2 das Nebenschlußfeld, welches einem der Spannung E entsprechenden Strom i im Nebenschlußkreis proportional ist und gegen die Spannung E um den Winkel ψ verschoben liegt (vgl. S. 131 u. 132). Dann wird:

$$F_1 = c_1 I; \qquad F_2 = c_2\,i = c_2 \frac{E}{R_s},$$

wobei W den gesamten Wechselstromwiderstand im Spannungskreis bedeutet.

Dann wird für ein Drehfeldwattmeter nach Gl. (1) (S. 128), [wobei wir I zunächst noch als in Phase mit E annehmen, d. h. für $\varphi = 0$]:

$$D = c\,F_1 F_2 \sin\psi = c\,(c_1 I)\left(\frac{c_2}{R_s} E\right) \sin\psi,$$

[1]) Zur Erzielung annähernder Proportionalität ist der magnetische Luftweg im Verhältnis zum Eisenweg verlängert, indem das Eisen an dieser Stelle gekürzt ist. Vollständige Proportionalität würde man erhalten, wenn man das Eisen ganz wegläßt wie beim elektrodynamischen Instrument.

[2]) Vgl. aber S. 133.

oder wenn $c c_1 \frac{c_2}{R_s} = C$ gesetzt wird:

$$D = C I E \sin \psi .$$

Ist $\varphi \gtrless 0$, so ändert sich die Phase von F_1 mit I gegen E und es wird:

$$D = C I E \sin (\psi + \varphi). \qquad \text{(Gl. 1)}$$

Für $\varphi > 0$ ist φ positiv. I eilt vor gegen E; für $\varphi < 0$ ist φ negativ, I eilt nach (Abb. 166).

Sorgen wir (bei $\varphi = 0$) durch geeignete Abgleichung der Drosselspulen und Widerstände im Nebenschlußkreis dafür, daß der Winkel ψ der künstlichen Phasenverschiebung zwischen der Spannung E und dem Felde F_2 des Nebenschlußkreises gleich 90^0 wird[1]), so daß F_1 und F_2 zeitlich um $\psi = 90^0$ gegeneinander verschoben sind, so ist:

$$D = C I E \sin (90^0 + \varphi).$$ [2])

Da $\sin (90^0 \pm \varphi) = \cos \varphi$ ist, so wird für das Drehfeldwattmeter:

$$\boldsymbol{D = C I E \cos \varphi = C N}, \qquad \text{(Gl. 2)}$$ [3])

wobei bedeutet: D = Drehmoment, I = Strom in der Hauptstromspule, E = Spannung an den Enden des Nebenschlußkreises (Abb. 165), φ = Phasenverschiebung zwischen I und E, C = Proportionalitätsfaktor, N = Leistung.

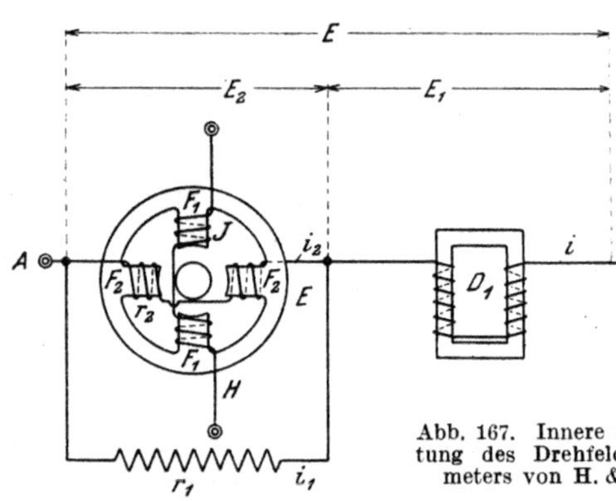

Abb. 167. Innere Schaltung des Drehfeldwattmeters von H. & B.

Skala: Das im Wattmeter erzeugte Drehmoment ist also proportional der Leistung $N = E I \cos \varphi$. Die Skala eines Ferrariswattmeters ist gleichmäßig.

Schaltung des Drehfeldinstrumentes. Die innere Schaltung der Ferrarisinstrumente kann recht verschieden sein, je nach der Ausführungsform, welche gewählt wird.

---

[1]) Vgl. S. 131.

[2]) Bemerkenswert ist, daß für $\varphi \gtrless 0$, also in den weitaus meisten Fällen (ebenso wie für $F_1 \gtrless F_2$, vgl. S. 123), das Drehfeld im Wattmeter nicht mehr kreisförmig bleibt, sondern elliptisch wird, weil der Feldphasenwinkel nicht mehr 90^0, sondern $(90 + \varphi)$ ist.

[3]) Da das Nebenschlußfeld F_2 nicht genau proportional der Spannung E ist und in der Stromverzweigung (vgl. Abb. 167) von der Frequenz abhängig ist, so eignet sich das Drehfeldinstrument nicht so gut wie das Elektrodynamometer als Leistungsmesser mit mehreren Spannungs- und Frequenzmeßbereichen. (Es muß für jeden Meßbereich abgeglichen werden.)

Sie vereinigt die fest angeordneten Spulen in einer Stromverzweigung, welche sowohl Ohmsche als auch starke induktive Widerstände enthält. (Drosselspulen) zur sogenannten „Neunzig-Grad-Schaltung“. Diesen Namen trägt die Schaltung, weil zwei Ströme (und dementsprechend zwei Felder) eine gegenseitige Phasenverschiebung von 90^0 dadurch erhalten. Wir wählen das Beispiel des Wattmeters als des wichtigsten Instrumentes[1]). In Abb. 167 ist die innere Schaltung eines einphasigen Ferrariswattmeters von Hartmann & Braun und in Abb. 168 das zugehörige Vektordiagramm dargestellt. Es bedeutet H die vom Hauptstrom I durchflossene Hauptfeldwicklung, r_2 die von einem Teil des Nebenschlußstromes durchflossene Spannungswicklung. Parallel zu r_2 liegt der induktionsfreie Widerstand r_1, und vor der Verzweigung die gemeinsame Vorschaltdrosselspule D_1. Ferner möge bedeuten:

E = Spannung zwischen den Klemmen A und B des Nebenschlußkreises,
E_1 = Spannung an den Enden der Drosselspule D_1,
E_2 = Spannung an den Enden der Nebenschlußwicklung r_2,
i = Strom in der Drosselspule (Gesamtnebenschlußstrom),
i_1 = Strom im Ohmschen Widerstande r_1,
i_2 = Strom in der Nebenschlußwicklung r_2,
F_1 = Feld in der Hauptstromwicklung H,
F_2 = Feld in der Nebenschlußwicklung r_2,
δ = Phasenwinkel zwischen E und i.

Das Diagramm ergibt sich wie folgt: Die drei Spannungen E_1, E_2 und E setzen sich zu einem Dreieck zusammen, denn E_1 und E_2 bilden in geometrischer Summe die Gesamtspannung E (Abb. 168).

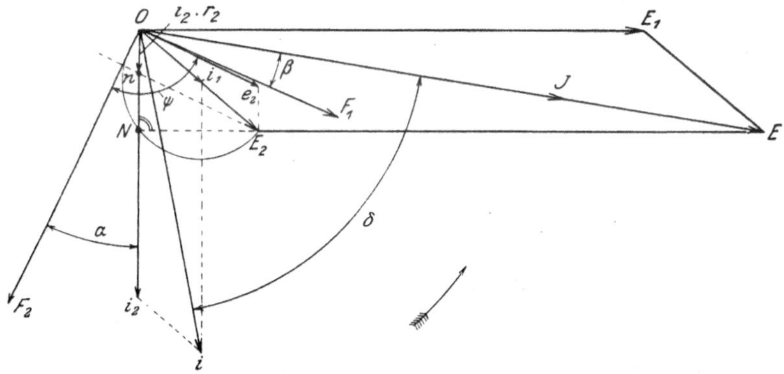

Abb. 168. Vektordiagramm zum Drehfeldwattmeter.

Wir ergänzen das Dreieck zum Parallelogramm der Spannungen. Daß E_1 der Spannung E_2 vorauseilt und nicht umgekehrt, liegt daran, daß die eisengeschlossene Drosselspule für den Gesamtstrom i eine größere Induktivität darstellt als der Verzweigungswiderstand

[1]) Eine Zusammenstellung verschiedener Arten dieser Schaltung (von Görner und Hummel) findet sich in Emil Wirz: Beitrag zur Theorie und Untersuchung der Ferrarismeßgeräte.

an E_2. Der Gesamtstrom i erhält demnach gegen E_1 eine größere Phasenverschiebung als gegen E_2. Da nun der bifilar gewickelte Widerstand r_1 an den Enden der Wicklung r_2, d. h. an der Teilspannung E_2 liegt, so ist $i_1 = \frac{E_2}{r_1}$ und in Phase mit E_2. Wir zeichnen den Strom i_1 in der Richtung von E_2 ein. Nehmen wir an, daß der Nebenschlußstrom i in der Drosselspule durch Messung gefunden wurde, so können wir ihn unter dem Winkel δ gegen E rückwärts verschoben in das Diagramm einzeichnen, wenn dieser Phasenwinkel δ zwischen E und i vorher ebenfalls durch Messung bestimmt wurde. Der Teilstrom i_2 ergibt sich dann als geometrische Differenz der Ströme i und i_1. Wir ergänzen das Stromdreieck zum Parallelogramm der Ströme $i\,i_1\,i_2$. Multiplizieren wir nun den Strom i_2 mit dem Ohmschen Widerstande r_2 der Wicklung r_2, so liegt der Ohmsche Spannungsabfall $i_2 \cdot r_2$ in der Richtung des Stromes i_2. Die geometrische Differenz von E_2 und $i_2 r_2$ tragen wir parallel zur dritten ergänzenden Seite in dem kleinen Spannungsdreieck als Vektor e_2 ein; e_2 stellt den induktiven Spannungsabfall in der Wicklung r_2 dar und steht wegen des Eisenverlustes nicht senkrecht auf $i_2 \cdot r_2$. Ein Kreis über E_2 als Durchmesser schneidet in der Richtung i_2 eine Strecke ON ab, welche die durch Ohmschen Widerstand und Eisenverlust hervorgerufene Spannungskomponente darstellt. Senkrecht darauf steht dann die wattlose Komponente der Spannung E_2. (Infolge der Induktivität der Wicklungen r_2 Abb. 168 ist der Strom i_2 in den Systemspulen F_2 um einen gewissen Betrag gegen E_2 in der Phase zurück.) Auf gleicher Phase mit dem Strom i_2 (weil er einen Wattverlust $(i_2^2 \cdot r_2)$ erzeugt), befindet sich der Ohmsche Spannungsabfall $On = i_2 r_2$ in der Kupferwicklung der Systemspulen F_2. Ebenfalls auf gleicher Phase befindet sich der Spannungsverlust nN, der durch Eisenarbeit bedingt wird. Beide zusammen (ON) stellen die Verlustkomponente der Spannung E_2 dar, während die wattlose Komponente derselben (NE_2) auf i_2 senkrecht steht und keinen Verlust erzeugt.

Nach den bekannten Induktionsgesetzen liegt dann der Vektor des elektromagnetischen Wechselfeldes F_2 senkrecht zum induktiven Spannungsabfall e_2 der Wicklung r_2. Die Größe des Nebenschlußfeldes F_2 läßt sich etwa auf Grund der als bekannt vorausgesetzten Amperewindungszahl schätzen. Daß F_2 nicht mit i_2 auf gleicher Phase ist (wie bei eisenfreien Spulen), sondern um den kleinen Winkel α gegen i_2 verschoben liegt, ist eine Folge der Eisenarbeit $(nN \times i_2)$. Für $nN = 0$ kommt nE_2 mit NE_2 zur Deckung senkrecht, i_2 und F_2 fällt dann mit i_2 auf gleiche Phase.

In der Hauptstromwicklung H fließt der Strom I, dessen Leistung von dem Ferrarisinstrument gemessen werden soll und der im Diagramm als in Phase mit der Klemmenspannung E angenommen ist (Glühlampenbelastung). Das durch den Hauptstrom I in der Wicklung H erzeugte Feld F_1 liegt ebenfalls infolge einer gewissen Eisenarbeit um einen bestimmten Winkel β gegen den Strom I rückwärts verschoben.

Denn mit I in Phase ist der Ohmsche Spannungsabfall $I \cdot r = OA$ in der Kupferwicklung der Hauptstromspulen H (Abb. 168a). Daran setzt sich die Verlustkomponente durch Eisenarbeit AB; senkrecht in B auf OB steht die wattlose Komponente des Spannungsabfalls BC. OB und BC ergeben geometrisch addiert den gesamten Spannungsabfall e der Hauptstromspule. AC stellt den induktiven Spannungsabfall dar; er steht wegen des Eisenverlustes nicht senkrecht auf dem Ohmschen Verlust. Nach den bekannten Induktionsgesetzen liegt vielmehr der Vektor des elektromagnetischen Wechselfeldes F_1 senkrecht zum induktiven Spannungsabfall AC. So entsteht der Winkel β.

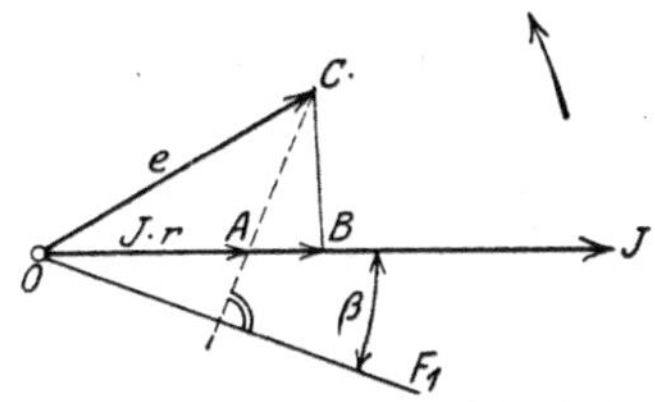

Abb. 168a. Eisenverlustwinkel beim Drehfeldwattmeter.

Den Winkel zwischen den Feldern F_1 und F_2 bezeichnen wir mit ψ. Durch Variation von r_1 und D_1 (man sagt: durch Abgleichung auf 90°) kann die Phase des Vektors e_2 so eingestellt werden, daß sie sich mit der von F_1 deckt, so daß dann F_2 senkrecht F_1 ist ($\psi = 90^0$). Nach Seite 130 (Gl. 1 u. 2) ist dann das Drehmoment im Wattmeter:

$$D = C E I \cos \varphi .$$

F_2 ist dann senkrecht F_1, wenn das Drehfeldwattmeter bei $\varphi = 0$ den Endausschlag und bei $\varphi = 90^0$ keinen Ausschlag zeigt, was durch Vergleich mit einem elektrodynamischen Wattmeter festgestellt werden kann. Die Phasenverschiebung φ zwischen dem Hauptstrom I und der Spannung E wird bei der Abgleichung gewöhnlich mit Hilfe eines Phasenreglers oder Phasentransformators auf den gewünschten Wert eingestellt.

Anmerkung: Während das elektrodynamische Wattmeter den größten Ausschlag zeigt, wenn der Strom i in der beweglichen Spule im Spannungs-

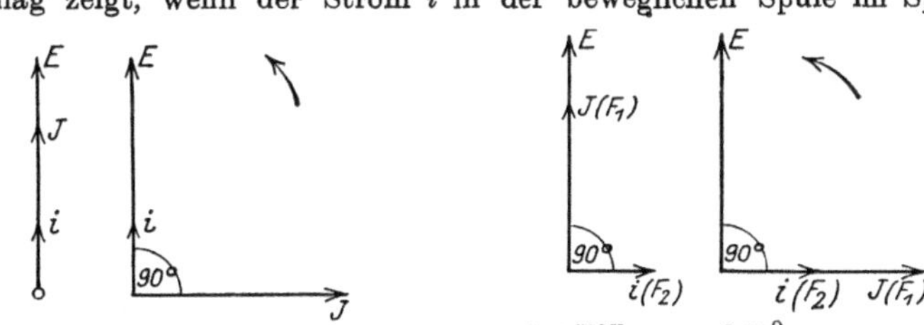

$\alpha = \max$ $\alpha = 0$ Abb. 168b. $\alpha = \max$ $\alpha = 0$ Abb. 168c.

Haupt- und Nebenschlußstromphase beim Wattmeter. α = Ausschlagswinkel.

kreis in Phase ist mit dem Strom in der Hauptstromspule und Null zeigt, wenn er um 90° dagegen verschoben liegt (Abb. 168b), ist das beim Drehfeldwattmeter gerade umgekehrt.

Das Drehfeldwattmeter zeigt den größten Ausschlag, wenn das Spannungsfeld F_2 um 90° verschoben liegt, gegen das Hauptstromfeld F_1, und es zeigt Null, wenn beide in der Phase zusammenfallen (Abb. 168c).

Die äußere Schaltung des Einphasenwattmeters ist in Abb. 165 schematisch dargestellt. Handelt es sich nun darum, die Leistung in einer Drehstromanlage zu bestimmen, so müssen wieder verschiedene Fälle unterschieden werden, wie z. B. Leistungsmessungen in:

1. Drehstrom-Dreileiteranlagen mit für Meßzwecke zugänglichem Neutralpunkt.
2. Drehstrom-Dreileiteranlagen mit unzugänglichem Neutralpunkt.
3. Drehstrom-Vierleiteranlagen.

Im ersten Falle, bei zugänglichem Nullpunkt (vgl. auch S. 100), genügt bei gleicher Belastung ein gewöhnliches Einphasenwattmeter, wie es im vorangegangenen ausführlich beschrieben ist. Seine Schaltung in der Drehstromanlage ist aus Abb. 169 zu ersehen. Der Zeigerausschlag des Wattmeters entspricht einer Leistung von:

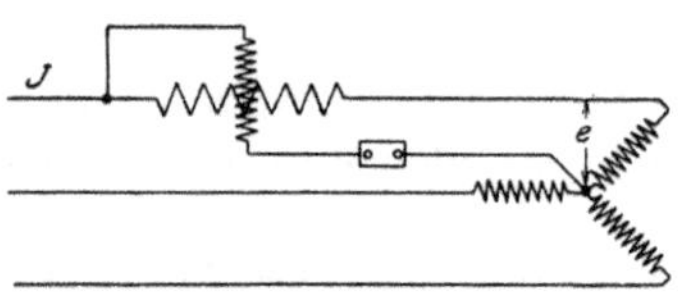

Abb. 169. Zugänglicher Nullpunkt.

$$n = e\, I \cos\varphi .$$

Bei unzugänglichem Nullpunkt verwendet man bei gleichbelasteten Phasen beim Ferrariswattmeter keinen Nullpunktwiderstand wie beim elektrodynamischen Wattmeter, sondern man schließt das Einphasenwattmeter mit seinem Nebenschlußkreis an zwei Außenleiter, d. h. an eine der verketteten Spannungen an. Liegt das Wattmeter mit seiner Hauptstromspule in Leitung I, so kann der Nebenschluß mit seinem freien Ende entweder an Leitung II oder Leitung III gelegt werden. Man wählt den Anschluß an $-E_2$ (Abb. 134), ($-E_2$ ist $=$ Spannung $E_{I\text{-}III}$, vgl. S. 99). Bei Phasengleichheit zwischen e_1 und I_1 besteht dann eine natürliche Phasenverschiebung von 30^0 zwischen $I_1\,(F_1\, e_1)$ und $-E_2$, wie aus dem Diagramm hervorgeht (Abb. 134). Erinnern wir uns nun, daß beim Ferrariswattmeter nach S. 131 zwischen dem Nebenschlußfeld F_2 und der Klemmenspannung E (Abb. 168), d. h. hier der Sternspannung e_1, eine künstliche Phasenverschiebung von $90^0 + \beta$ bestehen muß, damit das Wattmeter anzeigt:

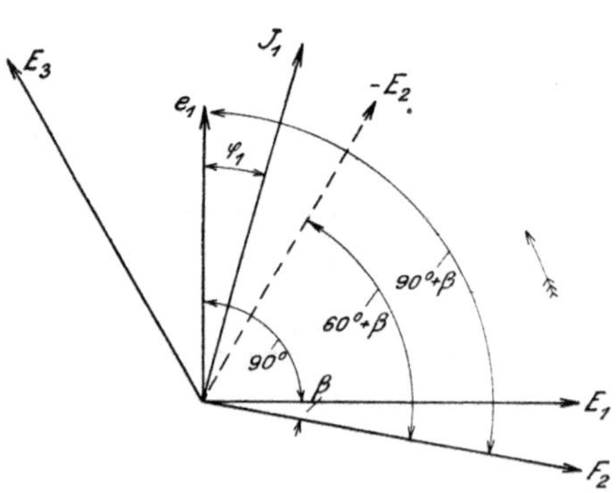

Abb. 170. Kunstphase bei Drehstrom.

$$n = e\, I \cos\varphi ,$$

so geht aus dem Teildiagramm Abb. 170 hervor, daß das Feld F_2 bei Drehstrom nur um $60^0 + \beta$ gegen $-E_2$ künstlich verschoben werden muß. Wichtig ist noch, daß der Anschluß eines solchen Einphasenwattmeters für Drehstrom-Dreileiteranlagen für gleiche Belastung richtig erfolgt. Für den Fall, daß die Hauptstromspule in Leitung I liegt, muß der Nebenschlußkreis mit seinem freien Ende an Leitung *III* gelegt werden. Würde er an Leitung *II* angeschlossen, so läge er an der verketteten Spannung E_3, und das Wattmeter würde z. B. bei Glühlampenbelastung $\varphi = 0$, nicht den Endausschlag zeigen, sondern einen kleineren Ausschlag entsprechend einem Wert:

$$n = E_3 \cdot I_1 \sin \psi, \quad \text{vgl. Gl. (1) S. 130, d. h.}$$
$$n = E_3 I_1 \sin (60 - 30) = 0{,}5\, E_3 I_1;$$

für $\varphi \gtrless 0$ würde sein:

$$n = E_3 I_1 \cdot \sin (60 - 30 + \varphi) = E_3 I_1 \sin (30 + \varphi),$$

wobei wir wieder $\varphi = +$ für Voreilung, $\varphi = -$ für Nacheilung rechnen.

Dann ist z. B. für $\varphi = -30^0$, d. h. Induktionsverschiebung der Ausschlag bei falschem Anschluß proportional:

$$n = E_3 I_1 \cdot \sin (30 - 30) = 0 \quad \text{usw.}$$

Dieser Umstand wird dazu benutzt, um den richtigen Anschluß des Wattmeters durch Probieren herauszufinden (Abb. 171). Man legt den Nebenschluß probeweise einmal an je eine der beiden Leitungen an. Diejenige Schaltung, in welcher das Wattmeter den größeren Ausschlag zeigt, ist dann die richtige[1]).

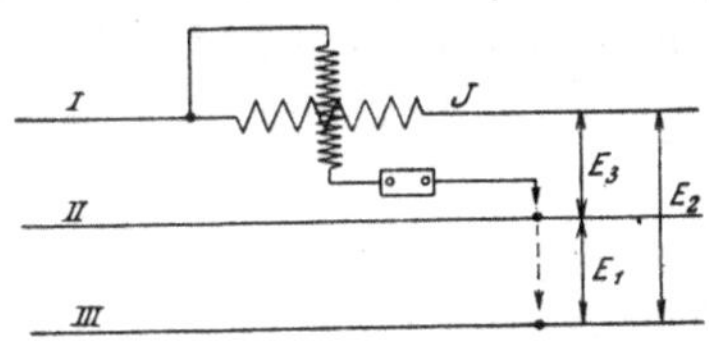

Abb. 171. Unzugänglicher Nullpunkt.

Natürlich hätte man die richtige Leitung auch mittels eines eventuell vorhandenen Drehfeldrichtungsanzeigers ermitteln können, um den Anschluß richtig zu treffen, ohne auf das Probieren angewiesen zu sein, falls die natürliche Phasenfolge in der betreffenden Drehstromanlage nicht ohnehin schon bekannt ist.

In beiden Fällen ist der vom Wattmeter gemessene Wert mit 3 zu multiplizieren, um den Gesamtdrehstromeffekt zu erhalten. Ortsfeste Wattmeter erhalten in diesem Falle meist eine Skalenbezifferung für die mit 3 multiplizierten Werte, um den Gesamteffekt unmittelbar ablesen zu können (s. S. 75, Skalenausführung).

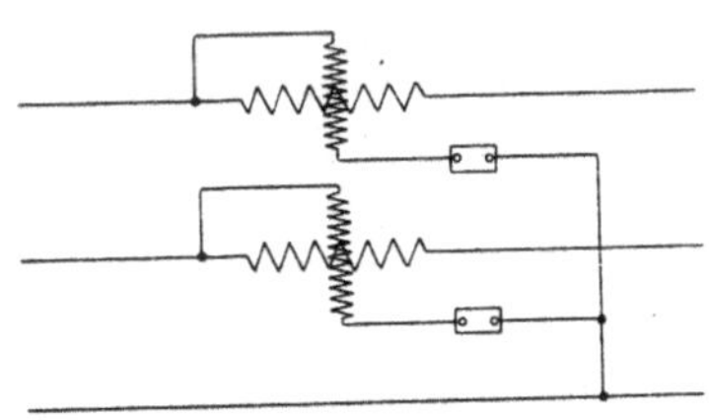
Abb. 172. Doppelwattmeter.

Bei Drehstrom mit ungleich belasteten Phasen verwendet man Ferrarisdoppelwattmeter. Die Schaltung eines Doppelwattmeters ist dieselbe wie die des elektrodynamischen Doppelwattmeters (Abb. 172).

---

[1]) Das gilt nur für eine bestimmte Energieeinrichtung, Beim Wechsel der Energierichtung von Abgabe auf Bezug (s. S. 144) ist es umgekehrt.

Bei Drehstrom-Vierleiteranlagen ungleicher Belastung wird die Dreiwattmetermethode verwendet. Gewöhnlich baut man drei Einphasenwattmeter mit gemeinsamer Drehachse zu einem Dreifachwattmeter in ein Gehäuse ein (Abb. 173). Wegen der Skalenausführung s. S. 75.

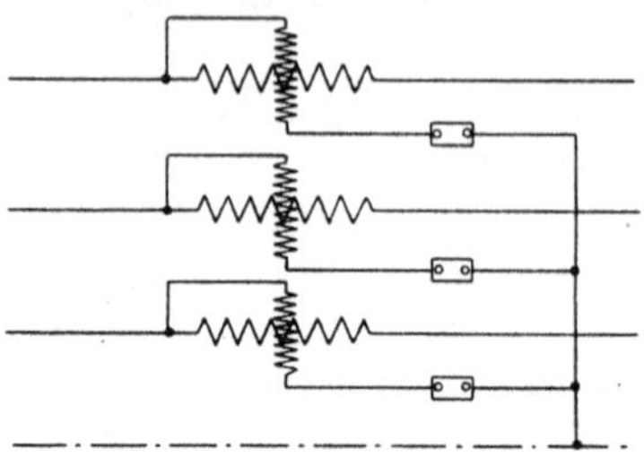

Abb. 173. Dreifachwattmeter.

Fehlerquellen. Die an sich schon sehr geringe Abhängigkeit der Drehfeldinstrumente von fremden Feldern wird zudem noch durch das gewöhnlich aus Eisen bestehende Gehäuse und dessen Schirmwirkung fast vollkommen beseitigt.

Durch geeignete Wahl der Trommeldimensionen und der Widerstandsverhältnisse in den Wicklungen kann man es dahin bringen, daß Ferrarisinstrumente praktisch unabhängig von den geringen Spannungs- bzw. Frequenzschwankungen sind, wie sie in modernen Wechselstromanlagen vorkommen. Wegen der Abhängigkeit der Ohmschen Widerstände der Stromwege in der Aluminiumtrommel (und in den Stromverzweigungen) von der Erwärmung ist es aber sehr schwer, Drehfeldinstrumente von der Einschaltdauer und von der Außentemperatur unabhängig zu erhalten.

Meßbereich. Strom- und Spannungsmeßbereich der Drehfeldinstrumente kann durch Strom- und Spannungswandler erweitert werden, ja sie werden meist in Verbindung mit solchen verwendet (vgl. S. 194).

Eigenverbrauch. Besitzt die Hauptstromspule eines Ferrariswattmeters für 5 A und 110 V z. B. 0,1 Ω, so ist ihr Wattverbrauch $n = 5^2\,0{,}1 = 2{,}5$ W. Der Ohmsche Spannungsabfall beträgt dann etwa 0,5 V bei 5 A. Der Verlust durch Eisenarbeit ist gering und hier nicht berücksichtigt. Der gesamte Wechselstrom-Spannungsabfall berechnet sich nach S. 32.

Beträgt die maximale Stromaufnahme im Nebenschlußkreis des Wattmeters bei 110 V 0,05 A, und der Gesamtwiderstand, Ohmscher Widerstand + induktiver Widerstand, ca. 2200 Ω, so ist der Energieverbrauch im Spannungskreis bei $\cos\delta =$ ca. 0,45 (vgl. Abb. 168)

$$n = 0{,}05 \cdot 110 \cos\delta = 2{,}5 \text{ W}.$$

Genauigkeit. Die Genauigkeit der Drehfeldinstrumente beträgt etwa 1 % vom Höchstwert.

Der Drehfeldrichtungsanzeiger.

Legt man auf ein kleines dreiteiliges (einseitig offenes) Transformatoreisen (Abb. 281) eine Drehstromwicklung etwa nach Abb. 122, so werden die Kerne E_1, E_2, E_3 der Reihe nach von den Sternspannungen e_1, e_2, e_3 magnetisiert, d. h. es entsteht über den freien Enden des (offenen) Transformatoreisens ein Drehfeld. Ordnet man in der Rotationsebene des Drehfeldes eine Aluminiumscheibe drehbar an, so entstehen in derselben Wirbelströme und die Scheibe wird nach S. 124 in Drehung versetzt.

Die Richtung der Drehung ist die des Drehfeldes und diese ist bestimmt durch die Phasenfolge RST (S. 99).

Dieser Drehrichtung entsprechend wird ein Pfeil auf der Scheibe angebracht und die drei Klemmen des Anzeigers werden mit RST bezeichnet. Schließt man den Drehfeldrichtungsanzeiger nunmehr an ein beliebiges Drehstromnetz an, so rotiert die Scheibe.

Bei Drehung im Sinne des Pfeiles ist die gesuchte Phasenfolge des Netzes RST, andernfalls sind zwei Anschlüsse miteinander zu vertauschen. Der Drehsinn des Drehfeldes und der der Scheibe ist dem der Spannungsvektoren entgegengesetzt (vgl. Abb. 122).

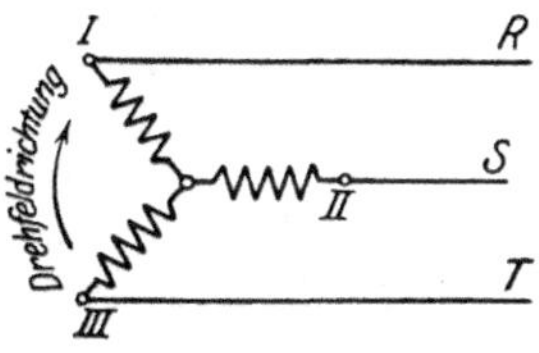

Abb. 173a. Drehfeldrichtungsanzeiger.

Anmerkung: Wenn kein Drehfeldrichtungsanzeiger zur Verfügung steht, kann die Phasenfolge auch mit Glühlampen und mit einem Wattmeter bestimmt werden. Vgl. A. Kleinstück, E.T.Z. 1913, S. 879.

Phasenmesser.

Einleitung. Während man sich früher zur Bestimmung der Phasenverschiebung zwischen Strom und Spannung in Wechselstromanlagen mit indirekten Methoden begnügte, welche z. B. den Leistungsfaktor auf Grund vorangegangener Wattmessung sowie einer gleichzeitigen Strom- und Spannungsmessung zu berechnen gestatten, Methoden, die vielfach auch heute noch angewendet werden, entstand mit der Entwicklung der modernen Wechselstromtechnik sehr bald das Bedürfnis nach einem Instrument, mit dem man die Phasenverschiebung bzw. den Leistungsfaktor einer Wechselstromanlage an einem Zeiger auf einer Skala, unabhängig von der jeweiligen Größe von Strom und Spannung, unmittelbar ablesen kann (Abb. 173b).

Prinzip. Unter der gegenseitigen Einwirkung eines Drehfeldes und eines Wechselfeldes erfährt ein bewegliches System, welches der Träger entweder des Wechselfeldes oder des Drehfeldes sein kann, eine der Phasenverschiebung proportionale Einstellung.

Abb. 173b. Elektrodynamischer Phasenmesser.

Ausführungsform. Senden wir durch zwei rechtwinklig gegeneinander gekreuzte Spulen S_1 und S_2 (Abb. 174) zwei gleich starke Wechselströme i_1, i_2, welche aber in der Phase um 90^0 gegeneinander verschoben sind, so entstehen zwei Wechselfelder f_1 und f_2, die dann ebenfalls eine gegenseitige Phasenverschiebung von 90^0 besitzen, und die sich nach S. 123 in jedem Augenblick zu einem resultierenden Felde zusammensetzen, welches eine konstante Größe behält und sich mit gleichmäßiger Geschwindigkeit im Kreise herumdreht. Wir erhalten ein sog. kreisförmiges Drehfeld. Ordnen wir nun eine dritte Spule S so an, daß sie sich zwischen den anderen beiden feststehenden drehen kann, und schicken durch dieselbe unter Vermittlung zweier torsionsfreier Zuleitungen einen Wechselstrom J, dessen Größe und Phase unabhängig sei von der Größe und Phase der Ströme i_1 und i_2, so entsteht in der beweglichen Spule ein neues Feld F, und es treten offenbar zwischen diesem beweglichen Felde F und den beiden festen Feldern f_1 und f_2 zwei Drehmomente D_1 und D_2 auf.

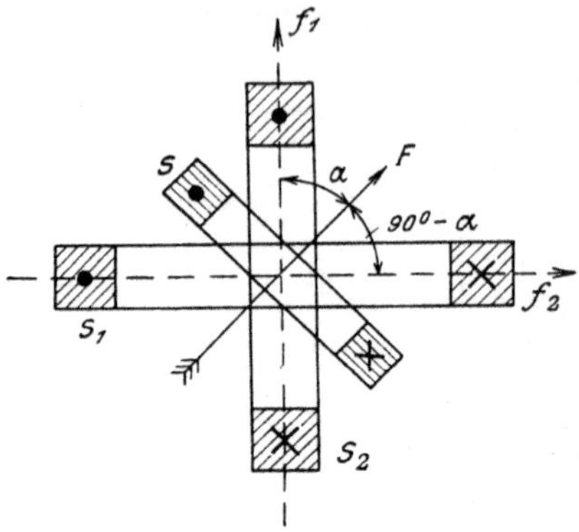

Abb. 174. Spulen des Phasenmessers.

Nehmen wir an, daß das bewegliche Feld F augenblicklich eine beliebige zufällige räumliche Lage α gegen das feste Feld f_1 besitze (vgl. Abb. 175), und daß das bewegliche Feld F in der Phase um einen ebenfalls beliebig angenommenen Winkel φ gegen das feste Feld f_1 verschoben sei (vgl. Abb. 176), so ist die Größe der beiden

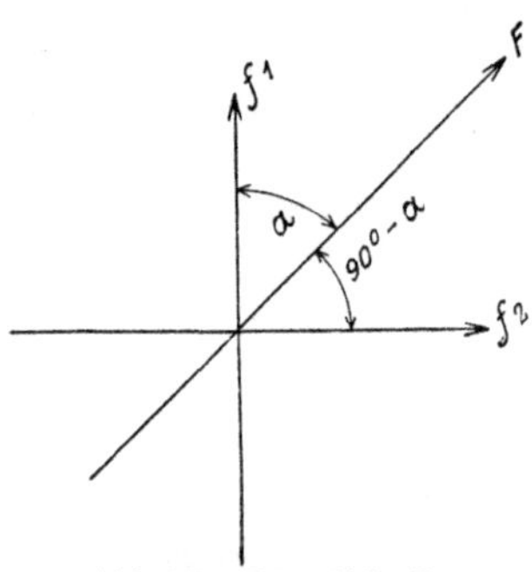

Abb. 175. Räumliche Lage.

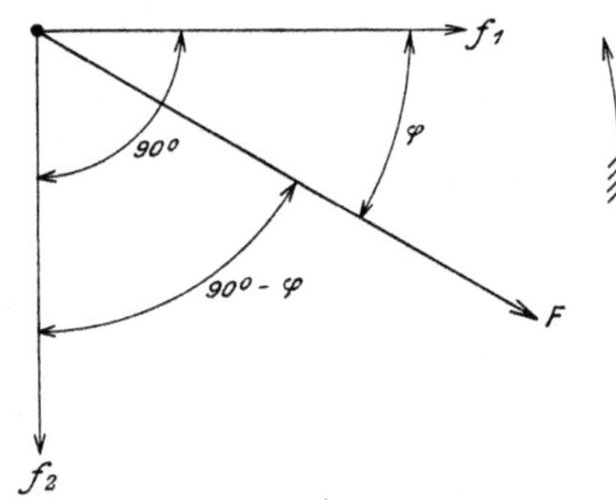

Abb. 176. Zeitfolge.

genannten Drehmomente D_1 und D_2 nach den Grundsätzen und Regeln, die wir schon in dem Kapitel über elektrodynamische Instrumente angewendet haben, durch die nachstehenden Gleichungen gegeben:

$$D_1 = F f_1 \sin\alpha \cos\varphi,$$
$$D_2 = F f_2 \sin(90^0 - \alpha) \cos(90^0 - \varphi).$$

Da nun:

$$\sin(90^0 - \alpha) = \cos\alpha \qquad \text{und} \qquad \cos(90^0 - \varphi) = \sin\varphi$$

ist, so wird:

$$D_1 = F f_1 \sin\alpha \cos\varphi,$$
$$D_2 = F f_2 \cos\alpha \sin\varphi.$$

Da sich das bewegliche Feld einerseits in die Richtung des Feldes f_1, andererseits in die Richtung des Feldes f_2 einzustellen versucht, so wirken die Drehmomente einander entgegen. Da keinerlei andere Richtkräfte vorhanden sind, so dreht sich die bewegliche Spule so lange im Sinne des größeren Drehmomentes, bis eine Gleichgewichtslage erreicht ist. In diesem Falle ist $D_1 = D_2$, d. h.:

$$F f_1 \sin\alpha \cos\varphi = F f_2 \cos\alpha \sin\varphi .$$

Sorgen wir durch geeignete Wahl und Abmessung der Spulen s_1 und s_2 dafür, daß $f_1 = f_2 = f$ wird, so entsteht:

$$F f \sin\alpha \cos\varphi = F f \cos\alpha \sin\varphi ,$$

oder, wenn man auf beiden Seiten durch Ff dividiert:

$$\sin\alpha \cos\varphi = \cos\alpha \sin\varphi .$$

Dividiert man nun noch auf beiden Seiten durch $\cos\alpha \cos\varphi$, so entsteht:

$$\frac{\sin\alpha \cos\varphi}{\cos\alpha \cos\varphi} = \frac{\cos\alpha \sin\varphi}{\cos\alpha \cos\varphi} .$$

Wie wir sehen, hebt sich in dem Bruch auf der linken Seite $\cos\varphi$ und in dem auf der rechten Seite $\cos\alpha$ heraus und es bleibt:

$$\frac{\sin\alpha}{\cos\alpha} = \frac{\sin\varphi}{\cos\varphi}$$

oder, da allgemein: $\frac{\sin x}{\cos x} = \operatorname{tg} x$ ist, $\operatorname{tg}\alpha = \operatorname{tg}\varphi$, d. h.

$$\alpha = \varphi .$$

Was bedeutet nun diese Gleichung, in der die Größen F, f_1 und f_2 der drei Wechselfelder überhaupt nicht mehr vorkommen? Sie haben sich aus der Gleichung herausgehoben. Den Phasenwinkel φ hatten wir ebenso wie den Raumwinkel α beliebig angenommen. Die Gleichung bedeutet demnach, daß Gleichgewicht nur bestehen kann, wenn $\alpha = \varphi$ ist.

Ändern wir den Phasenwinkel φ zwischen dem beweglichen Feld und dem festen Feld, so ändert sich auch der Raumwinkel α um den gleichen Betrag, ganz unabhängig davon, welche Größe die drei Felder (bzw. die sie erzeugenden Ströme I, i und i_2) besitzen.

Das Vorstehende wird dem Verständnis rein gefühlsmäßig näher gebracht, wenn man folgende Spezialfälle betrachtet: Die Phasenverschiebung φ zwischen F und f_1 sei 0. Dann ist sie 90^0 zwischen F und f_2. Die Spule s (Abb. 174) stellt sich mit ihrer Windungsebene in diejenige von s_1, weil F sich (nach S. 65) mit f_1 zu decken sucht, während das Drehmoment zwischen F und f_2 null ist; denn zwischen F und f_2 bestehen 90^0 Phasenverschiebung nach Voraussetzung ($\cos 90^0 = 0$). Der Pfeil F zeigt nach oben wie der von f_1.

Ist die Phasenverschiebung zwischen F und f_1 dagegen 90^0, so ist jetzt ihr Drehmoment null ($\cos 90^0 = 0$), und Spule s stellt sich in die Verbindungsebene von s_2. Der Pfeil zeigt nach rechts und deckt sich mit F_2; denn zwischen F und f_2 ist die Phasenverschiebung jetzt null.

Bei Werten von φ zwischen 0 und 90^0 erhält F eine zwischen f_1 und f_2 liegende Einstellung.

Wir können die beschriebene Anordnung dazu benutzen, um einen unmittelbar anzeigenden Phasenmesser zu erhalten[1]). Wie bei dem elektrodynamischen Instrumente kann die Ausführungsform auch des Phasenmessers verschieden sein, je nachdem, ob man runde oder viereckige oder irgendwie anders geformte Spulen wählt, worauf hier aber nicht näher eingegangen werden soll. Ferner kann die Ausführungsform verschieden sein, je nachdem, ob man das Drehfeld in feststehenden oder beweglichen Spulen erzeugt. Dementsprechend muß das Wechselfeld beweglich oder fest angeordnet werden.

Die Schaltung des Phasenmessers ist für den Fall, daß das Wechselfeld in festen, das Drehfeld in beweglichen Spulen erzeugt wird, aus Abb. 177 zu ersehen. Es bedeutet S eine vom Hauptstrom I einer Wechselstromanlage durchflossene fest angeordnete Spule, deren Windungszahl und Abmessung der Stromstärke I entspricht; s_1 und s_2 sind zwei auf einer gemeinsamen Drehachse befestigte, räumlich um 90^0 gegeneinander versetzte dünndrähtige Spulen, die bei a elektrisch miteinander verbunden sind. Das freie Ende b der Spule s_2 führt zu einer Drosselspule D als Vorschaltwiderstand, das freie Ende c der Spule s_1 zu einem induktions- und kapazitätsfreien Widerstand r. Die Stromverzweigung der beweglichen Spule s_1 und s_2, der Drosselspule D und des Widerstandes r wird unter Vorschaltung eines gemeinsamen relativ großen, induktionsfreien Widerstandes R an die Wechselspannung E angelegt.

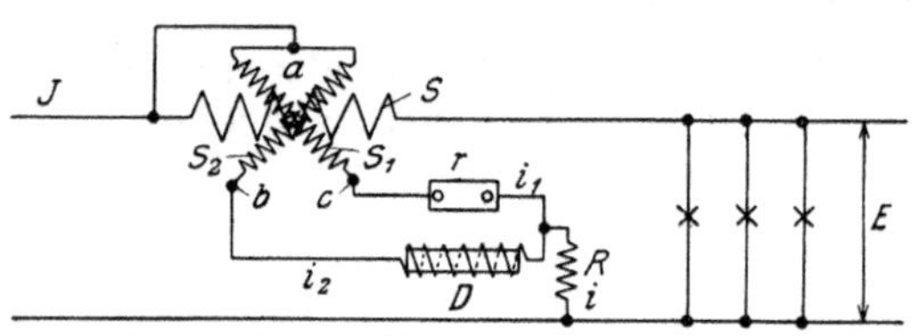

Abb. 177. Innere Schaltung beim Phasenmesser.

Die Stromzuführung zu den beweglichen Spulen erfolgt dabei an den Punkten a, b, c durch drei sehr dünne, fast völlig torsionsfreie Bronzebänder.

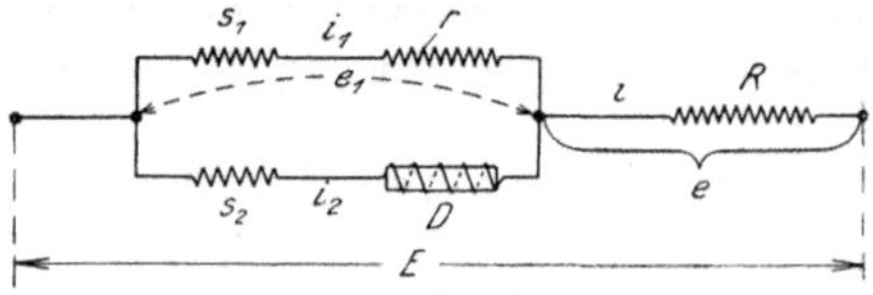

Abb. 178. Spannungskreis.

In Abb. 178 ist der Spannungskreis noch einmal besonders herausgezeichnet. Die Spannung $e = i R$ wird im Vorschaltwiderstand R vernichtet und setzt sich mit der Spannung e_1 an den

[1]) Nach Th. Bruger, E. T. Z. 1898, S. 476, und Phys. Z. 1903, S. 882.

Enden der Stromverzweigung zur Gesamtspannung E zusammen. Der Strom i_1 im induktionsfreien Zweige ist in Phase mit $e_1 = i_1 \cdot r$ (Abb. 179), während der Strom i_2 infolge der Drosselspule D gegen die Spannung e_1 und damit gegen i_1 rückwärts verschoben ist. Wir nehmen dabei vorläufig an, die Drosselspule könnte so groß gewählt werden, daß die Verschiebung von i_2 gegen i_1 90^0 beträgt. Der Gesamtstrom i ist mit $e = iR$ in Phase und um einen kleinen Winkel z rückwärts gegen die Spannung E verschoben. Der Winkel zwischen i_1 (e_1) und E sei x. Nehmen wir an, daß der Hauptstrom I in der festen Spule des Phasenmessers um einen Winkel φ rückwärts gegen E verschoben sei, so ist der Winkel zwischen e_1 und I: $y = \varphi + x$. Daß der Strom i_1 vorwärts verschoben liegt gegen E, ist selbstverständlich; durch Anlegen der Drosselspule an e_1 spaltet sich der Strom i in i_1 und i_2, so daß i_2 rückwärts verschoben wird und i_1 sich nach vorn verschiebt.

Nehmen wir rein elektrodynamische, d. h. eisenfreie Bauart an, so sind die Felder genau in Phase mit den sie erzeugenden Strömen. Der Strom J erzeugt das Feld F. Die nach Voraussetzung in der Phase um 90^0 gegeneinander verschobenen Ströme i_1 und i_2 erzeugen die Felder f_1 und f_2, die daher ebenfalls in der Phase um 90^0 auseinander liegen und die infolge der Kreuzung der Spulen s_1 und s_2 um 90^0 räumlich gegeneinander versetzt und einander gleich sind.

Die vorbeschriebene Anordnung entspricht genau der der Abbildung 174, nur mit dem Unterschiede, daß hier das Wechselfeld F fest, das Drehfeld dagegen beweglich angeordnet ist. Auch hierfür bestehen die Gleichungen der Seite 139 für den Phasenwinkel zwischen F und f_1, der in dem entsprechenden Diagramm der Ströme für den Phasenmesser (Abb. 179) mit y bezeichnet ist.

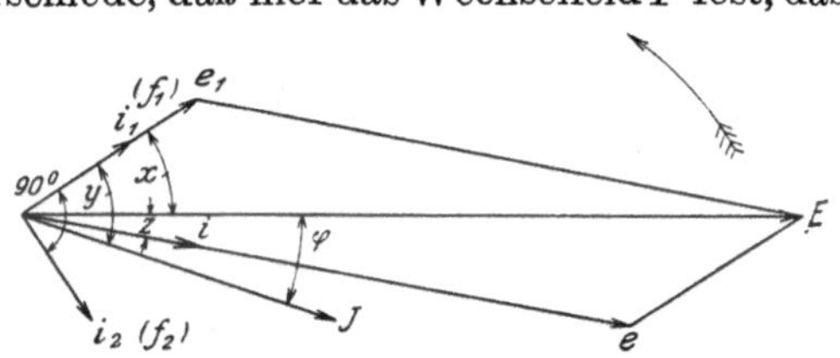

Abb. 179. Diagramm des Phasenmessers.

Skala. Jeder Veränderung der Phasenverschiebung φ im Netz, zwischen dem Strom I und der Spannung E entspricht aber eine proportionale Änderung von y und demnach eine proportionale Verdrehung des beweglichen Systems im Phasenmesser. Die Gradskala ist gleichmäßig. Dabei gilt stets: $y = x + \varphi = \alpha$ (vgl. Abb. 179 mit Abb. 176, in der der Winkel x noch nicht eingeführt war), d. h.:

$$\varphi = \alpha - x.$$

Nur für konstante Periodenzahl ist x konstant, denn der Winkel x hängt infolge der Induktivität der Drosselspule D von der Frequenz der Spannung E ab, an die der Phasenmesser angeschlossen ist. Man braucht aber die Größe des Winkels x gar nicht zu kennen. Jeder Änderung von φ entspricht eine proportionale Änderung von $\alpha - x$ und daher auch von α. Der Winkel x wird, wie man sagt, beim

Phasenmesser für eine bestimmte konstante Periodenzahl mit hineingeeicht; er beeinflußt dann nur die Anfangseinstellung des beweglichen Systems, z. B. für $\varphi = 0$ ist $\alpha = x$. Von der Größe der Felder, d. h. also von der Größe des Stromes I und der Spannung E sind dagegen die Angaben des Phasenmessers nicht abhängig, wohl aber infolge der Drosselspule D von der Periodenzahl.

Werden aber die Ströme I_1, i_1 und i_2 sehr klein, d. h. geht der Strom und die Spannung bis auf einen gewissen Mindestwert, etwa $^1/_5$, herunter, so werden die Felder kleiner und damit wird dann die Einstellkraft geringer, so daß die Reibung des beweglichen Systems in den Lagern überwiegt und die Angaben des Phasenmessers aus diesem Grunde weniger genau sind.

Auf Seite 140 haben wir angenommen, daß die Drosselspule in der Lage sei, den Strom i_2 um 90^0 gegen den Strom i_1 rückwärts zu verschieben. Das ist aber nicht ganz der Fall. Ist nun diese Phasenverschiebung nicht ganz 90^0, z. B. nur 80^0, so bleiben doch die Drehmomente noch bestehen, nur wird dann kein kreisförmiges Drehfeld mehr in den beweglichen Spulen erzeugt, sondern ein mehr oder weniger elliptisches. Die Gleichungen Seite 139 werden dann etwas komplizierter, und es gilt vor allem nicht mehr ganz die einfache Beziehung $\varphi = \alpha$. Die Gradskala des Phasenmessers wird daher nicht mehr ganz gleichmäßig, weil einem Grad Phasenverschiebung nicht mehr eine Verdrehung des beweglichen Systems um einen Bogengrad entspricht. Die Schlußgleichung nimmt dann vielmehr die Form an:

$$\operatorname{tg} \alpha = A + \operatorname{tg} \varphi,$$

worauf hier aber nicht näher eingegangen werden soll.

Durch empirische Eichung ist es jedenfalls auch dann noch möglich, einen brauchbaren Phasenmesser zu erhalten. Dazu kommt noch etwas anderes. Wie wir auf Seite 138 gesehen haben, ist es zur Erzielung einer gleichmäßigen Gradskala beim Phasenmesser zur Erfüllung der Bedingung $\varphi = \alpha$ nur nötig, in den beiden Spulen s_1 und s_2 ein kreisförmiges Drehfeld zu erzeugen. Da das nun bei der beschriebenen Anordnung mit zwei gegeneinander um 90^0 räumlich versetzten Spulen nicht ganz gelingt, weil der für das Kreisfeld nötige Phasenwinkel von 90^0 zwischen den Strömen i_1 und i_2 mit Hilfe der einfachen Schaltung mit nur einer Drehspule nicht ganz erreicht wird, so griff man zu einem anderen Hilfsmittel, um nicht genötigt zu sein, eine der komplizierteren Schaltungen zur Erzielung einer sog. Kunstphase von 90^0 anwenden zu müssen.

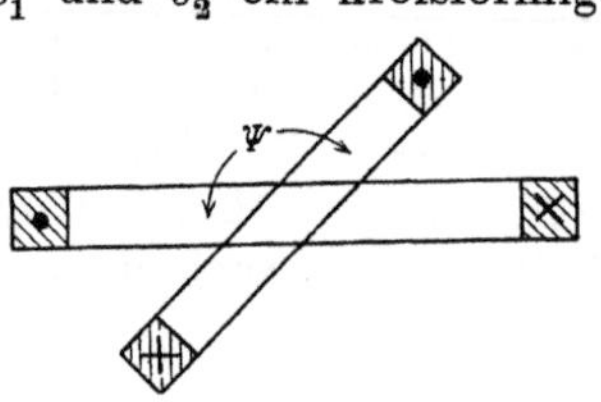

Abb. 180. Kreisfeld bei schiefer Spulenanordnung.

Man kreuzt die Spule nicht um 90^0, sondern um einen stumpfen Winkel, z. B. $\psi = 120^0$ (Abb. 180). Sorgt man dann dafür, daß die gegenseitige Phasenverschiebung der die Spulen durchfließenden Ströme $180 - \psi$, also hier 60^0 beträgt, d. h. gleich dem Supplement zu dem Raumwinkel ψ, der beiden Spulen untereinander gleich ist, so entsteht auch ein kreisförmiges Drehfeld[1]). Dasselbe ist zwar bei sonst gleichen Verhältnissen etwas kleiner, was aber in Anbetracht der Verwendungsmöglichkeit einer einfachen Drosselspule nicht so wesentlich ist. Auch braucht man ja nur die Windungs-

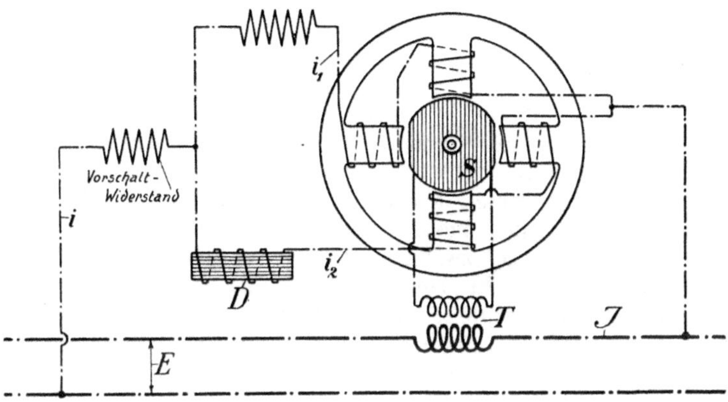

Abb. 181. Innere Schaltung des Phasenmessers von H. & B.

zahl oder die Stromaufnahme in den Spulen des Drehfeldes etwas zu erhöhen, um die Drehmomente in der früheren Größe zu erhalten.

Ein so erhaltenes Drehfeld kann man sich dann wieder zerlegt denken in zwei ideelle, aufeinander senkrechte Wechselfelder, die in der Phase um genau 90^0 gegeneinander verschoben sind, und die dann mit dem einphasigen Wechselfeld in Wechselwirkung treten in der Weise, wie es auf Seite 138 auseinandergesetzt worden ist.

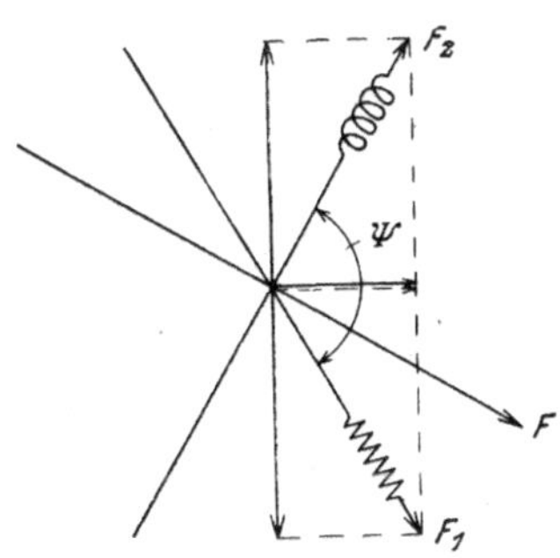

Abb. 182. Räumliche Lage.

In dem Schalttafelphasenmesser von Hartmann & Braun sind vier Wechselfelder im Kreise zu je zwei einander gegenüber fest angeordnet (Abb. 181), werden von der Spannung erzeugt und setzen sich zu zwei resultierenden Feldern F_1 und F_2 zusammen, die räumlich um einen stumpfen Winkel ψ gegeneinander versetzt sind (Abb. 182) und das Drehfeld erzeugen. Durch eine Drosselspule D in der Stromverzweigung des Spannungskreises wird dafür gesorgt, daß das eine

[1]) Vgl. Gruhn, Archiv f. Elektrotechnik 1913, Bd. II, Heft 3: Einiges über das kreisförmige Drehfeld.

der resultierenden Felder F_2 gegen das andere F_1 eine Phasenverschiebung von $180^0 - \psi$ bekommt (Abb. 183). Die bewegliche Spule S, in der das einphasige Wechselfeld F erzeugt wird, liegt unter Vermittlung zweier torsionsfreier Bronzebänder an den Sekundärklemmen eines im Instrument eingebauten Stromwandlers, dessen Primärspule vom Hauptstrom durchflossen wird. Auf diese Weise fließt in der beweglichen Spule ein dem Hauptstrom I proportionaler Strom i. Das Wechselfeld F tritt nun in der vorbeschriebenen Weise mit dem durch die Felder F_1 und F_2 erzeugten kreisförmigen Drehfeld in Wechselwirkung. Weiteres siehe S. 110, Fußnote.

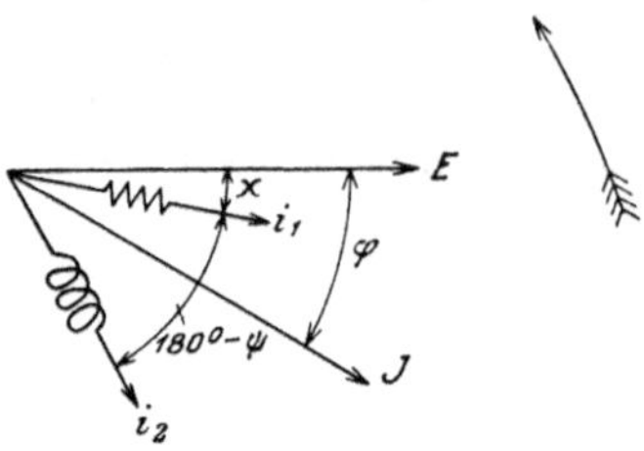

Abb. 183. Zeitfolge.

Bei Anordnung eines kreisförmigen Drehfeldes dreht sich das bewegliche System des beschriebenen Phasenmessers bei Änderung der Phasenverschiebung zwischen 0 und 360^0 Vor- oder Nacheilung um eine gleiche Anzahl von Winkelgraden im Raume, soweit es nicht durch Zeigeranschläge an der Bewegung gehindert ist.

Man kann davon ein beliebiges Stück als Phasenmeßbereich herausgreifen und so die verschiedensten Skalen erhalten;

z. B. 0^0—90^0 bzw. $\cos\varphi = 1 - 0$ Voreilung (Kapazitätsverschiebg.),
oder 0^0—90^0 „ $\cos\varphi = 1 - 0$ Nacheilung (Ind. Verschiebung),
„ 90^0—0^0—90^0 „ $\cos\varphi = 0 - 1 - 0$ Vor- und Nacheilung
u. a. m.

Interessant ist folgender Fall: Zwei Zentralen liefern einander abwechselnd Energie. Ein Phasenmesser mit einem Meßbereich für 0—90^0 Nacheilung sei in die Verbindungsleitung eingeschaltet und zeige bei Abgabe von Energie an das Werk II eine Phasenverschiebung von 30^0 an.

Nehmen wir nun den Fall an, daß die Energierichtung wechselt, daß also die Zentrale II Energie an Werk I abgibt, wobei aber wieder Induktionsverschiebung vorausgesetzt sein soll, so ändert bei Umkehr (der Energielieferung) der Vektor des Stromes seine Richtung. Lag er nach Abb. 183 vorher im IV. Quadranten, so liegt er nachher im II. und der Phasenmesser „schlägt an". Man kann die Verschiebung nicht mehr ablesen (Abb. 183a).

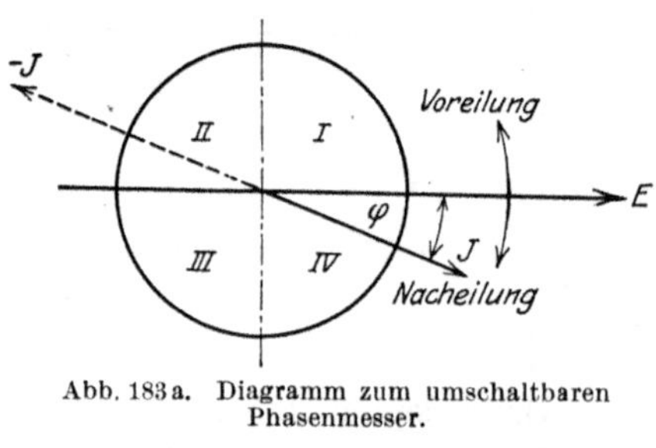

Abb. 183a. Diagramm zum umschaltbaren Phasenmesser.

Ändert man nunmehr die Stromrichtung im Phasenmesser, indem man beispielsweise den Strom in der Hauptstromspule umschaltet, so kehrt der Zeiger wieder in das Bereich der Skala zurück.

Da eine derartige Umschaltung umständlich ist, hat die Firma Hartmann & Braun, A.-G., einen neuen Phasenmesser mit vier Quadranten konstruiert (Abb. 183b), bei dem dafür gesorgt ist, daß der Zeiger sich um 360° herumdrehen kann[1]).

Abb. 183b. Phasenmesser (mit 4 Quadranten) für wechselseitige Energielieferung.

Nulleinstellung. Da im Phasenmesser keine mechanischen Gegenkräfte verwendet werden, so besitzt er im stromlosen Zustande keine bestimmte Ruhelage. Einen Nullpunkt, wie die früher beschriebenen Instrumente, besitzt der Phasenmesser in diesem Sinne überhaupt nicht.

Fehlerquellen. Bezüglich der Abhängigkeit von fremden Feldern gelten ähnliche Betrachtungen wie für elektrodynamische Meßgeräte; wegen der Unabhängigkeit von der Größe von Stromstärke und Spannung (s. S. 139) hat auch die Erwärmung praktisch keinen Einfluß auf die Angaben des Drehstromphasenmessers. Beim Einphaseninstrument (Abb. 177) ändert sich allerdings das Verhältnis der Ströme $\frac{i_1}{i_2}$ in der Verzweigung. Die hierdurch entstehende elliptische Verzerrung des Drehfeldes ist aber so gering, daß der Temperaturfehler im allgemeinen vernachlässigt wird.

Abhängigkeit von der Frequenz. Infolge der Verwendung der Drosselspule zur Herstellung des Drehfeldes ist der Phasenmesser für Einphasenwechselstrom von der Periodenzahl abhängig. Für tragbare Phasenmesser für Einphasenwechselstrom, welche bei verschiedenen Periodenzahlen Verwendung finden sollen, wird daher von Hartmann & Braun ein besonderer Frequenzregler oder Periodenwähler, z. B. für 40—60 Perioden, ins Instrument eingebaut. Derselbe besteht aus einem Schalter S (vgl. Abb. 184), welcher gestattet, die Widerstandsverhältnisse in der Stromverzweigung des Spannungskreises stufenweise zu ändern. Ändert sich nun die Induktivität der Drosselspule D mit der Frequenz und damit der Phasenverschiebungswinkel ψ zwischen den Teilströmen i_1 und i_2, so ist man in der Lage, das Widerstandsverhältnis und die Phasenverschiebung durch Betätigung des Schalters S für verschiedene Frequenzen einzustellen.

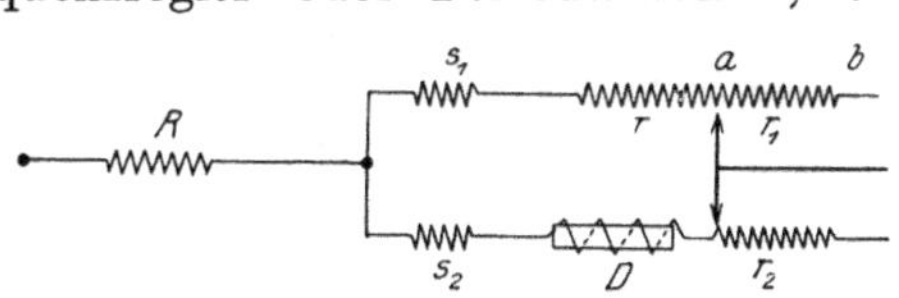

Abb. 184. Frequenzregler.

[1]) Vgl. den Artikel des Verfassers Helios 1921, Heft 2: Die Umschaltung des Phasenmessers und der Phasenmesser mit vier Quadranten.

Schaltet man den Spannungskreis des Phasenmessers mit den drei Enden *I*, *II*, *III* (vgl. Abb. 185) direkt an die drei Phasen der betreffenden Drehstromanlage, so besteht zwischen den zwei verketteten Spannungen bei Drehstrom eine natürliche Phasenverschiebung von 120^0, bzw. bei zweckentsprechender Schaltung der beiden Spulen s_1 und s_2 60^0, wodurch die Drosselspule entbehrlich wird. Vor jede der beiden Spannungsspulen s_1 und s_2 wird ein der verketteten Drehstromspannung entsprechender induktionsfreier Vorschaltwiderstand gelegt. Die Ströme i_1 und i_2 in den genannten Spulen besitzen dann eine gegenseitige natürliche Phasenverschiebung von 60^0, welche sich auch bei schwankender Periodenzahl nicht ändert.

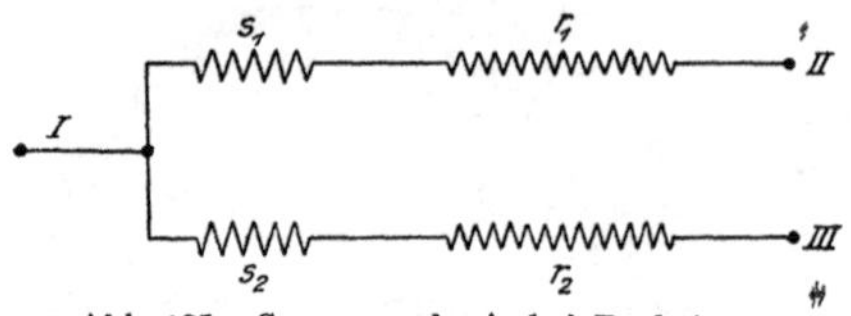

Abb. 185. Spannungskreis bei Drehstrom.

Schaltung. Für die äußere Schaltung des Phasenmessers gelten im allgemeinen die Grundsätze, die für Wattmeter in Betracht kommen. Soll z. B. in einer Drehstromanlage mit ungleich belasteten Phasen die Verschiebung in den einzelnen Phasen des Drehstromsystems genau bestimmt werden, so ist sowohl der Hauptstromkreis wie der Spannungskreis umzuschalten oder es muß in jede Phase ein Phasenmesser gelegt werden.

Eigenverbrauch. Beträgt der Widerstand der Hauptstromspule eines Phasenmessers für Einphasenwechselstrom z. B. 0,07 Ω, so ist der Wattverbrauch bei 5 A

$$N = 0{,}07 \cdot 5^2 = 1{,}75 \text{ W}.$$

Der Wechselstromspannungsabfall ist natürlich höher als $0{,}07 \cdot 5 = 0{,}35$ V. Beträgt die Stromaufnahme im Spannungskreise eines Phasenmessers für 120 V z. B. 0,05 A, so ist der Energieverbrauch bei einem Eigenwiderstand von etwa 2000 Ω:

$$N = 0{,}05^2 \cdot 2000 = 5 \text{ W}.$$

Genauigkeit. Die Genauigkeit des Phasenmessers wird gewöhnlich nicht in Prozenten angegeben. Man drückt sich vielfach folgendermaßen aus: Die Abweichung von der richtigen Einstellung beträgt nicht mehr als ein Grad der Gradteilung. Für die Kosinusteilung würde die prozentige Angabe der Genauigkeit für jede Skalenstelle verschieden ausfallen. Die Genauigkeit des Phasenmessers ist aber überall praktisch dieselbe.

Phasenanzeiger.

Außer den vorbeschriebenen direkt zeigenden Phasenmessern, welche die Phasenverschiebung in Graden bzw. den entsprechenden Leistungsfaktor $\cos\varphi$ unabhängig von anderen elektrischen Werten, wie Strom, Spannung, anzeigen, gibt es noch eine andere Art von Instrumenten, welche vielfach fälschlicherweise als Phasenmesser bezeichnet werden. Solche Phasenindikatoren, in vielen Fällen sind es auch Phasenvergleicher, können verschieden gebaut sein.

Sorgt man z. B. bei einem Ferraris- oder bei einem elektrodynamischen Wattmeter dafür, daß der Strom i im Spannungskreise um 90^0 verschoben wird[1]), so zeigt das Wattmeter anstatt:

$$N = E\,J\cos\varphi$$

$$N_b = E\,J\cos(\varphi - 90^0)$$

oder

$$N_b = E\,J\sin\varphi \qquad \text{(Gl. 1)}$$

(vgl. S. 130). Für konstante Spannung E kann so ein Instrument eine Skalenbezifferung in den Werten $J\cdot\sin\varphi$ erhalten. Liest man den Strom J an einem zugehörigen Amperemeter ab, so kann man $\sin\varphi$, d. h. φ, durch Rechnung ermitteln. Man kann auch die entsprechenden Werte des Leistungsfaktors $\cos\varphi$ für verschiedene Betriebszustände, d. h. für verschiedene Stromstärken J, z. B. 100 % der Maximalbelastung, 75 %, 50 % und 25 % usf. auf mehreren Skalen vermerken. $J\cdot\sin\varphi$ ist der sog. wattlose Strom (Blindstrom), der im Interesse eines rationellen Betriebes möglichst klein gehalten werden soll (Abb. 186).

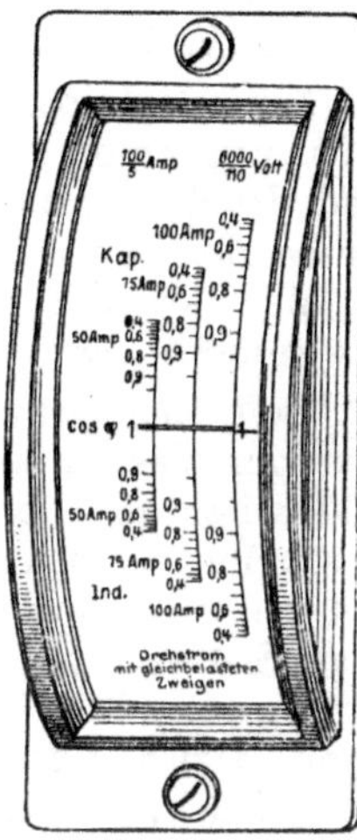

Abb. 186. Phasenindikator.

Derartige Sinusinstrumente sind von der Spannung abhängig und infolge der für die Phasenabgleichung nötigen Drosselspule auch etwas von der Periodenzahl.

Beim Ferrariswattmeter würde eine der Schaltung (Abb. 167) entsprechende Anordnung getroffen werden können, um das Feld F_2 der Spannungsspulen s (Abb. 186a) in die Phase des Hauptfeldes F_1 zu verlegen.

Gegen die Spannung E_2 rückwärts verschoben liegt der Strom i_2 in den Spannungsspulen (s. Abb. 186b). Noch mehr zurück gegen E_2 liegt der Strom i_1 wegen der größeren Induktivität der Drosselspule D. Die Ströme i_1 und i_2 ergeben den Gesamtstrom i,

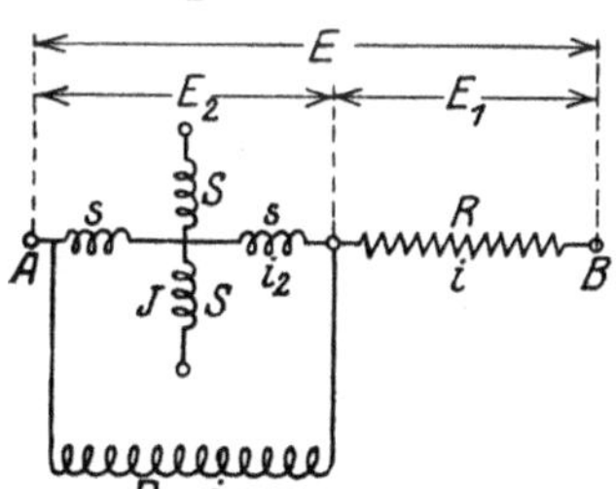

Abb. 186a. Blindleistungszeiger.

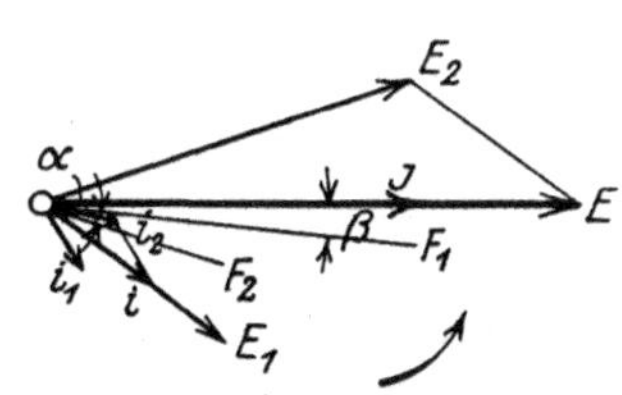

Abb. 186b. Abgleichdiagramm zum Blindleistungszeiger.

in dessen Phase die Teilspannung E_1 (an den Enden des Ohmschen Widerstandes R) fällt. E_1 und E_2 ergeben nunmehr die Gesamtspannung E.

[1]) Beim elektrodynamischen Wattmeter rückwärts, beim Drehfeldwattmeter vorwärts; vgl. S. 133, Anmerkung.

Durch Variation von R und D (man sagt: durch Abgleichung auf 0^0) kann das Feld F_2 des Stromes i_2 mit dem Hauptfelde F_1 des Stromes J auf gleiche Phase gebracht werden. Die Winkel α und β sind durch Eisenarbeit bedingt (vgl. Abb. 168 u. 168a).

F_2 ist mit F_1 dann auf gleicher Phase ($\varphi = 0$), wenn das Drehfeldinstrument (als Phasenanzeiger) bei vollen Strom- und Spannungswerten (bei $\varphi = 0$) keinen Ausschlag gibt ($N_b = 0$). Gl. (1) S. 130 geht dabei für $\psi = 0$ über in Gl. (1) S. 147.

Das auf S. 134 beschriebene Drehfeldinstrument für Drehstrom gleicher Belastung ist in seiner Schaltung als Phasenanzeiger einfacher als das vorbeschriebene Einphaseninstrument.

Man legt dann die Spannungsspulen (s. Abb. 186a) unter Vorschaltung einer Drossel D an die verkettete Spannung E_3 (Abb. 170) und drückt durch Änderung der Induktivität D das Feld F_2 in die Phase der Sternspannung e_1.

Bei Voreilung ($\varphi = +$) bzw. Nacheilung ($\varphi = -$) schlägt das Instrument nach der einen oder der andern Seite aus.

Beim elektrodynamischen Instrument, welches seltener als Phasenanzeiger Verwendung findet, wäre es nötig, durch Anwendung einer 90^0-Schaltung den Strom i im Spannungskreis um 90^0 gegen die Spannung an den Enden des Spannungskreises zu verschieben, was mit einer einfachen Vorschalt-Drosselspule nicht erreicht werden kann (vgl. S. 130). Solche Phasenanzeiger können auch Skalen erhalten, auf denen die Werte $N_b = E\,J \sin\varphi$ abzulesen sind. Sie heißen dann Blindleistungszeiger.

Außer den oben skizzierten Instrumenten werden in manchen Fällen, z. B. zur Kontrolle parallelgeschalteter Wechselstrommaschinen auf richtige Erregung (Phasengleichheit), Ferrarisinstrumente verwendet, die anstatt der Spannungswicklung eine zweite Hauptstrom-

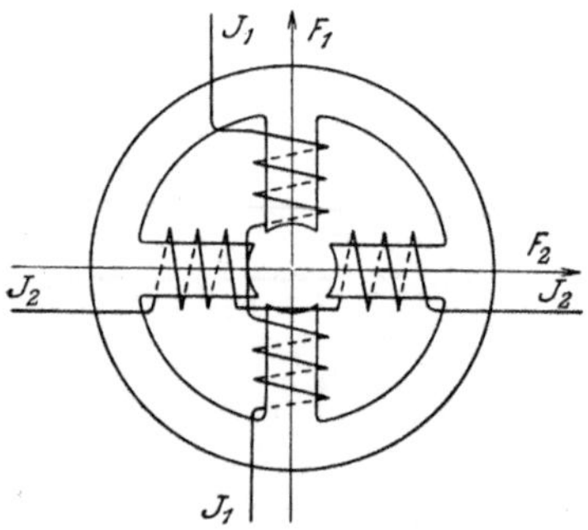

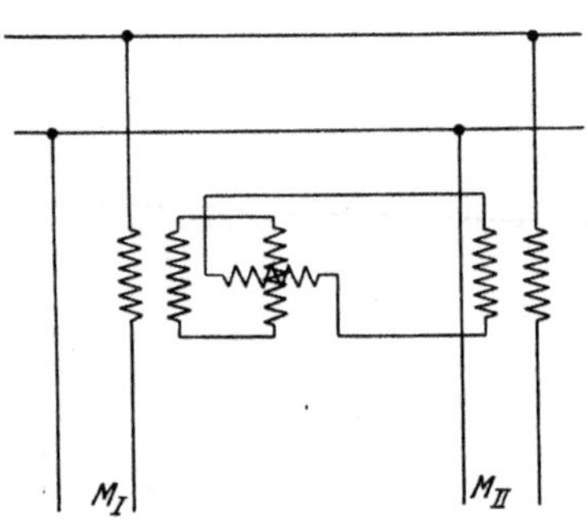

Abb. 187. Schaltung des Phasenvergleichers. Abb. 188.

wicklung erhalten (Abb. 187 und 188). Nach S. 128 war das Drehmoment im Ferrarisinstrument:

$$D = c\,F_1\,F_2 \sin\psi\,.$$

Ist jetzt J_1 und J_2 auf gleicher Phase, d. h. $\psi = 0$, so gibt das Instrument keinen Ausschlag, weil $\sin 0^0 = 0$ und das Drehmoment damit auch 0 wird. Je nachdem J_1 dem Strom J_2 vor- oder nacheilt, ist ψ positiv oder negativ und demnach auch das Drehmoment im Phasenvergleicher. Die Größe des Zeigerausschlages ist jedoch von der Größe der Ströme abhängig. Bei gleicher Phasenverschiebung, aber verschiedenen Strömen erhält man verschiedene Ausschläge und nur der Punkt 0 der Phasenverschiebung ist eindeutig. Ausschläge nach rechts oder links deuten daher im allgemeinen nur an, ob Voreilung oder Nacheilung besteht.

Ähnliche Konstruktionen gibt es noch eine ganze Anzahl.

Zungenfrequenzmesser.

Einleitung. Der Zungenfrequenzmesser, auch Resonanzfrequenzmesser genannt, war das erste Instrument, welches es ermöglichte, die Frequenz eines Wechselstromes unmittelbar anzuzeigen, während die früheren Apparate, die demselben Zweck dienten, Meßeinrichtungen darstellten, welche die Bestimmung der Wechselzahl nur auf Grund einer Rechnung nach vorangegangener Messung gestatteten.

Prinzip. Spannt man eine Blattfeder mit einem Ende fest ein, biegt das freie Ende zur Seite und läßt es dann los, so versucht die Feder, sich in ihre vorherige Ruhelage einzustellen. Infolge ihrer Schwungmasse gelingt ihr das nicht sofort, sondern sie bewegt sich über die Ruhelage hinaus und schwingt hin und her, bis sie endlich durch Luft- und innere Molekularreibung zur Ruhe kommt. Die Anzahl der Schwingungen pro Sekunde, die eine solche einseitig eingespannte Feder ausführt, wenn sie abgelenkt wird, ist abhängig von den Abmessungen der Feder, d. h. von der Trägheit ihrer Masse und der Kraft der Feder. Eine solche Feder führt also nur eine ganz bestimmte Anzahl von Schwingungen pro Sekunde aus. Lenkt man die Feder nun ein zweites Mal etwa ein Stück weiter ab wie vorher, so ist die Anzahl der Schwingungen, die sie pro Sekunde ausführt, dieselbe wie das erstemal. Nur die Schwingungsamplitude oder Schwingungsweite ist dann größer. Die Eigenschwingungszahl einer Feder ist praktisch unveränderlich.

Abb. 189. Resonanzzunge.

Man kann sich nun denken, daß eine solche Feder mehr als einmal abgelenkt wird, daß sie z. B. in regelmäßig wiederkehrenden Zeiten mehrere Stöße erhält, noch ehe sie zur Ruhe gekommen ist. Stimmt dann die Anzahl der Ablenkungen nicht mit der Anzahl der Schwingungen überein, welche die Feder sich selbst überlassen ausführen würde, so ist von selbst klar, daß gewisse Stöße, die die Feder von außen erhält, der Bewegung der Feder entgegenwirken werden, weil dieselben der augenblicklichen Bewegung der Feder entgegengerichtet sind und die Bewegung daher hemmen müssen, während die übrigen Stöße in der Richtung der augenblicklichen

Bewegung diese unterstützen. Ist dagegen die Anzahl der Ablenkungen dieselbe wie die Zahl der Schwingungen, welche die Feder von selbst ausführt, und erfolgen diese Stöße in gleichem Rhythmus wie die Eigenschwingungen der Feder, so verstärkt jeder Stoß die Bewegung der Feder, und die Ablenkung derselben ist dann am größten. Es besteht Resonanz. Stimmt man nun eine Anzahl von Federn auf gewisse aneinandergrenzende Schwingungszahlen ab und sorgt dafür, daß die nebeneinander befestigten Federn gleichzeitig im gleichen Rhythmus angestoßen werden, so schwingt diejenige Feder am weitesten aus, deren Eigenschwingungszahl mit der sekundlichen Anzahl der von außen bewirkten ablenkenden Stöße übereinstimmt.

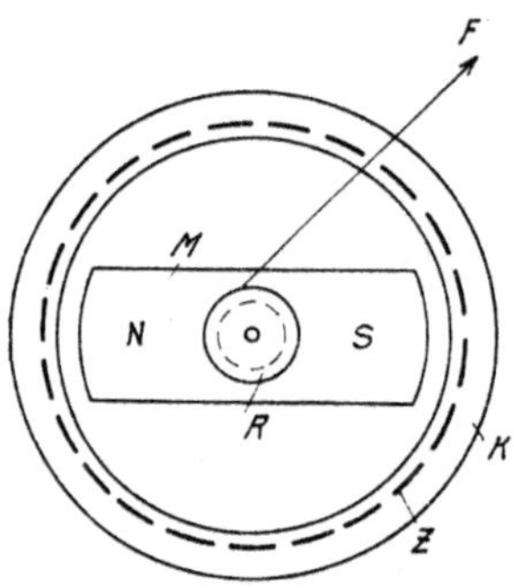

Abb. 190. Resonanzkreisel.

Ausführungsform. Zur Veranschaulichung des Resonanzprinzips, wie es in dem Zungenfrequenzmesser zur Wirkung kommt, eignet sich sehr gut der Resonanzkreisel. Ordnet man auf einem Metallring *K* eine Anzahl von verschieden abgestimmten Stahlzungen Z im Kreise an (Abb. 190 u. 191) und lagert in der Mitte einen Stabmagneten *M*, der von außen durch einen auf die Schnurrolle *R* aufgewickelten Faden *F* durch schnelles Abziehen desselben in Drehung versetzt werden kann, so wird jede der im Kreise angeordneten Stahlzungen bei jeder Umdrehung des Magneten einmal vom Nordpol und einmal vom Südpol angezogen. Jede Stahlzunge erfährt also bei jeder Umdrehung zwei magnetische Stöße. Liegt die mittlere Eigenschwingungszahl der verschieden abgestimmten Zungen z. B. bei 40 Schwingungen pro Sekunde, so muß der Kreisel, d. h. der Magnet, 20 Umdrehungen ausführen, um die mittlere Zunge zum größten Ausschlag zu bringen.

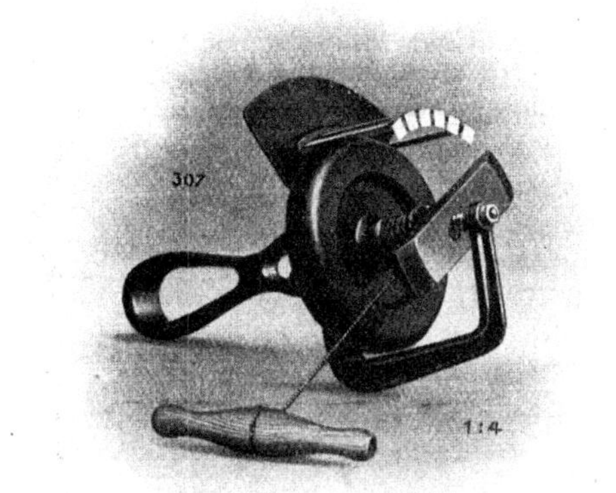

Abb. 191. Resonanzkreisel.

Zieht man den Faden *F* so schnell von der Schnurrolle, daß die Zunge mit der höchsten Eigenschwingungszahl die größte Schwingungsweite erhält, so beobachtet man, daß die einzelnen Zungen mit geringerer Eigenschwingungszahl beim Zurückgehen der Umdrehungszahl des Resonanzkreisels der Reihe nach ansprechen und wieder zur Ruhe kommen.

Die Ausführungsform der Zungenfrequenzmesser kann nun

verschieden sein, je nach der Art, wie die Zungen in Schwingung versetzt werden.

Bei der Ausführung von Hartmann & Braun[1]) (Abb. 192 u. 193) werden die auf einer gemeinsamen Metalleiste sitzenden Stahlzungen von einem länglichen, der Zungenreihe gegenüber befestigten Elektromagneten erregt, dessen Wicklung unter Vorschaltung von Widerständen an die Wechselspannung angelegt wird, deren Periodenzahl gemessen werden soll. Entsprechend der wechselnden Polarität des den Magneten *E* speisenden Wechselstromes wird jede Zunge bei jeder Periode des Wechselstromes zweimal angezogen und losgelassen. Aber nur diejenige Zunge, deren Eigenschwingungszahl mit der Polwechselzahl des zu messenden Wechselstromes übereinstimmt, besitzt ein Schwingungsmaximum, nur sie ist in Resonanz mit der Wechselzahl. Der Eintritt der Resonanz ist bei den Stahlzungen, welche in den Frequenzmessern von Hartmann & Braun zur Verwendung kommen, sehr scharf begrenzt.

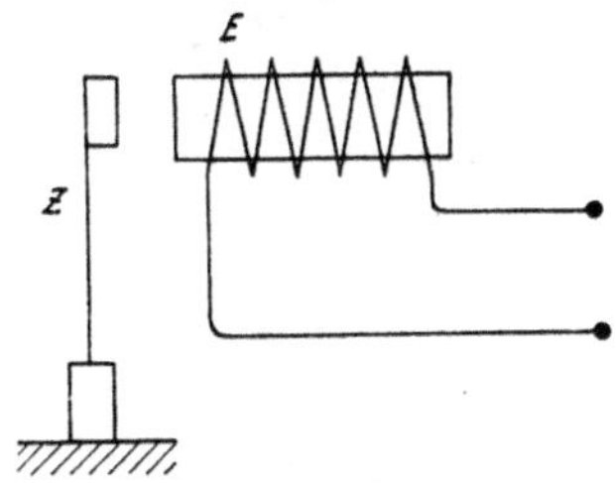

Abb. 192. Resonanzfrequenzmesser von H. & B.

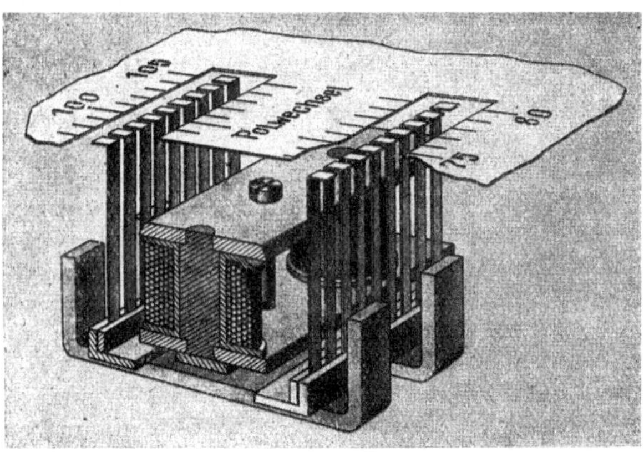

Abb. 193. Resonanzfrequenzmesser von H. & B.

Z. B. gerät eine Zunge von 90 Schwingungen bei einer Frequenz des Erregerstromes von 88 Polwechseln noch kaum merklich ins Mitschwingen. Bei 89 Polwechseln tritt aber schon ein deutliches Resonanzbild auf, welches sich dann schnell zur vollen Größe ausbildet, die genau bei 90 Polwechseln besteht. Steigt die Frequenz noch höher als 90, so nimmt die Schwingungsweite der Zunge wieder ab. Bei 90,5 besitzt sie nur noch $^1/_2$ der Größe des Resonanzmaximums, bei 91 nur $^1/_4$, um schließlich ganz zu ver-

[1]) System Hartmann-Kempf.

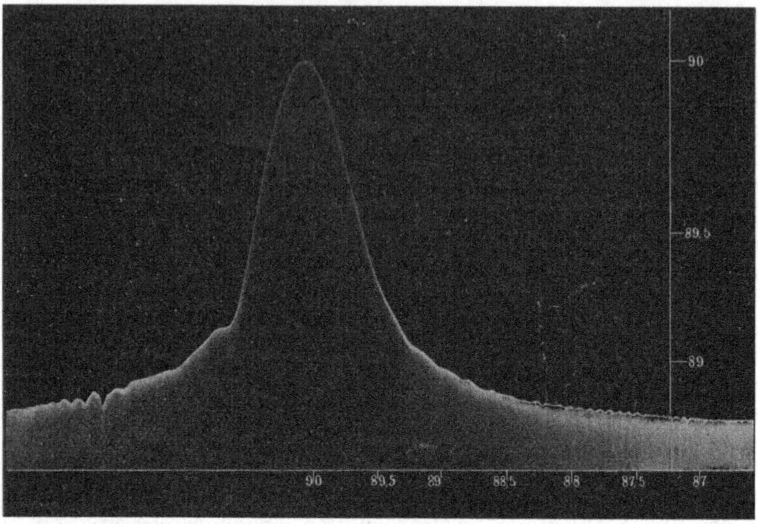

Abb. 194. Resonanzverlauf.

schwinden. Abb. 194 zeigt das Bild eines photographisch festgehaltenen Resonanzverlaufes.

Ist nun für die Frequenzen 88, 89, 90, 91, 92 je eine Zunge vorhanden, so erhält man für die genauen Vollwerte der genannten Frequenzen je ein einziges großes Schwingungsbild. Bei Zwischenwerten, z. B. 88,5, schwingen die Zungen 88 und 89 mit kleineren Schwingungswerten gleichzeitig, so daß der Mittelwert 88,5 abgeschätzt werden kann.

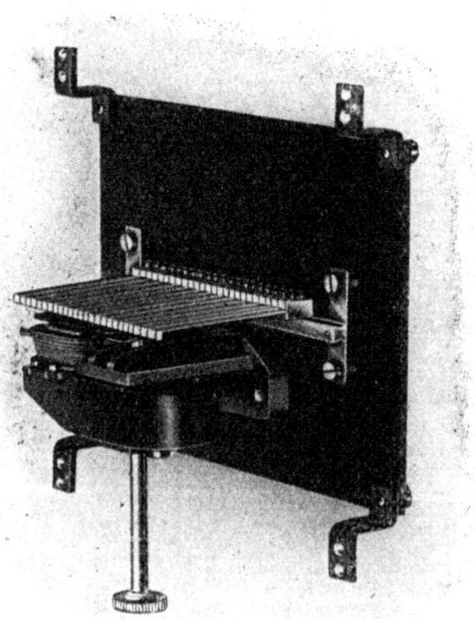

Abb. 195. Resonanzfrequenzmesser von S. & H.

Bei der Ausführungsform von Siemens & Halske[1]) (Abb. 195) besitzt die Zungenreihe ebenfalls eine gemeinsame, aber beweglich angeordnete Leiste, welche mit einem Anker in Verbindung steht, der auf zwei Blattfedern befestigt ist, und der von einem Wechselstrommagneten abwechselnd angezogen und losgelassen wird. Obwohl sämtliche Zungen bei der Einschaltung des Elektromagneten zu vibrieren beginnen, führt auch hier nur

[1]) System Frahm.

die eine Zunge deutliche Schwingungen aus, deren Eigenschwingung mit der Frequenz des zu messenden Wechselstromes übereinstimmt.

Infolge des Mangels frei schwingender Teile zeichnen sich die Resonanzfrequenzmesser durch große Widerstandsfähigkeit gegen mechanische Beschädigungen aus.

Skala. In bezug auf die Skalenausführung kann fast allen Wünschen Rechnung getragen werden. Für jede zu messende Wechselzahl braucht nur eine entsprechende Feder abgestimmt zu werden. Jede Zunge ist mit einem weißen Fähnchen *f* versehen, die in einem länglichen Schlitz des Skalenbleches in einer Reihe nebeneinander sichtbar werden (Abb. 196).

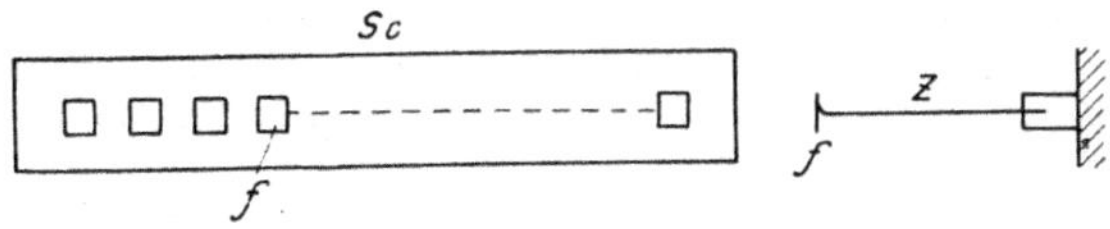

Abb. 196. Skala des Frequenzmessers.

Verwendbarkeit. Der Zungenfrequenzmesser ist in erster Linie für Wechselstrom, aber auch für unterbrochenen Gleichstrom verwendbar.

Da jeder Frequenz des Erregerstromes eine ganz bestimmte Umlaufzahl des rotierenden Teiles des Stromerzeugers entspricht, so kann die Skala des Zungenfrequenzmessers auch eine entsprechende Bezifferung, z. B. in Touren pro Minute, erhalten, um auf diese Weise einen Drehzahlenmesser herzustellen.

Unabhängig von vorhandenen Stromquellen kann der Zungenfrequenzmesser auch als Ferntachometer in Verbindung mit einem zugehörigen Magnetinduktor verwendet werden. Der Magnetinduktor *J* (Abb. 197) liefert dann, von irgendeiner Antriebswelle *W* getrieben, an seinen Klemmen den für die Erregung des Zungenfrequenzmessers *F* nötigen Wechselstrom.

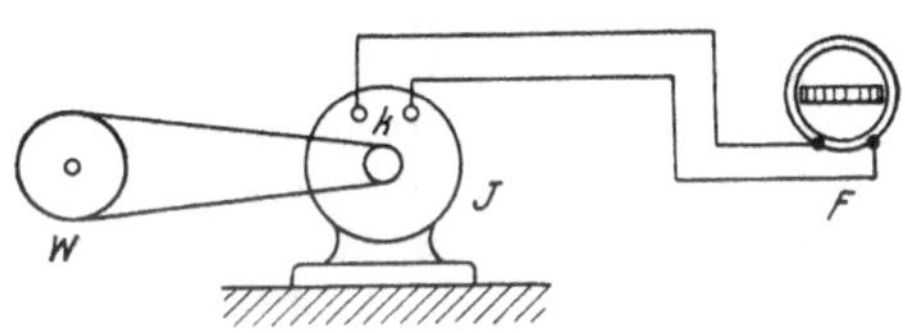

Abb. 197. Ferntachometer.

Fehlerquellen. Der Zungenfrequenzmesser ist in seinen Angaben von fremden Feldern völlig unabhängig. Auch Temperaturschwankungen haben keinen Einfluß. Eine Veränderung des Widerstandes im Stromkreise des Elektromagneten durch Temperaturschwankungen kann wohl eine kleine Änderung der Erregerstromstärke, nicht aber ihrer Polwechselzahl zur Folge haben.

Ebenso ist der Frequenzmesser von Spannungsschwankungen insofern unabhängig, als bei schwankender Spannung sich nur die Schwingungsweite des der betreffenden Frequenz entsprechenden Zungenausschlages ändert. Auch die Kurvenform eines zu messenden Wechselstromes kann auf die Angaben des Zungenfrequenzmessers keinen Einfluß ausüben. Es können überhaupt nur solche Zungen nennenswert ansprechen, welche mit den in dem Wechselstrom enthaltenen Harmonischen gleiche Schwingungszahl haben. Da ein Wechselstrom nur die ungeraden Vielfachen des Grundtones als höhere Harmonische enthalten kann, so würde als erster die höhere Harmonische dreifacher Frequenz in Frage kommen. Die der dreifachen Frequenz des Grundtones entsprechend abgestimmte Zunge liegt aber in der Skalenreihe der Zungen auf der Skala von der des Grundtones meist schon ziemlich weit entfernt, oder sie ist gar nicht vorhanden.

Nun werden die Beiträge des in der Erregerwicklung fließenden Stromes, welche durch die Obertöne der Wechselspannung erzeugt werden, infolge des bei dieser höheren Periodenzahl vergrößerten Wechselstromwiderstandes, klein, so daß die Erregung der betreffenden Zungen klein ist.

Da außerdem die Richtkraft der Zungen höherer Schwingungszahl größer ist, so wird ihre Schwingungsamplitude bei dieser geringen Erregung außerordentlich klein. Ein Irrtum bei der Ablesung ist daher ausgeschlossen.

Schließlich bleibt noch zu erwähnen, daß die Zungen bei richtiger Konstruktion trotz der häufigen Erschütterungen während der Schwingungen ihre Abstimmung nicht ändern.

Überlastbarkeit. Da keine stromführenden beweglichen Teile vorhanden sind, so ist die Wicklung des Erregermagneten im Zungenfrequenzmesser in ziemlich weiten Grenzen bis etwa zum dreifachen Betrage der Normalspannung überlastbar. Trotzdem tut man gut, bei jeder Spannung genügend Vorschaltwiderstand vor den Elektromagneten zu legen, damit die Schwingungsweite der Zungen im Betriebe nicht übermäßig groß wird, wodurch die Zungen schließlich an den Erregungsmagneten anschlagen und Schaden leiden können.

Meßbereich. Die Größe des Meßbereiches hängt nur von der Möglichkeit der Unterbringung einer genügenden Anzahl von Zungen ab. Dabei darf aber nicht übersehen werden, daß bei großen Meßbereichen sehr viele Zungen nötig sind, um die Skalenreihe ohne große Lücken zu erhalten, in denen man zwischen den Meßwerten zweier benachbarter Zungen die Frequenz nicht unmittelbar ablesen, sondern nur abschätzen kann. Allerdings hat die Praxis gezeigt, daß es genügt, Meßbereiche herzustellen, bei denen die Zunge der höchsten Frequenz dem vierfachen Betrage der Zunge mit der niedrigsten Schwingungszahl entspricht.

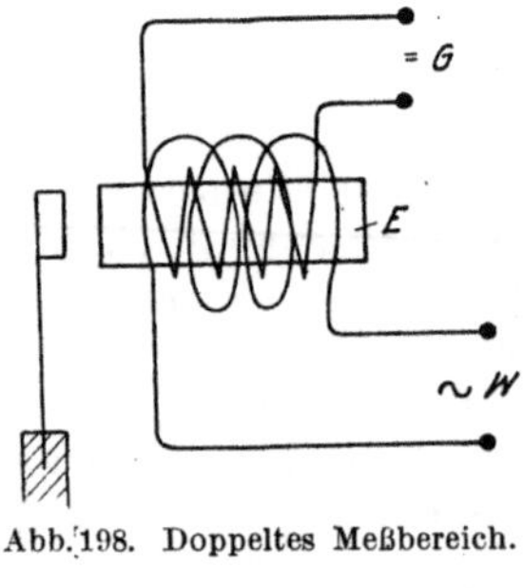

Abb. 198. Doppeltes Meßbereich.

Die niedrigste meßbare Frequenz beim Zungenfrequenzmesser ist 10 Perioden, die höchste etwa 1500 Perioden.

Es möge noch darauf hingewiesen werden, daß der Frequenzmesser durch geeignete Anordnung von Dauermagneten, oder auch durch Überlagerung einer Gleichstromerregung Abb. 198 auf dem Wechselstrommagneten, für zwei Frequenzmeßbereiche eingerichtet werden kann. In Abb. 199 bedeute die Wellenlinie *W* die Kurve des Wechselfeldes, welches von dem erregenden Wechselstrom im

Magneteisen erzeugt wird, dessen Frequenz gemessen werden soll. Seine Frequenz sei 25 Perioden (50 Wechsel). Zur Messung möge ein Frequenzmesser mit einem einfachen Meßbereich von 22,5 bis 27,5 Perioden mit 21 Zungen zur Verfügung stehen. Die Zunge für 25 Perioden zeigt dann die zu messende Frequenz 25 an. Schicken wir aber nun durch die übergelagerte Gleichstromwicklung G des Erregermagneten E (Abb. 198) einen Gleichstrom, der im Eisen ein konstantes Feld erzeugt von der Größe des Maximalwertes des vom Wechselstrom erzeugten Wechselfeldes, so entsteht im Erregermagneten ein resultierendes Feld R (Abb. 199). In den Augenblicken, wo das Wechselfeld W positiv ist, werden seine Werte durch das gleichgerichtete Feld G um einen entsprechenden konstanten Betrag vergrößert. In den Augenblicken, wo das Wechselfeld negativ ist, heben sich seine Werte teilweise mit dem konstanten Felde auf. Durch Addition der Augenblickswerte des Wechselfeldes zu den Ordinaten des konstanten Feldes entsteht eine neue Feldkurve R über der Nullinie, einem pulsierenden Felde von gleichbleibender Richtung ähnlich. Seine Periodenzahl ist aber nur halb so groß, wie die des Wechselfeldes bzw. die des gemessenen Wechselstromes.

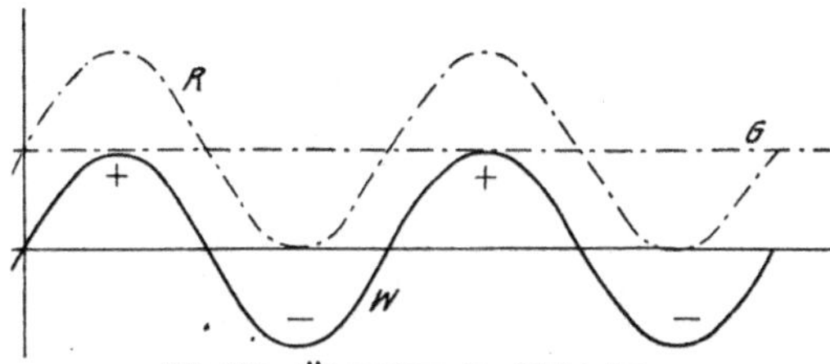

Abb. 199. Übergelagerter Gleichstrom.

Die Zungen werden jetzt pro Sekunde nur halb so oft angezogen und losgelassen wie früher. Infolgedessen zeigt diejenige Zunge, welche früher 25 Perioden angezeigt hatte, jetzt eine Frequenz von 50 Perioden an, denn es schwingt jetzt natürlich diejenige Zunge mit, deren Eigenschwingungszahl der Zahl der Impulse des resultierenden Feldes entspricht.

Anstatt eine zweite Wicklung und einen im Elektromagneten übergelagerten Gleichstrom zu verwenden, genügt es auch, einen permanenten Magneten M so anzuordnen (Abb. 200), daß einer seiner Pole dem Pol des Elektromagneten so gegenübersteht, daß dadurch dieselbe Wirkung erzeugt wird wie mit dem übergelagerten Gleichstrom. Auch hier entsteht ein resultierendes Feld aus dem Felde des Dauermagneten und dem Felde, welches durch den Wechselstrom erzeugt wird. Entfernt man den Magneten wieder, so zeigen die Zungen die ursprüngliche niedrigere Frequenz an. Mittels eines sog. Transpositionsschalters (Abb. 201) können die Zungenfrequenzmesser so eingerichtet werden, daß ein derartiger permanenter Magnet in einer Schalterstellung mit

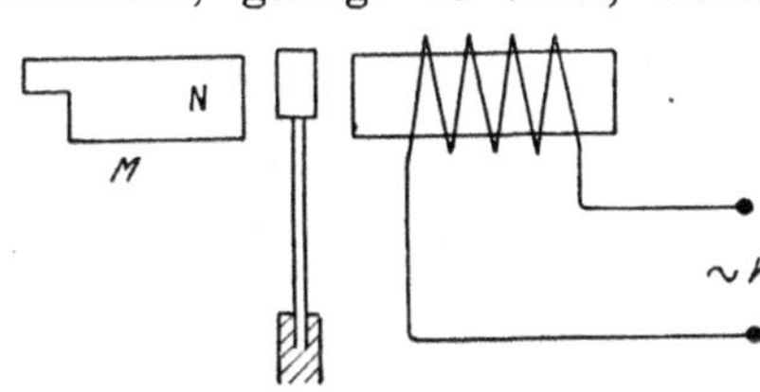

Abb. 200. Vorgelegter Magnet.

seinem Pol dem Wechselstrommagnet zugewendet ist, während er in einer zweiten Schalterstellung aus der Nähe des Wechselstrommagneten entfernt wird, so daß dieselbe Zungenreihe hierdurch für zwei verschiedene Frequenzmeßbereiche verwendbar ist.

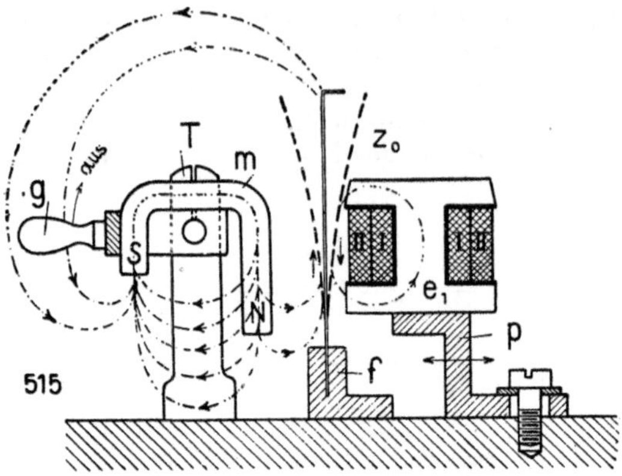

Abb. 201. Transpositionsschalter.

Genauigkeit. Die Genauigkeit der Angaben des Resonanzfrequenzmessers hängt in erster Linie ab von der Genauigkeit der Abstimmung der Zungen, abgesehen von den Werten, welche nicht mehr durch unmittelbare Ablesung, sondern nur durch Schätzung ermittelt werden können. Die Zungen können aber einzeln bis auf 1‰ genau abgestimmt werden.

Zeigerfrequenzmesser.

Während man bis vor kurzem fast ausschließlich den Resonanzzungenfrequenzmesser zur Messung der Polwechselzahl von Wechselströmen verwendete, sind in neuerer Zeit andere Instrumente entstanden, bei denen der zu messende Wert wie bei den meisten übrigen elektrischen Meßinstrumenten, Strom- und Spannungsmessern usw.,

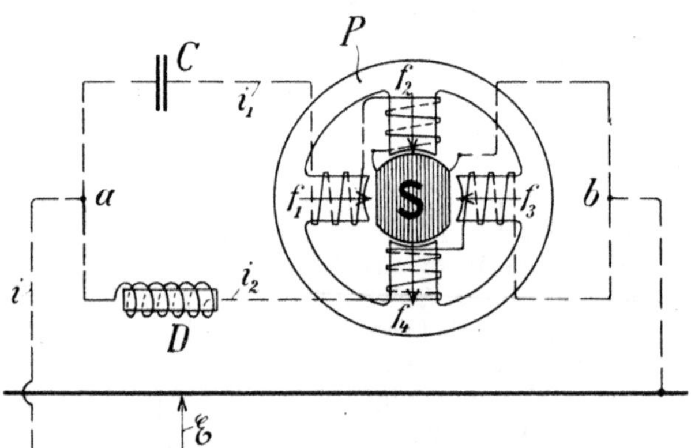

Abb. 202. Zeigerfrequenzmesser von H. & B.

an einem Zeiger auf einer Skala abgelesen werden kann. Es mögen zwei verschiedene Ausführungen beschrieben werden:

Bei dem elektrodynamischen Zeigerfrequenzmesser von Hartmann & Braun sind vier Spulen zu je zwei einander gegenüber fest angeordnet und erzeugen vier Wechselfelder (Abb. 202). Diese ergänzen sich zu zwei resultierenden Feldern F_1 und F_2 (Abb. 203), die räumlich um einen spitzen Winkel ψ gegeneinander versetzt sind. Zwischen den vier kreisförmig ausgebohrten Polschuhen eines gemeinsamen Poleisens P liegt, drehbar gelagert, eine bewegliche Spule S, welche zum Zwecke einer möglichst gleichmäßigen Skalenteilung die aus der Abb. 202 ersichtliche Gestalt besitzt.

Die festen Spulen sind mit der beweglichen zwischen den Punkten a und b in einer Stromverzweigung vereinigt, welche an die Wechselspannung E angelegt wird, deren Frequenz gemessen werden soll.

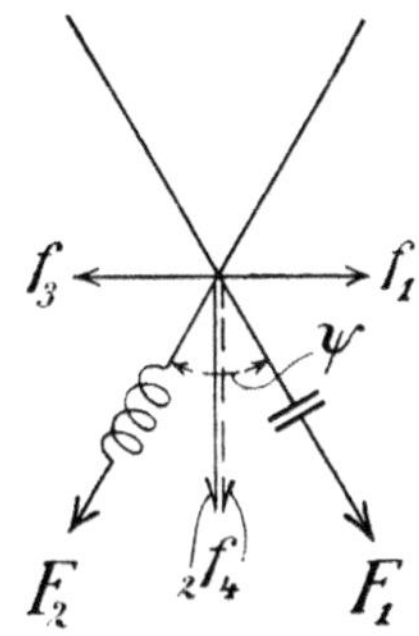

Abb. 203. Feste Felderanordnung.

In der einen Seite der Stromverzweigung liegt die Drosselspule D, in der anderen ein Kondensator C, wodurch eine Vorverschiebung des Teilstromes i_1 bzw. eine Rückverschiebung des Teilstromes i_2 bewirkt wird.

Die bewegliche Spule liegt unter Vermittlung zweier feiner Bronzebänder mit vernachlässigbar kleiner Drehkraft im Kondensatorzweige und ist mit den zwei Spulen f_1 und f_2, welche das resultierende Feld F_1 liefern, hintereinander geschaltet, während die beiden anderen Spulen, die das resultierende Feld F_2 liefern, mit der Drosselspule D in Hintereinanderschaltung liegen.

Da keinerlei mechanische Richtkräfte vorgesehen sind, wird die bewegliche Spule im Gleichgewicht gehalten durch zwei elektrische Drehmomente M_1 und M_2, welche bei der vorliegenden Anordnung entgegengesetzte Richtung haben.

Der Einfachheit der Betrachtung wegen nehmen wir an, daß die Felder mit den erzeugenden Strömen i_1 und i_2 in Phase sind, und demnach ist auch das feste resultierende Feld F_1 in Phase mit i_1 und F_2 in Phase mit i_2. Das bewegliche Feld F ist in Phase mit i_1 und daher auch mit F_1. Die im Frequenzmesser auftretenden Drehmomente sind daher:

$$M_1 = c\,F \cdot F_1 \cdot \cos 0^0 \cdot \sin(y - \psi)\,, \qquad \text{(Gl. 1)}$$
$$M_2 = c\,F \cdot F_2 \cdot \cos\varphi \cdot \sin(360^0 - y)\,. \qquad \text{(Gl. 2)}$$

Hierin bedeutet:

c = Proportionalitätsfaktor,
F = das drehbare Wechselfeld,
$\left.\begin{matrix} F_1 \\ F_2 \end{matrix}\right\}$ = die beiden in den vier festen Spulen von den Strömen i_1 und i_2 erzeugten resultierenden Felder,
y = beliebig angenommene räumliche Verdrehung des beweglichen Feldes F gegen das feste Feld F_2,
ψ = Raumwinkel der Felder F_1, F_2,
φ = Phasenwinkel zwischen i_1 und i_2 oder auch F bzw. F_1 und F_2.

Dazu mögen die Abb. 204 u. 205 das Verständnis der Gl. (1) und (2) erleichtern.

Für Gleichgewicht zwischen M_1 und M_2, d. h. für eine bestimmte Einstellung des beweglichen Systems bei einer bestimmten Frequenz, wird $D_1 = D_2$, d. h.:

$$c F F_1 \cos 0^0 \sin(y - \psi) = c F F_2 \cos\varphi \sin(360 - y)$$

oder, da c und F sich aus der Gleichung herausheben, und da wir annehmen können, daß F_1 proportional i_1 und F_2 proportional i_2 ist, so wird bei gleichen Windungszahlen bezüglich F_1 und F_2:

$$i_1 \sin(y - \psi) = - i_2 \cos\varphi \sin y$$

oder

$$i_1 \sin y \cdot \cos\psi - i_1 \cdot \cos y \sin\psi = - i_2 \cos\varphi \sin y$$

oder, wenn man beiderseits durch $i_1 \sin y \sin\psi$ dividiert

$$\operatorname{ctg}\psi - \operatorname{ctg} y = - \frac{i_2}{i_1} \cdot \frac{\cos\varphi}{\sin\psi}$$

oder

$$\operatorname{ctg} y = \operatorname{ctg}\psi + \frac{1}{\sin\psi} \cdot \frac{i_2}{i_1} \cdot \cos\varphi. \qquad \text{(Gl. 3)}$$

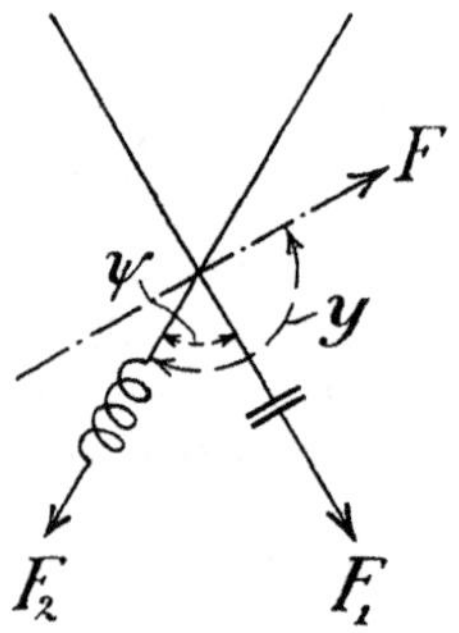

Abb. 204. Räumliche Lage.

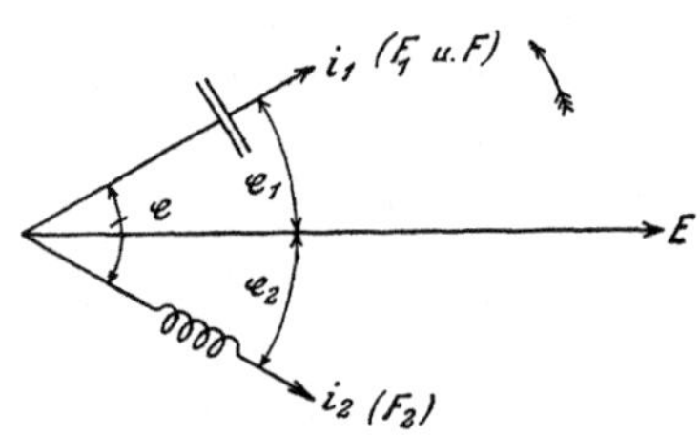

Abb. 205. Zeitfolge.

Da die Sättigungsverhältnisse für das Poleisen P so gewählt sind, daß der Raumwinkel ψ innerhalb des in Frage kommenden Frequenzmeßbereiches trotz der veränderlichen Ströme i_1 und i_2 praktisch konstant bleibt, so ist in Gl. (3): $\operatorname{ctg}\psi$ und auch $\frac{1}{\sin\psi}$ unveränderlich; Gl. (3) geht über in Gl. (4)

$$\operatorname{ctg} y = a + b \cdot \frac{i_2}{i_1} \cdot \cos\varphi, \qquad \text{(Gl. 4)}$$

wobei $a = \operatorname{ctg}\psi$, $b = \frac{1}{\sin\psi} =$ konstant ist.

In welcher Form die Ströme i_1 und i_2 und weiterhin die Phasenverschiebung φ zwischen den Strömen i_1 und i_2 von der Frequenz abhängen, ersehen wir aus der folgenden Tabelle, welche eine Zusammenstellung der Werte i_1, i_2 und $\overline{i_1 + i_2}$ und $\cos\varphi$ in ihrer Abhängigkeit von der Frequenz darstellt, und zwar innerhalb eines gewählten Frequenzmeßbereiches, z. B. bei einem Zeigerfrequenzmesser für 45 bis 55 Perioden.

$$\psi = 32^0.$$

Perioden	i_1	i_2 Ampere	$i = i_1 + i_2$	φ^0	$\cos\varphi$
45	0,0342	0,074	0,056	133,5	— 0,688
47	0,0396	0,071	0,054	130,5	— 0,649
50	0,0456	0,067	0,054	126,5	— 0,595
53	0,0505	0,058	0,056	118,5	— 0,477
55	0,0515	0,051	0,057	113,5	— 0,399

Wie wir sehen, steigt der Strom i_1 mit der Frequenz, während i_2 gleichzeitig kleiner wird. Während nun das Verhältnis $\frac{i_2}{i_1}$ mit steigender Frequenz etwa auf die Hälfte seines Anfangswertes herabsinkt, wird auch φ und $\cos\varphi$ im selben Sinne kleiner, so daß also die Veränderung der Phasenverschiebung zwischen den Strömen i_1 und i_2 die Wirkung noch unterstützt und den Ausschlag y des beweglichen Systems vergrößern hilft.

Die Verdrehung des Systems erfolgt also dadurch, daß die Zweigströme i_1 und i_2 sich mit der Frequenz im entgegengesetzten Sinne ändern.

Die Skala des Zeigerfrequenzmessers verläuft annähernd proportional (Abb. 206).

Der Weston-Frequenzmesser gehört der elektromagnetischen Type an, unterscheidet sich aber von den einfachen Volt- und Amperemetern wesentlich.

Abb. 206. Zeigerfrequenzmesser von H. & B.

Das Instrument enthält zwei feste Wicklungen, deren jede aus zwei Abteilungen besteht. Sie sind flach gewickelt, und eine ist im Innern der anderen so angeordnet, wie aus Abb. 207 zu erkennen ist, daß ihre magnetischen Felder rechtwinklig zueinander verlaufen. Das bewegliche System besteht aus einer Achse, die den Dämpferflügel, ein Eisenstäbchen und den Zeiger trägt. Das bewegliche System enthält keinerlei Federn, noch andere Stromverbindungen, kann sich also vollkommen frei bewegen. Eine Luftdämpfung bewirkt die schwingungsfreie Einstellung des Systems. Die Spulen sind hintereinander geschaltet und dann im Nebenschluß mit der Netzleitung verbunden, und zwar die eine in Reihe mit einer Drosselspule, die andere mit einem induktionslosen Widerstand. Parallel zu der einen Wicklung samt Drosselspule ist ein induktionsloser Widerstand gelegt, ein weiterer induktiver Widerstand dagegen parallel zu der anderen, einschließlich dem induktionslosen Widerstand. Der ganzen Kombination ist schließlich eine Drosselspule vorgeschaltet, die zur Abdämpfung der höheren Harmonischen dienen soll. Die verschiedenen Stromkreise bilden eine Wheatstonesche Brücke, die bei der normalen Periodenzahl abgeglichen ist. Steigt nun die Frequenz, so wächst hierdurch der induktive Widerstand der Drosselspulen und stört so das Gleichgewicht der Brücke, indem mehr Strom durch die eine Wicklung und weniger durch die andere geht. Infolgedessen wird jede Änderung der Frequenz von einer entsprechenden Verschiebung der räumlichen Lage des resultierenden Feldes begleitet sein, was an der Zeigerbewegung zu erkennen ist. Die Skala des Weicheisenfrequenzmessers ist nahezu gleichmäßig.

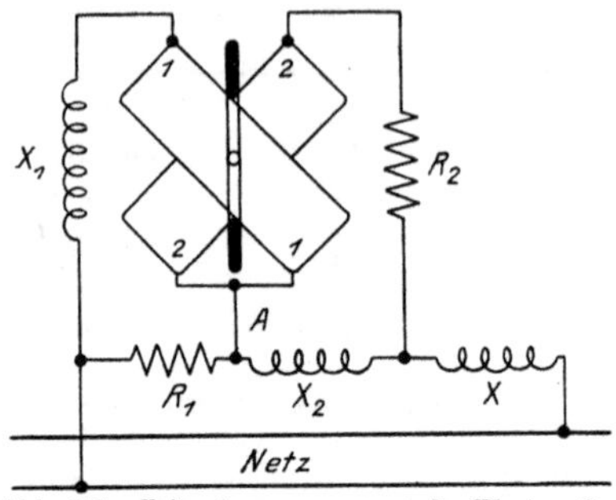

Abb. 207. Zeigerfrequenzmesser der Weston Co.

Genauigkeit. Die Angaben des Instrumentes werden praktisch von Spannungsschwankungen nicht beeinflußt; so bewirkt eine Änderung der Spannung von 75 auf 150 V nur einen Unterschied von weniger als 1,5 %. Verschiedenheiten der Kurvenformen, wie solche im praktischen Betriebe vorkommen, rufen keine bemerkenswerten Abweichungen hervor.

Synchronismuszeiger.

Die Synchronismuszeiger haben den Zweck, beim Parallelschalten von Wechselstrommaschinen den richtigen Augenblick erkennen zu lassen, in dem die Maschinen parallel geschaltet werden dürfen.

Dabei müssen drei Bedingungen erfüllt sein, ehe man parallel schalten kann. Der Betriebszustand der parallel zu schaltenden Maschine muß dem der bereits im Betriebe befindlichen Maschine, dem des Netzes gleich sein, und zwar in bezug auf Frequenz, Spannung und Phase.

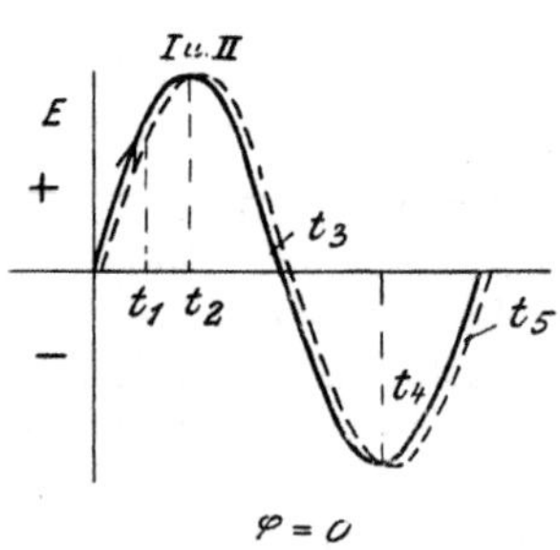

Abb. 208. Synchronismus.

Zur Bestimmung der Gleichheit der Spannung kann jedes beliebige Wechselstromvoltmeter verwendet werden, zur Bestimmung der Gleichheit der Periodenzahl der Frequenzmesser, zur Bestimmung der Phasengleichheit der Synchronismuszeiger, der auch gleichzeitig die Frequenzgleichheit, d. h. den vollständigen Synchronismus (Abb. 208) erkennen läßt.

Nehmen wir an, zwei Wechselstrommaschinen seien bereits auf gleiche Spannung gebracht, und ihre Periodenzahl sei dieselbe, so kann doch zwischen beiden Spannungen noch eine Phasenverschiebung bestehen (Abb. 209—211). Würden wir in einem solchen Augenblick parallel schalten, so wäre die Folge davon mindestens ein teilweiser, wenn nicht ein vollständiger Kurzschluß.

Sind A und B in Abb. 212 die Hauptklemmen der bereits auf das Netz geschalteten Maschine I, so sei die Spannungsrichtung in dem gezeichneten Augenblick 1 (Abb. 208) von A nach B positiv. Wir können der Sammelschiene A für den Augenblick 1 das positive Vorzeichen geben. Dementsprechend sei in demselben Augenblick die Spannungsrichtung der zuzuschaltenden Maschine II von a nach b

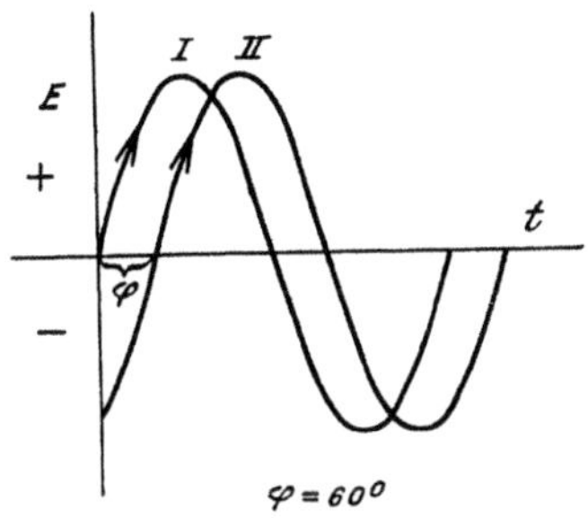

Abb. 209.

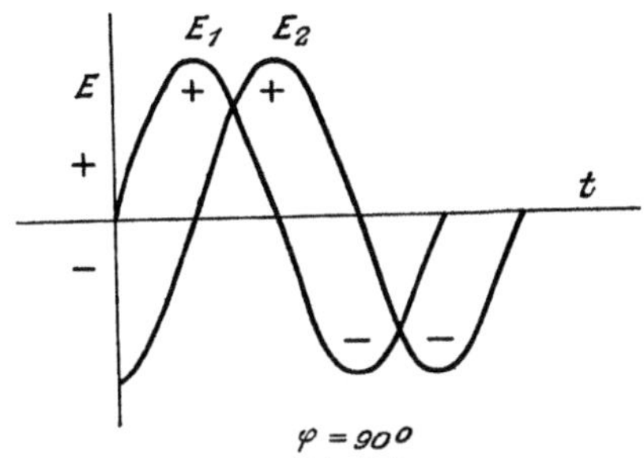

Abb. 210.

Phasenverschobene Spannungen (kein Synchronismus).

außen ebenfalls positiv; die Maschine II hat zur Zeit t_1 bei a das positive Vorzeichen.

Wir betrachten nun die beiden Lampen l, die sog. Synchronisierlampen[1]), welche zwischen a und der Schiene B bzw. zwischen b und der Schiene A eingeschaltet sind. Wie wir sehen, werden diese

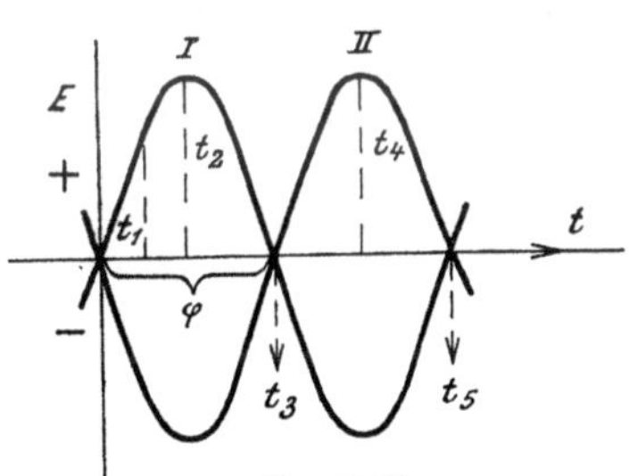

Abb. 211. Entgegengesetzte Phase.

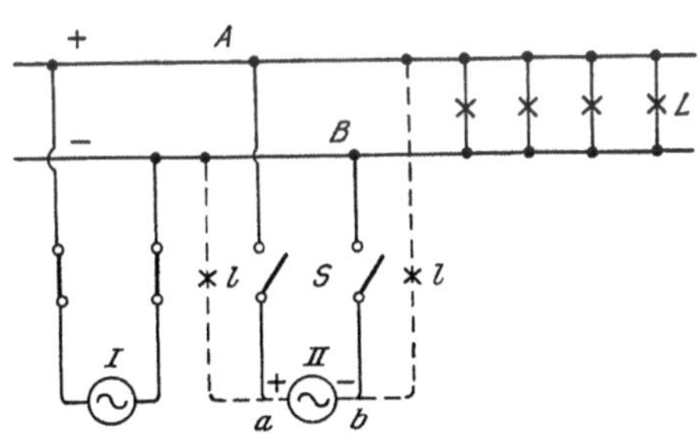

Abb. 212. Hellschaltung der Synchronisierlampen.

Synchronisierlampen einerseits von der Maschine I gespeist, weil sie in Serie mit der Maschine II an den Klemmen A und B liegen. Andererseits erhalten sie auch von der Maschine II Strom, weil sie mit der Maschine I in Serie an den Klemmen a und b angeschlossen

[1]) Zur Erklärung des Synchronisierens sind als Beispiel die Synchronisierlampen herangezogen, deren Wirkungsweise vielfach bekannter ist. Die Betrachtungen gelten dann ohne weiteres auch für die später genannten Synchronisiervoltmeter.

sind (Abb. 213). Der Gesamtstrom in den Lampen ist proportional der Summenspannung E der beiden gleichen Maschinenspannungen E_1 und E_2, die sich in jedem Augenblick addieren. Für gleiche Frequenz und eine Phasenverschiebung $\varphi = 90^0$ der Spannungen E_1 und E_2 gegeneinander zeigt Abb. 214, den Vektor der Summenspannung $E = \frac{E_1}{\cos 45^0}$. Ändert sich die Phasenverschiebung φ, so ändert sich auch die Größe der Summenspannung; für $\varphi = 0$ ist

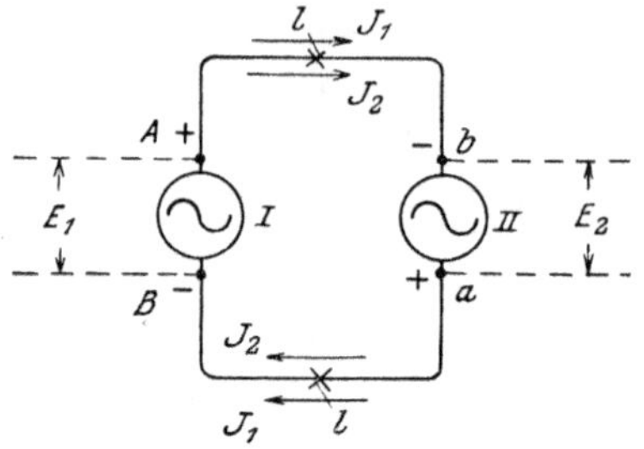

Abb. 213. Hellschaltung.

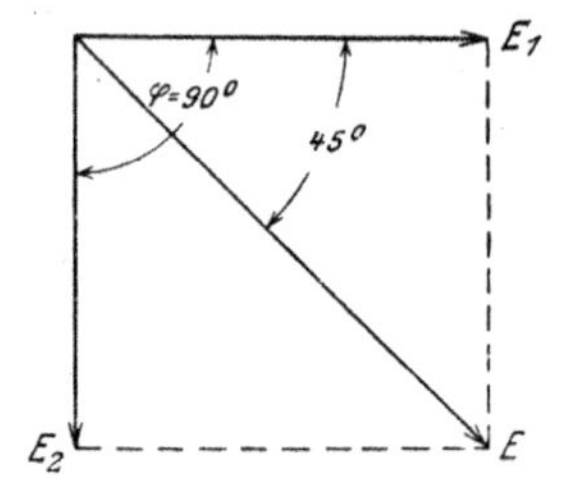

Abb. 214. Diagramm der Spannungen.

$E = 2E_1$, die Lampen leuchten hell auf; für $\varphi = 180^0$ ist $E = 0$, die Lampen verlöschen. Mit der Änderung der Phasenverschiebung werden beide Lampen gleichzeitig abwechselnd hell und dunkel. Aber nur in dem Augenblick, wo die Lampen hell aufleuchten, ist $\varphi = 0$; nur dann haben die entsprechenden Klemmen Aa und Bb in jedem Augenblick gleiches Vorzeichen. Die Maschinen besitzen dann gleiche Polarität und dürfen parallel geschaltet werden.

Das Vorstehende galt für gleiche Frequenzen. Ehe die Maschinen wirklich parallel geschaltet sind, läßt sich dieser Zustand nur für kurze Zeit aufrechterhalten. Im allgemeinen wird eine der beiden Maschinen der anderen mehr oder weniger vorauseilen. Die Frequenz der beiden Wechselspannungen ist verschieden. In Abb. 214 überholt jetzt ein Vektor den andern; die Phasenverschiebung φ ändert sich fortdauernd. Die Synchronisierlampen werden in jedem Augenblick von einem Strom durchflossen, der auch hier wieder der Summe beider Spannungen proportional ist.

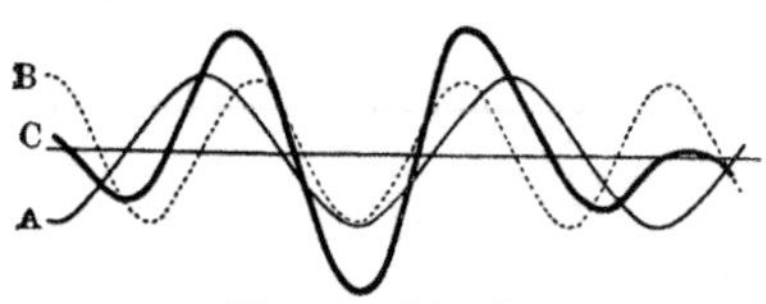

Abb. 215. Schwebung.

Wie wir aus Abb. 215 erkennen, ist der Effektivwert der Summenspannung nicht konstant, sondern er schwankt zwischen Null und einem maximalen Wert ($2E$) auf und ab. Es entsteht eine sog. Schwebung. Dementsprechend werden die Lampen von einem auf und ab schwankenden Strom durchflossen; sie leuchten abwechselnd auf und werden wieder dunkel, d. h. sie flackern, und zwar um so schneller, je mehr die Periodenzahlen beider Maschinen voneinander verschieden sind. Nähern sich die Periodenzahlen wieder, so erfolgt das Aufleuchten in immer längeren Zeiträumen, bis schließlich bei gleicher Frequenz das Flackern ganz aufhört. Die Lampen brennen ruhig, brauchen dabei aber noch nicht ihre größte Helligkeit zu besitzen. Erst wenn die Frequenzen und auch die Phasen genau gleich sind, leuchten die Lampen voll auf und bleiben hell. Dann laufen die Maschinen synchron und erst dann können sie durch Hereindrücken des Hauptschalters der zuzuschaltenden Maschine parallel geschaltet werden.

Sollte die Parallelschaltung nicht ganz genau in dem an den Lampen beobachteten richtigen Augenblick erfolgt sein, so sorgen die in den Maschinen auftretenden Ausgleichsströme dafür, daß die Maschinen in Tritt kommen.

Man kann die Schaltung der Synchronisierlampen auch anders treffen. Legt man wie in Abb. 216 die an a liegende Lampe an die

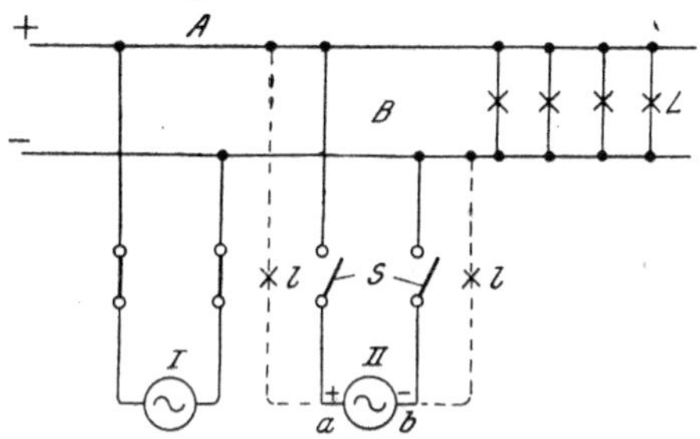

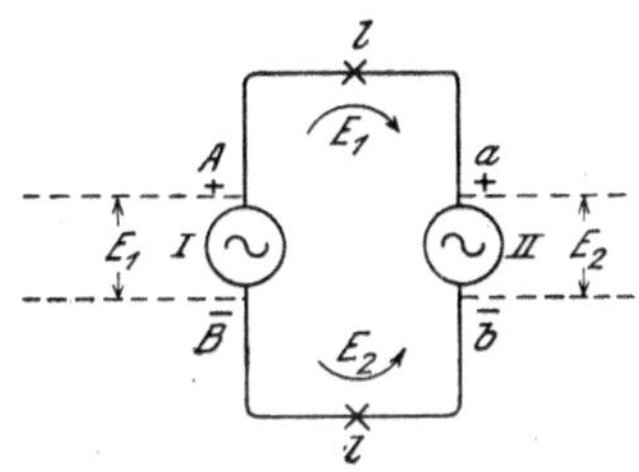

Abb. 216. Dunkelschaltung der Synchronisierlampen. Abb. 217.

Sammelschiene A (anstatt an B) und die andere Lampe an B (anstatt an A, wie in Abb. 212), so muß man bei dunklen Lampen parallel schalten, weil bei dieser Schaltung für $\varphi = 0$, für Synchronismus die Spannungen E_1 und E_2 im Stromkreis der Lampen gegeneinander gerichtet sind, die Summenspannung also Null ist (Abb. 217).

Schließlich bleibt noch zu erwähnen, daß die Synchronisierlampen bei Dunkelschaltung nach der Parallelschaltung, d. h. wenn der Hauptschalter geschlossen wird, auslöschen, während sie bei Hellschaltung nach dem Parallelschalten mit der normalen Helligkeit brennen. Jede Lampe liegt dann an der Netzspannung. Jede der Lampen ist für die einfache Betriebsspannung zu bemessen.

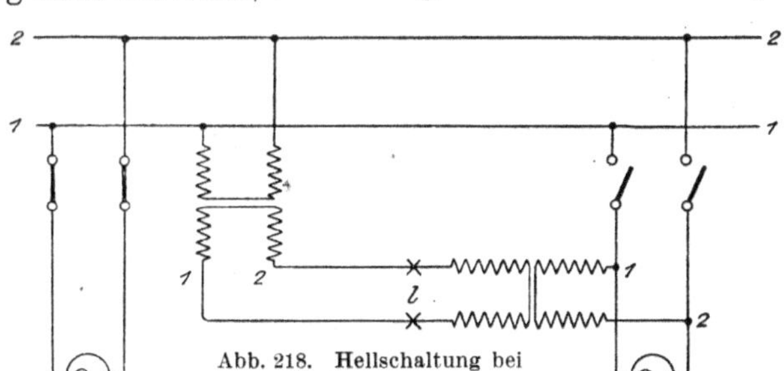

Abb. 218. Hellschaltung bei Hochspannung.

Beide Schaltungen sind auch bei Hochspannung anwendbar, wenn zwei geeignete Spannungswandler zur Verfügung stehen. Die entsprechende Anordnung für Hellschaltung ist aus Abb. 218 zu ersehen. Anstatt mit Plus- und Minuszeichen werden in der Praxis die entsprechenden Klemmen vielfach mit gleichlautenden Ziffern bezeichnet. Will man bei dunklen Lampen parallel schalten, so sind die Leitungen 1 und 2 an der Sekundärseite eines der beiden Wandler miteinander zu vertauschen. Dieselben Schaltungen werden auch für die Parallelschaltung von Drehstrommaschinen verwendet. Abb. 219 zeigt das Schema für die Synchronisierung bei Drehstromhochspannung mit Dunkelschaltung für den Fall, daß zwei Drehstromspannungswandler zur Verfügung stehen. Dieselbe Schaltung der Synchronisierlampen ist auch anwendbar, wenn nur zwei Einphasenspannungswandler zur Verfügung stehen, denn es werden nur zwei Leitungen für die Synchronisierung benutzt. Die dritte Leitung bleibt dann frei. Sinngemäß kann die Schaltung natürlich auch in Drehstromniederspannungsanlagen ohne Spannungswandler Verwendung finden. Dann werden die Lampen direkt an die Leitungen angeschlossen.

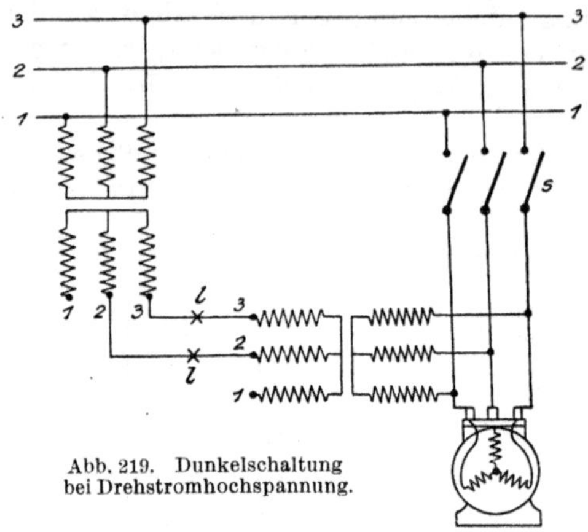

Abb. 219. Dunkelschaltung bei Drehstromhochspannung.

Das Prinzip der einphasigen Schaltung der Synchronisierlampen erklärt sich aus der Betrachtung der Abb. 220. Wie wir sehen, liegen im Stromkreis der Lampen die beiden verketteten Spannungen E_1 der beiden Drehstrommaschinen M_I und M_{II}, deren Spannungsdiagramme in Abb. 222 dargestellt sind. Es genügt, zwei verkettete Spannungen, z. B. E_1 (Abb. 220), auf Synchronismus zu bringen, denn damit sind dann auch die anderen Spannungen gleichphasig, da sie ja um gleiche Winkel (120°) auseinanderliegen. Die Parallelschaltung zweier Drehstrommaschinen nach der Einphasenschaltung geht somit nach denselben Grundsätzen vor sich, wie die Synchronisierung von Einphasenwechselstrommaschinen.

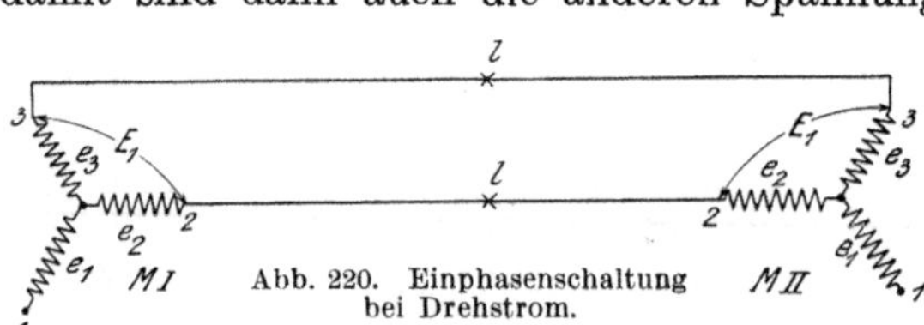

Abb. 220. Einphasenschaltung bei Drehstrom.

Nun kann man aber bei der Einphasenschaltung nicht ohne weiteres erkennen, welche Maschine voreilt, wenn man nicht durch Änderung der Tourenzahl der zuzuschaltenden Maschine gleichsam durch Probieren unter gleichzeitiger Beobachtung der Veränderung im Verhalten der Synchronisierlampen einen Schluß ziehen will darauf, welche Maschine schneller läuft (was bei einiger Übung übrigens auch nicht allzu schwierig ist).

Daher verwendet man vielfach für Drehstrom eine Spezialschaltung von drei einander gleichen Gruppen von Lampen, in den meisten Fällen nur drei einzelnen Lampen, die allgemein als **Synchronisierrose** bezeichnet wird. Die Schaltung der Lampen zwischen den drei Leitungen zweier Drehstrommaschinen *A* und *B* und das zugehörige Spannungsdiagramm ist aus Abb. 221 und 222 zu ersehen. Während die Lampe *I* zwischen zwei gleichnamigen Leitungen (1—1) liegt, sind die Lampen *II* und *III* gewissermaßen über Kreuz zwischen die Leitungen 2—3 bzw. 3—2 der beiden Drehstrommaschinen geschaltet. Bei unserer Überlegung greifen wir aus dem Betriebszustand der Synchronisierung einen Augenblick heraus, in dem die Diagramme *A* und *B* der Sternspannungen um einen gewissen Winkel δ gegeneinander verschoben sind, und machen für die Wicklungen der beiden Maschinen die Voraussetzung, daß die vom Sternpunkt derselben fortlaufenden Spannungen

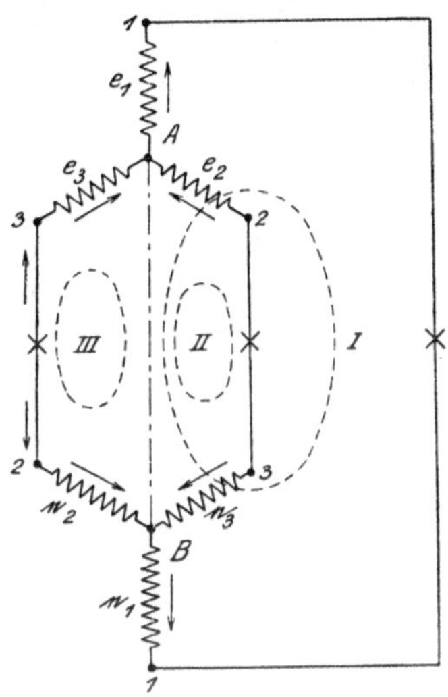

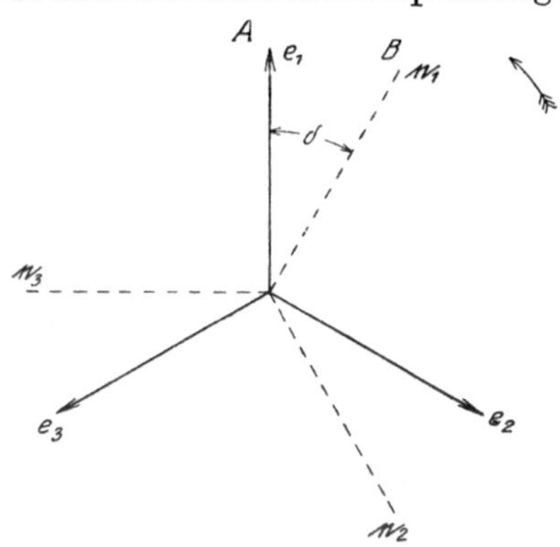

Abb. 221. Synchronisierrose. Abb. 222.

positiv, die auf den Sternpunkt zu gerichteten Spannungen negativ seien. Ferner nehmen wir gleiche Widerstände der Lampen[1]) an, um die Betrachtung einfach zu gestalten.

Wir können die beiden Sternpunkte der Maschinen durch eine Neutralleitung verbunden denken, in der kein Strom fließt. In dem gezeichneten Augenblick sind die Sternspannungen 1 positiv, die übrigen dagegen negativ.

Der Stromkreis der Lampe *III* ist über die Neutralleitung und Leitung e_3 und e_2 geschlossen, der Stromkreis der Lampe *II* über die Neutralleitung und die Leitungen e_2 und e_3; der der Lampe *I* über die Neutralleitung und die Leitung e_1 und e_1. Die drei Synchronisierlampen erhalten in dem gezeichneten Augenblick Ströme, die der Differenz je zweier, den betreffendon Lampenstromkreis enthaltenden

[1]) Vgl. Görner, Helios 1916, Nr. 34. Einiges über bekannte Meßeinrichtungen zum Parallelschalten von Wechselstrommaschinen.

momentanen Sternspannungen proportional sind. Nehmen wir Synchronismus an, so decken sich beide Diagramme. Die Spannung e_1 ist in jedem Augenblick e_1 gleich und gleich gerichtet, in bezug auf den Stromkreis der Lampe *I* wirken diese Spannungen aber in jedem Augenblick einander entgegen. Die Lampe *I* bleibt dunkel. Die Lampen *II* und *III* dagegen erhalten einen Strom entsprechend den Differenzen der Spannungen e_2 und e_3 bzw. e_3 und e_2. Wir können den Vorgang in einem für die Lampen geltenden Diagramm darstellen (Abb. 223).

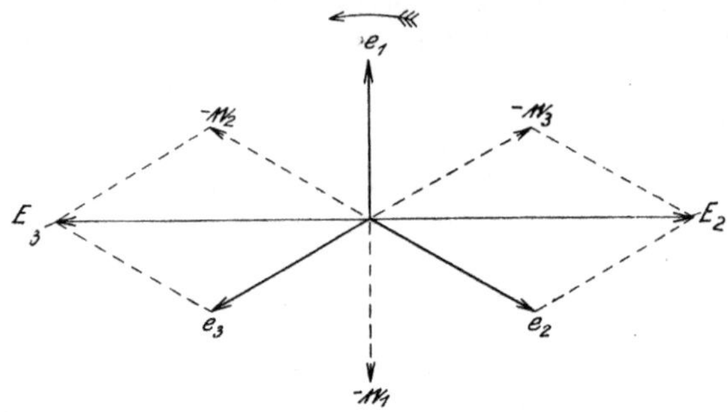

Abb. 223. Rosendiagramm für Synchronismus.

Während sich nämlich für Lampe *I* die Vektoren e_1 und $-e_1$ in jedem Augenblick das Gleichgewicht halten, setzen sich für Lampe *III* die Spannungen e_3 und $-e_2$ zur Lampenspannung E_3 zusammen, ebenso e_2 und $-e_3$ zur Lampenspannung E_2. Im gezeichneten Augenblick sind allerdings auch die Momentanwerte dieser Lampenspannungen 0, in jedem anderen Augenblick aber nicht. Sie schwanken vielmehr zwischen 0 und einem Maximalwert $E = 2e \cos 30^0 = \sqrt{3} \cdot e$ auf und ab. Während also die Lampe *I* bei Synchronismus dunkel bleibt, leuchten die beiden anderen Lampen dauernd gleichmäßig hell auf, weil sie von der Wechselspannung E_2 bzw. E_3 gespeist werden.

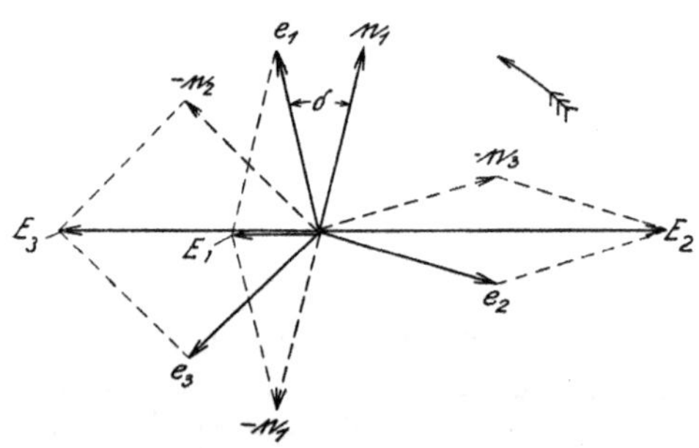

Abb. 224. Rosendiagramm während des Synchronisierens.

Bisher hatten wir Synchronismus angenommen. Für gleiche Frequenz, aber eine gewisse Phasenverschiebung δ zwischen den Diagrammen entsteht folgendes Diagramm (Abb. 224) für die Synchronisierlampen: Die Lampe *I* erhält eine aus e_1 und $-e_1$ resultierende Spannung E_1, die jetzt etwas größer als Null ist. Die Lampe *III* erhält eine resultierende Spannung E_3, die kleiner geworden ist als früher, während die Lampe *II* eine resultierende Spannung E_2 erhält, die jetzt größer ist als vorher (höchstens $2\,e$). Während für wachsendes δ, für größer werdende Phasenverschiebung Lampe *I* zu brennen beginnt, wird Lampe *III* dunkler, Lampe *II* heller, für $\delta = 120^0$ ist $E_3 =$ Null, Lampe *III* bleibt dunkel, während die andern aufleuchten. Für $\delta = 240^0$ ist $E_2 =$ Null, Lampe *II* bleibt dunkel, während Lampen *I* und *III* brennen. Für $\delta = 360^0$,

d. h. Phasengleichheit (δ = Null), bleibt wieder Lampe *I* dunkel usw.

Während die Phasenverschiebung δ um eine Umdrehung des Diagramms wächst, werden die Lampen der Reihe nach dunkel und leuchten wieder auf. Nur für δ = Null, d. h. Phasengleichheit zwischen den Spannungen beider Maschinen, bleibt Lampe *I* dunkel. Während des Synchronisierens schwankt der Effektivwert, den die Rosenlampen der Reihe nach erhalten, zwischen 0 und $2e$. Demnach ist jede der Lampen für die doppelte Sternspannung zu bemessen. Man kann sich die Verhältnisse für die verschiedenen Betriebszustände sehr leicht klarmachen, wenn man auf das Diagramm der Spannungen e der Maschine *I* ein Stück Pauspapier legt, auf welches man das Diagramm der Spannung e der Maschine *II* womöglich mit anderer Farbe gezeichnet hat. Bringt man die Drehpunkte beider Diagramme z. B. mit einer Stecknadel übereinander, so läßt sich durch Verdrehen des Pauspapiers um den Drehpunkt der Stecknadel sehr leicht das Verhältnis der Spannungen für jeden Betriebszustand erkennen.

Läuft nun eine Maschine schneller, z. B. Maschine *II*, so rotiert das Diagramm der Maschine *II* schneller als das der Maschine *I*. Das ist aber gerade so gut, als bliebe das Diagramm *I* fest stehen, während nur *II* rotiert. Dementsprechend treten der Reihe nach die für obige Phasenwinkel δ geschilderten Betriebszustände ein, d. h. die Spannungen ändern sich derart, daß die Lampen der Reihe nach dunkel werden. Es entsteht ähnlich, wie bei den bekannten Lichtkreisreklamen, das Bild eines rotierenden Lichtscheines. Die Drehrichtung des Lichtscheines ändert sich, wenn die Maschine, welche bis dahin schneller lief, nun hinter der anderen zurückbleibt. Man kann also aus der Drehrichtung der Rose erkennen, ob die zuzuschaltende Maschine zu schnell oder zu langsam läuft. Steht die Rose still, so ist Synchronismus erst dann vorhanden, wenn bei der angegebenen Schaltung Lampe *I* dunkel bleibt, während die anderen gleichmäßig hell aufleuchten.

Vielfach schaltet man nun den Phasenlampen noch einen Spannungsmesser parallel. In der Einphasenschaltung zeigt dann das sog. Phasenvoltmeter bei Dunkelschaltung Null, bei Hellschaltung den Endausschlag, wenn es für die doppelte Netzspannung als Maximalwert geeicht ist. Während des Synchronisierens schwingt der Zeiger zwischen Null und dem Endausschlag hin und her, und zwar um so schneller, je größer die Differenz der Geschwindigkeiten beider Maschinen ist. Das Voltmeter zeigt in jedem Augenblick die Spannung an, welche die Phasenlampen erhalten. Bei der Rosenschaltung legt man das für die doppelte Sternspannung bemessene Phasenvoltmeter gewöhnlich parallel zu derjenigen Lampe, welche bei Synchronismus dunkel bleibt. Das Voltmeter zeigt dann Null. Auch hier wird das Voltmeter vielfach mit den drei Lampen zu einem Apparat vereinigt.

Schließlich möge noch der Synchronisator von Hartmann & Braun genannt werden. Derselbe ist in Abb. 225 abgebildet und vereinigt in einem Apparat zwei Phasenlampen, die für die Synchronisierung auch bei Drehstrom einphasig geschaltet werden, mit einem elektromagnetischen Phasenvoltmeter und einem Doppelfrequenzmesser, der aus zwei Zungenreihen besteht. Die eine Zungenreihe ist mit der bereits im Betrieb befindlichen Maschine, die andere mit der zuzuschaltenden verbunden. Während der Doppelfrequenzmesser die Gleichheit der Frequenzen anzeigt, läßt das Phasenvoltmeter, in Verbindung mit den Synchronisierlampen, die Phasengleichheit, den Synchronismus erkennen.

Die vorstehend einige Male erwähnten Phasenvoltmeter werden neuerdings in besonderer für Synchronisierzwecke geeigneter Ausführung hergestellt als sogenannte: Nullspannungsmesser. Näheres vgl. Z. f. Fernmeldetechnik, 1922, Heft 1, Parallelschaltungsmeßgeräte mit großer Empfindlichkeit im Parallelschaltungszeitpunkt.

Abb. 225. Synchronisator von H. & B.

Außer den vorgenannten Instrumenten gibt es noch eine besondere Gruppe von Apparaten, welche dazu dienen, den Synchronismus parallel zu schaltender Maschinen anzuzeigen, das sind die sog. Synchronoskope. Es mögen nur die Konstruktionen von Siemens & Halske und der Weston Co. genannt werden.

Das Synchronoskop von Siemens & Halske (vgl. Abb. 226) besitzt einen Zeiger, welcher so lange rotiert, als die zuzuschaltende Maschine mit den bereits in Betrieb befindlichen Generatoren noch nicht synchron läuft. Der Drehsinn der Rotation zeigt an, ob die Umdrehungszahl der zuzuschaltenden Maschinen zu hoch oder zu niedrig ist. Die Drehung erfolgt um so schneller, je weiter der Generator von der synchronen Geschwindigkeit entfernt ist. Sobald Synchronismus eintritt, nimmt der Zeiger eine bestimmte, von der Phasenverschiebung der Generatorspannung gegenüber der Netzspannung abhängige Stellung ein. Eine Marke A auf der Skala bezeichnet die Lage des Zeigers bei Phasengleichheit.

Die Wirkungsweise des Instrumentes beruht auf den zwischen einem Wechselfeld und einem Drehfeld wirkenden Richtkräften. Er besteht aus einem feststehenden geblätterten Eisenkörper a, der zwei ausgedrehte Pole P_I und P_{II} besitzt, und aus einem frei beweglichen

Läufer *L*, der — in Nuten gebettet — eine Wicklung zur Erzeugung des Drehfeldes trägt. Im Ständer wird ein Wechselfeld erregt, das von der Spannung der zuzuschaltenden Maschine erzeugt wird. Dem Läufer wird durch drei Schleifringe Drehstrom von den Sammelschienen aus zugeführt. Bei Synchronismus nimmt der Läufer eine Stellung ein, die der Phasenverschiebung beider Spannungen gegeneinander entspricht. Das Synchronoskop stellt gewissermaßen einen Phasenmesser[1]) dar, bei dem die einphasige Hauptstromwicklung durch eine Spannungswicklung ersetzt ist, und bei dem das Drehfeld nicht in einer zweiphasigen, sondern in der Dreiphasenwicklung des Rotors erzeugt wird. Weichen beide Frequenzen voneinander ab, so ändert sich gewissermaßen die Phasenverschiebung fortlaufend und der Läufer folgt dieser Änderung, indem er sich dreht. Die Schaltung des Synchronoskopes ergibt sich aus dem nebenstehenden Schema. Gegenüber gewöhnlichen Phasenlampen oder Voltmetern hat der Apparat den wesentlichen Vorteil, daß er die versuchsweise Tourenregulierung in der Nähe des Synchronismus vermeidet, da in diesem Gebiete der Drehsinn und die Geschwindigkeit des Zeigers über die notwendige Geschwindigkeitsänderung unzweideutig Auskunft gibt. Seine scharfe Einstellung bei Phasengleichheit gibt außerdem eine verläßlichere Angabe als etwa die Beurteilung der Helligkeit einer Phasenlampe.

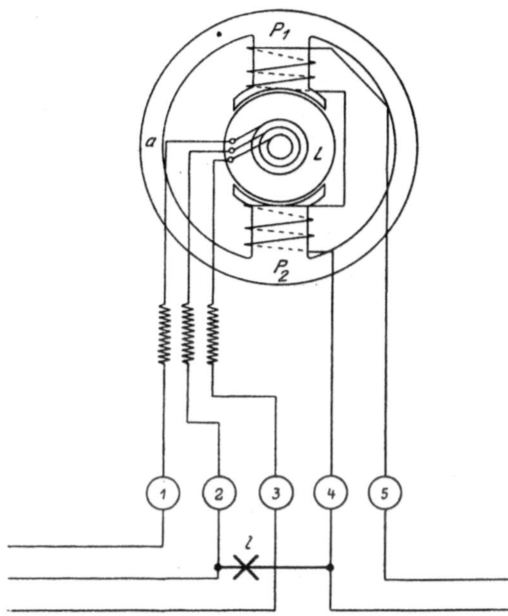

Abb. 226. Synchronoskop von S. & H.

Das Weston-Synchronoskop besteht im Prinzip aus einem elektrodynamischen Wattmeter mit Nullpunkt in der Mitte, bei dem sich der Zeiger hinter einer durchscheinenden Glasskala befindet. Diese wird durch eine in Hellschaltung verbundene Phasenlampe erleuchtet (Abb. 227 u. 228).

Um die Wirkungsweise des Weston-Synchronoskops zu verstehen, betrachten wir das Schaltungsschema der Abb. 229 und die Diagramme der Abb. 230—232. Die Phasenlampe liegt in Hellschaltung an den Klemmen der parallel zu schaltenden Maschinen.

[1]) Vgl. S. 137.

Im Interesse der Lebensdauer wird die Lampe mit Niederspannung betrieben und von der Sekundärwicklung eines dreischenkligen Transformators gespeist, der zwei Primärwicklungen besitzt, die an die beiden Maschinen angeschlossen werden. Durch die Art der Bewicklung wird ein Sekundärstrom erzeugt, der die Resultierende der beiden Primärströme, multipliziert mit dem Übersetzungsverhältnis des Wandlers, darstellt. Die Wirkung ist dann gerade so, als läge die Lampe in der gewöhnlichen Synchronisierschaltung unmittelbar an den Maschinen; bei Synchronismus leuchtet sie hell auf.

Die fest angeordneten dünndrähtigen Spulen des Wattmeters liegen unter Vorschaltung eines induktionsfreien Widerstandes an der Spannung der einen, die bewegliche dagegen unter Vorschaltung eines Kondensators an der anderen Maschine. Hinsichtlich dieser Schaltung ist noch zu bemerken, daß keine unmittelbare elektrische Verbindung zwischen den Maschinen vorhanden ist, weder in dem Leistungsmesser noch in dem Lampentransformator. (Aus diesem Grunde können die Sekundärkreise aller Meßwandler geerdet werden, wo dies üblich ist.) Das Wattmeter ist so eingerichtet, daß sein Zeiger im stromlosen Zustande in der Mitte der Skala steht. Der Strom i_1 in den festen Spulen ist wegen des induktionsfreien Vorschaltwiderstandes stets in Phase mit Spannung E_1 der einen Maschine, der Strom i_2 in der beweglichen Spule wird infolge des

Abb. 227.

Abb. 228.

Synchronoskop der Weston Comp.

Kondensators um 90^0 gegen die Spannung E_2 der anderen Maschine vorgeschoben. Nach dem früheren ist der Ausschlag des Wattmeters im vorliegenden Falle proportional dem Drehmoment

$$M_e = i_1 \cdot i_2 \cos\varphi,$$

wobei φ die Phasenverschiebung zwischen i_1 und i_2 bedeutet. Ist

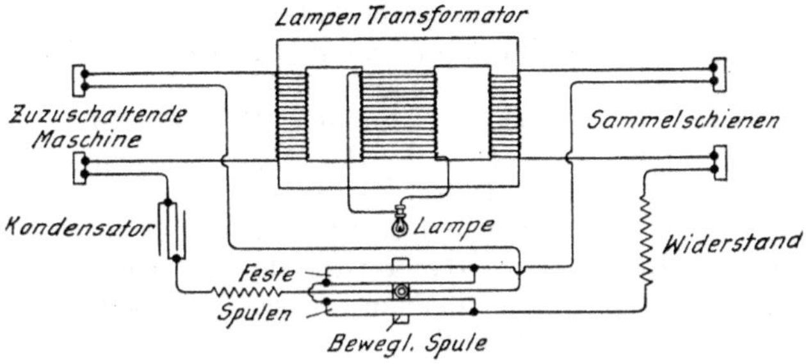

Abb. 229. Innenschaltung des Synchronoskops Abb. 228.

nun beispielsweise die Spannung E_1 noch um 90^0 voraus gegen die Spannung E_2, so sind die Ströme in gleicher Phase, φ ist gleich Null, und das Wattmeter zeigt einen vollen, z. B. positiven Anschlag, etwa nach rechts. Die Phasenlampe brennt halb hell, weil E_1 und E_2 nicht phasengleich sind.

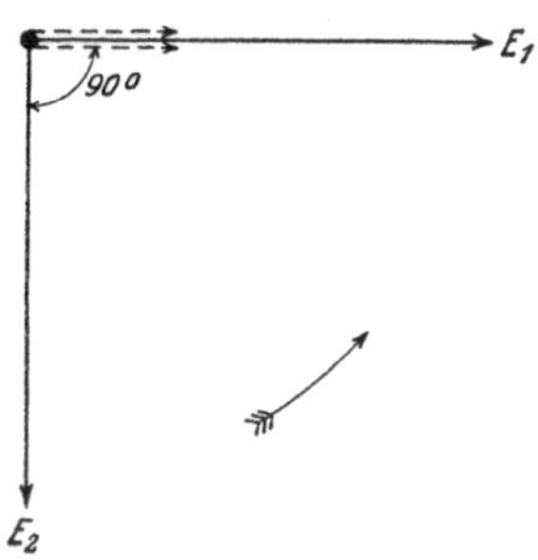

Abb. 230. Diagramm zum Synchronoskop.

Nehmen wir nun an, daß die Maschine *II* schneller läuft als die Maschine *I*, so wird der Vektor E_2 den Vektor E_1 überholen. Einfacher wird die Vorstellung, wenn man sich denkt, daß der Vektor E_1 z. B. in der in Abb. 230 gezeichneten Lage stillsteht, und daß sich nur der Vektor E_2, und zwar mit der Differenz der Geschwindigkeiten beider Vektoren E_1 und E_2, herumdreht.

Kommt dann der Vektor E_2 in die Lage von E_1 (Abb. 231), so brennt die Lampe hell, das Wattmeter zeigt aber Null, weil i_2 senkrecht i_1 steht. Die Bewegung des Zeigers von rechts nach dem Nullpunkt der Skala kann dabei auf der durchscheinenden Glasskala als Schattenbild beobachtet werden. Wandert E_2 weiter in die Lage der Abb. 232, so brennt die Lampe wieder halb hell. Das Wattmeter zeigt einen negativen größten Ausschlag, jetzt natürlich nach der linken Seite.

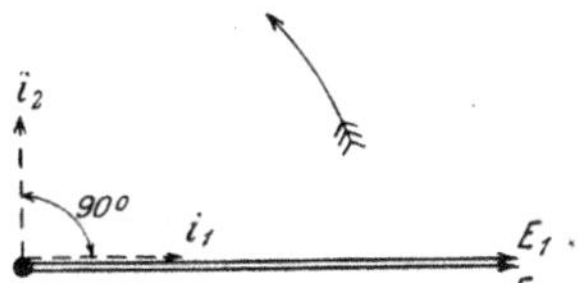

Abb. 231.

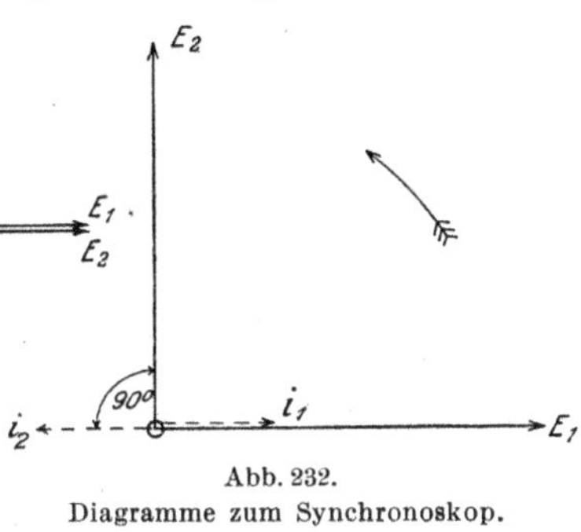

Abb. 232.

Diagramme zum Synchronoskop.

Ist der Vektor E_2 entgegengesetzt E_1, so bleibt die Lampe dunkel, weil E_1 um 180^0 gegen E_2 verschoben liegt; i_2 steht senkrecht auf i_1 nach unten und das Wattmeter zeigt Null. Weil aber die Lampe nicht brennt, kann der Zeiger nicht gesehen werden; es war nur die Zeigerbewegung von rechts nach links zu sehen, während der Rückweg von links nach rechts nicht beobachtet wird.

Da das Ganze sich bei jeder Überholung des Vektors E_1 durch den Vektor E_2 einmal wiederholt, so macht es den Eindruck, als rotierte der Zeiger von rechts nach links.

Die entsprechende Überlegung für den Fall, daß die Maschine *I* schneller läuft, und der Vektor E_1 den Vektor E_2 überholt, führt zu dem entgegengesetzten Resultat. Der Zeiger des Wattmeters scheint sich dann von links nach rechts herumzudrehen. Man kann also an dem scheinbaren Drehsinn des rotierenden Schattenzeigers hinter der durchscheinenden Skala erkennen, welche von beiden Maschinen schneller läuft.

Besitzen beide Maschinen gleiche Geschwindigkeiten, so laufen die Vektoren E_1 und E_2 und auch die Ströme i_1 und i_2 mit einer bestimmten unveränderlichen Phasenverschiebung hintereinander her. Der Wattmeterausschlag ändert sich dann nicht; der Zeiger steht an der dieser Phasenlage entsprechenden Skalenstelle. Ist die Phasenverschiebung zwischen E_1 und E_2 Null, wie für vollständigen Synchronismus, so brennt die Lampe dauernd hell, und der Zeiger bleibt in der Mitte der Skala stehen. Auf diese Weise ist der Zustand des Synchronismus deutlich erkennbar.

Widerstandszeiger.

Abb. 233. Ohmmeter.

Will man den Widerstand eines Leiters genauer bestimmen, als es mit den bekannten Galvanoskopen möglich ist, so gibt es mehrere Methoden. Entweder schaltet man ein Milliamperemeter in die Leitung des zu messenden Widerstandes ein und bestimmt den Strom, oder man legt ein Voltmeter an die Enden des Widerstandes an und bestimmt den Spannungsabfall (Abb. 234). In beiden Fällen erhält das Instrument eine Ohmskala. Die erste Art der Schaltung wird im allgemeinen zur Messung höherer Widerstände, die zweite zur Messung niedriger Widerstände verwendet. Beide Methoden sind nur dann richtig, wenn die verwendete Meßspannung gleich der Eichspannung und wenn sie konstant ist.

Im ersten Fall verwendet man gewöhnlich ein Drehspul-Milliamperemeter, dem man einen hohen Widerstand vorgeschaltet hat so daß es bei einer bestimmten Spannung E (als Voltmeter) den Endausschlag zeigt. Legt man dieses Instrument unter Vorschaltung weiterer Widerstände R an die Spannung E an, so wird sein Ausschlag um so kleiner, je mehr Widerstand R vorgeschaltet wird. Jedem Wert von R entspricht ein zugehöriger Ausschlag α; das Instrument kann dementsprechend eine Ohmskala erhalten.

Es eignet sich jetzt zur Messung

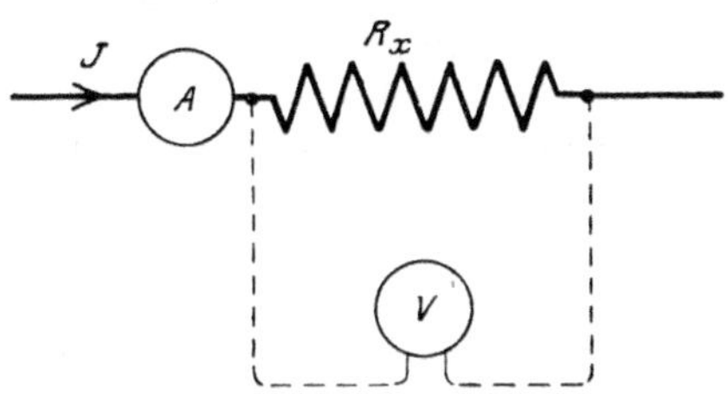

Abb. 234. Widerstandsmessung.

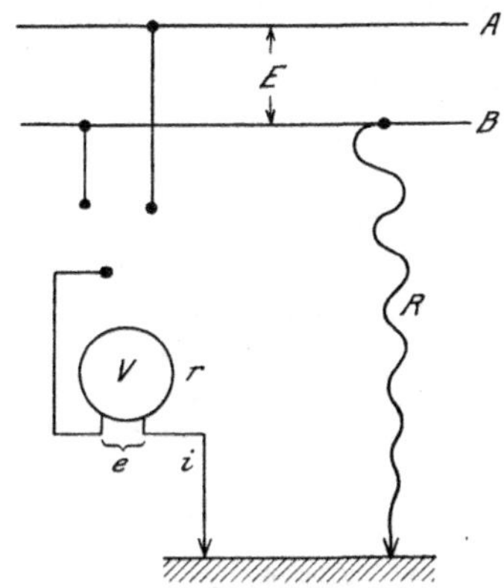

Abb. 235. Isolationsmessung.

von Isolationswiderständen. Schaltet man dasselbe z. B. nach Abb. 235 zwischen den Leiter B einer elektrischen Anlage und Erde, so zeigt es den Isolationswiderstand des Leiters A gegen Erde an. Umgekehrt zeigt das Instrument den Isolationswiderstand des Leiters B gegen Erde, wenn man es an A legt.

Zur Messung des Isolationswiderstandes nach diesem Prinzip läßt sich auch jedes beliebige Voltmeter verwenden, dessen Eigenwiderstand r bekannt ist. Der gesuchte Isolationswiderstand R ist dann:

$$R = r \cdot \frac{E - e}{e},$$

wobei E die Betriebsspannung, e die Spannung bedeutet, welche das Voltmeter in der Schaltung als Isolationsmesser anzeigt. Denn es ist: $e = i\,r$ der Spannungsabfall an den Enden des Instruments und $E = i \cdot (R + r)$ gleich der Betriebsspannung während der Isolationsmessung, und es verhält sich

$$\frac{e}{E} = \frac{i\,r}{i(R + r)}$$

oder

$$R = r\left(\frac{E}{e} - 1\right) = r\,\frac{E - e}{e}.$$

Falls die Betriebsspannung stark veränderlich ist, oder falls zufällig beide Leiter gleichzeitig Erdschluß haben, reicht diese Methode nicht mehr aus. Man verwendet dann den sog. Isolationsprüfer, einen Spannungsmesser mit eigener Stromquelle, einer kleinen Akkumulatorenbatterie oder einem Kurbelinduktor.

Man legt die eine Klemme des Induktors K (Abb. 236 u. 237) an die zu prüfende Leitung — bei Gleichstrom abschalten —, die andere an Erde. Während man den Taster T herabdrückt, dreht man die Kurbel des Induktors so schnell, daß der Zeiger des Spannungsmessers den Endausschlag zeigt. Dieser Endausschlag entspricht einer ganz bestimmten, vom Induktor bei einer gewissen Drehgeschwindigkeit erzeugten Spannung E. In diesem Augenblick läßt man den Taster los, dreht aber am Induktor mit derselben Geschwindigkeit weiter. Da durch das Öffnen des Tasters der Isolationswiderstand R mit dem Eigenwiderstand des Spannungsmessers hintereinander geschaltet wird, entspricht nunmehr der Voltmeterausschlag dem Gesamtwiderstand des Meßstromkreises. Diese Art Instrumente besitzen ebenfalls eine Ohmskala, welche aber nur so lange gilt, als während der Messung die richtige Spannung durch Beibehaltung der richtigen Drehgeschwindigkeit nach Öffnen des

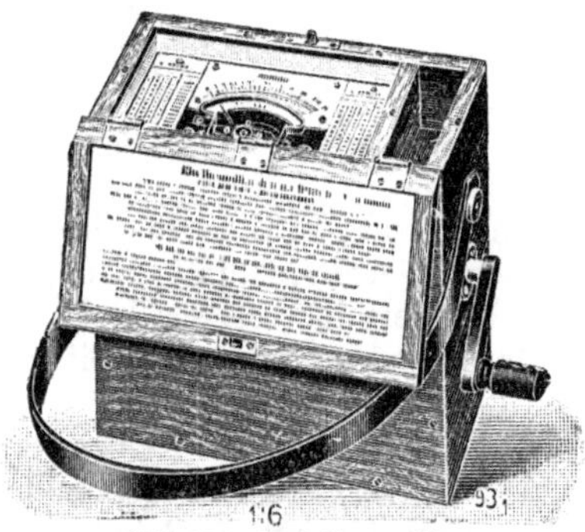

Abb. 236. Isolationsprüfer.

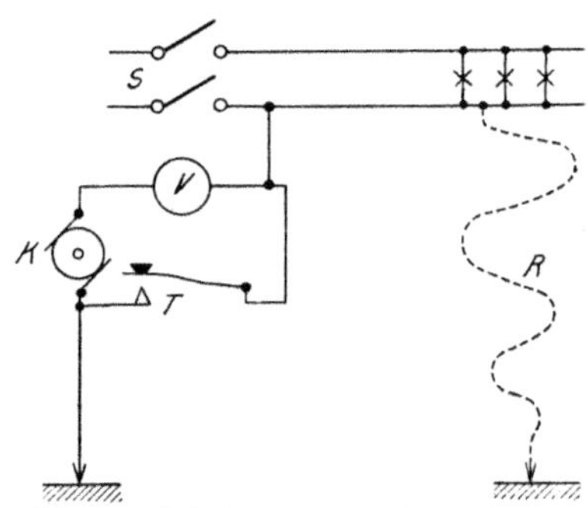

Abb. 237. Schaltung des Prüfers Abb. 236.

Tasters gehalten wird. Eine Verbesserung des Apparates wird durch Anordnung eines Zentrifugalregulators auf der Achse des Kurbelinduktors erzielt. Sobald die richtige Drehgeschwindigkeit erreicht ist, löst die Zentrifugaleinrichtung eine Sperrklinke aus, die einen Fallhebel betätigt, der den Zeiger festhält. An der Stelle, wo der Zeiger feststeht, kann der Isolationswiderstand auf der Ohmskala unmittelbar abgelesen werden[1].

Die zuletzt beschriebenen Spannungsmessermethoden sind in den verschiedensten Abarten, zum Teil auch in Verbindung mit Brückenanordnungen zur Messung von Isolationswiderständen und von Blitzableiteranlagen usw. mehr oder weniger einfachen Apparatkonstruktionen zugrunde gelegt worden.

Nach der auf S. 173 beschriebenen Methode lassen sich auch kleinere Widerstände messen, wenn man als Stromquelle eine entsprechend kleine Spannung, z. B. eine Akkumulatorenbatterie ver-

[1] Weitere Anwendungen technischer Meßinstrumente zu Isolationsmessungen vgl. Paul Stern, Die Isolationsmessung und Fehlerortsbestimmung; Ch. Raphael und Dr. Richard Apt.

wendet. Dabei unterdrückt man gewöhnlich den Nullpunkt, indem man den Drehfedern im Instrument eine mechanische Anfangsspannung gibt, so daß der Zeiger im ausgeschalteten Zustande anschlägt und sich erst bei einem gewissen Stromdurchgang abhebt. Der Punkt ∞ der Ohmskala und die übrigen hohen Widerstandswerte sind daher nicht mehr meßbar. Die übrigbleibenden Werte verteilen sich dann über die Skala.

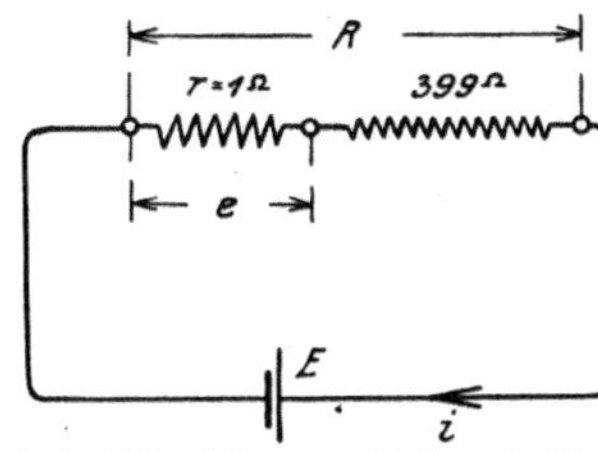

Abb. 238. Messung kleiner Widerstände.

Bei sehr niedrigen Widerständen, etwa 1 Ω, versagt die Methode. Man verwendet die zweite (Abb. 238).

Dem zu messenden kleinen Widerstande r von beispielsweise 1 Ω schaltet man z. B. 399 Ω vor und legt das Ganze (R) an eine Akkumulatorenzelle von der konstanten Spannung E an. Der sich entwickelnde Strom ist dann: $i = \frac{E}{R}$. Der Spannungsabfall an den Enden von r kann nunmehr mit einem empfindlichen Millivoltmeter gemessen werden. Er ist $e = i\,r$.

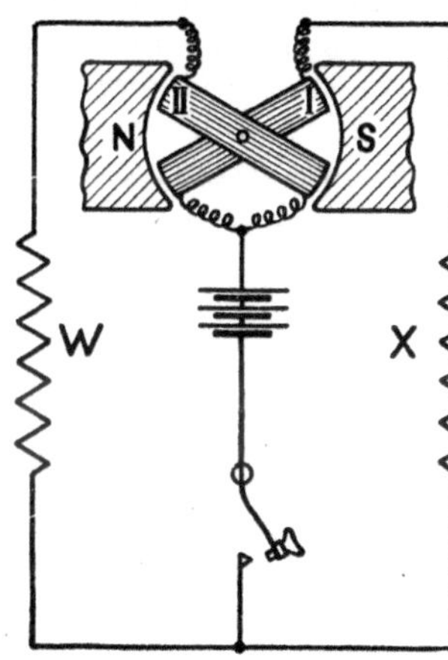

Abb. 239. Kreuzspulen-Ohmmeter von H. & B.

Ein Millivoltmeter mit dem Meßbereich e Volt gestattet dann Spannungsabfälle, auch an kleineren Widerständen r, zu messen. Der Ausschlag α am Instrument ist um so kleiner, je kleiner r ist. Das Millivoltmeter kann dementsprechend eine in Ohm geteilte Skala erhalten.

Den Übelstand der Abhängigkeit von der Spannung vermeidet Hartmann & Braun in seinem direktzeigenden Ohmmeter mit Kreuzspulen[1]). Die Schaltung der Spulen ähnelt der beim Differentialgalvanometer. Zwei auf einer Achse befestigte Spulen *I* und *II* (Abb. 239), die sich in dem festen Felde eines hufeisenförmigen Dauermagneten *N S* drehen, sind an eine Batterie von wenigen Volt angeschlossen. Ist der zu messende Widerstand X noch unendlich groß, so liefert die Batterie nach Schließen des Tasters einen Strom in die Spule *II*, der den Vergleichswiderstand W durchfließt.

---

[1]) Nach Th. Bruger, E. T. Z. 1894, S. 333. Darin wird gezeigt, daß zur Erzielung gewisser Widerstandsmeßbereiche die Form der Polschuhe sowie des Eisenschluß-Kernes (Ellipsenform) wesentlich ist. Während das Drehspulinstrument das gleichmäßig radiale Feld anstrebt, beruht die Wirkung des Ohmmeters als Quotientenmesser auf dem Vorhandensein eines inhomogenen Feldes. Dieser Widerstandsmesser findet auch bei der Temperatur-Fernmessung als elektrisches Thermometer (s. S. 178), sowie bei Druckfernmessungen als elektrisches Manometer (vgl. S. 181), ebenso als Fernfeuchtigkeitsmesser (s. Z. d. V. D. I. 1921, S. 767) u. a. m. Verwendung.

Das bewegliche System mit den beiden gekreuzten Spulen erhält dementsprechend eine bestimmte Einstellung, die dem Widerstand $X = \infty$ und außerhalb der Skala liegt. Mechanische Drehmomente fehlen vollständig. Die Spule *I* führt noch keinen Strom. Schalten wir bei *X* einen Widerstand von z. B. 10000 Ω ein, so erhält dementsprechend auch die Spule *I* Strom. Die Anordnung und Schaltung ist dabei so getroffen, daß das in der Spule *II* auftretende Drehmoment dem der Spule *I* entgegengerichtet ist und so eine neue Einstellung des beweglichen Systems herbeiführt, die dem bei *X* eingeschalteten Widerstand von 10000 Ω entspricht. Wiederholt man das mit verschieden großen Widerständen, so erhält man für jeden Widerstand eine andere Einstellung und dementsprechend die Ohmskala.

Schaltet man nachher bei Verwendung des Ohmmeters für Widerstandsmessungen an Stelle der Widerstände *X* den unbekannten Widerstand ein, so muß sich natürlich das bewegliche System wieder an die Stelle stellen, die diesem unbekannten Widerstande entspricht. Der Zeiger gibt dann auf der Skala den Wert des zu messenden Widerstandes in Ohm an, unabhängig davon, wie groß die Meßspannung augenblicklich ist, da die Drehmomente bei Änderung dieser Meßspannung in beiden Spulen geändert werden.

Als Stromquelle kann eine Batterie oder auch ein Gleichstrominduktor oder auch, falls Gleichstrom vorliegt, die Betriebsspannung selbst, gegebenenfalls unter Vorschaltung von geeigneten Schutzwiderständen Verwendung finden. Das beschriebene Ohmmeter eignet sich auch zur Messung von Isolationswiderständen in Wechselstromanlagen, auch während des Betriebes mit überlagertem Gleichstrom, sofern nur eine fremde Gleichstromquelle als Meßspannung benutzt wird. Wechselstrom kann naturgemäß als Meßspannung nicht verwendet werden, weil das Instrument auf dem Drehspulprinzip beruht.

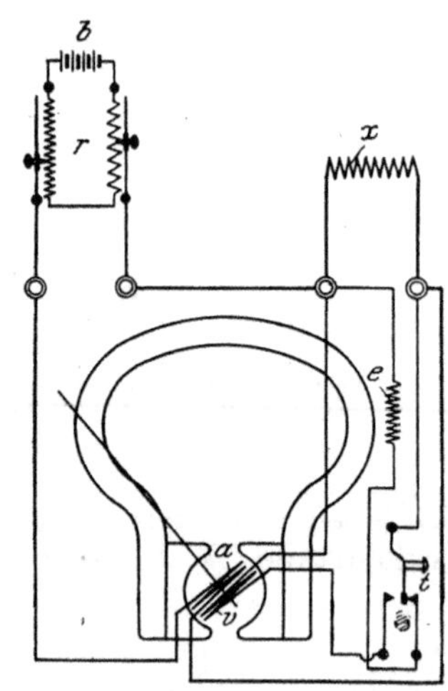

Abb. 240. Ohmmeter der Weston Co.

Bei dem Widerstandsmesser der Weston Comp. erfolgt die Widerstandsmessung auf Grund einer Strom- und Spannungsmessung. Das Ohmmeter besitzt eine Drehspule mit einer Hauptstrom- und einer Spannungswicklung, die, wie beim Drehspulinstrument, in dem Felde eines kräftigen Dauermagneten schwingen und auf einer Achse fest miteinander verbunden sind. Abb. 240 zeigt die Schaltung des Ohmmeters zur Widerstandsmessung; *a* und *v* bezeichnen die Strom- und Spannungswicklung der Drehspule, *r* ist ein Regulierungswiderstand, *b* eine Akkumulatorenbatterie, *x* der unbekannte Widerstand, *t* ein Taster und *e* ein Ersatzwiderstand, der dem Ohmschen Widerstand der Spannungswicklung entspricht und dessen Bedeutung im nachstehenden näher erklärt wird.

Der Gebrauch des Instrumentes ist nun folgender: Bei geöffnetem Taster t erfolgt die Einstellung des Stromes mit dem Regulierwiderstand auf eine bestimmte Skalenmarke, welche gleichzeitig der Nullpunkt der Ohmskala ist. Darauf wird der Taster t geschlossen, wodurch die der Hauptstromwicklung a entgegenwirkende Spannungswicklung v eingeschaltet wird. Hierdurch wird eine Änderung des Ausschlages am Instrument um einen dem Spannungsabfall des zu messenden Widerstandes x entsprechenden Teil bewirkt, und der Instrumentzeiger gibt nunmehr den gesuchten Widerstand auf der empirisch geeichten Ohmskala an. Bei offenem Taster t liegt der Ersatzwiderstand e dem unbekannten Widerstand parallel, damit nach dem Einschalten des Stromes und Schließen des Tasters der Hauptstrom keine Veränderung erleidet.

Temperaturmesser[1].

In neuerer Zeit hat die elektrische Temperaturmessung eine hohe Bedeutung erlangt, hauptsächlich wegen der Möglichkeit der Fernmessung. Die Ablesung der Temperatur braucht nicht in dem Raum vorgenommen zu werden, dessen Temperatur gemessen werden soll. Die Fernmessung von Temperaturen eignet sich hauptsächlich für Anlagen mit einer größeren Anzahl von verschiedenen Räumen, in denen die Temperatur dauernd beobachtet werden soll, z. B. in Schulen, Verwaltungsgebäuden, Theatern, Kühlräumen, ebenso wie auch in Hochofenanlagen, Kesselanlagen u. a. m. Man unterscheidet im wesentlichen zwei verschiedene Methoden der elektrischen Temperaturbestimmung und dementsprechend zweierlei elektrische Thermometer:

1. das elektrische Widerstandsthermometer für niedrigere bis mittlere Temperaturen,
2. das thermoelektrische Pyrometer für höhere Temperaturen.

Abb. 241. Widerstands-Thermometer.

Das elektrische Widerstandsthermometer besteht aus dem temperaturempfindlichen Widerstand und dem Ableseapparat, der in beliebiger Entfernung vom Meßapparat aufgestellt sein kann. Der Widerstandsapparat enthält in einer flachen Metallhülle oder einem zylindrischen Rohr einen verhältnismäßig

[1]) S. Fußnote S. 175.

hohen Widerstand aus ganz reinem Platin, dessen elektrischer Temperaturkoeffizient genau bestimmt ist, und der in zwei nach außen tretende Anschlußstücke oder Klemmen endigt, an welche die zum Ableseapparat führenden Fernleitungen angelötet bzw. angeklemmt werden.

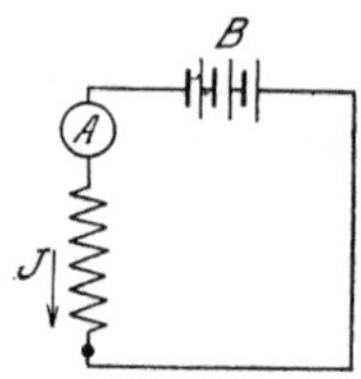

Abb. 242.

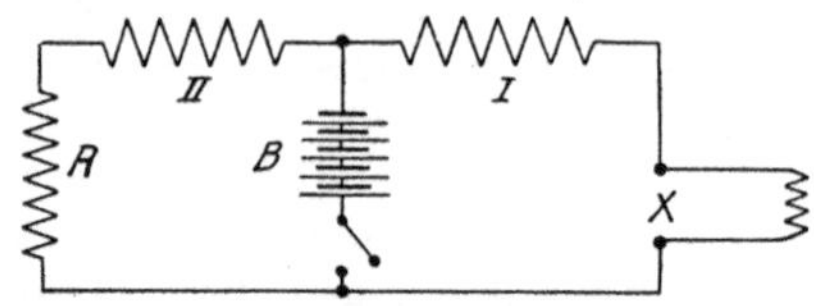

Abb. 243.

Elektrische Temperaturmessung.

Der Ableseapparat ist ein elektrotechnisches Zeigerinstrument, welches gestattet, den mit der Temperatur veränderlichen Meßwiderstand bzw. die der Größe dieses Widerstandes proportionale Temperatur zu messen.

Dabei kommen zwei Möglichkeiten in Betracht.

Entweder wird ein Millivoltmeter, z. B. ein solches der Drehspultype verwendet, und dann geschieht die Widerstandsmessung, d. h. die Temperaturmessung, nach dem Prinzip des Ohmschen Gesetzes nach Schaltung der Abb. 242. Dabei ist das Vorhandensein einer unveränderlichen Stromquelle Bedingung, wenn man nicht gewisse vor der Messung vorzunehmende Handgriffe oder Einstellungen auf den Zustand der veränderten Spannung in Kauf nehmen will.

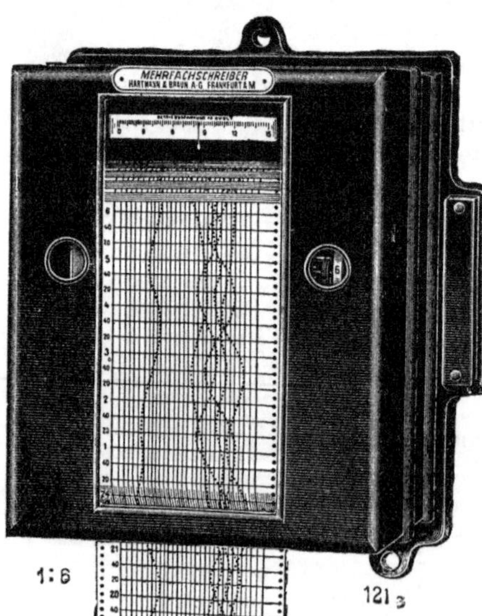

Abb. 244. Schreibendes Thermometer.

Oder man verwendet einen Widerstandsmesser, dessen Angaben von der Spannung in weiten Grenzen unabhängig sind, wie z. B. das auf S. 175 beschriebene unmittelbar anzeigende Ohmmeter von Hartmann & Braun. Der Meßwiderstand *X* des obengenannten Widerstandsthermometers ist an das Ohmmeter (Abb. 243) angeschlossen. Das Ohmmeter erhält dann eine Temperaturskala entsprechend den mit der Temperatur veränderlichen Werten des Meßwiderstandes *X*. In beiden Fällen kann eine größere Anzahl von Meßwiderständen, d. h. Thermometern, in verschiedenen Räumen untergebracht werden, deren Temperatur gemessen werden soll. Alle diese Widerstände werden dann durch entsprechende Fernleitungen mit einem Umschalter verbunden, der mit dem Ableseapparat in der Nähe der gemeinsamen Stromquelle an einer Zentralstelle untergebracht ist. Durch Betätigung des Umschalters kann der Ableseapparat der Reihe nach auf die einzelnen Widerstandsthermometer in den verschiedenen Räumen geschaltet werden. Die Ungleichheit der Fernleitungswiderstände wird durch entsprechende temperaturfreie Abgleichswiderstände, die in die Fernleitungen eingebaut werden, ausgeglichen. Der veränderliche Kupferwiderstand der Fernleitung ist gegenüber dem hohen Widerstand der Meßwiderstände zu vernachlässigen.

Natürlich eignet sich das beschriebene Meßprinzip auch zur Registrierung von Temperaturen. Vgl. den Vielfachfarbschreiber S. 191 und Abb. 244.

Das Widerstandsthermometer kommt in der Hauptsache für niedrigere Temperaturen, etwa zwischen —200 und +600° C, zur Verwendung. Für höhere Temperaturen bis etwa 1600° C, z. B. in Hochöfen usw., eignet sich am besten das

Thermoelektrische Pyrometer.

Auch diese gestatten die Fernmessung verschiedener Temperaturen mit einem und demselben Ableseapparat an einer Zentralstelle und sind ebenfalls für Registrierzwecke verwendbar.

Prinzip. Lötet man zwei Drähte aus verschiedenen Metallen an einem Ende zusammen und verbindet die freien Enden der Drähte durch ein empfindliches Galvanometer, so wird, wenn man der Lötstelle durch Erhitzen oder Abkühlen eine von der der Anschlußklemmen des Galvanometers abweichende Temperatur erteilt, ein elektrischer Strom erzeugt, dessen Spannung eine Funktion dieses Temperaturunterschiedes ist. Es wird somit das Galvanometer je nach der Stärke der Erhitzung oder Abkühlung der Lötstelle des durch die Vereinigung der Drähte gebildeten Thermoelements gegenüber den Anschlußstellen einen mehr oder weniger großen Zeigerausschlag geben.

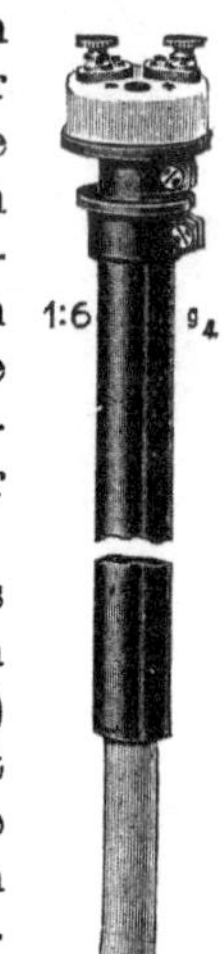

Abb. 245. Pyrometerrohr

Ausführungsform. Die Thermoelemente bestehen aus zwei an einem Ende zusammengeschmolzenen Drähten von zweckentsprechender Länge, die, in ein Rohr (Abb. 245) eingeschlossen, so in den betreffenden Raum eingeführt werden, daß die zusammengeschmolzene Verbindungsstelle der zu messenden Temperatur ausgesetzt ist, während sich die beiden freien Enden, an welche die zum Ablesegalvanometer führenden Fernleitungen mittels Klemmen angeschlossen werden, auf gleicher, möglichst niedriger und unveränderlicher Temperatur befinden sollen. Für genaue Messungen und da, wo für bestimmte Zwecke und aus besonderen Gründen kurze Thermoelemente benutzt werden müssen, empfiehlt es sich, die Anschlußstellen vor starker Erwärmung (gegebenenfalls durch Wasserkühlung) zu schützen, oder das abgelesene Meßresultat entsprechend den Temperaturen dieser Anschlußstellen richtigzustellen. Vielfach verlegt man die Anschlußstelle durch Litzenverbindung aus thermoelektrisch gleichwertigem Material an eine Stelle niedrigerer und gleichmäßiger Temperatur (Kompensationslitzen). Diese Vorsichtsmaßregeln werden um so eher angebracht sein, je niedriger die zu messenden Temperaturen sind, bzw. je höher die Erwärmung der Anschlußstellen ist. Das Thermoelement zeigt eben, wie schon oben gesagt ist, nicht die absolute Temperatur der Meßstelle an, sondern den Unterschied zwischen der Temperatur seiner Lötperle und seiner Anschlußstellen.

Einbau. Die Pyrometerrohre sollen nicht der unmittelbaren Einwirkung der Flamme ausgesetzt werden und sind, wenn irgend möglich, in senkrechter Richtung in den Ofen oder den zu messenden Raum einzubauen, bei anderer Lage aber in geeigneter Weise zu stützen, damit bei höherer Temperatur keine Beschädigung des Elementes und der Umhüllung durch Senkung oder Durchbiegung eintritt.

Ablese- und Registriergalvanometer. Als Ableseinstrumente dienen empfindliche Drehspulgalvanometer (Millivoltmeter), die, je nach dem vorliegenden Zweck, mit an einem Metallband oder Spanndraht aufgehängten oder auch in Spitzen gelagerten Drehspulensystemen ausgerüstet sind. Meistens erhalten die Instrumente eine in Temperaturgrade geteilte Skala (Abb. 246); sie werden sowohl in tragbarer Ausführung als auch als Wand-, Stand- und Registrierapparate hergestellt. Vermöge ihrer Konstruktion nach dem Drehspulprinzip bleiben die Angaben dieser Galvanometer von etwa vorhandenen äußeren Magnetfeldern unbeeinflußt.

Abb. 246. Ableseinstrument.

Zur Bestimmung höherer Temperaturen von etwa 1000° an bis 1600° C kommen Thermoelemente aus Platin und Platinrhodiumdraht nach Le Chatelier in Frage, während für Temperaturen bis 1000° C das kostbare Platin mit seinen Legierungen entbehrlich ist und Drähte, die zum Teil aus Nichtedelmetallen bestehen, verwendet werden können. Für Temperaturen unter 600° C kann in vielen Fällen ein elektrisches Widerstandsthermometer geeigneter sein. Die Umhüllung ist je nach der zu messenden Temperatur und den Betriebsverhältnissen, für welche die Meßeinrichtung dienen soll, verschieden.

Verwendungsgebiet. Das thermoelektrische Pyrometer läßt sich je nach dem dazu verwendeten Drahtmaterial und der Beschaffenheit seiner Schutzhüllen für die verschiedensten Zwecke und Betriebe benutzen. Neben seiner Bedeutung für viele wissenschaftliche Messungen findet es allgemeine Verwendung für die Temperaturmessung des Heißwindes im Hochofenbetriebe, ferner in der keramischen und Glasindustrie, bei allen Glüh- und Härteprozessen, außerdem in Gaswerken, Ziegeleien, chemischen Fabriken, Verzinkereien, Gießereien, metallurgischen und vielen anderen Betrieben.

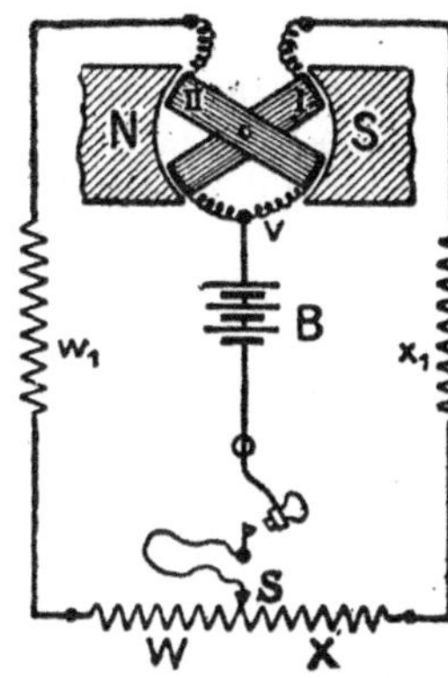

Abb. 246 a. Ferndruckmesser.

Druck-Fernmesser. Mit dem Kreuzspulen-Ohmmeter (Abb. 246a) nach **Bruger** können Druck-Fernmessungen vorgenommen werden, wenn man auf die Achse eines gewöhnlichen Plattfeder- oder Rohrfeder-Druckmessers (Manometer) eine Walze aus Widerstandsdraht anbringt (Abb. 246b). Der Draht ist auf dem Umfang der Walze so hin und her geführt, daß die einzelnen Drahtstücke mit kleinem Luftzwischenraum nebeneinanderliegen und etwa die Form eines Trommelkäfigs bilden.

Die Enden des Widerstandsdrahtes (in Abb. 246a: $w + x$) sind durch dünne, sehr biegsame Metallfedern *c* mit zwei Klemmen *d* verbunden, während von einer dritten Klemme *e* aus eine Schleiffeder *s* auf der Drahtwalze gleitet. Bei Drehung der Achse gleitet die

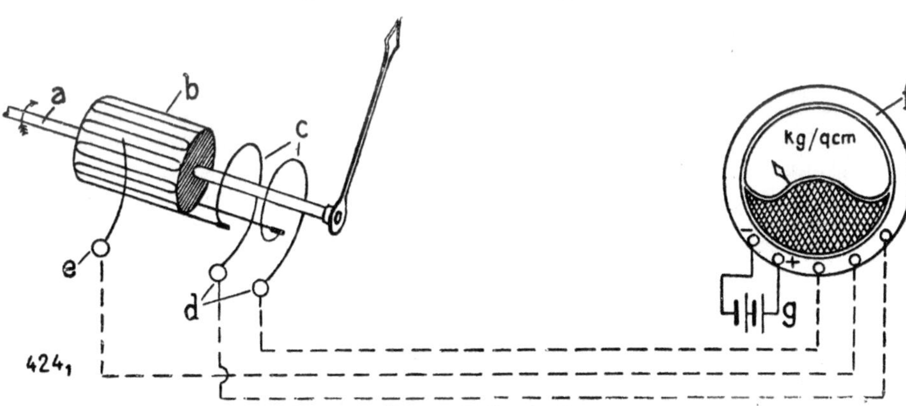

Abb. 246 b. Schema des Ferndruckmessers.

Feder *s* auf der Walze von einem Drahtstück zum andern, wodurch sich die Widerstandsverhältnisse zwischen den drei Klemmen ändern. Die drei Klemmen sind mit dem Ableseapparat *f* leitend verbunden.

Mit der Änderung des Widerstandes ändert sich der Ausschlag des Ohmmeters. Die Skala desselben wird unmittelbar mit den Werten des zu messenden Druckes kg pro cm^2 oder „Millimeter Wassersäule" beziffert, die entsprechend der Achsendrehung des Manometers den Widerstandsänderungen proportional sind.

Schreibende Meßgeräte[1]).

Einleitung. In vielen Fällen der Praxis handelt es sich darum, elektrische Werte nicht nur zu messen, sondern die gemessenen Werte fortlaufend aufzuschreiben, zu „registrieren".

Prinzip. Ein Registrierinstrument besteht im wesentlichen aus einem Meßinstrument in Verbindung mit einem Uhrwerk, welches die Aufgabe hat, ein Stück Papier in einer bestimmten Richtung gleichmäßig vorzuschieben, so daß eine an dem Zeiger des Meßinstruments befestigte Schreibfeder den Meßwert fortlaufend auf dem Papier aufzeichnen kann (Abb. 247).

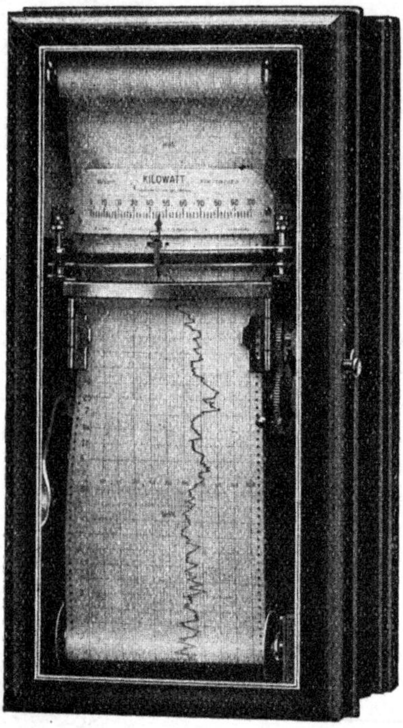

Abb. 247. Schreibendes Meßgerät von H. & B.

Ausführung. Nun gibt es bekanntlich Meßinstrumente, bei denen der Zeiger eine geradlinige Bewegung ausführt (vgl. Abb. 10) und solche, bei denen sich der Zeiger im Kreisbogen bewegt (vgl. Abb. 44). Dementsprechend entstanden zwei Arten von Registrierinstrumenten, Registrierinstrumente mit geraden Koordinaten und Registrierinstrumente mit Bogenkoordinaten.

Bei den Registrierinstrumenten mit „geraden Koordinaten" zeichnet die Schreibfeder des Instrumentes bei der Zeigerbewegung vom Nullpunkt bis zum Endausschlag bei stillstehendem Uhrwerk auf dem ruhenden Papier eine gerade Linie entsprechend der geradlinigen Zeigerbewegung. Bei den Instrumenten mit „Bogenkoordinaten" zeichnet die Schreibfeder entsprechend der Kreisbewegung des Zeigers im allgemeinen eine Bogenlinie auf.

Schreibeinrichtung bei Instrumenten mit geradliniger Zeigerbewegung.

In Abb. 248 sei *S* die Spule eines Weicheiseninstrumentes, dessen Zeiger *Z* bei der Einschaltung geradlinig auf und ab bewegt wird.

[1]) Vgl. auch Z. f. Fernmeldetechnik 1920, S. 141.

Der Papierstreifen *P* muß dann so angeordnet werden, daß er eine Bewegung von rechts nach links in der Pfeilrichtung *v* ausführt. Die Feder *F* schreibt dann die Meßwerte in geraden Koordinaten auf. Das Papier kann auf einer metallenen Zylindertrommel be-

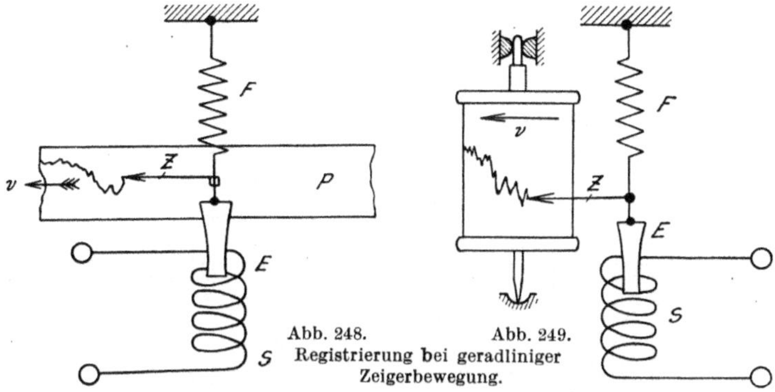

Abb. 248. Abb. 249.
Registrierung bei geradliniger Zeigerbewegung.

festigt sein (Abb. 249), welche von einem in der Trommel *T* sitzenden Uhrwerk in gleichen Zeiten um gleiche Stücke weitergedreht wird, so daß die Schreibfeder immer neues Papier zur Aufzeichnung vorfindet[1]).

Hat die Trommel beispielsweise nach 12 Stunden eine Umdrehung vollendet, so muß der Papierstreifen erneuert werden, wenn man auf jedem Papier nur eine einzige Aufzeichnung, nur ein einziges „Diagramm" erhalten will. Dieses Auswechseln der Papierstreifen ist vielfach lästig, und man hat daher Registrierinstrumente hergestellt, bei denen ein langer Papierstreifen von einer „Vorratsrolle" abläuft, um nach der Aufzeichnung aus dem Instrument entweder frei herauszulaufen, wie in Abb. 250 dargestellt ist, oder solche, bei denen der Papierstreifen nach der Aufzeichnung des Diagramms selbststätig aufgewickelt wird.

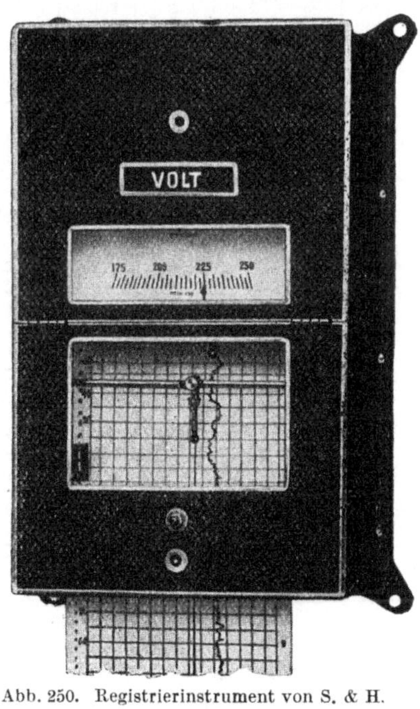

Abb. 250. Registrierinstrument von S. & H.

Der Papiervorschub kann durch Stiftenräder *E* (Abb. 247) zwangsläufig bewerkstelligt werden, welche in die Löcher des Schreibstreifens eingreifen und durch das Uhrwerk *U* angetrieben werden. Die Übertragung der Uhrwerksbewegung

[1]) Das Nachstehende gilt auch für Instrumente mit Kreisbewegung des Zeigers.

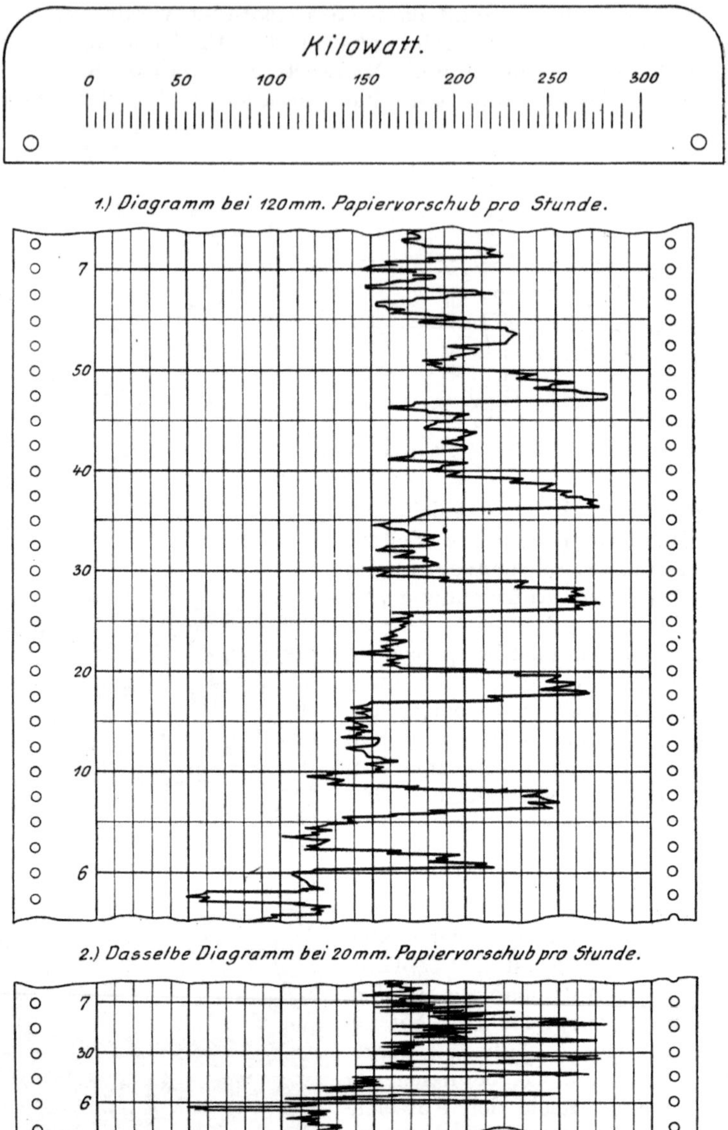

Abb. 251. Aufzeichnung auf dem Registrierstreifen.

auf die Stiftenräder erfolgt dann durch auswechselbare Zahnräder, deren Durchmesserverhältnis die Papiergeschwindigkeit bestimmt.

Die Papiergeschwindigkeit wird verschieden gewählt, je nachdem es sich um die Aufzeichnung stark oder wenig veränderlicher Meßgrößen handelt. Am besten wird das durch die Anschauung klar. Abb. 251[1]) zeigt ein Diagramm, bei welchem das Schreibpapier in jeder Stunde 120 mm vorgeschoben wurde. Die aufgezeichnete Linie zeigt, wie die gemessene Größe sich während der am Rande des Papierstreifens vermerkten Tageszeiten geändert hat. Abb. 251 [2]) zeigt ein Diagramm, welches von einem zweiten gleichen Meßinstrument zur selben Zeit aufgenommen wurde und dieselben Meßgrößen darstellt, wobei aber das Uhrwerk so eingerichtet war, daß der Papierstreifen nur eine Geschwindigkeit von 20 mm pro Stunde besaß. Wie man sieht, läßt das zweite Diagramm die Veränderlichkeit der Meßgröße zu den verschiedenen Zeiten nicht mehr so deutlich erkennen. Die Linien laufen teilweise ineinander. Die Wahl der Papiergeschwindigkeit der Schreibinstrumente schwankt je nach dem Verwendungszweck etwa zwischen 20 und 300 mm pro Stunde.

Die Uhrwerke unterscheiden sich auch noch durch die Länge ihrer Gangdauer. Uhrwerke mit kleinerer Papiergeschwindigkeit haben eine längere Gangdauer wie solche mit größerer Papiergeschwindigkeit. Es gibt Uhrwerke, welche nur alle Monate einmal aufgezogen werden müssen oder nach einer gewissen Anzahl von Tagen, Stunden usw.

Schließlich gibt es noch umschaltbare Uhrwerke, welche mehr als eine Gangdauer und mehr als eine Papiergeschwindigkeit besitzen, wobei die Einrichtung vielfach so getroffen ist, daß die Umschaltung von einer Papiergeschwindigkeit auf eine andere durch Betätigung eines Umschalthebels erfolgen kann. Endlich gibt es Schreibinstrumente, bei denen der Aufzug des Uhrwerks auf elektrischem Weg erfolgt.

Die verwendeten Papierstreifen können bezüglich ihres Vordruckes verschieden sein; entweder befinden sich außer dem Liniennetz an der Seite des Streifens nur die Tageszeiten in Stunden usw. vermerkt, wie in Abb. 251, und dann wird zur Ablesung der Werte des Diagramms vielfach eine Glasskala verwendet. Die Glasskala *G* (Abb. 252) wird nach Herausnehmen des Papierstreifens aus dem Instrument auf das Papier gelegt und der Meßwert mittels der Glasskala auf dem Diagramm abgelesen; oder die Papierstreifen sind unmittelbar mit den Skalenwerten bedruckt, welche gewissen Linien in der Richtung der Papierbewegung im Diagramm entsprechen (Abb. 253), wodurch sich die Glasskala erübrigt.

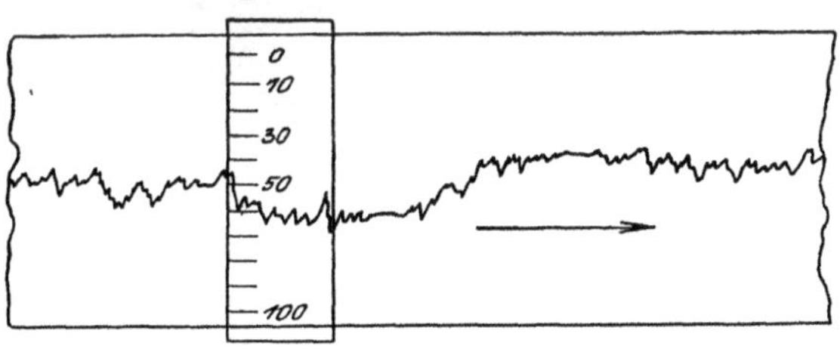

Abb. 252. Verwendung der Glasskala.

Besitzt die Skala des verwendeten Schreibinstrumentes eine gleichmäßige Teilung, so läßt sich durch Planimetrierung[1]) des zwischen der Kurve und der Nullinie des

[1]) Bestimmung des Flächeninhalts s. Lueger, Bd. VII, S. 140.

Diagramms liegenden Flächenstreifens **bei geradlinigen Koordinaten** die Summe der mit der Zeitdauer ihres Bestehens multiplizierten Meßwerte finden, bei einem registrierenden Wattmeter z. B. die Anzahl der Wattstunden bzw. der Kilowattstunden usw.

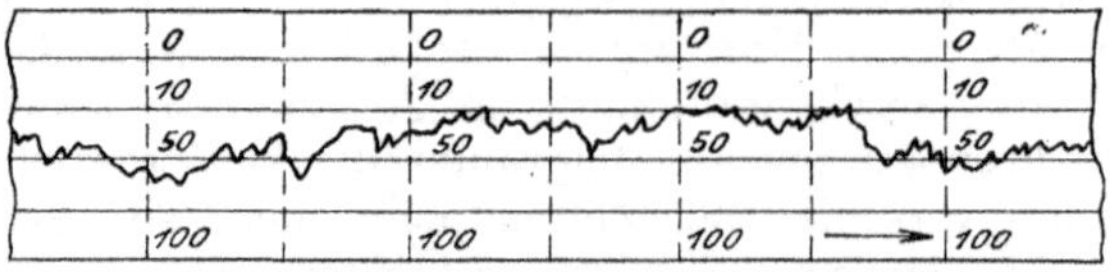

Abb. 253. Vorgedruckter Registrierstreifen.

Abb. 254 stellt ein Planimeter von Siemens & Halske dar, mit welchem das Auswerten von Kurven auf Registrierstreifen sehr bequem erfolgen kann. Selbstverständlich kann auch jeder andere im Handel befindliche Planimeter verwendet werden. Da der Flächeneinheit, z. B. einem qcm bei einem registrierenden Wattmeter eine ganz bestimmte Anzahl von kWh entspricht, so ist die planimetrierte Fläche natürlich mit dieser Konstanten des Registrierinstruments,

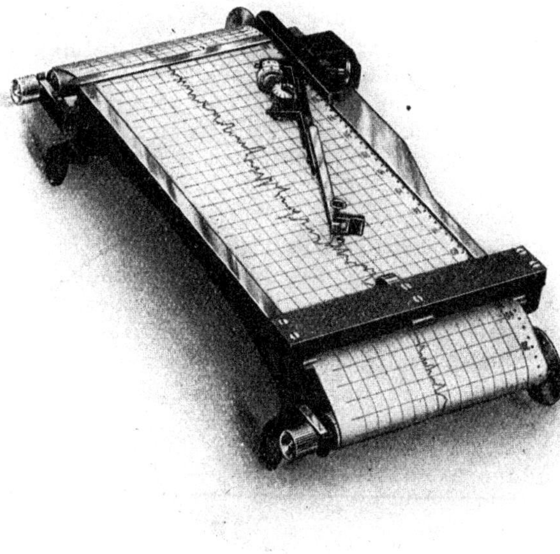

Abb. 254. Planimeter von S. & H.

mit der Anzahl der kWh pro Flächeneinheit zu multiplizieren, um die Zahl der kWh zu erhalten, die der planimetrierten Fläche entspricht.

Beispiel: In Abb. 251 ist das Stück eines Registrierstreifens abgebildet, welches zwischen 6 und 7 Uhr bei einem Wattmeter abgelaufen ist, dessen Meßbereich von 0 bis 300 kW ging. Die Fläche zwischen den dicken Begrenzungslinien links und rechts des Streifens, entsprechend den Punkten 0 und 300 kW der Skala, und den wagrechten Zeitlinien für 6 Uhr und 7 Uhr, entsprechend dem Papiervorschub in einer Stunde, besitze einen Inhalt von $11 \times 12 = 132$ qcm und entspreche einer Arbeit von $300\,\text{kW} \times 1$ Stunde $= 300$ kWh. Je 1 qcm entspricht demnach eine Arbeit von $\frac{300}{132} = 2{,}27$ kWh. Beträgt die zwischen der vom Wattmeter aufgezeichneten Leistungskurve und der Nullinie links liegende Fläche z. B. 91 qcm, so ist die zugehörende Arbeit $91 \times 2{,}27 = 206{,}5$ kWh.

Schreibeinrichtung bei Instrumenten mit Kreisbewegung des Zeigers.

Für Meßinstrumente, deren Zeiger eine Kreisbewegung ausführt, ist die einfachste Art der Aufzeichnung die in Bogenkoordinaten (Abb. 255). Bogenkoordinaten gestatten aber keine so übersichtliche Ablesung der Meßwerte auf dem Schreibpapier. Außerdem ist die Auswertung der Kurven mittels eines gewöhnlichen Planimeters nicht ohne weiteres möglich.

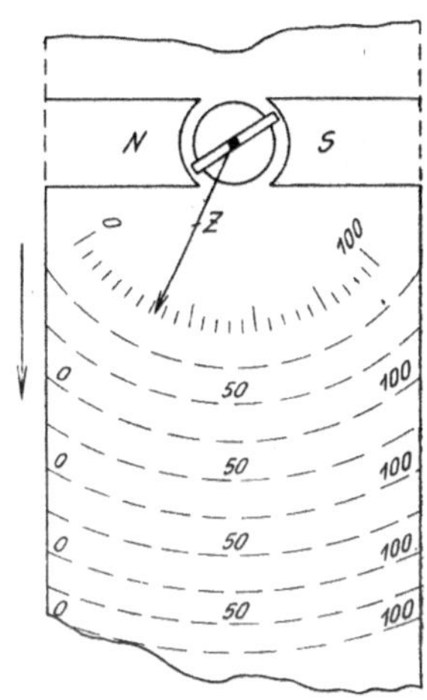

Abb. 255. Aufzeichnung bei Kreisbewegung des Zeigers.

Um das zu beweisen, betrachten wir einmal zwei gleichartige Stücke zweier Registrierstreifen gleicher Breite, die beide zu Strommessern der Drehspultype mit gleichem Meßbereich, z. B. 6 A, und gleichmäßiger Skalenteilung gehören mögen (Abb. 256). In beiden Fällen sei der Streifen bei derselben Papiergeschwindigkeit während einer Stunde um die Strecke a vorgeschoben worden. Während aber die Breite b des Streifens A mit geradem Liniennetz bei gleichmäßiger Skalenteilung für den Endausschlag 6 A von Ampere zu Ampere in sechs gleiche Teile und dementsprechend die ganze Papierfläche in sechs gleiche Flächenstreifen $a \cdot c$ zerlegt wird, wird die Fläche des Streifens B mit Bogenliniennetz durch die gleichmäßige Einteilung des Bogens b in sechs gleiche Teile nicht auch in sechs gleiche Flächenstreifen zerlegt. Vielmehr entspricht zwischen 0—1 A und zwischen 5—6 A hier 1 Ah am Rande ein schmalerer Flächenstreifen als z. B. zwischen 3—4 A in der Mitte. Die einzelnen Flächenstreifen sind untereinander nicht gleichwertig. Beide Streifen A und B haben zwar im ganzen denselben Flächeninhalt. Während aber beim Streifen A der Wert: Amperestunde pro Flächeneinheit, z. B. pro Quadratzentimeter, an allen Stellen des Registrierstreifens denselben unveränderlichen Wert besitzt, ist dieser Wert beim Streifen B in verschiedenen Höhen, d. h. für verschiedene Zeigerausschläge verschieden. Beim Streifen A braucht man also die durch Planimetrieren in Quadratzentimeter erhaltene Fläche nur mit dem unveränderlichen Wert, mit der Multiplikationskonstanten: Ah pro qcm zu multiplizieren, um die Zahl der Ah zu erhalten, die der planimetrierten Fläche entspricht.

Beim Streifen *B* geht das nicht, weil die Multiplikationskonstante Ah pro qcm nicht für alle Stellen der planimetrierten Fläche gleichwertig ist. Auch ist es hier nicht möglich, etwa eine mittlere Konstante zu berechnen, weil der Zeiger und der Schreibstift im allgemeinen in sehr verschiedenen Höhen unregelmäßig lange Zeit verweilt.

Siemens & Halske stellen ein Planimeter besonderer Bauart her, mit dem es möglich ist, die Kurven auch bei Bogenliniennetz in

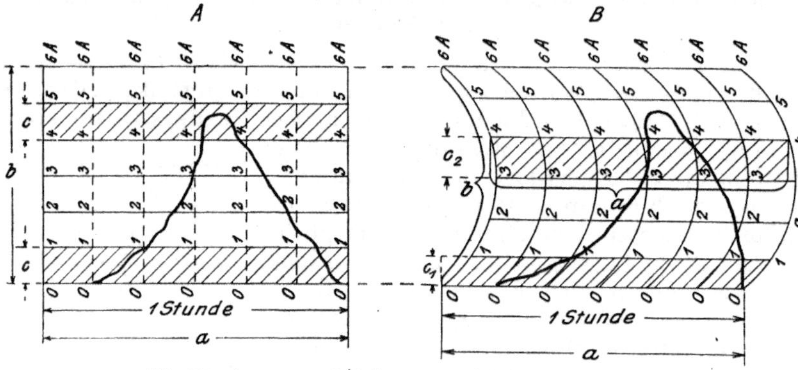

Abb. 256. Auswertung bei Geraden- und bei Bogenkoordinaten.

ähnlicher Weise zu planimetrieren und auszuwerten, wie bei Schreibeinrichtungen mit geradem Liniennetz. Trotzdem ist man wegen der Umständlichkeit der Beschaffung eines derartigen besonderen Planimeters bestrebt, die Aufzeichnung der Meßwerte in geraden und proportionalen Koordinaten vornehmen zu können.

Registrierinstrumente mit unproportionalen Koordinaten, d. h. mit ungleichmäßiger Skalenteilung des verwendeten Meßinstrumentes, gestatten weder bei Bogen- noch bei geradem Liniennetz eine Auswertung durch einfache Planimetrierung, denn in solchen Fällen müßte ja für jede der verschiedenen ungleichmäßigen Skalenteilungen ein besonderes, nur diesem Instrument zugehöriges Planimeter gebaut werden.

Übertragung in gerade Koordinaten.

Um auch bei Instrumenten mit Kreisbewegung des Zeigers gerade Koordinaten zu erhalten, ist es nötig, die bei der Kreisbewegung des Instrumentzeigers beschriebene Bogenlinie für die Aufzeichnung in eine gerade Linie zu verwandeln.

In der Hauptsache sind es zwei Hilfsmittel, welche bei den neueren Schreibinstrumenten zur Verwendung kommen, um trotz der Kreisbewegung des Instrumentzeigers die Aufzeichnung in geradem Liniennetz zu ermöglichen:

1. **der Lenkermechanismus,**
2. **der Hakenzeiger.**

Als Beispiel eines Lenkermechanismus sei eine Bauart von Siemens & Halske angegeben. In Abb. 257 ist eine solche „Geradführung" des Zeigers, ein sog. „Ellipsenlenker"[1]), schematisch dargestellt. Die Achse *a* des drehbaren Meßsystems ist mit dem Lenker *f* unmittelbar verbunden, und jede Drehung von *a* wird durch *f* auf den Zeigerhebel *d* übertragen, wobei sich der Punkt *e* auf einem Kreisbogen, der Punkt *k* dagegen in einer Prismenführung *k* längs einer durch *a* gehenden Geraden bewegt. Die Hebel *d* und *f* sind in *e* gelenkig verbunden. Der Punkt *i* bewegt sich bei passender Bemessung der Hebellängen auf der mit ganz geringen Abweichungen geraden Linie *m*. Fast sämtliche Teile dieser Geradführung sind aus Leichtmetall hergestellt und alle Spitzen in Edelsteinen gelagert, so daß keine merklichen Reibungswiderstände auftreten.

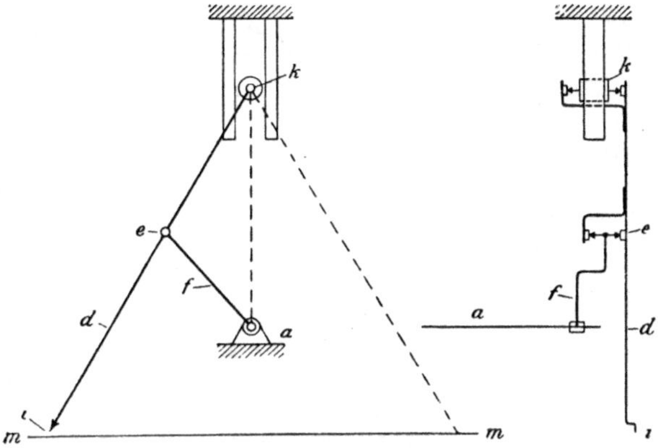

Abb. 257. Ellipsenlenker.

Auch bei Instrumenten mit gleichmäßiger Teilung, wie beim Drehspulinstrument oder bei einem der beschriebenen Leistungsmesser, würde mit dieser Anordnung eine vorher nicht vorhandene Unproportionalität der Ausschläge auf dem Schreibpapier auftreten. Die Kurven solcher Schreibinstrumente könnten daher nicht durch einfaches Planimetrieren ausgewertet werden. Siemens & Halske versehen Schreibinstrumente mit dieser Gradführung deshalb mit Zusatzfedern, welche die Unproportionalität beseitigen.

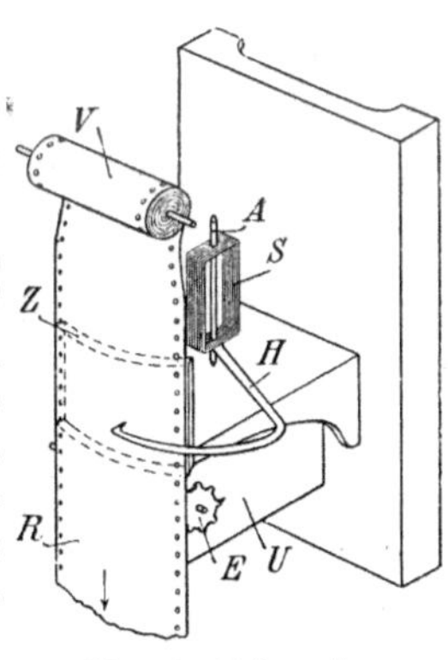

Abb. 258. Hakenzeiger.

Die A.E.G. wendet anstatt eines Ellipsenlenkers zur Erzielung der geraden Koordinaten einen „Kulissenlenker" an, auf dessen Ausführung hier aber nicht näher eingegangen werden soll.

Als Beispiel für die Anwendung des „Hakenzeigers"[2]) sei die

[1]) Nach v. Voss, s. „Der Mechaniker" 1907, S. 25 usw.
[2]) Nach Palm, s. E.T.Z. 1913, Heft 4.

Bauart der Schreibeinrichtung von Hartmann & Braun angegeben. Bei Verwendung derartiger Schreibeinrichtungen können die Kurven von Instrumenten, welche von Natur eine gleichmäßige Skalenteilung besitzen, mit jedem gewöhnlichen Planimeter ausgewertet werden. Die beweglichen Systeme *S* der Meßgeräte (Abb. 258) drehen sich um eine senkrechte Achse *A*. Der Schreibstreifen *R* läuft von der Vorratsrolle *V* parallel zur Systemachse nach unten ab. An der Aufzeichnungsstelle legt er sich um ein feststehendes Zylindersegment *Z*, dessen mathematische Achse mit der Drehachse des Meßgerätes zusammenfällt. Die Aufzeichnung erfolgt durch den hakenförmig gebogenen Zeiger *H* auf der Außenseite des zylinderförmig gebogenen Schreibstreifens *R*, indem derselbe um den Papierstreifen herumgreift.

Diese Anordnung ermöglicht in denkbar einfachster Weise die Aufzeichnung der Ausschläge eines Meßgerätes mit drehbarem System ohne Verzerrung und ohne Übertragungsmechanismus in rechtwinklichem geradem Liniennetz. Die Krümmung des Schreibstreifens wird ohne Schwierigkeit durch ein vor ihm liegendes Bogenstück bewirkt (Abb. 247). Dieses läßt sich zur Seite schieben, nimmt dabei den Zeiger mit, hält denselben fest und hebt die Schreibfeder vom Papier ab. Da an dem Bogenstück außerdem der Tintentrog und die Skala des Instrumentes befestigt ist, wird durch seine Seitwärtsführung der Schreibstreifen für die Erneuerung frei zugänglich.

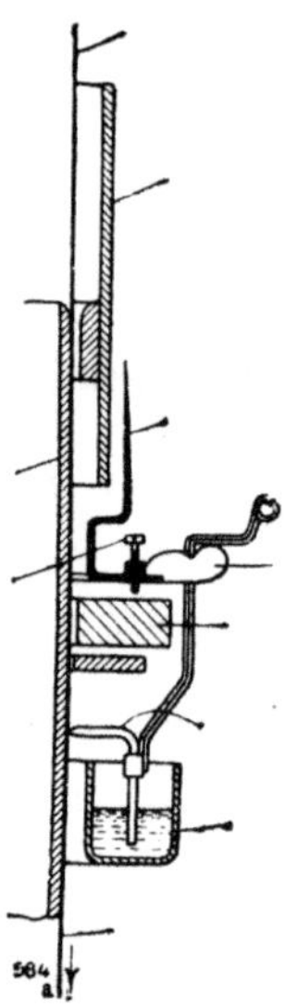

Abb. 259. Schnitt durch das Instrument Abb. 258.

Abb. 259 stellt einen Teilschnitt senkrecht zur Rückwand des Instrumentes dar und zeigt die Schreibeinrichtung. Der feststehende Tintentrog besteht aus einer dem Zylindersegment *Z* angepaßten Rinne und ist abnehmbar. Die aus einer Kapillarröhre gezogene Glasfeder ruht auf Metallschneiden in einer gabelförmigen Ausbildung des Zeigers. Die Tinte wird aus dem Troge nach der feinen Federspitze gesaugt. Die Gewichtsverteilung der abnehmbaren Glasfeder ist so getroffen, daß ihre Spitze leicht, aber sicher am Registrierstreifen anliegt. Es werden auch Metallfedern mit kleinem Inhalt für diese Instrumente hergestellt.

Die vorbeschriebene, ununterbrochene Aufzeichnung der Meßwerte, das Aufzeichnen einer Kurve bedingt eine gewisse Reibung der Schreibfeder auf dem Papier, die zu der Reibung, welche das Systemgewicht in den Lagern erzeugt, hinzukommt. Instrumente mit dieser Schreibeinrichtung müssen daher größere Drehmomente erhalten wie die einfachen Schalttafelinstrumente, damit der Einfluß der vergrößerten Reibung überwunden wird.

Punktweise Aufzeichnung. Es gibt Instrumente, wie z. B. Ohmmeter, elektrische Temperaturmesser usw., bei denen die Einstellkräfte nicht hinreichend groß gewählt werden können, so daß die Vergrößerung der Reibung durch die Aufzeichnung der Kurve größere

Fehler in den Angaben der Schreibinstrumente hervorrufen würden. In solchen Fällen wird vielfach die sog. intermittierende Registrierung, die punkt- oder strichförmige Aufzeichnung, angewendet (Abb. 260).

Der mit der Systemachse A in Verbindung stehende Instrumentzeiger Z schwebt für gewöhnlich frei über dem Registrierpapier P. An dem Ende a des Zeigers ist ein Schreibstift s befestigt. Über dem Zeiger schwebt in federnder Lagerung ein längerer Fallhebel F, der in der Abbildung im Schnitt dargestellt ist. Zu gewissen wiederkehrenden Zeiten, z. B. alle 15 oder 30 Sekunden, senkt sich der Fallhebel, der vom Uhrwerk des Registrierinstrumentes aus betätigt wird, und drückt so auf den Zeiger; der Schreibstift macht einen Punkt auf dem darunterliegenden Papier.

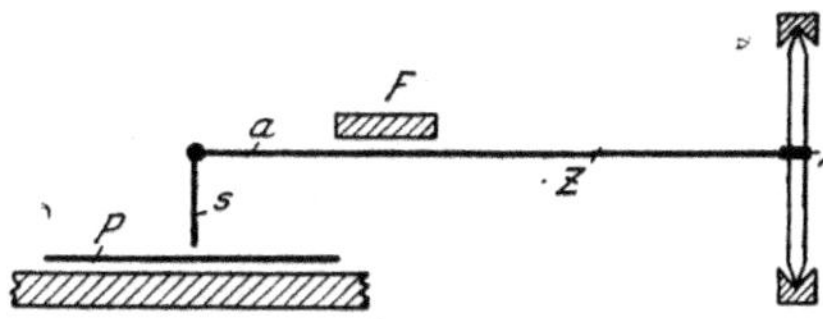

Abb. 260. Punktweise Aufzeichnung.

Die punktförmige Aufzeichnung eignet sich für die Messung verhältnismäßig langsam veränderlicher Vorgänge, wie Temperaturmessungen. Ändert sich die Meßgröße rascher, so ist die Geschwindigkeit des Papiervorschubes und die Anzahl der Registrierungen, d. h. der aufzuzeichnenden Punkte, hinreichend groß zu wählen. Die punktweise Aufzeichnung eignet sich aber nicht für die Messung von Werten, die sich unregelmäßig und plötzlich ändern, weil in diesem Falle Lücken in der aufgezeichneten Linie entstehen. Die Schaulinie zeigt dann nicht mehr den für den Meßvorgang charakteristischen Verlauf.

Ein besonderes Schreibinstrument mit punktförmiger Aufzeichnung ist der Vielfachschreiber von Hartmann & Braun, wie er z. B. zur gleichzeitigen Aufzeichnung mehrerer Temperaturen dient.

Zwischen zwei geraden Führungsleisten G, die in Abb. 261 im Schnitt dargestellt sind und den Zweck haben, den bogenförmigen Ausschlag des Instruments für die Registrierung in eine gerade Linie zu übertragen, wird durch den Fallhebel F von Zeit zu Zeit der in einem Gelenk g gelagerte Stift s auf das Papier P gedrückt. Auf der anderen Seite des Papiers befindet sich eine Farbwalze, die sich ebensooft ruckweise um ein gewisses Stück dreht, wie das Instrument auf eine andere Meßstelle geschaltet und der Stift s niedergedrückt wird. Bei der gezeichneten Anordnung dreht sich die Farbwalze bei jedem Niedergehen des Stiftes um ein Viertel des Umfanges. Dementsprechend drückt der Stift jedesmal auf das Papier, wenn sich ein anderes Farbkissen der Walze unter

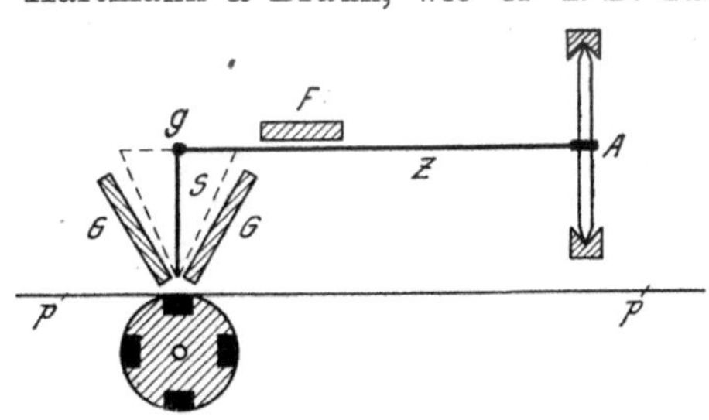

Abb. 261. Vielfachfarbschreiber von H. & B.

demselben befindet. Dadurch entsteht jedesmal ein andersfarbiger Punkt.

Zur Aufzeichnung schnell veränderlicher Größen eignet sich außer den genannten Registrierinstrumenten mit ununterbrochener Aufzeichnung der Meßgröße (vgl. S. 182—190) auch noch besonders die Funkenaufzeichnung von Siemens & Halske (Abb. 262).

Funkenschreibinstrument. Von einer 4-Volt-Akkumulatorenbatterie wird über einen Hammerunterbrecher die primäre Wicklung des Funkeninduktors *I* gespeist. Die Sekundärklemmen sind über eine

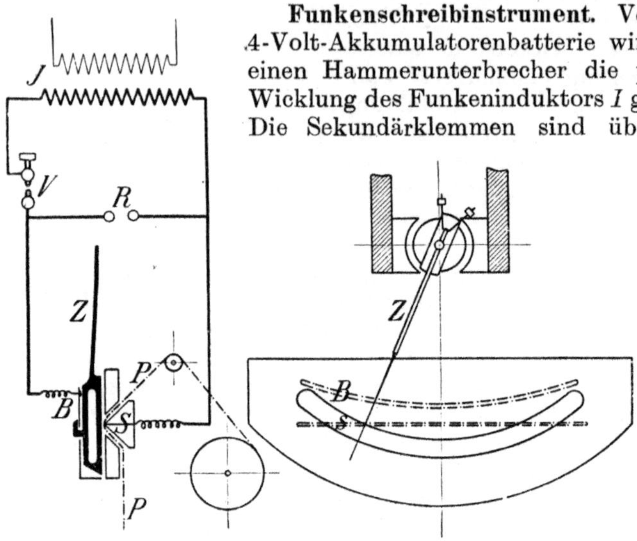

Abb. 262. Funkenschreibinstrument von S. & H.

regulierbare Vorschaltfunkenstrecke *V* einerseits mit der senkrecht zur Ablaufvorrichtung angebrachten Schiene *S*, andererseits mit dem Skalenblech *B* verbunden. Zwischen diesen geht über den messerförmigen Zeiger *Z* und das Papier *P* der Funke über, der auch bei schnellen Schwankungen sichtbare Brandlinien auf dem Papier hinterläßt. Die Proportionalität der aufgezeichneten Kurve mit dem Zeigerausschlag wird durch entsprechende Zusatzdrehmomente erzielt, worauf hier nicht näher eingegangen werden soll.

Handelt es sich darum, gewisse Vorgänge aufzuzeichnen, die von den gewöhnlichen elektrotechnischen Meßinstrumenten nicht mehr aufgenommen werden können, wie z. B. die Augenblickswerte eines Wechselstromes usw., weil die Trägheit des beweglichen Systems der Meßinstrumente zu groß ist, so verwendet man vielfach sehr vorteilhaft den Oszillographen (vgl. S. 219).

Kontaktinstrumente.

Es gibt Fälle, in denen es notwendig erscheint, die elektrischen Werte nicht nur zu messen, sondern gewisse erreichte Mindest- oder Höchstwerte der betreffenden Meßgröße zu melden.

Gewöhnlich geschieht das dadurch, daß an dem beweglichen

System des elektrischen Meßinstrumentes ein besonderer federnder Kontakt k_1 angebracht ist (Abb. 263), der sich bei der Bewegung des Systems mit bewegt und an einen zweiten Kontakt k_2 anstößt, der so angeordnet ist, daß die Kontaktgebung erfolgt, wenn der Zeiger Z des Meßinstrumentes auf der Skala den gewünschten, zu signalisierenden Meßwert anzeigt.

Durch die beiden Kontakte k_1 k_2 (Abb. 263) wird dann ein Signalstromkreis geschlossen, der eine Klingel oder eine Glühlampe betätigt, und der mit dem Hauptstromkreis, in den das Meßinstrument eingeschaltet ist, durchaus nichts zu tun zu haben braucht. Hin und wieder werden gleichzeitig ein optisches und ein akustisches Signal angewendet.

Diese Art der Kontaktgebung für den Signalstromkreis durch das Meßinstrument selbst ist nur so lange anwendbar, als das betreffende Meßinstrument genügend große Einstellkräfte besitzt. Sinken dieselben unter ein gewisses Maß, so treten die unangenehmen Er-

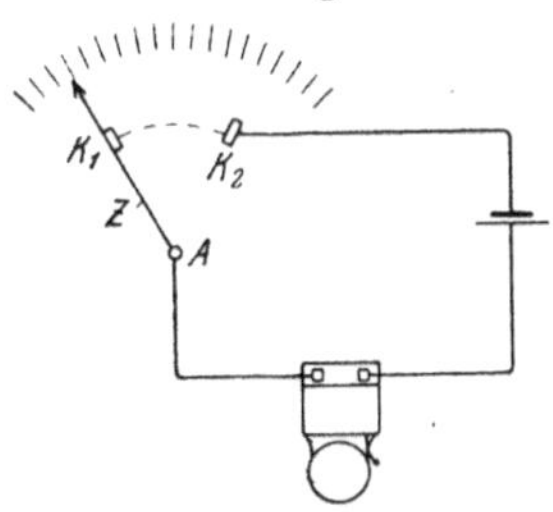

Abb. 263.

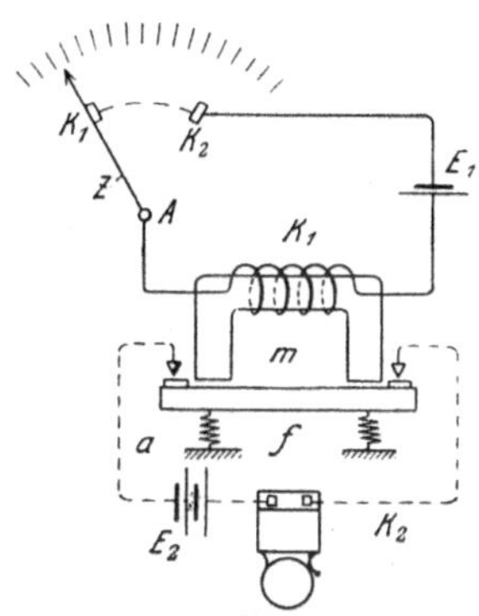

Abb. 264.

Kontaktinstrument mit und ohne Relais.

scheinungen zutage, daß die Kontakte infolge teilweiser Verschweißung aneinander kleben bleiben, auch wenn der Meßwert der Kontaktstelle schon längst nicht mehr besteht, was dann die Neueinstellung der Meßgröße unsicher gestaltet. Man schaltet dann als Zwischenglied ein Relais ein (Abb. 264).

Das Relais besteht in den meisten Fällen aus einem kleinen Elektromagneten m, dessen Wicklung bei Kontaktgebung durch das Meßinstrument im Stromkreis K_1, dem Relaisstromkreis von der eingezeichneten Stromquelle E_1, gespeist wird. Die Wicklung des Relais ist so bemessen, daß die Stromstärke im Kontaktkreis K_1 einen gewissen Höchstwert nicht überschreitet, so daß ein Klebenbleiben der Instrumentkontakte k nicht erfolgen kann, und der Anker a des Relais dabei doch sicher angezogen wird. Die mechanischen Gegenkräfte f des Relais sind so bemessen, daß das Losreißen des Ankers bei Unterbrechung des Relaisstromkreises K_1 durchaus sicher erfolgt. Die Kontakte im Signalstromkreis K_2 sind so bemessen, daß in demselben ein genügend kräftiger Strom zur Betätigung einer Signaleinrichtung oder etwa einer selbsttätigen Reguliereinrichtung für die Meßgröße fließen kann.

Meßwandler.

Die Meßwandler oder Meßtransformatoren haben in erster Linie den Zweck, die Meßinstrumente in Wechselstrom-Hochspannungsanlagen von der lebensgefährlichen Hochspannung abzutrennen. Außerdem können sie aber auch dazu dienen, die Meßbereiche der Instrumente zu erweitern, und dann spielen sie eine ähnliche Rolle wie die Nebenschluß- und Vorschaltwiderstände, und haben vor diesen sogar den Vorteil eines geringeren Energieverbrauches voraus. Man unterscheidet:

1. Spannungswandler,
2. Stromwandler.

Selbstverständlich würde es weit über den Rahmen dieses Buches hinausgehen, wollte man alle die Gesetze und Regeln, welche für ruhende Transformatoren gelten, in ihrer Anwendung auf Strom- und Spannungswandler in unsere Betrachtung hineinziehen[1]. Wir müssen uns vielmehr damit begnügen, festzustellen, welchen Bedingungen ein richtig gebauter Meßwandler genügen muß, und einige praktische Erörterungen daran anzuschließen.

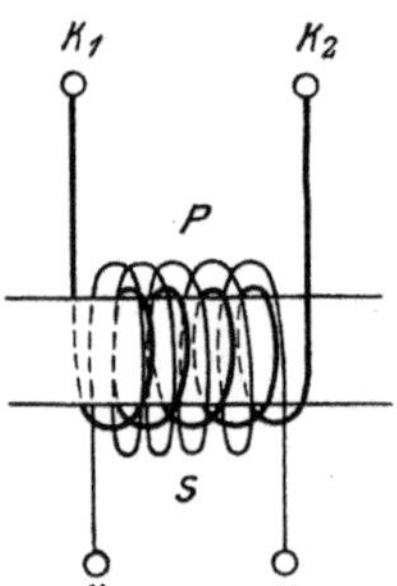

Abb. 265. Meßwandler.

Der Spannungswandler ist gewissermaßen ein leerlaufender, der Stromwandler ein kurzgeschlossener, ruhender Transformator. Beide bestehen im Prinzip aus zwei Wicklungen, welche auf einem gemeinsamen Eisenkern untergebracht sind (Abb. 265). Zwischen den sog. Primärklemmen K_1 und K_2 liegt die Primärwicklung, welche von der zu messenden Hochspannung gespeist wird. Hierdurch entsteht im Transformatoreisen ein magnetisches Feld, das primäre Feld. Diese primären Kraftlinien schneiden nun bei ihrem Entstehen und Verschwinden auch die zwischen den Sekundärklemmen k_1 und k_2 liegende Sekundärwicklung und erzeugen in derselben durch Induktion eine elektromotorische Kraft E_2. Legen wir an die Sekundärwicklung ein Meßinstrument, so fließt in demselben ein der erzeugten Klemmenspannung proportionaler Strom.

Die Forderungen, welche an gute Meßwandler gestellt werden, sind:

1. Möglichste Proportionalität zwischen der sekundären Meßgröße und der primären, d. h. das Übersetzungsverhältnis muß möglichst bei allen Betriebszuständen, also über das ganze Meßbereich des Wandlers, unveränderlich bleiben. Also bei Spannungswandlern das Verhältnis der primären zur sekundären Spannung: $E_1 : E_2$,

[1] Vgl. aber z. B. Möllinger, Wirkungsweise der Motorzähler und Meßwandler; Görner, Schweizer E.T.Z. 1911, Heft 6 und Orlich, Helios 1912, Heft 19.

bei Stromwandlern das Verhältnis des primären zum sekundären Strom: $I_1 : I_2$.[1])

2. **Möglichst genau 180° Phasenverschiebung** zwischen der primären Meßgröße und der sekundären; d. h. die sog. Winkelabweichung δ muß klein gehalten werden und unveränderlich bleiben. Nach der allgemeinen Transformatorentheorie besteht zwischen primärer und sekundärer Spannung, ebenso zwischen primärem und sekundärem Strom in den Transformatorwicklungen eine Phasenverschiebung von fast 180° (Abb. 266). Übersteigt die Winkelabweichung δ bei einem Meßwandler einen gewissen Betrag, der weit unter einem Bogengrad liegt, so entsteht bei der Verwendung dieses Wandlers zum Anschluß

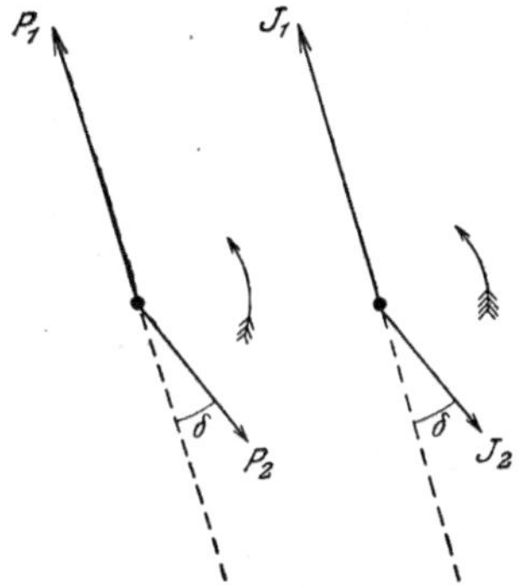

Abb. 266.

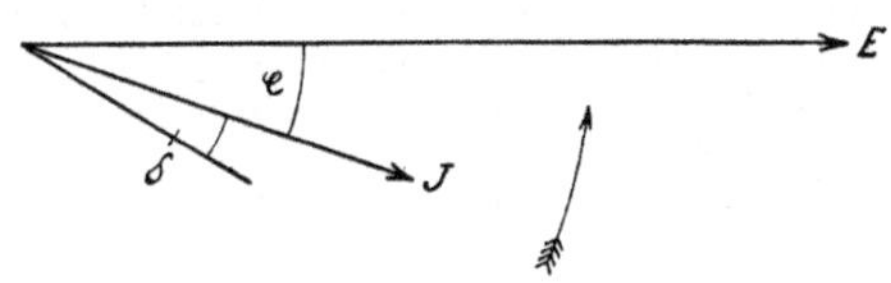

Abb. 267.

Winkelabweichung bei Meßwandlern.

eines Meßinstruments, bei dem die Phasenverschiebung eine Rolle spielt, z. B. bei einem Leistungs- oder einem Phasenmesser, bei der Messung ein mehr oder weniger großer **Phasenfehler**. Je nach der Größe der zwischen Meßstrom und Meßspannung auftretenden Phasenverschiebung φ ist der Meßfehler infolge der Winkelabweichung δ verschieden groß und kann daher bei der Eichung vielfach nicht berücksichtigt werden. Nur für genau 180° Phasenverschiebung zwischen der primären und sekundären Meßgröße im Wandler, d. h. also für $\delta = 0$, können die Instrumente richtig zeigen. Z. B. zeigt ein Leistungsmesser im Anschluß an einen Wandler für $\delta > 0$ anstatt: $N = EI\cos\varphi$ an (Abb. 267):

$$N = EI\cos(\varphi + \delta).$$

Bei **guten** Meßwandlern ist aber die Winkelabweichung δ so klein, daß sie für die meisten praktischen Messungen vernachlässigt werden kann[2]).

---

[1]) Bei ungenauem Übersetzungsverhältnis des Wandlers entsteht ein Meßfehler. Ist z. B. das Übersetzungsverhältnis eines Spannungswandlers:

$$U_e = \frac{E_1}{E_2} = \frac{550}{107{,}8} \quad \text{anstatt} \quad \frac{550}{110},$$

so ist der hierdurch entstehende Fehler:

$$\Delta_u = \frac{107{,}8 - 110}{110} \cdot 100 = -2\,\%.$$

Entsprechendes gilt für den Stromwandler.

[2]) Um den durch die Winkelabweichung δ bei der Leistungsmessung entstehenden Fehler zu bestimmen, nehmen wir an, daß Strom- und Spannungs-

Eine Zusammeneichung der Instrumente mit einem zu verwendenden Meßwandler, der den obigen Bedingungen entspricht, ist im allgemeinen nicht erforderlich. Nur wenn eine größere Genauigkeit erzielt werden soll, oder wenn die Klemmenspannung der anzuschließenden Instrumente einschließlich der Verbindungsleitungen die zulässige Grenze überschreitet, ist eine gemeinsame Eichung von Stromwandler und Instrument in gewissen Fällen empfehlenswert. Es muß aber besonders darauf aufmerksam gemacht werden, daß sich die durch zu hohe Belastung entstehenden Fehler nicht immer durch Zusammeneichung beseitigen lassen. Dies gilt, wie schon oben angedeutet, für alle Instrumente, bei denen in der Messung die Phasenverschiebung eine Rolle spielt, wie bei Wattmetern, Phasenmetern u. a. m.

---

wandler das Übersetzungsverhältnis 1 haben ($E_1 = E_2$; $J_1 = J_2$). Die Winkelabweichungen seien δ_e und δ_i und positiv, wenn die um 180° gedrehte sekundäre Größe der primären voreilt (Abb. 268). Die Phasenverschiebung zwischen J_1 und E_1 primär sei φ_1. Wenn das Wattmeter ohne Strom und Spannungswandler richtig zeigt, so mißt es:

$$N = E_1 J_1 \cos\varphi_1. \qquad \text{(Gl. 1)}$$

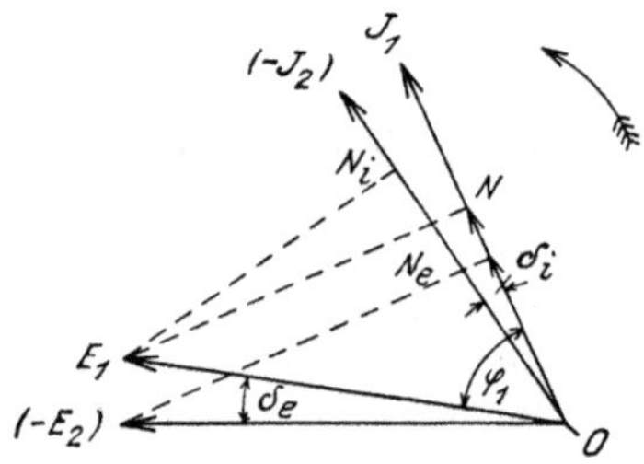

Abb. 268. Diagramm zur Fußnote S. 195.

Bei Verwendung des Spannungswandlers allein mißt es

$$N_e = E_2 J_1 \cos(\varphi_1 + \delta_e). \qquad \text{(Gl. 2)}$$

Bei Verwendung des Stromwandlers allein mißt es:

$$N_i = E_1 J_2 \cos(\varphi_1 - \delta_i). \qquad \text{(Gl. 3)}$$

Da nun $E_1 = E_2$ und $J_1 = J_2$, sowie $E_1 \cdot J_1 = \frac{N}{\cos\varphi_1}$ ist, so entstehen:

$$N_e = N \frac{\cos(\varphi_1 + \delta_e)}{\cos\varphi_1}$$

$$N_i = N \frac{\cos(\varphi_1 - \delta_i)}{\cos\varphi_1}.$$

Der durch den Spannungswandler hervorgerufene Fehler ist demnach in Prozent:

$$\Delta_e = \frac{N_e - N}{N} 100 = \left(\frac{\cos(\varphi_1 + \delta_e)}{\cos\varphi_1} - 1\right) \cdot 100\,\%,$$

$$\Delta_e = \left(\frac{\cos\varphi_1 \cos\delta_e - \sin\varphi_1 \sin\delta_e}{\cos\varphi_1} - 1\right) \cdot 100\,\%,$$

$$\Delta_e = (\cos\delta_e - \operatorname{tg}\varphi_1 \sin\delta_e - 1) \cdot 100\,\%.$$

Für kleine Werte von δ_e kann man $\cos\delta_e = 1$ setzen. Dann wird:

$$\Delta_e = (-\operatorname{tg}\varphi_1 \sin\delta_e) \cdot 100\,\%.$$

Dem kleinen Winkel δ in Minuten entspricht am Radius 1 die Bogenlänge x, die man für kleine δ gleich dem Sinus setzen kann:

$$x = \frac{2\pi}{360 \cdot 60} \cdot \delta' = 0{,}000291 \cdot \delta' = \sin\delta.$$

Damit wird der Fehler durch die Winkelabweichung δ_e Minuten am Spannungswandler:

$$\Delta_e = -\operatorname{tg}\varphi_1 \cdot 0{,}0291 \cdot \delta_e' \text{ in } \%.$$

Der Fehler infolge einer Winkelabweichung δ_i Minuten am Stromwandler wird:

$$\Delta_i = +\operatorname{tg}\varphi_1 \cdot 0{,}0291\, \delta_i' \text{ in } \%.$$

3. Unabhängigkeit des Übersetzungsverhältnisses im Meßtransformator von der Polwechselzahl in möglichst weiten Grenzen.

4. Gleiche Kurvenformen der primären und der sekundären Meßgröße.

5. Bei Stromwandlern Unabhängigkeit der Sekundärstromstärke, innerhalb möglichst weiter Grenzen, von der Größe und Art der Belastung.

Bei der Anwendung der Meßwandler interessiert uns ferner die Schaltung; für die äußere Schaltung die Art der Erdung und Sicherung; ferner die Art und die Höhe der Isolation zwischen

---

Wie man sieht, sind die Fehler durch die Winkelabweichung von der jeweiligen Phasenverschiebung φ abhängig; für kleine Phasenverschiebungen sind sie gering, bei großen Phasenverschiebungen können sie beträchtliche Werte annehmen (für $\varphi = 90$ ist $\operatorname{tg}\varphi = \infty$). Die Winkel sind dabei mit ihren Vorzeichen einzusetzen. Der Gesamtfehler durch δ_e und δ_i ist dann z. B. für Leistungsmessung:

$$\Delta_\delta = \Delta_e + \Delta_i = 0{,}0291 \cdot (\delta_i - \delta_e) \cdot \operatorname{tg}\varphi_1 \text{ in } \%.$$

Der Gesamtfehler durch Ungenauigkeit im Übersetzungsverhältnis und Fehlerwinkel ist demnach:

$$\Delta = \Delta_u + \Delta_\delta.$$

Bei Strom- und Spannungsmessung entsteht durch die Winkelabweichung im Meßwandler kein Meßfehler.

In Abb. S. 268 stellen die Strahlen N, N_e, N_i die Leistungswerte der Gleichung (1—3) dar.

Bei Drehstromleistungsmessungen

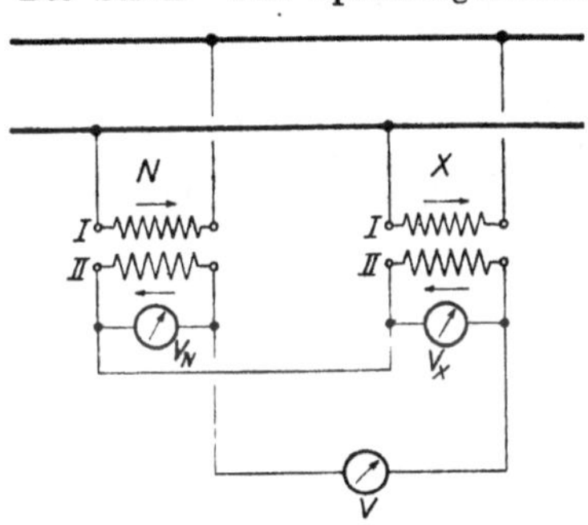

Abb. 269. Bestimmung der Polarität bei Spannungswandlern.

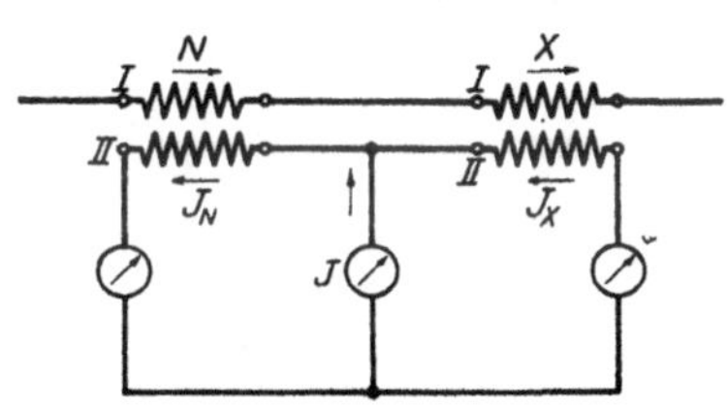

Abb. 270. Bestimmung der Polarität beim Stromwandler.

nach der Zweiwattmetermethode nach Abb. 133 gilt z. B. für Wattmeter I

$$\Delta_e = -\operatorname{tg}(30^0 + \varphi_1) \cdot 0{,}0291 \cdot \delta_e' \text{ in } \%,$$
$$\Delta_i = +\operatorname{tg}(30^0 + \varphi_1) \cdot 0{,}0291 \cdot \delta_i' \text{ in } \%,$$

für Wattmeter III gilt:

$$\Delta_e = +\operatorname{tg}(30^0 - \varphi_3) \cdot 0{,}0291 \cdot \delta_e' \text{ in } \%,$$
$$\Delta_i = -\operatorname{tg}(30^0 - \varphi_3) \cdot 0{,}0291 \cdot \delta_i' \text{ in } \%,$$

vgl. das Zahlenbeispiel S. 109.

Um die Meßwandler bezüglich ihrer Polarität richtig anschließen zu können, müssen ihre Klemmen bezeichnet sein. Um die Bezeichnung zu prüfen, schaltet man die zu untersuchenden Spannungs- oder Stromwandler X, mit entsprechenden Wandlern N, deren Bezeichnung als richtig bekannt ist, nach Abb. 269 bzw. Abb. 270 zusammen. Sind die an X angebrachten Bezeichnungen richtig, so haben die Sekundärgrößen, welche phasengleich sind, im gleichen Augenblick die Richtung der eingezeichneten Pfeile. Das Voltmeter V zeigt also die Differenz $V_n - V_x$. Das Amperemeter J die Differenz $J_n - J_x$.

der primären und der sekundären Wicklung; außerdem für Präzisionsmessungen die gegebenenfalls in Frage kommenden Korrektionstabellen oder Kurven (s. z. B. Abb. 271 u. 272) für gewisse Betriebszustände, ferner die zulässige Belastung und der Eigenverbrauch des Meßwandlers.

Der Isolation des Meßwandlers wird eine ganz besondere Aufmerksamkeit geschenkt. Man unterscheidet verschiedene Arten der Isolationen:

1. Luftisolation,
2. Masseisolation,
3. Ölisolation.

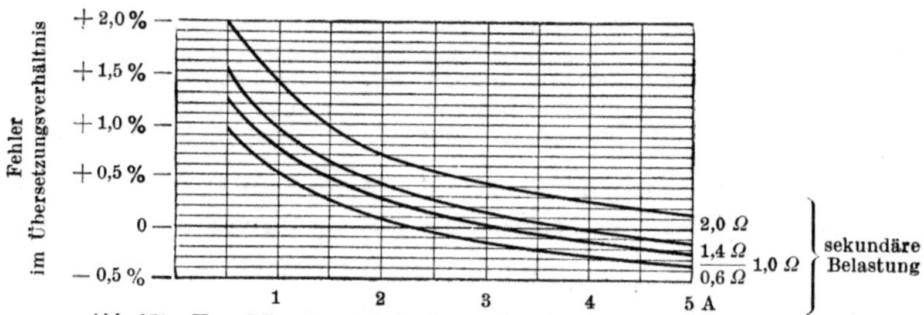

Abb. 271. Korrektionskurve für einen Meßwandler (Übersetzungsverhältnis).

Ob in den einzelnen Fällen Meßwandler mit Masse- oder Ölfüllung den Vorzug verdienen, hängt von den jeweiligen Umständen ab, ist auch häufig Ansichtssache. Beide Füllungen haben ihre Vorteile.

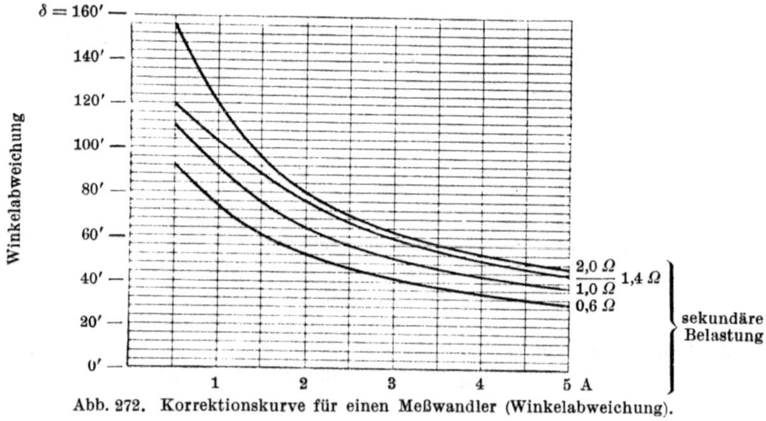

Abb. 272. Korrektionskurve für einen Meßwandler (Winkelabweichung).

Wandler mit Masseisolationen sind wegen der leichteren Versandfähigkeit und der Unmöglichkeit des Eindringens von Feuchtigkeit in manchen Fällen vorzuziehen.

Die Isolationsprüfung zwischen der Primär- und Sekundärwicklung sowie zwischen der Primärwicklung und dem Gehäuse erfolgt ebenfalls nach den Vorschriften des V. d. E. Dabei wird auch die Sekundärwicklung gegen das Gehäuse meist mit einer niedrigeren Spannung geprüft.

Für die Erdung des Wandlers zum Schutze der Meßinstrumente und der Personen, die die Messung vorzunehmen haben, gelten gewisse Vorschriften, die in den Allgem. Vorschriften des Verbandes Deutscher Elektrotechniker (V. d. E.) enthalten sind. Moderne Wandler sind so gebaut, daß sowohl das Gehäuse als auch der Sekundärkreis geerdet werden kann.

Spannungswandler.

Die äußere Schaltung eines Spannungswandlers ist für den Anschluß eines einzelnen Voltmeters in Abb. 273 dargestellt. Sollen mehrere Instrumente, Spannungsmesser, Wattmeter, Phasenmesser usw. gleichzeitig an ein und denselben Spannungswandler angeschlossen werden, so werden die Spannungskreise dieser Instrumente alle parallel an die Sekundärklemmen des Wandlers an-

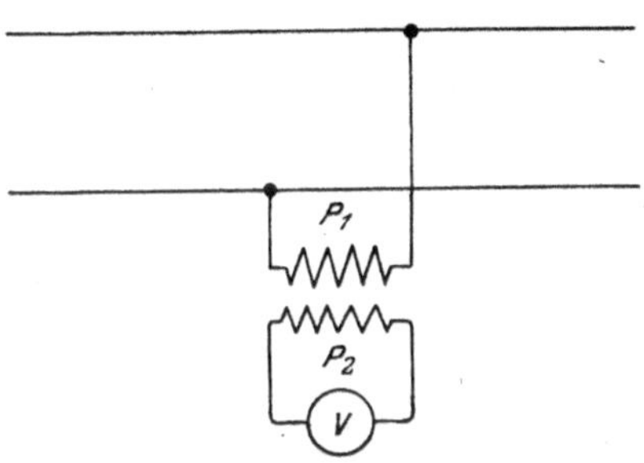

Abb. 273.

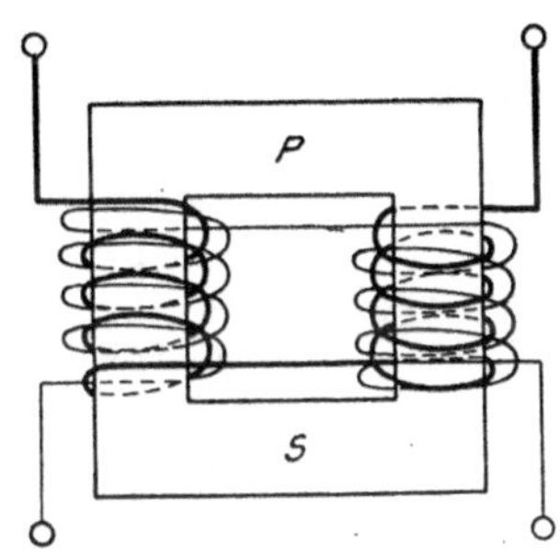

Abb. 274.

Spannungswandler.

gelegt. Die Bauart und Größe des Wandlers bestimmt die Anzahl der Instrumente, welche gleichzeitig angeschlossen werden können. Bei einem Kurzschluß der Sekundärteile würde der Wandler verbrennen.

Die Primärwicklung des Spannungswandlers besitzt meist eine größere Anzahl von Windungen, weil sie unmittelbar an die zu messende Hochspannung gelegt wird und daher einen hohen Widerstand haben muß, der sich aus dem Ohmschen und dem induktiven Widerstand zusammensetzt. Die Sekundär- und die Primärwicklung liegen mit Rücksicht auf eine möglichst geringe Streuung ineinander. Dabei können beide Wicklungen entweder auf ein und demselben Schenkel des Magneteisens E sitzen (Abb. 265), oder sie können auf zwei Schenkel verteilt sein (Abb. 274). Die Sekundärwicklung erhält in den meisten Fällen nur eine kleinere Anzahl von Windungen, damit durch die Induktion nur eine niedrige Sekundärspannung erzeugt wird, welche für die Verwendung an Schalttafeln vielfach zu 110 V, für Präzisionsmeßwandler zur Verwendung für tragbare Instrumente mit mehreren Meßbereichen, mit Rücksicht auf glatte Multiplikationskonstanten zu rund 100 V gewählt wird.

Spannungswandler können mehrere Meßbereiche erhalten. Die verschiedenen Meßbereiche werden durch Parallel- und Hintereinanderschaltung der Spulengruppen des Wandlers erreicht, die entweder auf der primären oder auf der sekundären Seite erfolgen kann. Die Umschaltung darf aber niemals unter Spannung vorgenommen werden, da der Wandler sonst beschädigt werden könnte; abgesehen davon, daß die Hantierung am Wandler wegen der Hochspannung lebensgefährlich ist.

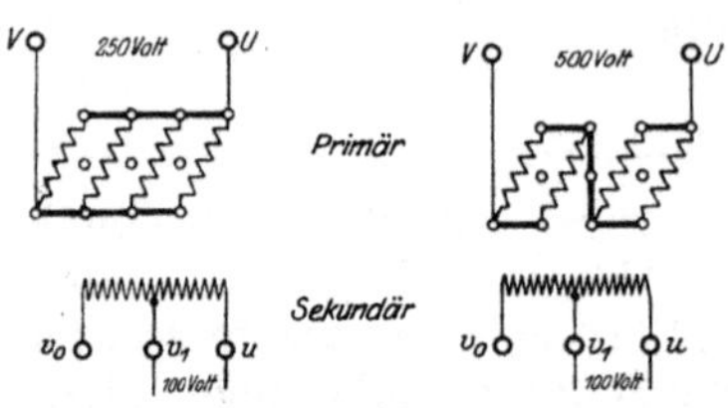

Abb. 275. Umschaltung auf der Primärseite.

Erfolgt die Umschaltung für mehrere Meßbereiche auf der Primärseite, so ist die Primärwicklung in einzelne, in Abb. 275 z. B. vier Gruppen unterteilt. Diese werden bei der Umschaltung in Hintereinander- oder Parallelschaltung verbunden.

Eine weitere Unterteilung der Meßbereiche erreicht man durch Abzweigung auf der Sekundärseite (Abb. 276), die zu besonderen Klemmen herausgeführt wird. Die Sekundärspannung bleibt für alle diese Meßbereiche dieselbe, gleichgültig, auf welche Weise die Herstellung der einzelnen Meßbereiche durch Umschaltung erzielt wird.

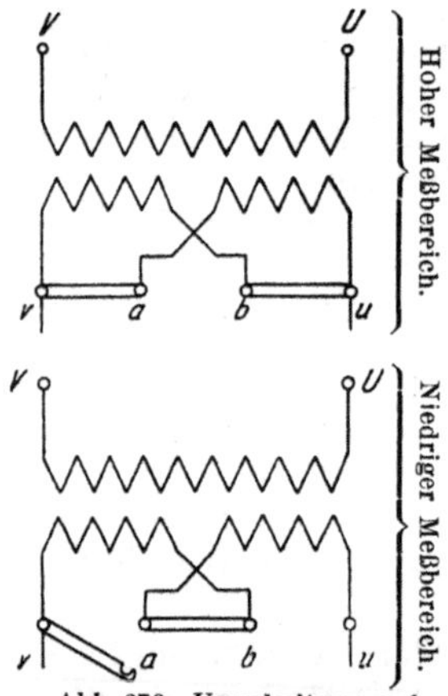

Abb. 276. Umschaltung auf der Sekundärseite.

Außer zu erden erscheint es notwendig, die Spannungswandler sowohl primär als sekundär zu sichern. Die Hochspannungssicherungen auf der Primärseite dienen dazu, die Anlagen gegen Beschädigung des gegebenenfalls im Wandler auftretenden Kurzschlusses zu sichern. Um dies zu erreichen, muß die Sicherung auf der Primärseite bei Wechselstrom zweipolig, bei Drehstrom dreipolig ausgeführt werden.

Die Niederspannungssicherungen auf der Sekundärseite dienen zum Schutze des Meßtransformators gegen Überlastung infolge falscher Schaltung, falscher Erdung oder Schluß der Leitungen. Zu sichern sind alle Sekundärleitungen des Spannungswandlers, die nicht geerdet werden.

Die größte zulässige Energieentnahme des Spannungswandlers soll so groß sein, daß selbst der gleichzeitige Anschluß mehrerer Instrumente kaum eine merkbare Verminderung der Klemmenspannung auf der Sekundärseite hervorruft.

Die normale Belastung, die zulässige Winkelabweichung, die Genauigkeit des Übersetzungsverhältnisses sind neuerdings gewissen Leitsätzen und Bedingungen unterworfen, die vom V. d. E. festgelegt worden sind, vgl. E.T.Z. 1913, S. 690.

Gewöhnlich legen diejenigen Firmen, welche Meßwandler bauen, für die verschiedenen Typen die Höhe der zulässigen sekundären Energieentnahme in Tabellen fest und geben an, welche größte Energieentnahme bei bestimmten Belastungen und Phasenverschiebungen einen gewissen Spannungsabfall im Spannungswandler zur Folge hat.

Außerdem ist die höchste überhaupt zulässige Stromentnahme und der dabei auftretende Spannungsabfall angegeben.

Wegen der Abhängigkeit der Induktion von der Frequenz werden Spannungswandler im allgemeinen nur für gewisse Frequenzbereiche, z. B. 15 bis 24, 25 bis 39 oder 40 bis 60 Perioden hergestellt. Bei einer gegebenen Ausführung ändern sich dann die oben genannten Belastungsgrenzen etwa mit der Periodenzahl.

Der Eigenverbrauch der Spannungswandler wird in der Hauptsache durch die Eisenverluste bedingt. Seine Größe entspricht dem beim Leerlauf. Beim Anschluß von Meßinstrumenten kommt dann der Eigenverbrauch der Instrumente hinzu. Der Eigenverbrauch guter Spannungswandler ist so gering, daß er im allgemeinen auch für Präzisionsmessungen vernachlässigt werden kann.

Mehrphasen-Spannungswandler.

Für Mehrphasenwechselstrom werden soviel Einphasenwandler erforderlich, als einzelne Phasen vorhanden sind. Nun kann man aber z. B. bei Zweiphasenwechselstrom folgende magnetische Verkettung bei zwei Einphasenspannungswandlern vornehmen.

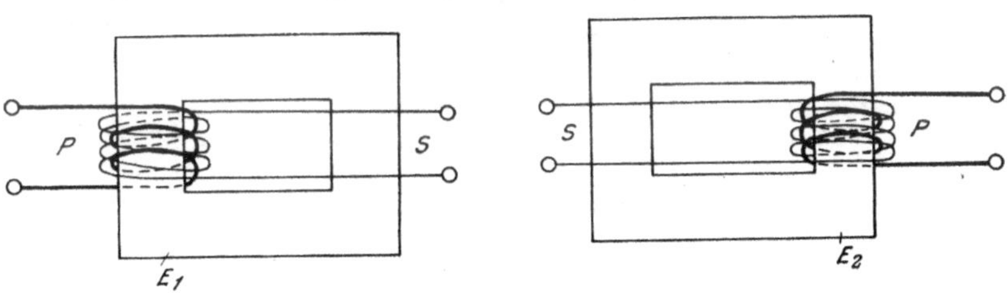

Abb. 277. Getrennte Einphasenwandler. Abb. 278.

In den Abb. 277 und 278 sind zwei Einphasenspannungswandler dargestellt, die mit ihren Primärwicklungen an die zwei Leitungen des Zweiphasenwechselstromes angeschlossen werden sollen. Man kann nun die beiden Magneteisen E_1 und E_2 zu einem gemeinsamen Eisen E_3 vereinigen, welches drei Kerne besitzt (Abb. 279), wovon zwei die Wicklungen der Einphasentransformatoren tragen, die wie früher geschaltet werden und elektrisch nichts miteinander gemein haben. Der mittlere Eisenkern ohne Wicklung führt aber jetzt die magnetischen Kraftlinien beider Einphasentransformatoren gemeinsam. Da nun die Spannungen bei Zweiphasenwechselstrom eine gegenseitige Phasenverschiebung von $^1/_4$ Periode (90^0) besitzen, so sind auch die in den beiden nach Abb. 279 angeordneten Primärwicklungen fließenden Ströme und damit auch die beiden entsprechenden magnetischen Felder um 90^0 gegeneinander verschoben. Hierdurch entsteht der Vorteil, daß das resultierende Magnetfeld im mittleren Kern nicht doppelt so groß ist wie die Felder in jedem der Eisenkerne, sondern nur $\sqrt{2} = 1{,}4$ mal so groß. Es wird durch die Verkettung der magnetischen Kreise an Eisen gespart. Der Querschnitt des mitt-

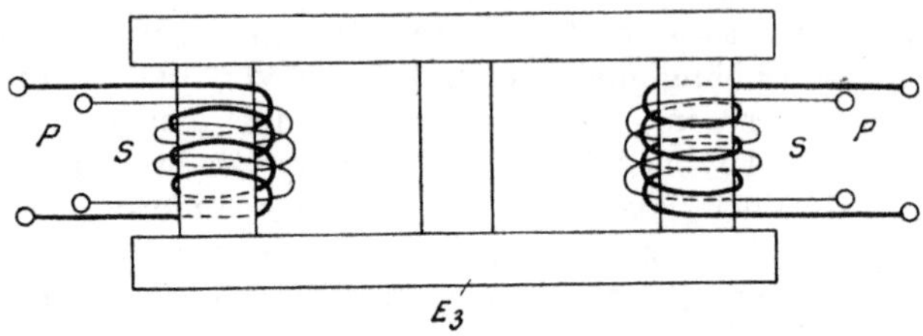

Abb. 279. Magnetische Verkettung zweier Einphasenwandler.

leren Kernes braucht nur 1,4 mal so groß zu sein wie jeder der beiden anderen Kerne.

Noch günstiger liegen die Verhältnisse bei Drehstrom. Drei Transformatoreneisen E_1, E_2, E_3 der Abb. 280 können nach Abb. 281 zu einem gemeinsamen Drehstromwandler mit drei getrennten Einphasenwicklungen vereinigt werden. Die Wicklungen werden auf die drei äußeren Kerne gelegt und haben elektrisch wieder gar nichts miteinander zu tun. Der gemeinsame Eisenkern K in der Mitte führt bei symmetrischer Anordnung die Summe der Kraftlinien der drei anderen Transformatoreneisen. Da nun aber bei Drehstrom in jedem Augenblick die Summe der drei Spannungen, welche hier an die drei Primärwicklungen gelegt

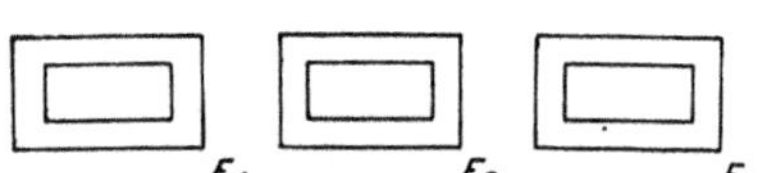

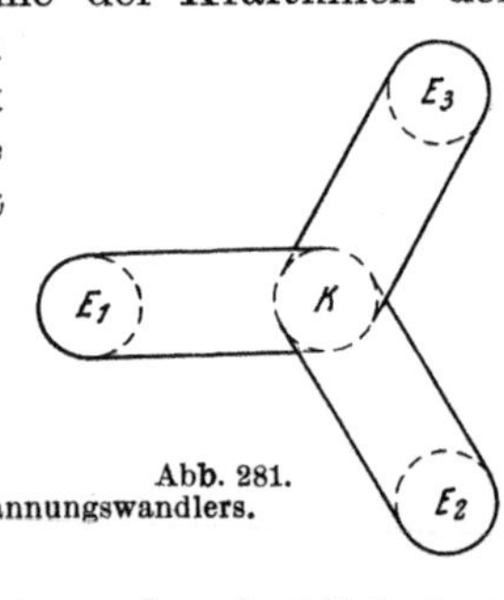

Abb. 280. Abb. 281.
Eisen eines Drehstromspannungswandlers.

werden, Null ist, und damit auch die Summe der drei Primärströme, so ist auch die Summe der drei einzelnen den Strömen proportionalen Felder Null. Der mittlere Kern kann ganz fortbleiben.

Für solche Mehrphasenspannungswandler mit verketteten magnetischen Kreisen gelten sinngemäß die entsprechenden Betrachtungen und Regeln wie für die vorbesprochenen Einphasenwandler. Vielfach wird auf eine völlig symmetrische Anordnung der Eisenkerne verzichtet, indem man dieselben der Einfachheit der Herstellung wegen nicht im Kreise, sondern in einer geraden Linie anordnet (Abb. 282).

Anstatt einen besonderen Drehstromspannungswandler zu verwenden, kann man auch zwei gewöhnliche Einphasenspannungswandler in der sog. V-Schaltung anordnen (Abb. 284). Dieselbe besteht darin, daß man das Ende *B* der einen Primärwicklung mit dem Anfang *C* der anderen verbindet und den gemeinsamen Punkt *B* (*C*), sowie die freien Enden *A* und *D* an je eine Drehstromleitung anlegt. Entsprechend werden die Sekundärwicklungen miteinander verbunden. Man kann nun die Anordnungen bei derselben elek-

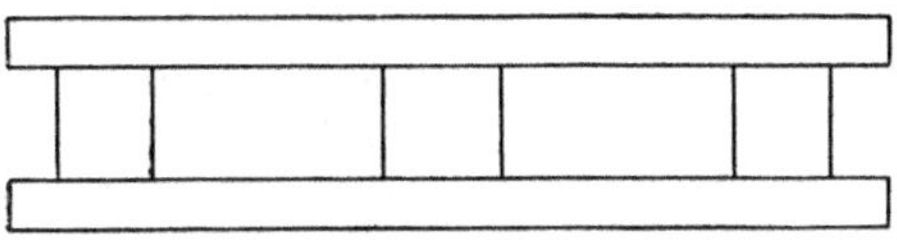

Abb. 282. Gestrecktes Eisen.

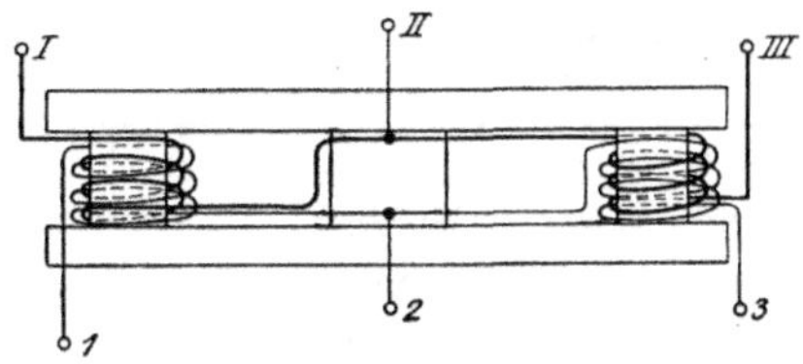

Abb. 283. V-Wandler.

trischen Schaltung magnetisch auf einen gemeinsamen Kern vereinigen, um den sog. Drehstrom V-Wandler zu erhalten (Abb. 283). Derselbe ist billiger als der normale Drehstromwandler mit drei Wicklungen und eignet sich ebenfalls für Leistungsmessungen nach der Zweiwattmetermethode. Er hat jedoch den Nachteil, daß er keinen Sternpunkt besitzt. Dadurch kann er nicht in Drehstromvierleiteranlagen Verwendung finden. Ebenso können Meßinstrumente, die für den Anschluß an die Sternspannung eingerichtet sind, nicht an denselben angeschlossen werden, wie das bei dem primär und sekundär in Stern geschalteten Transformater der Fall ist, der meist einen für Meßzwecke zugänglichen Nullpunkt besitzt.

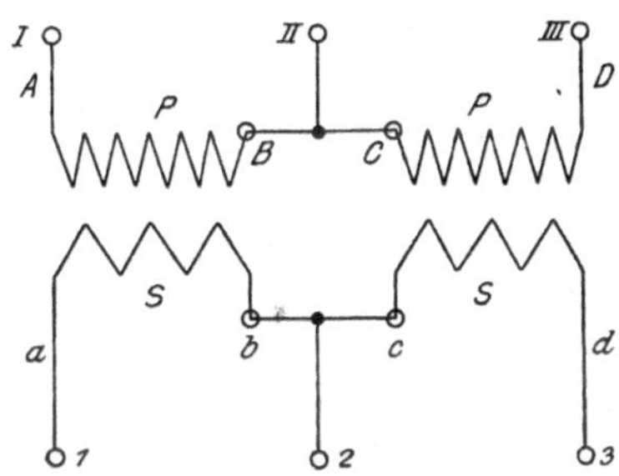

Abb. 284. V-Schaltung.

Bei Drehstromspannungswandlern mit Stern-Dreieckschaltung ist beim Anschluß von Wattmetern Vorsicht geboten; es darf dann die 30^0-Phase nicht unberücksichtigt bleiben.

Stromwandler.

Während der Spannungswandler mit seiner Primärwicklung wie ein Voltmeter angeschlossen wird, liegt die Primärwicklung des Stromwandlers in der Hauptleitung und wird vom Strom der Verbrauchsapparate durchflossen. An die Sekundärklemmen legt man dann den Strommesser bzw. die Hauptstromspule des einzuschaltenden Leistungs- oder Phasenmessers (Abb. 285).

Soll ein und derselbe Stromwandler gleichzeitig zum Anschluß für mehrere Instrumente verwendet werden, so sind die Hauptstromspulen aller anzuschließenden Apparate in Hintereinanderschaltung an die Sekundärklemmen anzulegen. Dabei ist zu beachten, daß der gesamte Spannungsabfall in den Stromspulen der angeschlossenen Instrumente nebst den Verbindungsleitungen das für den verwendeten Stromwandler zulässige Maß nicht überschreitet.

Während beim Spannungswandler das resultierende Feld praktisch als konstant angesehen werden kann, nämlich gleich dem Feld bei Leerlauf, ist beim Stromwandler das sekundäre Feld fast gleich groß und entgegengerichtet dem primären. Sekundäres und primäres Feld heben sich beim Stromwandler bei Belastung fast auf (Abb. 286). Wegen des geringen Feldes ist der Stromwandler (im Gegensatz zum Spannungswandler) in weiteren Grenzen der Periodenzahl brauchbar (vgl. S. 205).

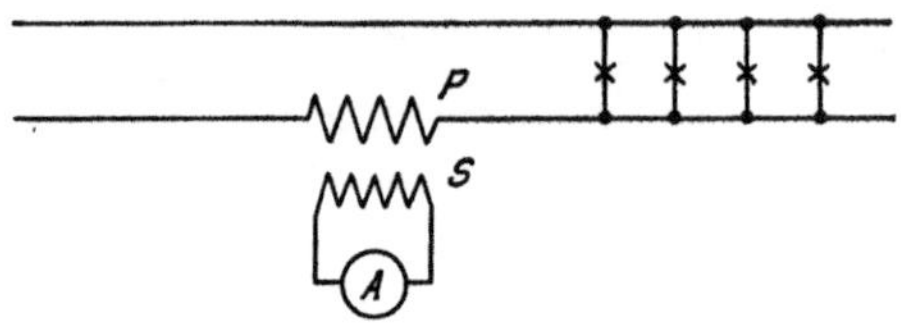

Abb. 285. Schaltung des Stromwandlers.

Bleibt dagegen der Stromwandler sekundär offen, so ist bei stromdurchflossener Primärwicklung nur noch das primäre Feld vorhanden, und es entsteht dementsprechend an den sekundären Klemmen eine hohe elektromotorische Kraft, die bei Berührung unter gewissen Umständen gefährlich werden kann. Außerdem wird der Stromwandler infolge der stark vermehrten Ummagnetisierungsarbeit heiß und kann dadurch gegebenenfalls Schaden leiden.

Bei eingeschaltetem Stromwandler darf daher die Sekundärseite während des Betriebes nie offen bleiben. Auch ist die Handhabung auf der Sekundärseite des Stromwandlers während des Betriebes wegen der Nähe der Hochspannungsklemmen mit großer Vorsicht vorzunehmen.

Abb. 286. Diagramm des Stromwandlers.

Stromwandler können für zwei oder mehrere Strommeßbereiche eingerichtet werden. Man unterteilt zu diesem Zweck die Primärwicklung in zwei oder vier Abteilungen, ähnlich wie die Hauptstromspule des elektrodynamischen Leistungsmessers, und schaltet sie in Gruppen parallel oder hintereinander. Die Umschaltung von einem Strommeßbereich auf einen anderen erfolgt meist durch Laschen, darf aber nur bei abgeschalteter Primärseite vorgenommen werden, nie aber unter Strom. Die Stromwandler werden gewöhnlich für eine größte Sekundärstärke von 5 A eingerichtet.

Die zulässige Belastung der Stromwandler auf der Sekundärseite wird meist in Voltampere angegeben. Beträgt sie z. B. bei voller Belastung (von 5 A) bei 50 Perioden 20 VA, entsprechend einer sekundären Klemmenspannung von 4 V, und ist der Spannungsabfall eines Ferrarisstrommessers 0,6 V, eines Ferrarisleitungsmessers 0,5 V, eines Phasenmessers 1 V, so ist der Gesamtspannungsabfall der hintereinandergeschalteten Instrumente $1 + 0{,}6 + 0{,}5 = 2{,}1$ V. Es wäre also wohl möglich, auch noch ein anderes Meßinstrument mit anzuschließen, wenn nur der Spannungsabfall desselben, zuzüglich des der Verbindungsleitungen, nicht mehr als 1,9 V beträgt. Beim Stromwandler ändert sich die Belastungsgrenze mit der Frequenz, so daß dem vorgenannten Wandler bei 25 Perioden nur 10 VA entnommen werden können.

Der Eigenverbrauch guter Stromwandler ist meist außerordentlich gering und wird in der Hauptsache durch die Kupferverluste bedingt, die durch Stromwärme in den beiden Wicklungen entstehen. Die Eisenverluste sind infolge der geringen Sättigung zu vernachlässigen. Die Kupferverluste ändern sich nun mit dem Quadrate der Stromstärke und daher also der ganze Eigenverbrauch des Stromwandlers.

Über die zulässigen Fehler im Übersetzungsverhältnis und der Winkelabweichung im Stromwandler sei wieder auf die neuesten Vorschriften des V. d. E. hingewiesen, vgl. z. B. E.T.Z. 1913, S. 690.

Schließlich möge noch betont werden, daß die Stromwandler in ihren Angaben in noch weiteren Grenzen wie die Spannungswandler (z. B. 25—106 Perioden) von der Frequenz unabhängig sind. Ebenso ist die Kurvenform primär wie sekundär dieselbe.

Meßeinrichtungen[1].

Unter den vielen prinzipiell verschiedenen Arten der Meßeinrichtungen mit ihren mannigfaltigen Ausführungsformen sollen im folgenden nur einige herausgegriffen werden, welche bei der Herstellung der technischen Meßinstrumente, sowie bei der Eichung und Nachprüfung von Normalinstrumenten, eine größere Rolle spielen.

Die Wheatstonebrücke.

Sie dient zur Messung von elektrischen Leitungswiderständen, und zwar werden dieselben auf der Brücke gewissermaßen gewogen, ausbalanciert.

In Abb. 287 ist die Anordnung der Wheatstoneschen Meßbrücke schematisch dargestellt. Sie besteht im wesentlichen aus den vier Widerständen r_1, r_2, r_3 und r_4, die in einer Stromverzweigung zwischen den Punkten A und B liegen, an welche eine Batterie E angeschlossen ist. Zwischen den Punkten C und D liegt ein empfindliches Galvanometer (Abb. 288), dessen Konstante aber nicht bekannt zu sein braucht, und welches auch in keiner Weise abgeglichen werden muß. (Als Galvanometer kann ein Drehspulinstrument, mit Nullpunkt in der Mitte, Ausschlag nach beiden Seiten, in Anwendung kommen. Zur Erhöhung der Empfindlichkeit kann das bewegliche System gegebenenfalls Fadenaufhängung wie in Abb. 22 erhalten.) Der Widerstand der Zuleitungen bei A und B in der Verzweigung wird als vernachlässigbar klein angenommen. Die Spannung E wird in den Widerständen vernichtet, und zwar auf zwei Wegen, über r_1 und r_2 sowie über r_3 und r_4. Dabei wollen

[1]) Vgl. auch Heinke, Handbuch d. El. II. 1—3.

wir uns den Stromweg des Galvanometers noch offen denken, so daß zunächst noch kein Strom darin fließt.

Der Punkt C hat demnach ein Potential, welches niedriger ist als das bei A, aber höher als bei B. Auf der Leitung ADB muß es nun auch einen Punkt D geben, der dasselbe Potential hat wie

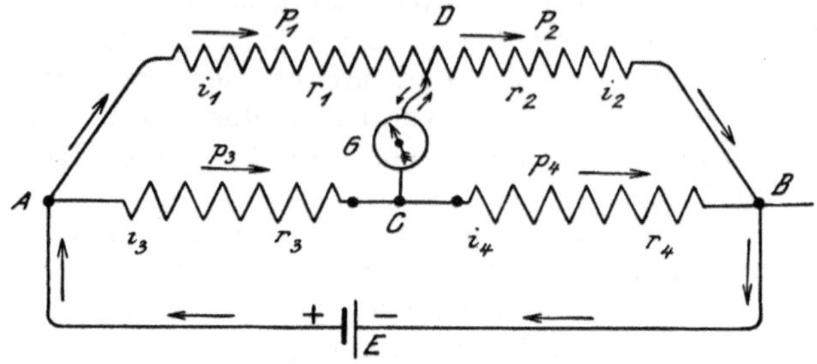

Abb. 287. Wheatstonesche Brücke.

der Punkt C. Ein etwa an BC gelegtes (elektrostatisches) Voltmeter würde dann eine Spannung p_4 messen, ebenso groß, wie die Spannung p_2 zwischen den Punkten B und D, und ein zwischen C und D gelegtes Galvanometer gibt keinen Ausschlag, weil zwischen C und D kein Potentialunterschied besteht.

Abb. 288. Drehspul-Galvanometer.

Bei jeder Widerstandsmessung, d. h. bei der Brückenabgleichung, handelt es sich nun darum, den Punkt D auf der Leitung ADB zu finden. Man verschiebt zu dem Zwecke den veränderlichen Kontakt bei D so lange, bis das Galvanometer keinen Ausschlag α zeigt. Für diesen Fall gilt dann: $p_1 = p_3$ und $p_2 = p_4$, d. h. die Spannungsdifferenzen p sind paarweise einander gleich. Nun ist aber nach dem Ohmschen Gesetz:

$$p = i\,r,$$

und es wird:

$$i_1 \cdot r_1 = i_3 \cdot r_3 \quad \text{und} \quad i_2 \cdot r_2 = i_4 \cdot r_4. \qquad \text{(Gl. a)}$$

Für $\alpha = 0$, d. h. für den Fall, daß im Galvanometer kein Strom fließt, ist aber:

$$i_2 = i_1 \quad \text{und} \quad i_4 = i_3,$$

mithin ist

$$i_2\, r_2 = i_1\, r_2 \quad \text{und} \quad i_4\, r_4 = i_3\, i_4,$$

und damit wird, wenn wir die Gleichungen (a) durcheinander dividieren:

$$\frac{i_1 \cdot r_1}{i_1 \cdot r_2} = \frac{i_3\, r_3}{i_3\, r_4}, \quad \text{d. h.} \quad \frac{r_1}{r_2} = \frac{r_3}{r_4}. \qquad \text{(Gl. 1)}$$

Diese Gleichung gestattet, jeden der vier Widerstände r zu berechnen, wenn die drei anderen gegeben sind. Die Methode ist unabhängig von der Genauigkeit der Eichteilung des Galvanometers, weil sie eine sog. Nullmethode ist ($\alpha = 0$) und nur abhängig von der Empfindlichkeit desselben; diese aber kann hinreichend groß gewählt werden.

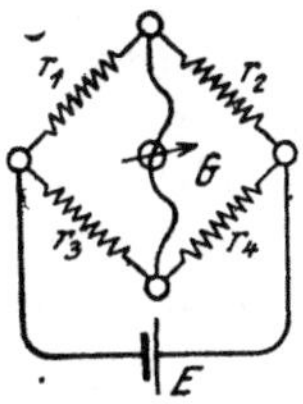

Abb. 289.

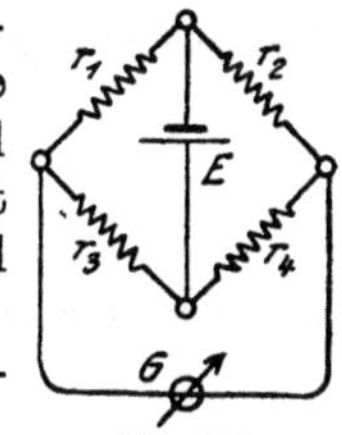

Abb. 290.

Gleichung 1 entspricht der Anordnung der Abb. 287 und 289.

Vertauscht man Batterie und Galvanometer, so erhält man eine Kontrollmessung nach Abb. 290. Es ist dann:

$$p_1 = p_2 \quad \text{und} \quad p_3 = p_4,$$

d. h.

$$i_1\, r_1 = i_2\, r_2 \quad \text{und} \quad i_3\, r_3 = i_4\, r_4,$$

und da für $\alpha = 0$,

$$i_3 = i_1 \quad \text{und} \quad i_4 = i_2$$

ist, so wird für Abb. 290

$$\frac{i_1\, r_1}{i_1\, r_3} = \frac{i_2\, r_2}{i_2\, r_4}$$

oder

$$\frac{r_1}{r_3} = \frac{r_2}{r_4}. \qquad \text{(Gl. 2)}$$

Um zu erkennen, ob der Strom im Galvanometer wirklich 0 ist, öffnen wir den Stromkreis und schließen ihn wieder. Die Batterie E darf nur so groß gewählt werden, daß die Widerstände r den entstehenden Strom noch vertragen, ohne warm zu werden, wobei dann die Empfindlichkeit der Anordnung am größten ist. Die Ausführungsform der Brücke kann verschieden sein. Entweder hält man nach Gleichung (1) das Verhältnis $\frac{r_3}{r_4}$ konstant und variiert r_2, oder man hält r_2 konstant und variiert das Verhältnis $\frac{r_3}{r_4}$. Im ersteren Falle gelangt man zur Kurbel- oder Stöpselbrücke[1]), im zweiten Falle zur Schleifdrahtanordnung[2]). Die Genauigkeit der Methode hängt von der Genauigkeit des Widerstandes r_2 ab, wenn nach Gleichung 1

$$r_1 = r_2 \cdot \frac{r_3}{r_4}$$

gemessen wird.

---

[1]) Nach Wheatstone.
[2]) Nach Kirchhof.

Durch Vertauschung von r_3 und r_4 kann man eine Kontrollmessung erhalten, solange $\frac{r_3}{r_4} = 1$ ist, und das Mittel bilden.

Ist das Galvanometer sehr empfindlich, so kann es vorkommen, daß r_2 nicht mehr genau genug eingestellt werden kann. Man schaltet dann einen Widerstand parallel zu r_2 (Abb. 291), stellt r_2, soweit möglich, genau ein, d. h. etwas zu groß oder zu klein, und ändert den größeren Widerstand r, bis das Galvanometer 0 zeigt. Anstatt r_2 kommt dann in Frage:

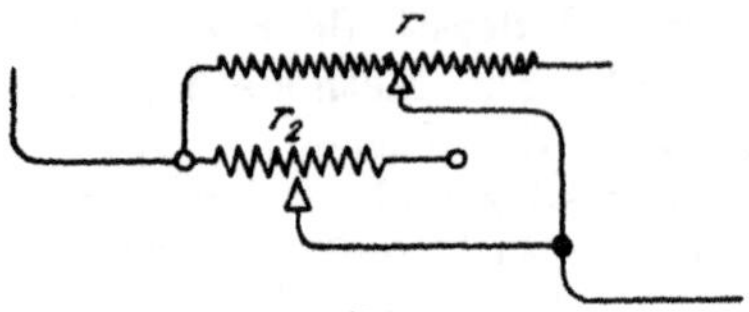

Abb. 291.

$$R_2 = \frac{r \cdot r_2}{r + r_2},$$

und es ist

$$r_1 = \frac{R_2 \cdot r_3}{r_4} \qquad \text{(Gl. 3)}$$

Man kann sich aber noch in anderer Weise durch Interpolation helfen wie folgt:

Man ändert r_2 so lange, bis der Galvanometerausschlag nahezu 0 ist. Es sei z. B. für

$r_2 = 3430\ \Omega$, $\alpha_1 = +5$ Skalenteile,
$r_2 = 3420\ \Omega$, $\alpha_2 = -6$ Skalenteile,

d. h. es entsprechen 11 Skalenteile $= 10\ \Omega$.

Der richtige Wert von r_2 ergibt sich also durch Interpolation zu $r_2 = 3425{,}45\ \Omega$.

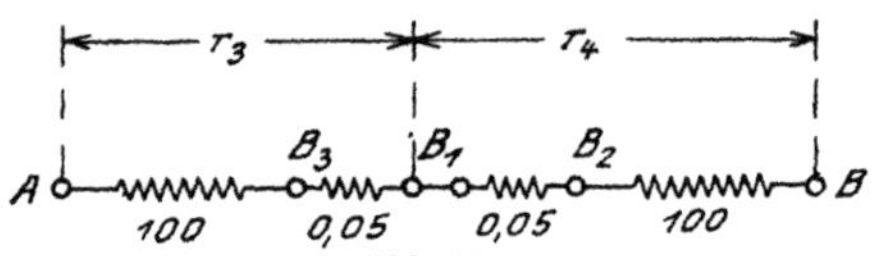

Abb. 292.

Man kann auch die Anordnung Abb. 292 treffen, dann wird der Schleifkontakt der Reihe nach an B_1, B_2 und B_3 gelegt. Im Falle B_1 ist dann:

$$\frac{r_3}{r_4} = \frac{100{,}05}{100{,}05} = 1.$$

Im Falle B_2 ist:

$$\frac{r_3}{r_4} = \frac{100{,}1}{100} = 1 + \delta\,[1]\text{), wobei } \delta = 0{,}001 \text{ ist.}$$

Im Falle B_3 ist:

$$\frac{r_3}{r_4} = \frac{100}{100{,}1} = \frac{1}{1+\delta} = 1 - \delta, \text{ wobei } \delta = 0{,}001.$$

Man gleicht in Stellung B_1, r_2 so genau wie möglich ab und erhält einen Ausschlag von z. B. 2 Skalenteilen am Galvanometer. Geht man nun auf B_3 und erhält jetzt einen Ausschlag von 7 Teilen,

[1]) Nach einer bekannten Näherungsformel.

so heißt das: Eine Widerstandsänderung von 0,1 % (δ) ergibt 5 Teile Mehrausschlag. 2 Teile entsprechen also $\frac{0,1}{5} \cdot 2 = 0,04$ % Widerstandsänderung. Es ist demnach r_2 0,04 % größer, als eingestellt war. Korrigiert wird daher:

$$r_{2c} = r_2 \cdot 1,0004\ \Omega.$$

Um das Meßbereich der Brücke zu erweitern, ist man vielfach genötigt, das Verhältnis $\frac{r_3}{r_4} \gtrless 1$ zu wählen. In diesem Falle hängt die Genauigkeit der Messung außer von der Genauigkeit des Widerstandes r_2 auch noch von der Genauigkeit der Verhältniswiderstände r_3 und r_4 ab.

Bei der Kurbel- oder Stöpselbrücke sind die üblichen Kurbel- oder Stöpselwiderstände zur Brückenanordnung zusammengestellt. Bei Schleifdrahtbrücken ist die Anordnung so getroffen, daß r_3 und r_4 durch einen blanken ausgespannten Draht mit Schleifkontakt gebildet werden (Abb. 293), unter dem eine Skala liegt, auf der an jeder Stelle des Brückendrahtes der Wert $\frac{r_3}{r_4}$ abgelesen werden kann. Bei gut auskalibriertem Draht (d. h. von durchweg genau gleichem Querschnitt) ist $\frac{r_3}{r_4} = \frac{a}{b}$, wobei a und b die Drahtlängen links und rechts vom Schleifkontakt bedeuten. Selbstverständlich wird die Genauigkeit der Messung am größten sein, wenn der Schleifkontakt sich in der Mitte der Gesamtlänge des Drahtes befindet. Kommt man zu sehr an eines der Enden des Drahtes, so ist die Empfindlichkeit der Messung kleiner. Einer kleinen Verschiebung am Schleifkontakt entspricht schon ein größerer Galvanometerausschlag als in der Drahtmitte. Deshalb ist die Skala an den Enden weniger genau ablesbar.

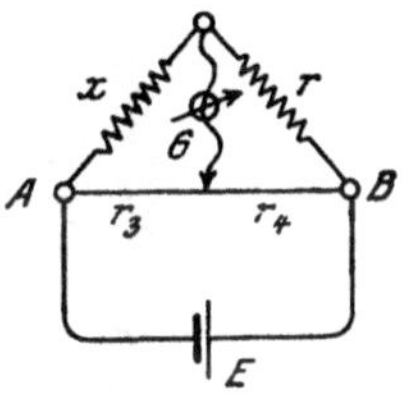

Abb. 293. Schleifdrahtbrücke.

Die Gesamtlänge des Drahtes darf nicht zu klein gewählt werden. Käme man bei der Messung einem Drahtende zu nahe, so könnte man dem anderen Ende des Drahtes einen Widerstand vorschalten, der gewissermaßen den Brückendraht verlängert (Abb. 294). Derartige Brücken haben Skalen, deren Teile nicht das Verhältnis $\frac{a}{b}$, sondern nur a in Millimetern angibt. Hierauf beruht folgende Schaltung (Abb. 295): $a\,b$ ist der Brückendraht, der abwechselnd zwischen a_1, b_1 oder c_1 gelegt werden kann. Wenn $a\,b$ an b_1 liegt, sind a_1 und c_1 kurz zu schließen.

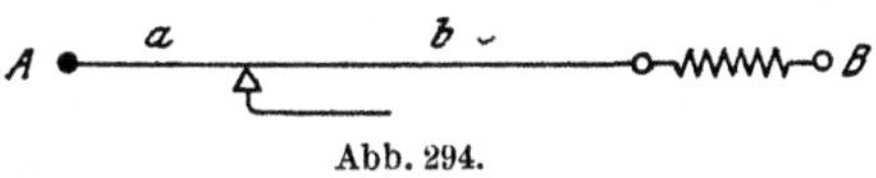

Abb. 294.

Im vorangegangenen war angenommen, daß es sich um Messung induktions- und kapazitätsfreier Widerstände handelt. Befindet sich nun in einem der Zweige z. B. eine Selbstinduktion, so entsteht beim Öffnen und Schließen des Stromkreises ein ballistischer Ausschlag, auch wenn das Verhältnis der Ohmschen Widerstände r_1 bis r_4 nach Gl. (1) oder Gl. (2) genau abgeglichen ist. Man legt den Schalter daher in den Galvanometerzweig CD (Abb. 287), weil dann die Ströme sich bereits in den Widerständen verteilt haben, wenn man für $i = 0$ im Galvanometer zur Probe den Schalter im Galvanometerzweig öffnet und schließt, oder man nimmt einen Doppeltaster und schließt zuerst die Batterie und dann das Galvanometer. Der Induktionsstromstoß und damit der ballistische Ausschlag fallen dann fort. Die Batterie E ist dann allerdings dauernd auf die Widerstände geschaltet, und es entsteht z. B. beim Messen von Elektrolyten[1]) Polarisation, die den Widerstand während der Messung ändert. Man verwendet an Stelle der Batterie einen Induktor oder unter Vorschaltung eines entsprechend großen Vorschaltwiderstandes eine beliebige Wechselspannung, und an Stelle des Galvanometers ein Telephon oder ein Vibrationsgalvanometer.

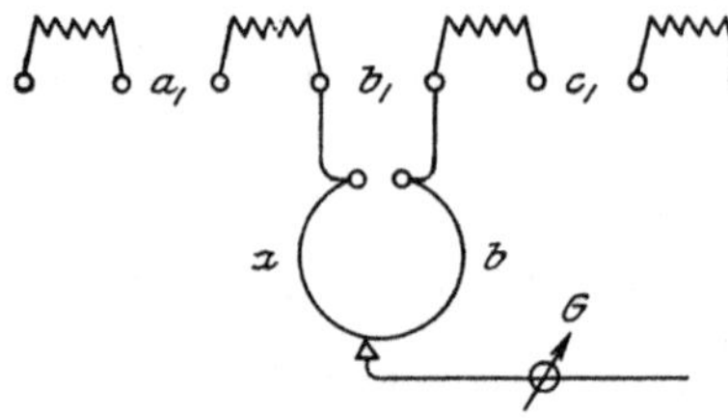

Abb. 295.

Das Vibrationsgalvanometer kann verschieden gebaut sein. Meist sind es entweder Spulen- oder Nadelgalvanometer. Das Spulengalvanometer (Abb. 296) entspricht der Drehspultype S. 34, bei dem das bewegliche System sehr leicht ist und ein sehr geringes Trägheitsmoment besitzt. Lange Aufhängebänder liefern die variabel einstellbare Direktionskraft und dienen gleichzeitig als Stromzuführung. Fließt durch die Spule (Schleife) ein Wechselstrom, so schwingt sie entsprechend seiner Wechselzahl um die Nullage hin und her, weil das bewegliche System so leicht ist, daß es den Stößen des Wechselstromes folgen kann. Die Bewegung wird durch eine optische Einrichtung vermittelst Lichtzeigers auf einer Mattglasskala sichtbar gemacht[2]). Infolge der Schnelligkeit der Bewegungen des Lichtzeigers kann das Auge die einzelnen Stellungen desselben nicht unter-

Abb. 296. Vibrations-Spulengalvanometer.

[1]) Vgl. Kohlrausch, Lehrbuch der praktischen Physik 1901, S. 409.
[2]) Vgl. auch S. 219.

scheiden. Es erscheint ein mehr oder weniger breites Lichtband auf der Skala (Abb. 297), dessen äußere Grenzen man ablesen kann. Das Band wird um so breiter, je größer der Ausschlag des Galvanometers ist. Für den Ausschlag 0 schrumpft das Band auf einen schmalen senkrechten Streifen in der Nullage zusammen. Die Empfindlichkeit des Galvanometers ist am größten im Resonanzfall, worauf aber hier nicht näher eingegangen werden kann[1]).

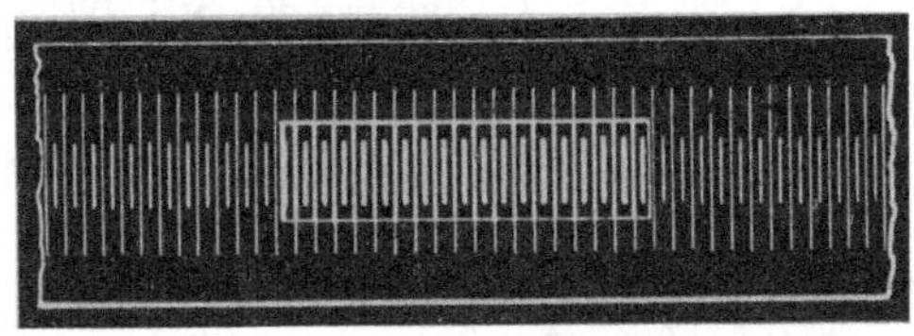

Abb. 297. Skala des Vibrationsgalvanometers.

Das Nadelgalvanometer (Abb. 298) entspricht der Weicheisentype S. 20.

Die Nadel N, ein sehr dünnes Eisenblättchen, ist an einem kurzen Bronzefaden befestigt, der eine sehr geringe Direktionskraft besitzt. Schaltet man die Gleichstromwicklung G ein, so entsteht zwischen den Polen p des Eisenkerns F ein Gleichfeld, welches die unmagnetische Nadel festhält und dadurch eine zusätzliche, veränderliche Direktionskraft erzeugt. Schaltet man die Wechselstromwicklung W ein, so entsteht ein Wechselfeld zwischen den Polen p (Abb. 298 b), dessen Längsrichtung auf der des Gleichfeldes senkrecht steht, und welches die Nadel aus ihrer Ruhelage herauszuziehen sucht, in der sie vom Gleichfelde gehalten wird. Die Nadel gerät in Schwingungen, die wie beim Spulengalvanometer optisch beobachtet werden können. Auch hier ist die Empfindlichkeit am größten im Resonanzfall[2]).

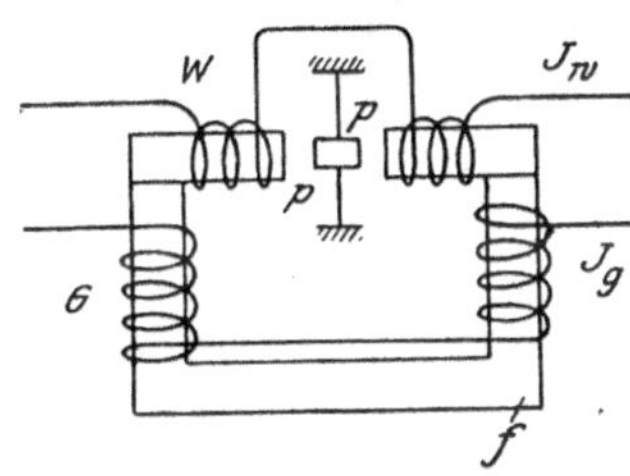

Abb. 298 a.

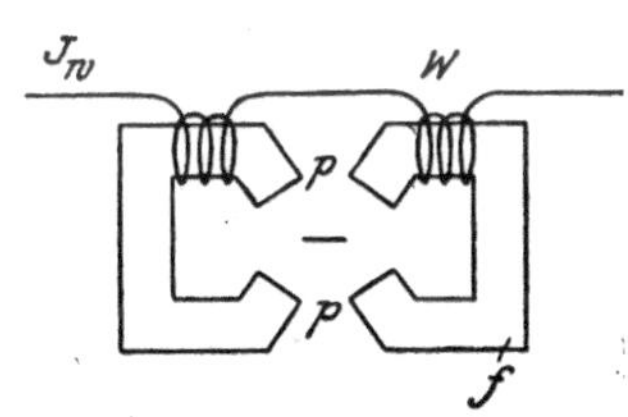

Abb. 298 b. Vibrations-Nadelgalvanometer.

Bei der Abgleichung der Wheatstoneschen Brücke mit Wechselstrom kommt es vor, daß infolge einer vorhandenen Induktivität oder Kapazität in einem der Brückenzweige keine absolute Ruhe am Telephon oder im Vibrationsgalvanometer eintritt, sondern nur ein Minimum festzustellen ist.

Die Einstellung auf 0 ist erst dann möglich, wenn in dem anderen Zweige die gleiche Selbstinduktion bzw. die gleiche Kapazität enthalten ist. Diesen Umstand benutzen wir, um Induktivitäten (bzw. Kapazitäten) zu messen (Abb. 299).

[1]) Vgl. Schering und Schmidt, Archiv f. El. 1912, I. Bd., Heft 6, auch Zöllich, Archiv f. El. 1915, III, Bd., 12. Heft.

[2]) Vgl. Schering und Schmidt, Zeitschrift f. Instrum.-Kunde 1918, Heft 1.

Hierfür gilt

$$1.\quad \frac{r_1}{r_2} = \frac{r_3}{r_4} \quad \text{und} \quad 2.\quad \frac{L_1}{L_2} = \frac{r_3}{r_4}.$$

Man gleicht die Brücke zunächst mit Gleichstrom ab, bis Gl. (1) erfüllt ist, schaltet dann auf Wechselstrom und gleicht die Induktivitäten ab: nach Gl. (2). Zum Vergleich der unbekannten Induktivitäten bedient man sich der sog. Selbstinduktionsnormalien, die ähnlich wie die Vergleichswiderstände für Brückenmessungen geeicht sind. Entsprechendes gilt für Kapazitätsmessung:

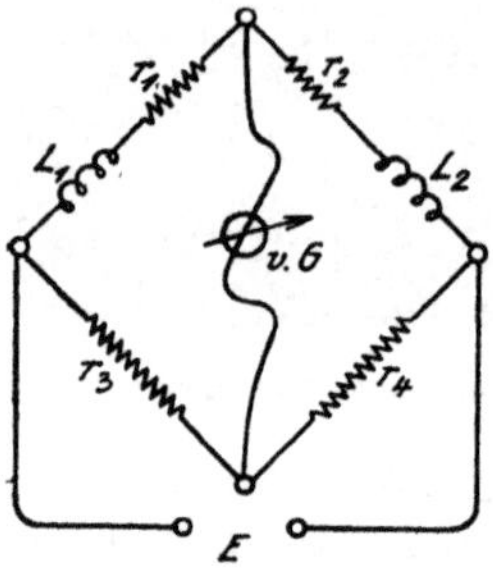

Abb. 299. Wechselstrom-Brücke.

$$\frac{C_2}{C_1} = \frac{r_1}{r_2},$$ [1]

So genau auch die Messung von Widerständen mit der Wheatstoneschen Brücke vorgenommen werden kann, sie genügt nicht, um sehr kleine Widerstände, z. B. Widerstände von Leitern, Kupferdrähten usw. zu messen, die nur etliche Tausendstel eines Ω betragen, weil durch die Zuleitungen Fehler in die Messungen hineinkommen. In Abb. 300 sei r_1 etwa 0,001 Ω, der zu messende Widerstand r_2 etwa 0,001 Ω, der Vergleichswiderstand $r_3 = r_4 = 5\ \Omega$.

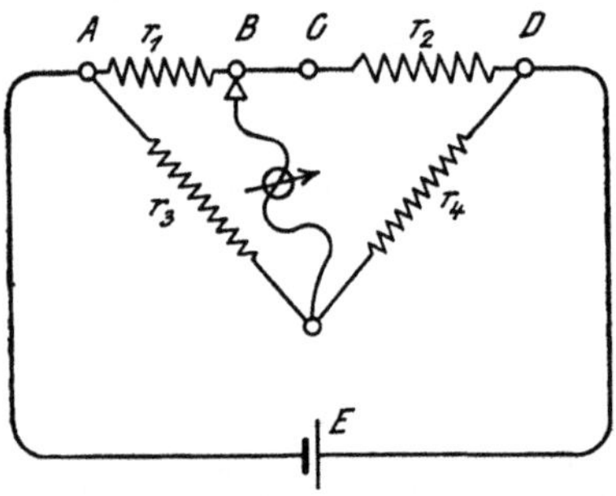

Abb. 300.

Dann ist es wohl möglich, bei A den Verbindungsdraht unmittelbar an r_1 anzulegen. ebenso bei D an r_2. Aber es ist nicht möglich, die Verbindung vom Galvanometer G zwischen r_1 und r_2 korrekt anzulegen. Entweder liegt sie bei B an r_1, dann wird r_2 um den Widerstand des Drahtes BC zu groß gemessen, oder man legt sie bei C an r_2, dann wird r zu groß gemessen um den Betrag BC. Die Verbindungen an r_3 und r_4 sind gegenüber den Widerständen r_3 und r_4 zu vernachlässigen. Um den genannten Übelstand zu beseitigen, wendet man die Schaltung der Abb. 301 an.

Die Thomsonbrücke.

Parallel zur Kupferverbindung BC legt man die Widerstände r_3' und r_4', wählt sie aber nicht beliebig, sondern man macht:

$$\frac{r_3'}{r_4'} = \frac{r_3}{r_4}, \qquad \text{(Gl. 1)}$$

dann ist ersichtlich für $\alpha = 0$, d. h. Stromlosigkeit im Galvanometer.

$$p_1 + p_3' = p_3; \quad p_2 + p_4' = p_4. \qquad \text{(Gl. 2)}$$

[1] Vgl. A. Linker, Elektrotechnische Meßkunde 1906, S. 118.

Bezeichnen wir die zugehörenden Ströme mit gleichen Indizes, so ist:

$$i_3' = i_4' \quad \text{und} \quad i_3 = i_4,$$

ferner

$$i_3' \cdot r_3' = p_3' \quad \text{und} \quad i_4' \cdot r_4' = p_4'$$

und

$$i_3 r_3 = p_3 \quad \text{und} \quad i_4 r_4 = p_4,$$

und es wird mit Gl. (1)

$$\frac{i_3' \cdot r_3'}{i_4' \cdot r_4'} = \frac{i_3 \cdot r_3}{i_4 \cdot r_3}$$

oder

$$\frac{p_3'}{p_4'} = \frac{p_3}{p_4}. \qquad \text{(Gl. 3)}$$

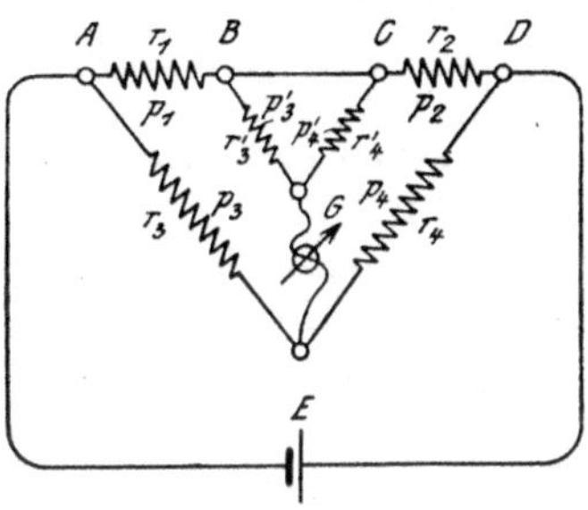

Abb. 301. Thomsonbrücke.

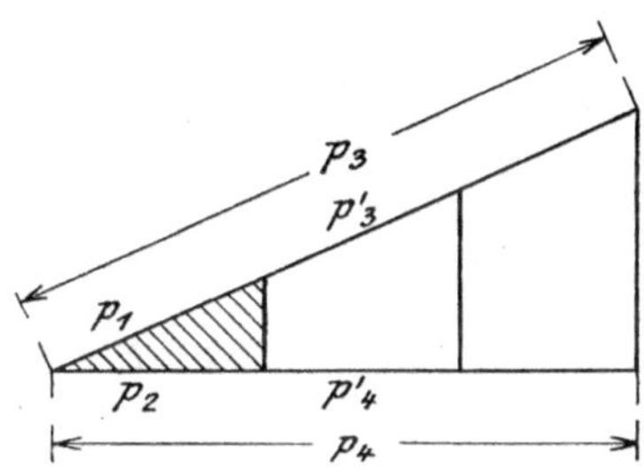

Abb. 302.

Nach Gl. (2) wird nun:

$$\frac{p_1 + p_3'}{p_2 + p_4'} = \frac{p_3}{p_4},$$

d. h. mit Gl. (3)

$$\frac{p_1}{p_2} = \frac{p_3}{p_4}, \qquad \text{(Gl. 4)}$$

vgl. Abb. 302.

Da nun für $\alpha = 0$, $i_1 = i_2$ und $i_3 = i_4$ ist, so wird nach Gl. (4):

$$\frac{i_1 r_1}{i_1 r_2} = \frac{i_3 r_3}{i_3 r_4}$$

oder

$$\frac{r_1}{r_2} = \frac{r_3}{r_4}. \qquad \text{(Gl. 5)}$$

Die Gleichung (5) gestattet die Messung von $r_1 = r_2 \cdot \frac{r_3}{r_4}$ unabhängig von der Kupferverbindung bc.

Nach Abgleichung der Brücke darf man sich nicht darüber wundern, daß eine Änderung der Widerstände r_3' und r_4' keine so große Änderung des Galvanometerausschlags zur Folge hat, wie eine gleich große Änderung von r_3 und r_4. Der Spannungsabfall im Kupferdraht BC und daher auch der über r_3' und r_4' ist viel kleiner als der zwischen A und D (über r_3 und r_4).

Kompensationseinrichtungen.

Ebenso genau wie die Widerstandsmessungen lassen sich Spannungsmessungen und damit mittelbar Strommessungen nach der von Poggendorf u. a. angegebenen Kompensationsmethode[1]) ausführen, und zwar mittels bekannter, genau abgeglichener Widerstände unter Zugrundelegung von Normalien für Spannung, wie sie durch das Westonelement und das Clarkelement dargestellt werden. Dieselben besitzen eine unveränderliche EMK, und zwar hat das Westonelement bei 15° C ca. 1,019 V, das Clarkelement bei 15° C ca. 1,4328 V.

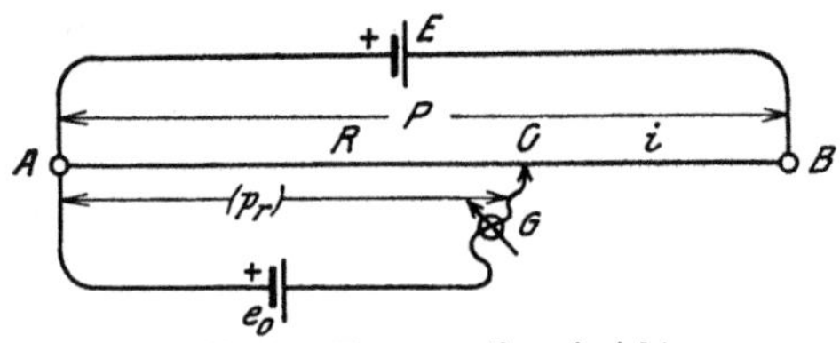

Abb. 303. Kompensationseinrichtung.

Prinzip. Ein ausgespannter, kalibrierter Brückendraht AB (Abb. 303) wird von einer Batterie E gespeist. An A und dem Schleifkontakt C wird parallel zu AC der Zweig des Normalelementes e_0 gelegt ($E > e$). Nun wird der Kontakt C so lange verschoben, bis der Galvanometerausschlag $\alpha = 0$ ist. Dann ist $e_0 = p$. Dabei ist p der Spannungsabfall in dem Teil AC des Brückendrahtes. Wenn im Parallelzweig $A e_0 C$ kein Strom fließt, ist der Strom i im Brückendrahte überall derselbe, was für $\alpha \gtrless 0$ nicht der Fall ist.

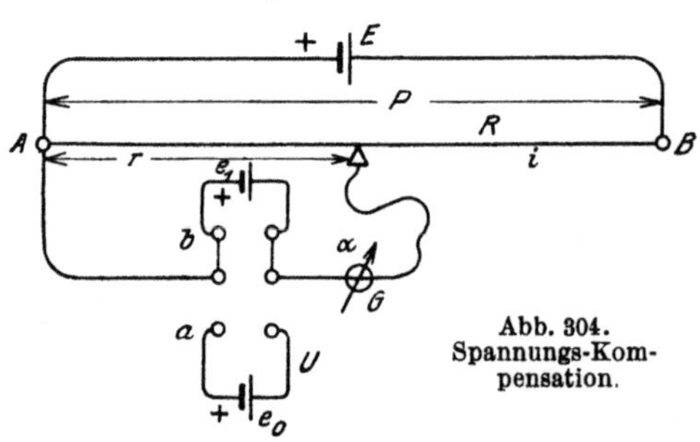

Abb. 304. Spannungs-Kompensation.

Für $\alpha = 0$ ist:

$$P = i R, \quad p = i r,$$

d. h.

$$\frac{P}{p} = \frac{R}{r} = \frac{L}{l},$$

wobei L und l die den Widerständen R und r entsprechenden Drahtlängen bedeuten. Es ist:

$$P = p \cdot \frac{R}{r} = p \cdot \frac{L}{l}.$$

Für $\alpha = 0$ ist $p = e_0$, d. h.

$$P = e_0 \cdot \frac{R}{r} = e_0 \cdot \frac{L}{l}.$$

---

[1]) Vgl. Feußner, E.T.Z., Jahrgang 1911, Heft 8, S. 178.

Durch Kompensation kann man Spannungen genau messen, die größer als e_0 sind. Ist $E > e_0 > e_1$, so wendet man, um e_1 zu messen, folgende Schaltung an (Abb. 304).

Mittels des Umschalters ist man in der Lage, in Schalterstellung a das Normalelement e_0, in der Stellung b das zu untersuchende Element e_1 zu kompensieren. Es wird

$$P = e_1 \cdot \frac{R}{r_1} \qquad P = e_0 \cdot \frac{R}{r_0},$$

mithin:

$$\frac{e_1}{e_0} = \frac{r_1}{r_0},$$

d. h.

$$e_1 = e_0 \cdot \frac{r_1}{r_0}.$$

Bedingung für die genannten Spannungskompensationsmessungen ist, daß sich E und R während der Messung nicht ändert, während r geändert wird. Ebenso, wie man elektromotorische Kräfte von Elementen, Batterien kompensiert, verfährt man auch bei der Messung von Spannungsabfällen in Nebenschlüssen, und damit ist dann mittelbar die Strommessung durch Kompensation ermöglicht (Abb. 305).

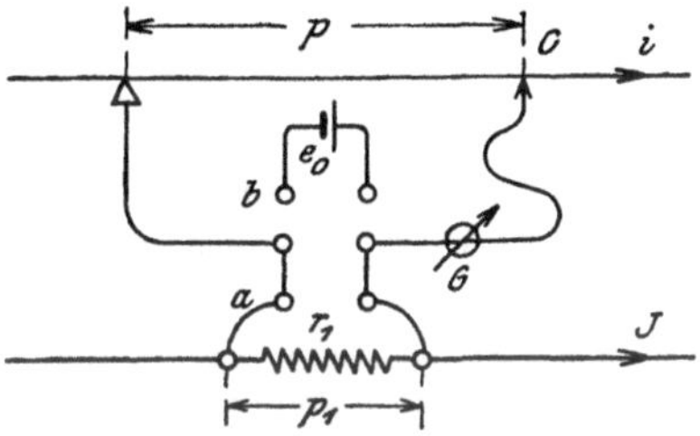

Abb. 305. Strom-Kompensation.

Will man sehr genaue Eichungen oder Nachprüfungen von Leistungsmessern vornehmen, so verwendet man zwei Kompensationsapparate gleichzeitig. Man schickt den Strom, der die Hauptstromspule des Wattmeters durchfließt, durch einen Nebenschluß r_1 von bekannter Größe und kompensiert den Spannungsabfall p_1 an den Enden desselben. Es ist dann $J = \frac{p_1}{r_1}$, andererseits mißt man die Spannung E an den Enden des Wattmeternebenschlusses mit einem anderen Kompensationsapparat und erhält dann die Leistung, die das Wattmeter anzeigt, zu $N = E\,J$.

Unter den verschiedenen Ausführungsformen der Meßeinrichtungen sei nur eine als Beispiel herausgegriffen.

Der Hilfskompensator.

Er dient dazu, Strom- und Spannungsmesser nach dem Kompensationsverfahren mit Gleichstrom zu prüfen und soll eine Vereinfachung der bekannten gleichartigen, mehr oder weniger umfangreichen Kompensationseinrichtungen[1]) darstellen. In vielen Fällen der Praxis reicht er vollkommen aus. In Abb. 307 bedeutet E eine

[1]) Vgl. Feußner, E.T.Z. 1911, Heft 8, S. 178.

Akkumulatorenbatterie, A ein zu prüfendes Milliamperemeter, R einen Regulierwiderstand, r einen genau abgeglichenen Widerstand von $10000\ e_0$, wobei e_0 die Spannung des zu verwendenden Westonelements, hier 1,0186 V bedeutet. G ist ein empfindliches Galvanometer.

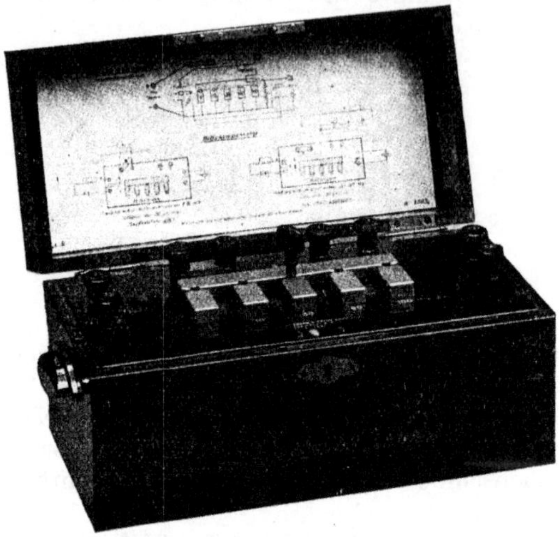
Abb. 306. Hilfskompensator von H. & B.

Reguliert man R so lange, bis der Ausschlag am Galvanometer gleich Null ist, so ist der Spannungsabfall an den Enden von r gleich e_0 und der Strom in r, d. h. im ganzen Stromkreise, also auch im Amperemeter A, gleich $\frac{e_0}{r} = 0{,}1$ mA. Besäße das zu prüfende Milliamperemeter diesen Meßbereich, so müßte es den Endausschlag zeigen; Abweichungen hiervon ergeben unmittelbar den Fehler des Amperemeters.

Besitzt das zu prüfende Instrument einen der Meßbereiche 1, 10, 30, 60 oder 100 mA, so ist es für die Prüfung notwendig, parallel zu r einen Widerstand r_1 zu legen, der diesem Meßbereich entspricht (Abb. 308). Für 30 mA würde r_1 so zu wählen sein, daß

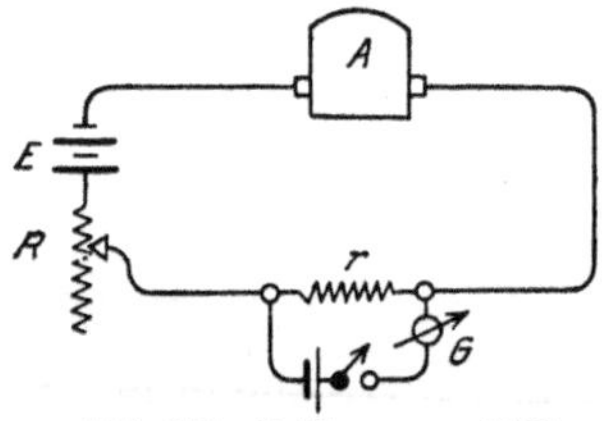

Abb. 307. Prüfung von Milliamperemetern.

$$\frac{e_0\,(r + r_1)}{r \cdot r_1} = 30\ \text{mA}$$

ist, wobei $\frac{r\,r_1}{r + r_1}$ den Gesamtwiderstand der parallel geschalteten Widerstände r und r_1 bedeutet. Für $\alpha = 0$ ist dann der Spannungsabfall an der Verzweigung $= e_0$ und der Strom im Amperemeter $A = 30$ mA usw.

Abb. 309 zeigt die innere, Abb. 310 die äußere Schaltung eines Hilfskompensators von H. & B., wobei 5 Kontakte mit 1, 10, 30, 60, 100 benannt sind, welche durch Stecken eines Stöpsels gestatten, den Hilfskompensator für den gleichnamigen Meßbereich durch Parallelschalten der geeigneten Widerstände betriebsbereit zu machen.

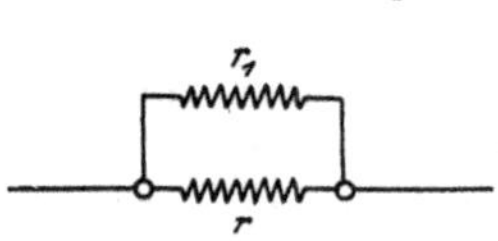

Abb. 308.

Die Verwendung des Hilfskompensators für höhere Strommeßbereiche ist weiter unten erklärt.

In Abb. 312 ist das Schaltungsprinzip des Hilfskompensators für die Prüfung von Millivoltmetern angegeben. (Vgl. Abb. 309 u. 311.) E, R, r, e_0, S und G haben dieselbe Bedeutung wie in Abb. 307. Außer-

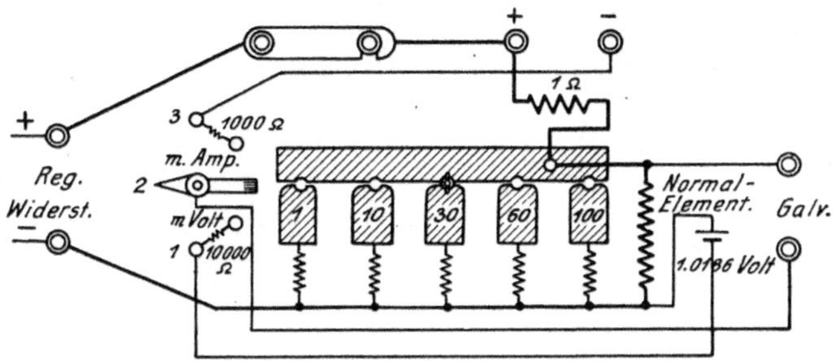

Abb. 309.

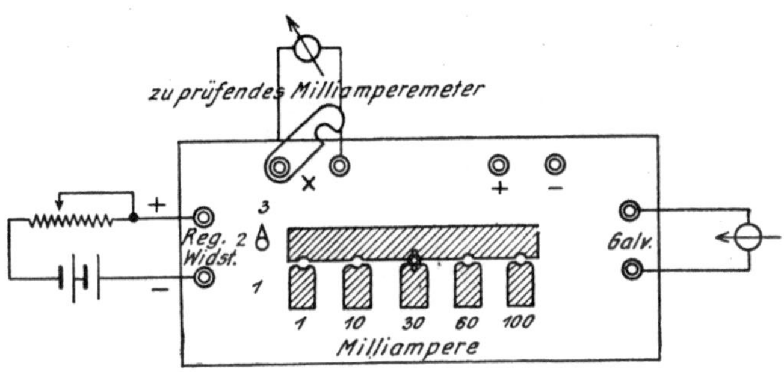

Abb. 310.

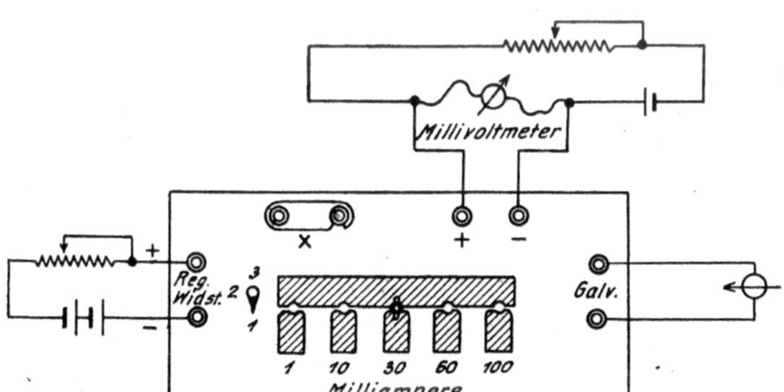

Abb. 311.

Abb. 309—311. Hilfskompensator, Innen- und Außenschaltung.

dem befindet sich im Stromkreise A jetzt noch ein Widerstand von 1 Ω, an dessen Enden das zu prüfende Instrument V über dem Schalter S und das Galvanometer G angeschlossen ist (Stromkreis D). Das Millivoltmeter ist im Stromkreise C über einen Regulierwiderstand R_1 an der Stromquelle e_1 angeschlossen.

Zunächst gleicht man den Stromkreis B durch Veränderung von R auf $\alpha = 0$ ab, wie früher; dann fließt im Stromkreis A ein Strom von 0,1 mA, und an den Enden des Widerstandes von 1 Ω besteht ein Spannungsabfall von 0,1 mV. Nunmehr legt man den Schalter S in Stellung b und reguliert R_1 so lange, bis $\alpha = 0$ ist. Dann ist die Spannung an den Enden von $V = 0{,}1$ mV. Ein Millivoltmeter mit dem Meßbereich 0,1 mV müßte den Endausschlag zeigen. Abweichungen hiervon ergäben unmittelbar den Fehler des Instruments.

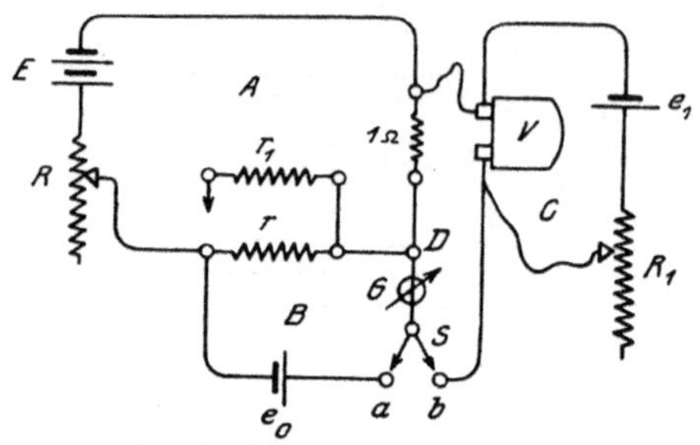

Abb. 312. Prüfung von Millivoltmetern.

Für die Meßbereiche 1, 10, 30, 60 und 100 mV werden entsprechend der Amperemeterschaltung, wie aus Abb. 311 ersichtlich, die Parallelwiderstände r_1 an die Enden von r gelegt.

Zur Prüfung von Strom- und Spannungsmessern höherer Meßbereiche werden im Prinzip dieselben Schaltungen verwendet. Voltmeter werden nach der Methode der Stromkompensation (Abb. 307), Strommesser nach der Methode der Spannungskompensation (Abb. 312) geprüft.

Ist z. B. ein Voltmeter für 150 V zu prüfen, so legt man einen größeren Präzisionswiderstand P (Abb. 313) an Stelle des Amperemeters A (Abb. 307) und gleicht den Strom z. B. auf 10 mA ab.

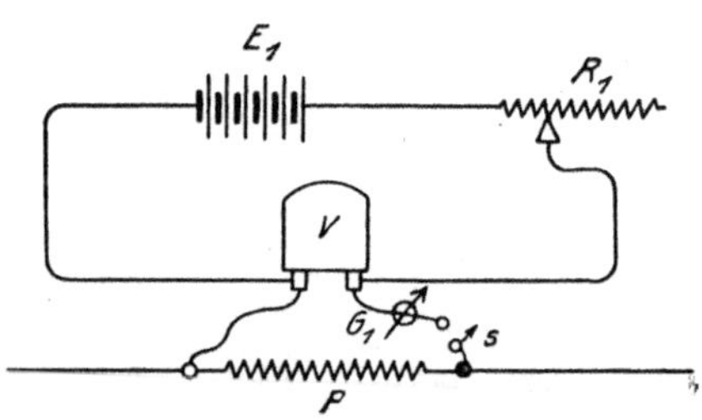

Abb. 313. Prüfung von Voltmetern.

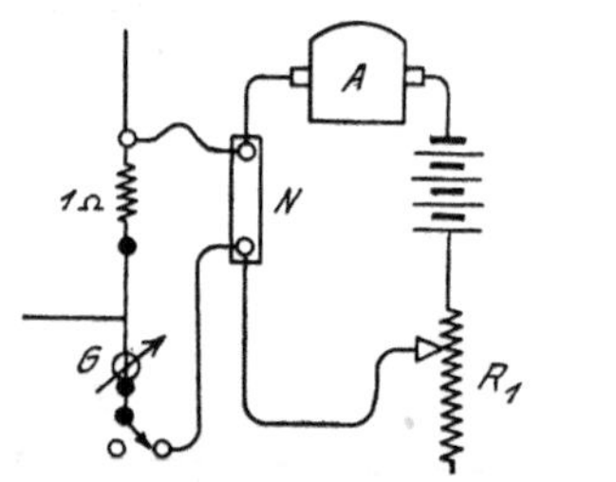

Abb. 314. Prüfung von Amperemetern.

Für eine Prüfspannung von 150 V ist der Widerstand P auf

$$\frac{150}{0{,}01} = 15000\ \Omega$$ einzustellen.

Der Regulierwiderstand R_1 wird so lange geändert, bis der Ausschlag α am Galvanometer $G_1 = 0$ ist. Das Voltmeter muß dann den Wert 150 V anzeigen.

Ist ein Amperemeter für 100 A zu prüfen, so legt man einen Präzisionswiderstand N an die Stelle des Voltmeters V (Abb. 312) und gleicht den Stromkreis A auf z. B. 100 mA ab, so daß an dem

Widerstand 1 Ω 100 mV bestehen. Für einen Prüfstrom von 100 A ist der Widerstand N zu $\frac{0,1}{100} = 0,001\ \Omega$ zu wählen (Abb. 314).

Der Regulierwiderstand R_1 wird so lange geändert, bis der Ausschlag α am Galvanometer G_1 Null ist. Das Amperemeter muß dann 100 A anzeigen.

Zur Kompensation von Wechselströmen oder Wechselspannungen kann eines der beschriebenen Vibrationsgalvanometer dienen. Die Methoden, die hierbei angewendet werden, sind verschieden, je nach dem Zweck, den sie erfüllen sollen, worauf hier nicht näher eingegangen werden kann. Schließlich sei noch einer Meßeinrichtung Erwähnung getan, die bei der Untersuchung von elektrischen Vorgängen auch im Meßinstrumentenbau eine ganz hervorragende Bedeutung erlangt hat.

Der Oszillograph.

Ein längerer dünner Draht ist zwischen den Punkten A und B (Abb. 315) ausgespannt und über die Rollen R und r so geführt, daß er zwischen den Polen $N - S$ eines kräftigen Elektromagneten eine Stromschleife, die sogenannte Meßschleife, bildet. Fließt in

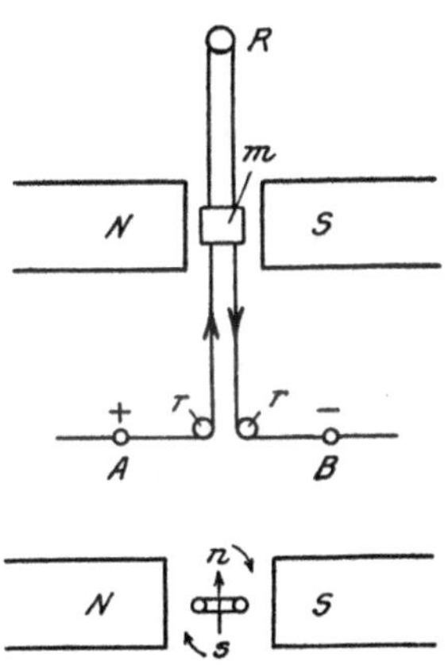

Abb. 315.
Oszillographenschleife im Magnetfeld.

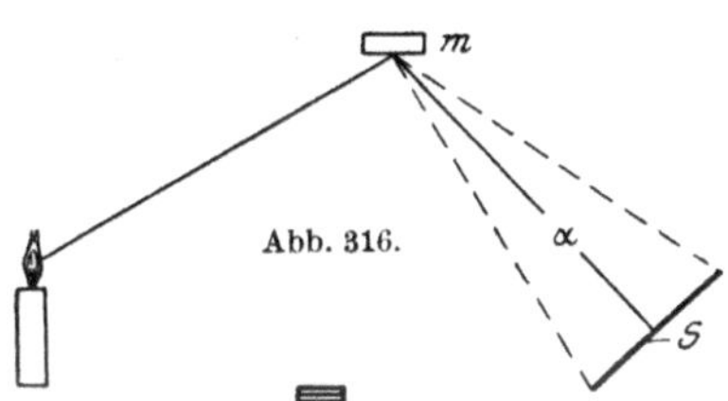

Abb. 316.

Abb. 317.
Optische Ableseeinrichtung.

dem Draht ein Strom in Richtung der angezeichneten Pfeile, so entsteht in der Meßschleife ein magnetisches Feld, dessen mittlere Hauptrichtung aus dem Grundriß der Abb. 315 zu erkennen ist. In dem gezeichneten Augenblick würde ein Drehmoment im Sinne des Uhrzeigers entstehen. Schalten wir die Stromrichtung um, so ist auch das Drehmoment und die Drehrichtung der Schleife entgegengesetzt gerichtet. In jedem Augenblick ist das Drehmoment und damit die Größe der Verdrehung der Schleife proportional dem Augenblickswert des die Schleife durchfließenden Stromes. Befestigen wir an der Schleife ein kleines Spiegelchen, so wird sich dasselbe mit der Schleife drehen, und die Ablenkung eines auf das Spiegelchen geworfenen und von diesem reflektierten Lichtstrahls ist dann

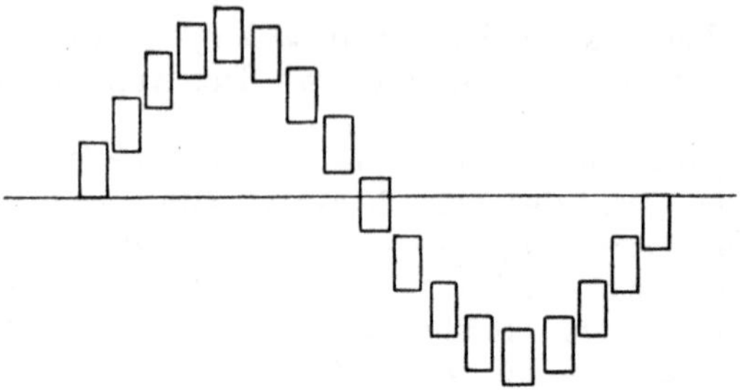

Abb. 318. Schematische Darstellung des Oszillogramms.

ein Maß für die augenblickliche Größe des die Meßschleife durchfließenden Stromes[1]).

Da die Meßschleife eine sehr geringe Trägheit besitzt, so ver-

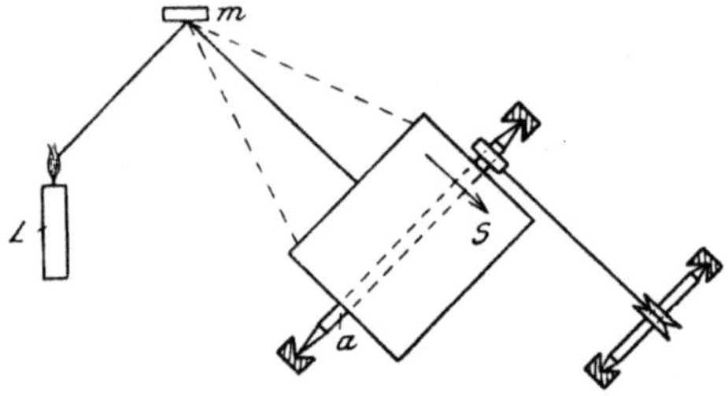

Abb. 319. Rotierender Schirm im Oszillographen.

mag sie den Augenblickswerten z. B. eines in die Schleife geschickten Wechselstromes genau zu folgen. Die Oszillographenschleife verhält sich ähnlich wie das bewegliche System beim Vibrationsgalvanometer.

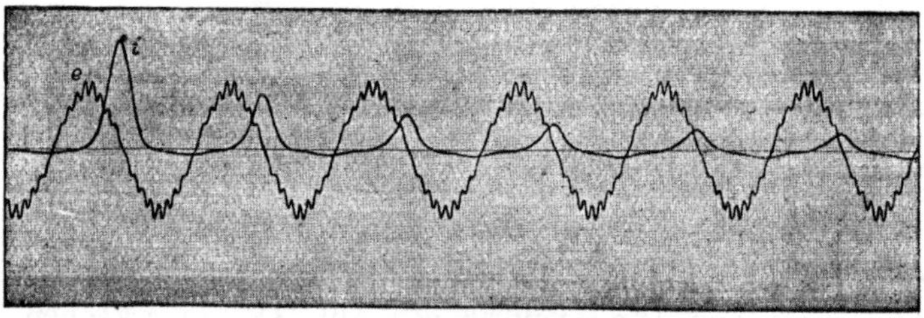

Abb. 320. Oszillogramm.

Es entsteht auf dem Schirm S (Abb. 316), der dazu dient, den von dem Spiegelchen m reflektierten Lichtstrahl aufzufangen, ein Lichtstreifen, entsprechend den Schwingungen, welche das Spiegelchen in-

[1]) Andere Bauarten von Oszillographen siehe Orlich: Aufnahme und Analyse von Wechselstromkurven.

folge der wechselnden Polarität des durch die Schleife fließenden Wechselstromes ausführt.

Weil nun die Projektionen des Lichstrahles alle auf einen Streifen fallen (Abb. 316 u. 317), so kann man die Größe der Augenblickswerte nicht einzeln wahrnehmen. Würde man sie nebeneinander aufzeichnen, so entstünde nebenstehendes Bild (Abb. 318). Durch eine geeignete Vorrichtung gelingt es nun, diese Auseinanderziehung der Momentanstellungen des Lichtstreifens mechanisch zu bewerkstelligen. Man fängt den Lichtstrahl nicht wie in Abb. 316 auf einem stillstehenden Schirm *S* auf, sondern auf einem gebogenen Schirm, der sich mit einer Geschwindigkeit um seine Achse dreht,

Abb. 321. Oszillograph nach Siemens-Blondel (geöffnet).

welche der des Wechselstromes in der Schleife entspricht (vgl. Abbildung 319). Bei jeder Periode des Wechselstromes hat sich der rotierende Schirm *S* einmal herumgedreht. Nimmt man als Belegung des rotierenden Schirms lichtempfindliches Papier, so entsteht auf demselben entsprechend der Abb. 318 ein Bild der auseinandergezogenen Augenblickswerte der Stellungen des Lichtstrahls, welches einen Schluß auf die Kurvenform des zu messenden Wechselstromes gestattet (Abb. 320). Sollen mehrere Vorgänge gleichzeitig beobachtet werden, so werden mehrere Meßschleifen angeordnet (Abb. 321).

Sachregister.

GPSR Compliance

The European Union's (EU) General Product Safety Regulation (GPSR) is a set of rules that requires consumer products to be safe and our obligations to ensure this.

If you have any concerns about our products, you can contact us on ProductSafety@springernature.com

In case Publisher is established outside the EU, the EU authorized representative is:

Springer Nature Customer Service Center GmbH
Europaplatz 3
69115 Heidelberg, Germany

Batch number: 10682411

Printed by Printforce, the Netherlands